Die elektrische Fernüberwachung und Fernbedienung für Starkstromanlagen und Kraftbetriebe

Von

Dr.-Ing. Manfred Schleicher

Mit 155 Textabbildungen

Berlin
Verlag von Julius Springer
1932

ISBN-13:978-3-642-90354-0   e-ISBN-13:978-3-642-92211-4
DOI: 10.1007/978-3-642-92211-4

Vorwort.

Der Betrieb verlangt, sobald er mit dem Auge nicht mehr direkt zu übersehen ist, der Nachricht, und zwar der Nachricht von Maschine zum Menschen, des Menschen zur Maschine und von Maschine zu Maschine. Dieses Gebiet wird hier für die Fälle behandelt, in denen die Entfernungen so groß werden, daß man die Elektrizität als Übertragungsmittel heranzieht und Mittel verwendet, die den für die Übertragung der Elektrizität anzulegenden Leitungsweg so billig wie möglich herzustellen gestatten. Die Nachrichtenübermittlung von Mensch zu Mensch, die der Betrieb ebenfalls braucht, wurde als an sich bekannte Technik fortgelassen, wie auch die Übertragungen, die als allgemein bekannt vorausgesetzt werden können.

Die Technik, die hier behandelt werden soll, ist relativ recht jung, man kann wohl sagen, daß ihre Anfänge nicht weit über das Kriegsende zurückreichen. Der Aufschwung, den sie in allen Ländern mit intensiver Elektrizitätsbenutzung genommen hat, ist bedeutend, und es ist noch viel von ihr für die verschiedensten Industriezweige zu erwarten. Ich habe es hier versucht zusammenzustellen, was geschaffen worden ist, und wie man es anwendet. Da ich schon lange Jahre auf diesem Gebiete tätig bin, möchte ich den Fachgenossen der Starkstromtechnik einige Aufschlüsse geben, was uns dieses neue Gebiet bedeutet und noch bedeuten wird und nach welchen Prinzipien die dazu nötigen Apparate im wesentlichen gebaut sind.

Berlin, im Januar 1932.

Manfred Schleicher.

Inhaltsverzeichnis.

Einleitung.

Wenn es in den folgenden Kapiteln unternommen worden ist, einen kleinen Überblick über einen sich noch in lebhaftester Entwicklung befindenden Zweig der Nachrichtentechnik zu geben, so geschah es in vollem Bewußtsein der Gefahr, ein Bild zu entwerfen, das in wenigen Jahren nicht mehr mit der Wirklichkeit übereinstimmen würde, wenn man sich darauf beschränkt hätte, die Apparate und Einrichtungen zu beschreiben wie sie heute auf dem Markt sind.

Es ist daher von vornherein davon abgesehen worden, sich in Einzelheiten zu verlieren, um so mehr, als viele dieser Einzelheiten nicht voll in sich begründet sind, sondern mehr dem Zufall ihr Dasein verdanken. Es war eben dieses oder jenes Bauelement, das für andere Zwecke entwickelt war, in der jeweiligen Konstruktionswerkstätte gerade vorhanden und wurde benutzt, weil es im großen und ganzen den Anforderungen der neuen Technik zunächst zu genügen schien.

Es soll daher hier mehr auf die Grundgedanken der Konstruktionen eingegangen und es sollen die Richtlinien gezeigt werden, die sich in den letzten Jahren für die Entwicklung dieser Apparate als aussichtsvoll erwiesen haben.

Der Grund für dieses ebenfalls noch gewagte Unterfangen ist einmal der, etwas zu bieten, das für längere Zeit Bestand haben wird, aber vor allem soll der Versuch gemacht werden, das Gebiet in seiner weiteren Entwicklung vor einer Zersplitterung zu bewahren.

Diese Gefahr scheint dem Verfasser aus folgenden Gründen zu bestehen:

Es handelt sich um das Gebiet der „Fernbedienungseinrichtungen", das als in verschiedene Gruppen zerfallend angesehen werden kann, nämlich in die „Fernmessung", die „Fernmeldung" und die „Fernwirkung", oder wie es meist ausgedrückt wird: in die „Fernsteuerung".

Alle drei Gebiete laufen in ihrem übertragungstechnischen Aufbau letzten Endes, wie wir immer wieder sehen werden, auf Probleme der Nachrichtentechnik hinaus. Die Aufgaben liegen aber vorwiegend auf dem Gebiete der Starkstromtechnik. Man will dieser die Möglichkeit geben, ihre Netze und ihre Stromquellen von einem oder einigen wenigen Punkten aus zu übersehen und zu beherrschen, denn es hat sich gezeigt, daß auch sie sich nicht der allgemeinen Forderung nach zentraler Regelung des ungestörten Warenaustausches entziehen kann, wenn sie mit höchster Wirtschaftlichkeit arbeiten will.

Der Zusammenhang dieser wenigen Gesichtspunkte und der Kernpunkt des ganzen Problems wurde leider erst ziemlich spät klar erkannt, und die apparative Entwicklung daher erst in einem fortgeschrittenen Stadium in diese einheitliche Richtung geleitet.

Gemessen, gemeldet, gesteuert und geregelt wird in der Starkstromtechnik schon lange Zeit. Jedoch geschah dies immer nur auf Entfernungen, bei denen der Kupferdraht zwischen Anfang und Ende der Einrichtungen lediglich als ohmscher Widerstand aufzufassen war, und auch der Geldwert dieses Drahtes unbedeutend war gegen den der Apparate, die dazu gehören, so daß man auf seinen Querschnitt, ob er nun etwas größer oder kleiner gewählt werden mußte, keine Rücksicht zu nehmen brauchte. Dies hat sich bei den hier zu besprechenden Problemen völlig geändert. Man kann z. B. aus wirtschaftlichen Gründen nicht für eine einfache Übertragung einer Regulierung einen Querschnitt von 6 mm² verlegen und so auf 10 km Entfernung über 1 t Kupfer und 13 t Blei aufwenden.

Diese Tatsache leitet die Entwicklung geradezu in einen anderen Zweig der Technik über.

Angefangen hat die neue Entwicklung mit der Ausbildung der Fernmeßübertragungen über Telephonleitungen, d. h. auf Leitungen von ca. 0,5 mm² Querschnitt, was zunächst relativ leicht zu lösende Aufgaben zu bringen schien; ist doch der Meßtechniker gewöhnt, auch mit hohen Widerständen fertig zu werden. Bald forderte die Praxis die Überbrückung großer Entfernungen. Soll die Übertragung wirtschaftlich sein, d. h. soll der Wert der Übertragung z. B. einer Instrumentenanzeige für den Betrieb größer sein, als der Kapitaldienst für die zu erstellende Anlage, so darf die Übertragung über große Entfernungen nicht das Verlegen einer besonderen Leitung nötig machen.

Die Forderung, ohne eigene Leitungen besonderer Abmessungen auszukommen, machte es unmöglich, mit dem bereits Entwickelten weiterzuarbeiten, was auch nach einigen mißglückten Versuchen allgemein erkannt wurde.

Die neuen Probleme konnten mit Erfolg von seiten der Erzeuger nur von den wirtschaftlichen Einheiten weiter bearbeitet werden, die alle Kenntnisse, die zur Behandlung aller Teilprobleme von Grund auf nötig sind, in sich vereinigen. Manche Fabrikanten haben aber das Problem nur als Teilproblem, z. B. als meßtechnisches oder als schalttechnisches Problem angefaßt, und es ist ihnen nicht möglich gewesen, die Verbindung zum ganzen zu finden.

Die Erkenntnis, daß das Können der Nachrichtentechniker herangezogen werden muß, kam, wie gesagt, zu einer Zeit, als die Entwick-

lung an vielen Stellen schon weit vorgeschritten war. Die Nachrichtentechniker bearbeiteten nun zum Teil von sich aus das Fernmeldeproblem.
Zwar wurde es ihnen relativ leicht, den rein übertragungstechnischen
Teil zu meistern, aber beide, der Meßtechniker und der Übertragungs-
techniker, die an sich in der Lage sind, zusammen die Probleme zu einer
technischen Lösung zu führen, finden an einem anderen Punkt wieder
Schwierigkeiten, an dem Problem der technischen Gestaltung derart, daß
es der praktische Elektrizitätswerksbetrieb auch verwenden kann. Beide
fühlen sich berufen, auch diese Aufgaben zu lösen mit dem Vorgeben,
daß der eine die normalen Instrumente und der andere schon viele
Nachrichtenapparate für solche Betriebe geliefert habe. Beide be-
haupten, den Betrieb zu kennen.

Leider zeigten schon die ersten Ergebnisse des Alleinarbeitens, daß
das doch nicht soweit der Fall ist, wie es sein muß. Sie waren nämlich
nicht in die Psychologie des Starkstrombetriebes eingedrungen, die sich
in viel feineren Bahnen bewegt, als man sich als Außenstehender beim
oberflächlichen Betrachten des Betriebes träumen läßt.

Sie hat ihren tiefsten Grund in der hohen Verantwortung, die auf
den Schultern des Betriebsleiters von Starkstromanlagen ruht, und die
sich in einer Bauweise von größter Sicherheit, in ständiger Wachsamkeit
und Besorgtheit um den Betrieb ausdrückt. Der Betriebsfachmann
kennt die Gefahren der Fehlschaltung und der Betriebsstörung an
irgendeiner Stelle des Netzes für Leib, Leben und Geldwert, und das
Tanzen der Zeigerspitze seiner Meßinstrumente sagt ihm mehr als dem
zufälligen Beobachter, für den es nur ein Schwanken um Prozente des
Meßwertes bedeutet.

Es ist daher zum mindesten bedenklich, ihm Instrumente geben zu
wollen, die sich in ihrem Charakter gänzlich anders verhalten, als er es
gewöhnt ist oder seinen Schalttafeln plötzlich das Ansehen einer Telephonzentrale geben zu wollen.

Es sind viele gute Gründe dafür vorhanden, ein solches Vorgehen
als nicht richtig anzusehen, Gründe, die in dem ganzen Wesen des
Starkstromes und seiner Entwicklung verankert sind.

Wohl kann man sagen, daß auch der Starkstromtechniker vor neuen
Aufgaben steht, zieht er doch jetzt Vorgänge direkt an einen Zentralpunkt heran, die er früher nicht bemerken und nicht direkt, und zwar
augenblicklich vergleichen, geistig verbinden und beeinflussen konnte.
Es ist deshalb die Frage nur zu berechtigt, ob diese neuen Aufgaben nicht
auch neue Darstellungsmittel erfordern und ob es deshalb nicht geboten
erscheine, sich an die Vorbilder zu halten, die ähnlich auf anderen
Gebieten, z. B. dem der Nachrichtentechnik (Telephonzentrale), schon
vorhanden sind. Dem ist aber entgegenzuhalten, daß die Auswirkungen
doch gänzlich andere sind und also ein einfaches Übertragen der Er-

fahrungen bezüglich der Darstellung und Zusammenfassung des einen Zweiges der Technik auf einen anderen nicht möglich ist. Man muß durch eingehendes Studium der Verhältnisse „anpassen“, darf aber nicht einfach „übertragen“. Es hat sich daher auch in der Art der äußeren Erscheinung etwas Neues gebildet, das der Befriedigung der Wünsche der Starkstromtechnik im Laufe seiner Entwicklung näher und näher kommt. Ein Mittelding ist entstanden aus den „Forderungen“, die ein bestimmter Zweig der Technik, die Nachrichtentechnik, stellen mußte, angepaßt an die „Lebensbedingungen“ eines anderen Zweiges der Technik, die Starkstromtechnik.

Man kann wohl sagen, daß die gegenseitig zugestandenen Konzessionen den richtigen Mittelweg finden ließen, und es ist anzunehmen, daß dieses Neue rückwirkend wieder beide Teile auf ihren ureigenen Gebieten zu weiteren Fortschritten befruchten wird.

Wenn hier ein Ausblick für die weitere Entwicklung gestattet ist, so wird der Nachrichtentechniker gezwungen sein, sich noch mehr mit dem Starkstrom zu verflechten, sich im Verein mit diesem noch mehr bemühen, die Folgen von elektrischen Beeinflussungen durch den Starkstrom zu unterdrücken, denn beide können bei den hier vorliegenden Aufgaben einander nicht mehr aus dem Wege gehen. Der Starkstromtechniker andererseits wird sich beim Bau größter Kraftwerkswarten mehr dem gedrängten und doch übersichtlichen Bau der Betätigungseinrichtungen und ihrer Anordnung, wie sie sich bei den Fernbedienungsanlagen herausbilden, bedienen.

Die ganze Übersicht ist in 9 Hauptkapitel eingeteilt. Der Grund hierfür ist nicht etwa in, sagen wir, physikalisch bedingten Unterschieden zu suchen, sondern lediglich die darstellerische Zweckmäßigkeit hat zu dieser Unterteilung geführt. Die gewählte Reihenfolge entspringt demselben Grunde, vermehrt um das Bestreben, möglichst wenig Wiederholungen und Hinweise anbringen zu müssen, die sich aber leider doch nicht ganz vermeiden ließen.

An einer Stelle ergab sich trotzdem eine gewisse Schwierigkeit, in dem Kapitel „Vielfachausnützung der Leitungen“. Man versteht darunter im allgemeinen jede Mehrfachausnutzung von Leitungen für verschiedene Zwecke. Unter diesen Begriff wäre jede Fernsteuereinrichtung gefallen, da bei diesen z. B. ein und derselbe Leitungsdraht benutzt wird, um eine ganze Anzahl Schaltstellen zu erreichen. Weiter fielen darunter eine ganze Reihe von Vielfachmeßmethoden. Andererseits umgreift sie z. B. auch gleichzeitiges Fernmessen und Fernsteuern, wie auch gewisse andere Vielfachübertragungen. Es wurde daher der Begriff „Vielfachübertragungen“ etwas strenger gefaßt und darunter nur die Methoden verstanden, bei denen sich absolut gleichzeitig mehrere Zeichen übermittelnde elektrische Vorgänge auf der Leitung befinden, während alle die Methoden, bei denen jeweils nur ein elektrischer Vorgang über die Leitung läuft, wenn diese Vorgänge auch noch so schnell aufeinanderfolgen, „Pseudovielfachübertragungen" genannt wurden. Es wurde jedoch darauf verzichtet, diese in einem besonderen Kapitel erscheinen zu lassen, sondern sie sind als wesenswichtige Elemente bei den einzelnen Konstruktionen und Methoden direkt beschrieben worden.

Das Kapitel über „Lastverteileranlagen" ist an sich ein sehr umfangreiches und noch stark umstrittenes. In all seinen Auswirkungen und Verästelungen dürfte es erst in einigen Jahren unter Zusammenarbeit mit erfahrenen Elektrizitätswerksleitern bearbeitet werden können, nachdem man nämlich Erfahrungen über die verwaltungstechnische Eingliederung und Befugnisse dieser Stellen gesammelt hat. Es ist aus diesem Grunde nur das Apparative der Überwachungsstelle dieser Abteilung in seinen Anforderungen und seinem Wirkungszweck beschrieben und die Erfahrungen mitgeteilt, die bisher in der Ausgestaltung solcher speziellen Räume gesammelt wurden.

Nicht unerwähnt bleibe die Literaturübersicht, auf deren möglichst umfangreiche Wiedergabe deshalb Wert gelegt wurde, weil durch sie die genaueren Einzelbeschreibungen nachzulesen möglich wird, auf deren Aufnahme hier verzichtet wurde, weil die minutiöse Darstellung aller Einzelheiten nur ermüden kann, ohne aber für die Erklärung des Prinzipiellen wesenswichtig zu sein. Auch ist in der Literaturzusammenstellung einiges aufgenommen worden, das die Hochfrequenzvorgänge auf Leitungen behandelt, ein Wissensgebiet, das hier nur gestreift wurde, weil seine Bedeutung wiederum zu groß ist, um in diesem engen Rahmen so genau wiedergegeben zu werden.

Die ganze Arbeit soll für den Betriebsingenieur und den Starkstromtechniker im allgemeinen ein Leitfaden sein, an Hand dessen er sich in diesem neuen Gebiet zurechtfinden kann. Ein Gebiet, das ihm noch wesensfremd und für ihn doch schon jetzt wichtig ist und noch viel mehr in der nahen Zukunft von größter Bedeutung sein wird.

Der verantwortungsbewußte Betriebsleiter duldet in seinem Betriebe keinen Apparat, den er nicht durchschaut und vor dem er nur achselzuckend stehen kann, um zu konstatieren, er geht oder er geht nicht. Diese Zeilen sollen dazu dienen, ihm dieses neuere Gebiet nahezubringen und ihm zu zeigen, auf welch einfachen Gedankengängen sich diese scheinbar komplizierten Apparate aufbauen.

I. Die elektrische Fernübertragung von Meßwerten.

A. Begrifferläuterungen.

Die Abgrenzung dieses Gebietes von der allgemeinen Betriebsmeß-technik auf der zu überbrückenden Entfernung aufbauen zu wollen, ist sicher deshalb unzweckmäßig, weil sich alsdann keine klare Unter-scheidung mehr zwischen den üblichen Nahmeßverfahren, die ja durch kleine Varianten in der elektrischen Dimensionierung auch auf einige Entfernung sich ausdehnen lassen und den nur für mittlere und grö-ßere Entfernungen brauchbaren eigentlichen Fernmeßmethoden, ergibt.

Man kommt wohl am besten zu einer klaren Begriffsabgrenzung, wenn man alle die Übertragungsanordnungen als Fernmeßverfahren an-sieht, bei denen sich zwischen dem Ort, an dem die Messung vor sich geht, und dem Ort, an dem der Meßwert abgelesen wird, noch etwas anderes befindet als lediglich elektrische Leitungsdrähte. Man könnte sich auch so ausdrücken, daß man sagt, es muß sich am Meßort ein be-sonderes Gerät befinden, das mit dem Ableseort durch elektrische Lei-tungen verbunden ist, vorausgesetzt, daß man sich lediglich mit elek-trischen Meßgrößen befaßt und das „besondere Gerät" nicht nur ein Umwandler nicht elektrischer Vorgänge in elektrische Vorgänge ist.

Durch diese Art der Begriffsfestlegung faßt man zwar einige Me-thoden mit, die heute wegen gewisser Vorteile auch zur Übertragung in demselben Gebäude oder auch Grundstück verwandt werden, wie sich später zeigen wird. Man schließt aber andererseits die Unzahl von Möglichkeiten aus, durch die durch Variationen der üblichen Nahmeß-methoden, Entfernungen bis zu einigen Kilometern überbrückt werden, wie das z. B. dadurch geschieht, daß man statt der normalen Nennstrom-stärke von 5 Amp. für die Stromwandler eine solche von z. B. 0,5 Amp. anwendet und außerdem besonders große Querschnitte für die Über-tragungsleitungen vorsieht. Ein solches Vorgehen bringt bekanntlich den Nachteil mit sich, daß man besondere Stromwandler, zumindest aber Zwischenwandler hoher Leistung vorsehen muß. Außerdem ist die Zahl der Leitungsdrähte z. B. für ein Wattmeter für ungleichmäßige Belastung der Phasen groß und bei einer zufälligen Unterbrechung der Stromfern-leitung entstehen bedenklich hohe Spannungen auf der Sekundärseite der Stromwandler, die dazu führen können, daß die Fernleitung durchschlagen oder der Wandler selbst beschädigt wird. Vor allem ist dies dann wahrscheinlich, wenn bei geöffnetem Wandlerkreis hochspannungsseitig sich ein Kurzschluß ereignet.

B. Die technische und wirtschaftliche Bedeutung der Fernmessung in elektrischen Kraftbetrieben.

Diese ist heute eine recht große geworden. Seit sich nämlich mehrere Kraftwerke gemeinsam an der Energielieferung für ein Versorgungsnetz beteiligen, liegt schon der innere Grund für das Anwenden solcher Methoden vor, weil in einem solchen Fall die Energie in der verschiedensten Weise erzeugt werden kann, man aber die wirtschaftlichste Art der Erzeugung und des Transportes als Dauerzustand erreichen und erhalten will. Das Bedürfnis für die Verwendung von Fernmeßgeräten besteht also schon seit vielen Jahren. Wenn nun erst in den letzten Jahren dieses Gebiet ernstlich bearbeitet worden ist, so liegt das wohl daran, daß hierzu nicht unbedeutende Geldopfer von seiten der Fabrikanten zu bringen waren. Diese zu bringen, hatte aber deshalb wenig Anreiz, weil nur wenige Führer von Elektrizitätswerksunternehmungen sich über den wirtschaftlichen und den betrieblichen Wert der Fernmessung und der Ausdehnung, die sie annehmen konnte, voll im klaren waren. Andererseits wiederum fanden diese wenigen bei ihren Fachgenossen nur geringe Unterstützung, was darin wiederum seine Ursache haben mag, daß die Aufbaujahre der Elektrizitätsunternehmungen, „Die Jagd nach Kilowatt", zu den wirtschaftlichen Überlegungen allerfeinster Art keine Zeit ließen: Waren doch die wirtschaftlichen Vorteile der Großversorgung an sich groß genug, um vorerst zufrieden zu sein; auch mußten erst Betriebserfahrungen aller Art gesammelt werden, ehe man sich neuen Problemen zuwenden konnte.

Erst als man den Betrieb bis in alle Einzelheiten wirtschaftlich durchleuchtet und gewisse Schwierigkeiten des Energieaustausches zwischen den Netzen kennengelernt hatte, kam das Fernmeßproblem in den Betrieben ins Rollen, in denen mehrere Kraftwerke von einer Hand geführt wurden. Als nun die Frage der günstigsten Tarifausnutzung auch diejenigen Betriebe nicht ruhen ließ, die unter Lieferung und Bezug mit fremden Werken zusammen arbeiteten, wurde diese Frage auf der ganzen Linie brennend.

Die elektrische Fernmessung dient also dazu, die bis ins einzelne gehenden Wirtschaftlichkeitsberechnungen solcher Versorgungsgebilde durchführen zu helfen und ihre Grundlagen bei den Betrieben, die alle Kraftquellen in einer Hand halten, unter Kontrolle zu halten. Andererseits dient sie dazu, die günstigste Tarifausnutzung bzw. Tarifeinhaltung bei den Netzgebilden zu ermöglichen, die in einem Lieferungsaustausch mit fremden oder auch mit befreundeten Netzen stehen.

Darüber hinaus gestattet das meßtechnische Beherrschen eines Betriebes, die Zahl der betriebsbereit stehenden Reserven kleiner zu halten, da man ihre Lage und ihre Leistungsfähigkeit im Netz genau kennt und jederzeit weiß, wieviel verfügbar ist, um unvorhergesehenen Bedarf zu decken. Es kann ein rationeller Betrieb geführt werden, wodurch erhebliche Gelder gespart werden. Ein Netz von 500000 kW Maschinenleistung hat sich z. B. nach Einführen einer Fernmeßanlage und intensiver Ausnutzung derselben eine jährliche Ersparnis von 700000 RM. errechnen können. Ein anderes, kleineres Netz kam unabhängig davon auf ähnliche Ersparnisse.

Aber noch andere Gebiete konnte sich die elektrische Fernmeßübertragung infolge anderer Eigenschaften, die gewisse Systeme besitzen, erobern.

So seltsam es klingen mag, gab es noch vor einigen Jahren kaum ein Elektrizitätswerk, das an einem Meßinstrumentenzeiger angeben konnte, wie groß in jedem Augenblick seine Gesamtleistung war. Durchführbar war dies bisher nur durch die seit Jahren bekannte Stromwandlersummenschaltung oder durch mechanisches Kuppeln mehrerer Wattmetersysteme. Die erstere Methode ist bekanntlich nur anwendbar, wenn alle in die Messung einzubeziehenden Maschinen synchron laufen. Die letztere Methode erlaubt aus mechanischen Gründen, nur relativ wenige Einzelmeßgrößen zu summieren. Erst die Eigenschaft einiger elektrischer Fernmeßeinrichtungen, auf einfache, zuverlässige Weise eine beliebige Anzahl von Einzelmeßgrößen beliebiger Frequenz, ja sogar beliebiger Stromart, zu summieren, erlaubte es, diesen offensichtlichen Mangel in der Überwachung zu beseitigen. Seitdem diese Einrichtungen auf dem Markte sind, sind schon viele Werke dazu übergegangen, sich durch solche Einrichtungen den so überaus wertvollen, durch Registrierinstrumente jederzeit reproduzierbaren Überblick über ihre Gesamtleistung zu verschaffen und damit die Grundbedingung für eine Lastverteilung zu schaffen.

Ein anderes Gebiet für das Anwenden von Fernmeßinstrumenten ist die Überwachung der Kabelbelastungen in den unbesetzten Stationen der Verteilungsnetze, dadurch ist es möglich, die Kabel in der Betriebsspitze unter Umständen durch Belastungsverschiebung zu schonen, wozu auch eine Beobachtung der Spannungsverteilung im Netz beiträgt.

Selbstverständlich hat sich die Fernübertragung elektrischer Meßwerte auch auf die Fernübertragung anderer Größen, die in Elektrizitätswerksbetrieben von Wichtigkeit sind, ausgedehnt. Es ist dies vor allem das Fernbeobachten des Arbeits- bzw. Energievorrates in jeder Form, ist dies doch eine wichtige Größe für die Dispositionen der zentralen Leitung zusammengeschlossener Kraftwerksbetriebe.

Energievorrat ist z. B. der Wasserstand in dem Oberwasserbecken von Wasserkraftwerken, insbesondere auch von Pumpspeicherwerken. Besonders wichtig ist auch das Beobachten der Wasserstände in den Ober- und Unterwassergräben hydraulisch hintereinander geschalteter Laufwerke, von einer Zentralstelle aus. In dasselbe Gebiet gehört auch die Abflußregulierung von Kleingefällewerken, die den Hochdruck- werken oft hydraulisch nachgeschaltet werden, um für gleichmäßigen Abfluß zu sorgen, wenn von früher bestehende Wasserrechte zu wahren sind u. a. m.

Energievorrat bedeutet auch der Druck in Ruthsspeicheranlagen, die als Momentanreserve in städtischen Kraftwerken zur Spitzenlastdeckung eingesetzt werden. In das gleiche Gebiet gehört auch das Überwachen der großen Gleichstrombatterien der städtischen Versorgungsnetze. Auch auf diesen Gebieten ist die Fernmeßübertragung heute gang und gäbe geworden.

Auch bei den Elektrizitätswerksbetrieben ferner stehenden Energie- verteilungsanlagen hat sich die Fernmessung heute eingebürgert. In der Ferngasversorgung werden heute schon der Druck, der Heizwert, die Temperatur und die Menge des gelieferten Gases über Entfernungen von 50 km und mehr überwacht. Auch andere Lieferungsnetze, wie z. B. Trinkwasserversorgungsanlagen sind heute eifrig bemüht, durch Fern- überwachen der von den einzelnen Brunnen gelieferten Wassermengen und durch Fernüberwachen und Ferneinstellen der Druckverteilungs- schieber ihren Betrieb zu verbessern und wirtschaftlicher zu gestalten, was bei den vielen elektrisch betriebenen Pumpwerken schon nach- weisliche Ersparnisse an elektrischer Arbeit gebracht hat, da ja die Wirt- schaftlichkeit von Kreiselpumpen ziemlich stark von der Belastung ab- hängt. Es ist anzunehmen, daß auch auf anderen Gebieten noch weitere Anwendungen gefunden werden.

C. Allgemeine Anforderungen an die Fernübertragung von Meßwerten und an den Übertragungsweg.

Meßgrößen, die heute schon als üblich für eine Fernübertragung gefordert werden, sind: Strom, Spannung, Wirkleistung, Blindleistung, Leistungsfaktor, Frequenz, Wasserstand, Dampfdruck und Stellungs- übertragung von Schiebern, Schützen, Wehren, Widerstandsstufen von Regulierwiderständen, Anzapfungen an Regeltransformatoren, Ein- stellung von Drehreglern u. a. m.

Ehe wir auf die Einzelheiten der verschiedenen Fernmeßmethoden eingehen, bleibe nicht unerwähnt, die Arbeitsfernmessung, die als eigentliche Fernzähleinrichtung, insbesondere als Fernmaximumzähleinrichtung aus denselben Gründen an Bedeutung gewinnt, wie die Fernmeßübertragung. Auch hier hat die sich aus der Fernübertragung prinzipiell entwickelnde Summenzählung ein großes Gebiet auch innerhalb der Kraftwerksbetriebe selbst erobert. Vor allem aber erleichtern diese Einrichtungen wesentlich die Bildung eines gleichzeitigen Maximumtarifes, wenn ein Netz das andere durch mehrere eventuell weit auseinander liegende Leitungen anspeist. Die Fernmaximumsummierung erleichtert daher das gleichzeitige Erfassen der Übergabe von einem Netz auf ein anderes durch ein einziges Arbeitsdiagramm, das alsdann erst einen wirklich einwandfreien Schluß auf die Art und Größe des Belastungsbildes eines Abnehmers ergibt, da das Übereinanderlegen von Einzeldiagrammen durch die Uhrzeitdifferenzen stets zu großen Unsicherheiten in der Beurteilung führt.

Ein anderer Punkt von allgemeiner Bedeutung für das Beurteilen der Fernmeßmethoden, der also auch bei ihrer Kritik auf allgemeine Brauchbarkeit ganz besonders zu beachten ist, ist die Möglichkeit der gleichzeitigen Übertragung mehrerer Meßwerte über einen Leitungskanal, wobei das Wort „Kanal" ein allgemeiner Ausdruck für den Weg einer Übertragung sein soll, der, wie wir später sehen werden, ganz verschiedenartig sein kann.

Es ist klar, daß man bei der meßtechnischen Fernüberwachung z. B. irgendeines Übergabepunktes nicht mit der Fernanzeige der übergebenen Leistung allein zufrieden ist, sondern daß unter Umständen auch die Blindleistung oder der Phasenfaktor, wie auch die Spannung, außerdem noch beobachtet werden müssen, wenn man ein klares Bild von der Übergabe in ihrem ganzen Verhalten haben will, da all diese Werte Gegenstand von Bestimmungen des Liefervertrages sein können.

Ein anderes Problem liegt vor, wenn man die Vorgänge in einer unbesetzten Umspannstation beobachten will. Hier ist oft die Strombelastung mehrerer Transformatoren, Umformer oder Speisesträngen zu beobachten, doch genügt hierbei meist ein nacheinander „Abfragen" der einzelnen Meßpunkte.

Technisch komplizierter liegt allerdings der Fall dann, wenn man z. B. zwei Netze aus der Ferne parallel schalten will, eine Forderung, die immer häufiger gestellt wird, denn es ist hierzu die gleichzeitige Ablesbarkeit einer ganzen Anzahl von Meßgrößen vom Führerkraftwerk aus Bedingung. Es sei hier gleich darauf hingewiesen, daß die Übertragung der Frequenzdifferenz statt der zuzuschaltenden Frequenz günstiger ist, weil die Genauigkeitsanforderungen an die Übertragung dadurch geringer werden. Bei der Fernüberwachung einer vollautomatischen oder einer teilweise ferngesteuerten Wasserkraftanlage tritt ebenfalls unter Umständen die Frage der Fernübertragung einer ganzen Anzahl von Meßwerten auf; werden doch heute schon solche Anlagen sehr großer Leistung, die mit einer ganzen Anzahl von Maschinen ausgerüstet sind, gebaut. Dem Verfasser ist ein Fall bekannt, bei dem die Stromstärke, die Spannung, die Wirkleistung, die Blindleistung, die Erregerstromstärker von 4 30000-kVA.-Generatoren einer großen Hochgebirgswasserkraft durch Fernmeßeinrichtungen zu Tal übertragen werden, von wo aus die Generatoren auch auf Drehzahl, Leistung und Erregung ferngesteuert werden. Von hier aus werden auch die Grenzanschläge der Leistungsregulatoren der Maschinen ferngesteuert, wenn diese als Grundlastmaschinen arbeiten.

In noch ausgedehnterem Maße tritt die Aufgabe der gleichzeitigen Vielfachübertragung dann auf, wenn eine Lastverteileranlage weitab vom Zentrum eines ausgedehnten Netzes liegt, das an vielen Punkten Kraftwerke und Übergabestellen besitzt, deren Meßwerte nach dieser Zentralstelle hin zu übertragen sind. Es tritt nämlich dann der Fall ein, daß von diesen Wurzelenden der Leitungskanäle aus sich immer mehr Übertragungen auf der Leitungsführung ansammeln, so daß im Endkanal oder in relativ wenigen Endkanälen dann alle diese Werte der

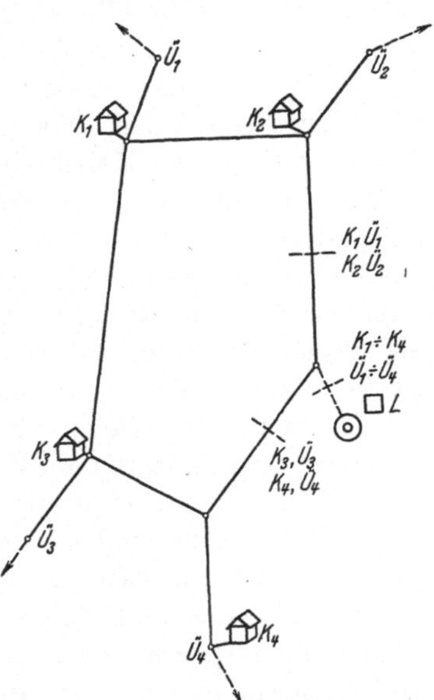

Abb. 1. Hochspannungslandesnetz mit einem Lastverteiler, der in einer Stadt liegt. Anhäufung der Meß- und Signalvorgänge auf den Übertragungskanälen.

L = Lastverteiler.
K = Übertragungskanäle für Kraftwerke.
U = Übertragungskanäle für Übergabestellen.

Zentralstelle zuzuführen sind. (Abb. 1). All diese Probleme bedürfen der Lösung der Vielfachmeßübertragung für verschiedene Arten der Übertragung und der Kanäle um so mehr, als die Leitungskanäle um so teuerer werden, je größer die zu überbrückenden Entfernungen sind. Es ist hier für den Übertragungsweg absichtlich der allgemeine Ausdruck „Kanal" gewählt worden, um auszudrücken, worüber wir uns später noch zu unterhalten haben, daß es nämlich alle möglichen Wege gibt, auf denen man Meßwerte fernübertragen kann. Als Beispiele seien vorläufig nur angeführt: Signalleitungen, Telephonleitungen, Erdkabel, Freileitungen auf besonderem Gestänge, ebensolche auf gemeinsamen Gestänge mit den Hochspannungsleitungen, Luftkabel, im Erdseil von Hochspannungsleitungen eingebettete Nachrichtenleitungen und schließlich noch Hochfrequenzübertagungen mit Wellen, die an die Hochspannungsleitungen selbst gebunden sind.

Es ist natürlich eine gleich hier sofort aufzuwerfende Frage, wann eine Vielfachübertragungsapparatur mit einem entsprechend vieladrigen Kabel in Wettbewerb treten kann, naheliegend. Ebenso natürlich und naheliegend ist die Frage, welcher der genannten Übertragungswege überhaupt der billigste sei. So leicht diese Fragen gestellt sind, so schwer sind sie zu beantworten. Die erste Frage ist schon deshalb schwierig, weil der Grenzwert von der Zahl der zu übertragenden Messungen zum einen abhängt und zum anderen von der Zahl der Reserven, die man im Kabel oder in der Übertragungsapparatur vorsehen will. Außerdem sind die Verlegungskosten in ziemlich hohem Maße mitbestimmend. Wird z. B. das Kabel für sich allein verlegt, so muß man wissen, wo es verlegt werden soll, ob in Städten oder über Land in asphaltierten oder in geschotterten Straßen, in normalen Boden oder in felsigem Gelände, und was dieser Fragen und daraus resultierenden großen Kostenunterschiede mehr sind. Anders werden die Verhältnisse wieder, wenn das Kabel mit einem Hochspannungskabel gleichzeitig mitverlegt wird. In diesem Fall muß das Kabel wieder von besonderer Bauart sein, auch sind an die Art der Übertragung wiederum besondere Anforderungen zu stellen, wie wir später sehen werden. All dieses beeinflußt natürlich wiederum die Gesamtkosten in besonderer Weise.

Andererseits muß überlegt werden, welcher Art die Vielfachübertragungsapparatur sein soll. Ob alle Werte gleichzeitig erscheinen sollen oder ob es genügt, wenn sie auf Wunsch einzeln abgerufen werden können, oder ob sie sich automatisch in gewissen Zeitabständen selbsttätig einstellen sollen. Gleichzeitig damit muß weiterhin überlegt werden, ob auf den Leitungen oder auf demselben Kabel gleichzeitig ferngesprochen werden soll oder nicht, was auch wieder die Kosten der Übertragung insofern beeinflußt, als dann unter Umständen besonders empfindliche Übertragungsrelais und auch Drossel- und Kondensatoranordnungen angebracht werden müssen, die verhindern, daß man die Übertragungsgeräusche im Telephon hört. All diese Fragen müssen wirtschaftlich und technisch genau untersucht werden, ehe man allein diese einfache Frage beantworten kann.

Ganz ähnlich liegt der Fall bei dem Versuch, die zweite Frage zu beantworten. Beim Vergleich z. B. der Kosten des Kabelweges mit den Kosten einer Hochfrequenzübertragung tritt zu letzterer die Frage nach der Betriebsspannung der dazu benutzten Hochspannungsleitung, weil die Kosten der Ankopplungskondensatoren preislich das Projekt stark beeinflussen. Außerdem muß festgestellt werden, wieviel Unterstationen an der Hochspannungsstrecke liegen, die für die Hochfrequenz überbrückt werden müssen, damit nicht eine Unterbrechung der Leitung in einer Station gleichzeitig die Übertragung der Meßwerte unmöglich macht oder sich die Hochfrequenzenergie nicht in der Schaltanlage usw. verliert. Auch hier ist die Art der Vielfachübertragung, ob sie gleichzeitig oder auf Abruf erfolgen kann, von ganz besonderer Bedeutung, weil die Hochfrequenzgeräte in ihrem Preis und Aufbau sehr stark von diesen Forderungen beeinflußt werden.

Haben wir bisher nur von Leitungen im Eigenbesitz des Unternehmens gesprochen, so ist noch bei solchen Wirtschaftlichkeitsüberlegungen die Möglichkeit des Mietens von Postleitungen zur Meßübertragung zu erwägen, was wiederum Betrachtungen besonderer Art anzustellen verlangt. Kurz und gut, die Projektierung einer mäßigen, wie einer umfangreicheren Fernmeßübertragung auf größere Entfernungen bedingt ziemlich eingehende wirtschaftliche Überlegungen, die nicht ohne weiteres nach einem mehr oder weniger einfachen Rezept erledigt werden können, und zwar um so weniger, als letzten Endes nicht immer der billigste Weg auch der günstigste und richtigste ist, sondern auch die Zuverlässigkeit des Übertragungskanales gegen Störungen aller Art, insbesondere gegen Wind und Wetter muß geprüft werden. Gerade bei starkem Schneefall, bei Rauhreif und bei Gewittern ist eine Fernmeßübertragung stets am wichtigsten für den Betrieb, denn diese Ereignisse bringen nicht nur naturgemäß über weite Gebiete unerwartete oder mindestens ziemlich kurze Zeit vorher vorauszusagende Belastungsspitzen, sondern es sind auch die Hochspannungsfreileitungen selbst unter diesen Umständen am ehesten gefährdet und damit Umdispositionen an Hand der Angaben der Fernmeßgeräte am ehesten nötig. Diese Tatsachen sprechen natürlich bei der Wahl des Kanals, je nach der Wichtigkeit der Meßübertragung für den Betrieb neben dem Preis, in hohem Maße mit. An dieser Stelle hier kann man jedenfalls soviel sagen, daß eine Freileitung auf Holzgestänge bezüglich solcher Störungen am empfindlichsten und ein Erdkabel, wenn es richtig angelegt ist, am sichersten ist. Die anderen Übertragungen ordnen sich bezüglich dieser Frage zwischen diese Grenzen. Genaues darüber zu sagen, ist unmöglich, da der Sicherheitsfaktor natürlich sehr stark vom Alter und der Ausführung der Leitung abhängt.

Wie aber nun die Verhältnisse liegen mögen, bei Entfernungen über 20—30 km dürften schätzungsweise die Kosten des Kanals unter allen Umständen bestimmend für die Kosten der gesamten, auch der leistungsfähigsten Fernmeßanlage sein, und es wird von hier ab außer Frage stehen, daß sich jede Art von Vielfachübertragungsapparaturen lohnt und die teuerste, weil leistungsfähigste, die wirtschaftlichste ist.

Es ist nun eine andere Tatsache bei all diesen Überlegungen bisher unbeachtet geblieben, nämlich die, daß die Telephonie als Nachrichtenmittel in den Elektrizitätswerksbetrieben der Fernmeßtechnik, historisch gesprochen, vorausgegangen ist und damit heute sehr häufig, wenn nicht meist, auch bei den weitesten Entfernungen der Fall so liegt, daß ein Kanal zum Telephonieren vorhanden ist und nun auch für eine oder mehrere Fernmeßübertragungen mitausgenutzt werden soll. Hier liegen dann die Verhältnisse bei den größeren Entfernungen so, daß keine, auch die leistungsfähigste Fernmeß- oder Vielfachübertragungsapparatur, zu teuer ist, wenn man die Herstellung eines besonderen Übertragungskanales den Kosten nach mit dieser Apparatur vergleichen würde.

Die Möglichkeiten, die die Fernmeldetechnik in Beziehung auf Vielfachübertragung bietet, sind außerordentlich vielseitig, doch müssen sie auf Brauchbarkeit für unsere Zwecke besonders geprüft werden, da die Anforderungen an die Unempfindlichkeit gegen rauhen Betrieb und stark schwankende Spannung der Hilfsstromquellen und andere Umstände, die der Starkstrombetrieb mit sich bringt, besonders große sind.

D. Die Richtlinien für die Aufteilung der verschiedenen Fernmeßmethoden.

Um die Übersicht über die Vielzahl der angewendeten Methoden und Konstruktionen zur Fernübertragung von Meßwerten zu erleichtern, ist es angebracht, sie in ein gewisses Schema einzugliedern. Ein solches ergibt sich zwanglos dadurch, daß man sie nach der Stromart unterscheidet, die in der Fernmeßleitung bei der Übertragung jeweils vorhanden ist. In dieser Richtung ergibt sich zunächst als gröbste Einteilung die in Gleichstromübertragungsmethoden einerseits und in Wechselstromübertragungsmethoden andererseits.

Die Gleichstromübertragungsmethoden haben sich logisch deshalb als erste entwickelt, weil das Drehspulinstrument als Empfangsgerät einen ganz wesentlich, um mehrere Zehnerpotenzen geringeren Eigenbedarf hat, als ein Wechselstrominstrument, was natürlich für die Übertragung über Leitungen von hohem ohmschem Widerstand von überwiegendem Vorteil zu sein schien, solange man noch nicht erkannt hatte, daß das Kabel schon bei relativ kleinen Längen „so seine Besonderheiten" hat. So hat doch eine normale Telephonleitung je Kilometer Übertragungsentfernung schon einen ohmschen Widerstand von ca. 60 Ohm. Bei dem geringen Eigenverbrauch der Gleichstrominstrumente ist es aber auch dann noch leicht möglich, große temperaturkoeffizientenfreie Ballastwiderstände anzubringen, die den Temperaturkoeffizienten der Fernleitung herabzudrücken vermögen.

Organisch folgen, um die Verhältnisse in dieser Richtung zu bessern, den einfachen Gleichstromübertragungsmethoden diejenigen, die man wohl am besten als **Gleichstromkompensationsverfahren** bezeichnen kann, die also, wie der Name schon sagt, irgendeine automatische Strom- oder Spannungskompensationseinrichtung derart benutzen, daß entweder der Strom in der Fernleitung als Drehmomentausgleich für das sendende Instrument benutzt wird oder die Leitung in ausgeglichenem Meßzustand so wenig Strom als irgend möglich führt. Bei anderen Gleichstrommethoden wird die Beseitigung des Einflusses der Widerstandsänderung der Fernleitung dadurch erreicht, daß die Zahl der Übertragungsadern höher gewählt wird als die kleinstmögliche, nämlich zwei. All diese Methoden sind im allgemeinen und insbesondere bei größeren Entfernungen als nicht restlos befriedigend anzusehen, da der Isolationswiderstand der Fernleitung durch irgendwelche Umstände recht niedrig werden kann, was natürlich die Zuverlässigkeit der Messung beeinträchtigt, z. B. kann dies durch Feuchtigkeitseinflüsse an den Verbindungsmuffen[1] oder an den Endmuffen oder auch auf der Strecke selbst durch Zerstörung des Mantels eintreten. Auch erfordern die Kompensationsmethoden stets einen gewissen, nicht ganz kleinen Aufwand an mechanischen Hilfseinrichtungen, der, da er dem Verschleiß durch den ununterbrochenen Betrieb unterworfen ist, nicht gern gesehen wird. Weiterhin ergeben die Kompensationsverfahren im allgemeinen bis auf eine Lösung eine relativ langsame Einstellung des Meßwertes, sodaß der Empfangszeiger dem des Sendeinstrumentes recht merklich nachhinkt, und starke Spitzen bei schwankendem Betrieb sogar unter Umständen vollkommen unterdrückt werden, diese sind aber zur Beurteilung des Betriebes oft von großer Wichtigkeit. Einen Gefährdungspunkt kann aber kein Gleichstromverfahren vermeiden, und das ist das Eintreten irgendeiner Fremdspannung in die Fernleitung auf galvanischem, induktivem oder kapazitivem Wege, und solchen Gefahren sind gerade Fernmeßverfahren besonders leicht ausgesetzt, und zwar schon dann, wenn die „Entfernung" zwischen Meßleitung und Starkstromleitung nur einige Meter beträgt. Schon die Nachbarschaft von einigen Volt mit den 220 Volt Gleichstromleitungen einer Starkstromanlage ist in derselben Klemmenreihe auf der Schalttafel sicher gefährlich, besonders wenn es sich um empfindliche Empfangsinstrumente handelt. Etwas Staub und Feuchtigkeit lassen den Isolationswiderstand leicht auf 100—200 Megohm fallen, wodurch schon ein fälschender Stromübertritt in den Bereich der Möglichkeiten kommt.

Aus diesen Gründen zusammen entwickelten sich daher neuerdings die sogenannten Stromstoßverfahren, die vielleicht am besten mit den Telegraphieverfahren des Nachrichtenwesens übertragungstechnisch zu

---

[1] Wie wichtig das ist, zeigen die jeden Sommer nach Gewitterregen wiederkehrenden Zeitungsmeldungen von eingestelltem Telephonbetrieb, weil die Kabelkästen unter Wasser waren.

vergleichen sind. Dies allein bietet schon eine ganze Reihe von Vorteilen, weil man sich nämlich übertragungstechnisch auf bekanntem Boden befindet, bekannt durch die Telegraphie. Diese Verfahren sind prinzipiell alle als Gleichstromverfahren oder als Wechselstromverfahren anwendbar und bilden daher in unserer Einordnung einen Übergang. Bei diesen Verfahren werden nämlich lediglich Stromstöße über die Fernleitung geschickt, deren zeitlicher Abstand oder deren Zahl in einer gewissen Zeit oder deren Länge oder Kombination ein Maß für die Meßgröße darstellen. Diese Verfahren sind prinzipiell vollkommen unabhängig von den Änderungen des Leitungswiderstandes mit der Temperatur wie auch von den Schwankungen des Isolationswiderstandes, da nämlich die Messung so lange richtig bleibt, als die Stromstöße von der Empfangsapparatur noch klar „erkannt", d. h. aufgenommen werden. Geschieht dies nicht mehr, so setzt die Messung im allgemeinen vollkommen aus, wodurch auf der Empfangsseite die Fehlüber-

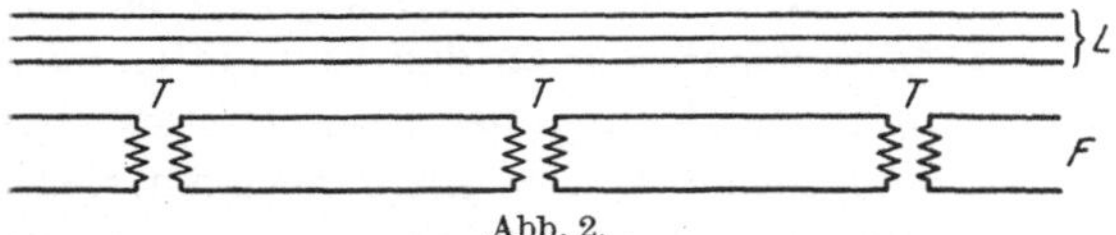

Abb. 2.

Durch Übertrager T abgeriegelte Fernmeldeleitung F, die durch benachbarte Hochspannungskabel oder Fernleitungen L gefährdet ist.

tragung klar erkennbar gemacht werden kann. Dadurch werden verderbliche Täuschungen vermieden.

Anders ist es bei den zuerst genannten Gleichstromverfahren, bei denen bei starken Änderungen des Isolationswiderstandes oder bei Stromübertritt unkontrollierbare Fehlweisungen eintreten. Der Wechselstromstoß, wenn er bei diesen Verfahren benutzt wird, kann niederfrequenter, mittel- oder hochfrequenter Art sein, je nachdem es für den betreffenden Kanal oder die Vergesellschaftung mit anderen Übertragungen auf demselben Draht erforderlich ist.

Dieser Umstand ist von großer Bedeutung für die sogenannten „hochspannungsbeeinflußten" Nachrichtenleitungen, die natürlich bei den Elektrizitätswerksbetrieben fast die Regel sind. Um diese Leitungen gegen solche Beeinflussungen, die sie bekanntlich sogar zerstören können, zu schützen, werden sie durch Übertrager (Transformatoren bestimmter Eigenschaften) mehrfach quer geteilt, Abb. 2. Außerdem ist die Möglichkeit, Wechselstromstöße zu verwenden, notwendig für die Übertragung mittels Hochfrequenz längs der Hochspannungsleitungen und außerdem für gewisse Methoden der gleichzeitigen Vielfachübertragung, Möglichkeiten über die jeweils an ihrem Ort gesprochen werden soll.

Dieser Übergang, der wohl die universell brauchbarsten Konstruktionen gezeitigt hat, führt zu den reinen Wechselstrommethoden, die in zwei grundlegend verschiedenen Formen angewendet werden. Es sind dies einmal die Methoden der Übertragung von Winkelstellungen. Diese Methoden verlangen am Sendeort und am Empfangsort ein synchrones und phasengleiches, kurz ausgedrückt, dasselbe Drehstromnetz und sind an dieses Netz gebunden, d. h. die Richtigkeit der Übertragung ist sofort gestört, sobald dieses Netz an einer der beiden Seiten ohne Spannung ist oder die Stromversorgung beider Enden asynchron wird. Die Methoden haben daher nur geringe Anwendung gefunden, und zwar nur auf geringe Entfernungen, da auch ihr Stromverbrauch relativ hoch ist, so daß man mit ziemlich hohen Spannungen über die Fernleitungen gehen muß, wodurch benachbarte Sprechkreise leicht beeinflußt werden können; man wendet sie aus diesen beiden Gründen daher nur über besondere Signalkabel an. Das Typische an diesen Methoden ist, daß der Wechselstrom nach Frequenz und Spannung bei jeder Größe der Anzeige konstant bleibt bzw. beliebig schwanken kann und sich nur in seiner Phasenlage als die Messung bestimmendes Glied verändert.

Eine weitere Art von Wechselstromübertragungsmethoden ist die, daß in der Fernleitung ein Wechselstrom vorhanden ist, dessen Frequenz sich mit der Größe des Ausschlages ändert. Diese Methoden sind ebenfalls fast so universell anwendbar, wie die bereits erwähnten Strommeßmethoden, sobald man Verstärkeranordnungen anwendet.

E. Die Bedingungen, die heute von einer Fernmeßübertragungsmethode im allgemeinen und im einzelnen erfüllt werden müssen.

Wir wollen diese Eigenschaften aufzählen, wie sich die verschiedenen Apparateteile der Reihe nach an der Apparatur vorfinden, wenn wir uns vom Sendeort zum Empfangsort hin bewegen, Abb. 3.

1. Der Verbrauch des Sendeinstrumentes, den dieses von den Wandlern oder sonstigen Stromquellen zu seinem Betrieb anfordert, soll möglichst klein sein, damit es auch an solche Wandler noch mitangeschlossen werden kann, die durch andere Instrumente, Relais u. a. schon relativ hoch belastet sind, und man nicht genötigt ist, für den Einbau größere Wandler aufzustellen.

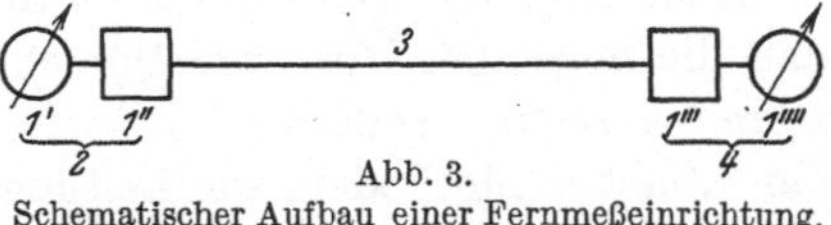

Abb. 3.
Schematischer Aufbau einer Fernmeßeinrichtung.
1' Meßorgan.
1'' Übertragungseinrichtung.
2 Sendegerät.
3 Übertragungskanal.
4 Empfangseinrichtung.
1''' Übertragungseinrichtung.
1'''' Anzeigeorgan.
1' und 1'' bzw. 1''' und 1'''' können mechanisch oder elektrisch verbunden und zusammen gebaut oder getrennt angeordnet sein.

2. Das Sendegerät selbst soll räumlich relativ klein sein, damit es noch bequem auf den Schalttafeln mit untergebracht werden kann. Es soll auch durch seine Formgebung nicht unangenehm auffallen. Es soll möglichst wenig Geräusch machen, da in den Schaltanlagen im allge-

meinen ziemliche Ruhe herrscht; auch soll es unempfindlich gegen leichte Vibrationen sein, die in Schaltanlagen durch Resonanzen auch dann auftreten können, wenn die Maschinen weit entfernt aufgestellt sind. Des weiteren soll es möglichst weitgehend temperaturunabhängig sein, man denke an die Temperaturen in unbesetzten Stationen im Winter, und sich auch sonst in seiner Beeinflußbarkeit bezüglich der Fremdfelder in der Anlage und in seinen sonstigen Eigenschaften wie ein normales Meßinstrument, entsprechend den für diese aufgestellten Regeln, verhalten. Separate kleine Hilfsbatterien sind, da dem Betriebe unbequem, auf der Sendeseite zu vermeiden; Dichtigkeit gegen Staub und eine möglichst geringe Zahl beweglicher Teile ist erwünscht. Eine Anzeige des von diesen Sendeinstrumenten übertragenen Meßwertes wird im allgemeinen nicht als notwendig anzusehen sein, weil ein Ortsinstrument für dieselbe Meßgröße meist sowieso vorhanden oder sehr billig zu beschaffen ist. Selbstverständlich soll die Konstruktion so gestaltet sein, daß jede praktisch vorkommende Meßgröße nur durch Änderung irgendwelcher Einsatzteile übertragen werden kann, was allerdings im wesentlichen nur Vorteile für den Fabrikanten ergibt.

3. Die Übertragung der Meßgröße soll womöglich über jede Art Leitung oder Übertragungskanal erfolgen können, um jederzeit unter Beibehaltung desselben Systems beliebig erweitern zu können, ein Vorteil, der nicht stark genug betont werden kann. Es ist immer lästig, verschiedene Systeme in ein und demselben Betrieb warten zu müssen.

Die Übertragungsströme sollen so schwach gewählt werden können, daß in demselben Kabel oder auf derselben Leitung liegende Telephongespräche bei Benutzung normaler Sperreinrichtungen nicht gestört werden.

Andererseits müssen die Anordnungen so getroffen werden können, daß die normalen Ruf- und Sprechströme die Messung ihrerseits nicht stören können. Andererseits darf auch eine Leitungsprüfung nach den üblichen Methoden, wie Leitungsprüfer oder Induktoren, das Übertragungssystem nicht beeinflussen oder gar zerstören, ein sehr wichtiger Punkt, der nicht immer beachtet wird. Ebensowenig darf dies durch besondere Eigenschaften der Fernleitung, wie z. B. Änderungen des Isolations- oder Leitungswiderstandes geschehen können. Ferner müssen in der Fernleitung jederzeit nachträglich Übertrager eingebaut werden können, ohne das Übertragungssystem unmöglich zu machen. Auf diese Eigenschaft ist ganz besonders zu achten, weil heute viele Telephonleitungen, die in der Nähe von Hochspannungsleitungen verlegt und glatt durchgeschaltet sind, eines Tages des Einbaues solcher Übertrager zum Schutze der Fernmeldeleitung selbst bedürfen, weil die Kurzschlußströme in der Hochspannungsleitung infolge Zufügens weiterer Generatoren oder infolge Anschlusses an ein Großkraftnetz wesentlich zunehmen und infolgedessen die Nachrichtenleitungen bei Störungen im Hochspannungsnetz plötzlich zu Durchschlägen neigen können.

4. Bei der Empfangseinrichtung sollen die Anzeigeorgane, soweit irgend möglich, ganz beliebiger Art sein können, um sich den anderen Instrumenten, die in der Anlage vorhanden sind, und jeder Bauart von Schalttafeln oder Pulten anpassen zu können. Die Anzeige soll möglich sein: durch normale runde Schalttafelinstrumente der verschiedenen gängigen Durchmesser, durch Kreisprofil- und Flachprofilinstrumente, und nicht selten wird auch eine Anzeige durch besonders große Instrumente, wie Lichtband- oder Lichtzeigerinstrumente, verlangt, da ja die durch Fernmessung übertragene Größe häufig von besonderer Wichtigkeit ist und aus der Reihe der übrigen Instrumente herausgehoben werden muß. Die Möglichkeit registrieren zu können, wird allgemein als sehr wichtig, ja als unbedingt nötig angesehen, da die Registrierung neben dem „Beleg", den sie gibt, das einzige Mittel ist, eine steigende oder fallende Tendenz des Meßwertes sofort klar zu erkennen. Dies ist sehr wichtig für die Beobachtung des Einsetzens der Spitzenbelastung und das Erkennen von Kurzschlüssen.

Im allgemeinen wird die Anzeigevorrichtung als die beste angesehen, die alle Schwankungen der Meßgröße möglichst in derselben Weise widerspiegelt, wie ein normales örtliches Anzeigeinstrument. Bei Registrierinstrumenten wird die übliche Linien- oder Tintenschrift der Punktschrift vorgezogen, weil schon bei relativ ruhigen Belastungskurven die einzelnen Punkte der letzteren schon so unruhig liegen, daß die Linien nicht immer klar zu verfolgen sind (Sternenhimmel).

Auch die Ableseeinrichtungen sollen kein Geräusch machen und möglichst wenig bewegliche Teile enthalten. Allergrößter Wert muß auch auf eine einfache Summierungsmöglichkeit von auf der Empfangsseite zusammenlaufenden Größen gelegt werden. Auch der Wunsch nach Subtraktionsmöglichkeiten muß dann erfüllt werden, wenn einer der Summanden, z. B. in der Energierichtung, wechselt (Lieferung und Bezug).

Als Hilfsstromquellen, wenn sie nicht zu vermeiden sind, sollen möglichst die in den allermeisten Fällen vorhandenen 110- oder 220-Volt-Betriebsbatterien oder die auch häufig vorhandenen 60 Volt Telephonbatterien verwendet werden, wobei man von der Konstanz der Spannungen nicht mehr verlangen soll, als üblicherweise für diese Stromquellen vom normalen Betrieb verlangt wird, nämlich $\pm\,20\,{}^0\!/_0$ Spannungsschwankung. Sind derartige Stromquellen nicht vorhanden, so ist allerdings mehr zu empfehlen, eine gesonderte Batterie für kleine Spannungen aufzustellen, als den nötigen Gleichstrom aus dem Wechselstromnetz etwa durch Gleichrichter zu entnehmen, um die Meßübertragung gegen eine Störung in diesem Netz zu sichern. Dies gilt nicht für die Sendeseite, bei der ja mit dem Ausbleiben der Spannung auch der Meßwert selbst aussetzt, wenn man den Gleichrichter an demselben Spannungswandler legt wie das Sendegerät.

Die Skalen sollen im allgemeinen proportional geteilt sein, doch kommt auch der Wunsch nach im oberen Bereich zusammengedrängten Teilungen, und zwar vor allem in Bahnbetrieben vor. Sehr zweckmäßig ist es, an den Instrumenten eine Erkennungsmöglichkeit, ob eine Fernleitungsstörung, insbesondere eine Fernleitungsunterbrechung vorliegt, anzubringen. Sehr wichtig ist es auch, Anzeigegeräte mit „unterdrücktem Nullpunkt" oder auch mit umschaltbaren Meßbereichen verwenden zu können, denn im Sommerbetrieb ist im allgemeinen die Belastung eine vielmals geringere als an einem Winternachmittag. Es kommt hier ein Ausschlagsverhältnis 1:3 bis 1:5 vor, sodaß sich also im Sommer die Vollast im ersten Drittel bis Fünftel der Skala wiederspiegelt, was unbequem abzulesen ist.

Dieser Punkt führt zur Genauigkeitsfrage der Fernmeßübertragungen überhaupt. Bei den hierfür gültigen Überlegungen soll von der Ablesezuverlässigkeit, über die schon an verschiedenen anderen Stellen gesprochen wurde, abgesehen werden.

Man kann bei solchen Einrichtungen die Genauigkeitsfrage nicht so exakt definieren, wie man es bei den üblichen Meßinstrumenten zu tun pflegt; bzw. ist eine derartige Genauigkeitsfestlegung, wenn man sie gedankenlos auf Fernmeßinstrumente überträgt, wertlos, wenn man damit voll und ganz auf die technische Wertigkeit der Einrichtungen schließen will.

Ein Beispiel soll diese Umstände erläutern. Es gibt Fernmeßeinrichtungen, bei denen die Anzeige auf der Empfangsseite in gewissen Zeitabständen mit dem Meßwert des sendenden Instrumentes gleichgestellt wird. Nehmen wir an, daß zu diesem Korrekturzeitpunkt die Übertragungsgenauigkeit eine sehr große sei, so hat man doch in der Zwischenzeit, in der alle möglichen Werte auftreten können, keinerlei Ablesung, während auf dem Instrument der letzte Korrekturwert immer noch erhalten bleibt, der Fehler kann bis zu 100 % betragen. Es kann daher die Integration einer so aufgenommenen Registrierkurve einen anderen Wert ergeben als die entsprechende Zählerablesung. Dann gibt es wieder andere Übertragungseinrichtungen, bei denen in gewissen Zeitabständen die jeweiligen Mittelwerte übertragen und angezeigt werden. Geschieht diese letztere Übertragung jeweils richtig, so wird die Integration einer so aufgenommenen Registrierkurve zwar gut mit der Zählerablesung übereinstimmen, aber dem Ablesenden werden alle Zwischenerscheinungen nicht wiedergespiegelt. Auch hier können zwischen den Ableseperioden 100 % Fehler auftreten, da ja auch der Mittelwert absatzweise übertragen wird. Es wird dem Ablesenden also nicht möglich sein, die eventuell im Betrieb vorhandene „Unruhe" zu erkennen, d. h. das betriebstechnische Feingefühl des Ablesenden kann sich nicht auswirken. Andere Methoden gibt es wiederum, die wohl die Feinheiten übermitteln, aber mit mehr oder weniger großen Fehlern, je nach der Schnelligkeit der Schwankungen die Kulminationspunkte der Meßgrößen wiedergeben, aber trotzdem im Mittelwert über längere Zeit vollkommen genaue Werte anzeigen.

Man sieht ohne weiteres, daß bei dieser Verschiedenartigkeit der Methoden der übliche Genauigkeitsbegriff des Vergleiches des Ausschlagswertes mit der gleichen konstanten anderweitig genau ermittelten Größe und des Ausdrückens der Abweichung in Fehlerprozenten vom Höchstwert nicht klar über die Güte der Fernmeßübertragung Auskunft gibt. Dieser Begriff stellt also noch keine einwandfreie Definition dar, da nebenbei berücksichtigt werden muß, was eigentlich mit der Anlage bezweckt wird und welche Art von Wiedergabe erwünscht ist.

5. Ein Gesichtspunkt, der bei den Erwägungen nicht vergessen werden darf, ist der, ob eine Mehrfach- oder gar eine Vielfachübertragung ausführbar ist, denn es ist auch hier, wie bei der schon gestreiften Frage der Erweiterbarkeit, sozusagen der Hintereinanderschaltung, nicht abzusehen, ob sich nicht die Ausdehnung des Meßbedürfnisses auch eines Tages auf demselben Übertragungskanal, sozusagen der Parallelschaltung von Meßvorgängen, erstrecken wird.

Es sind damit die wesentlichen Gesichtspunkte, nach denen eine Fernmeßapparatur „allgemein" zu beurteilen ist, gegeben. Würde man diesen strengen Maßstab an alle Systeme anlegen, so blieben nur wenige übrig, die einer solchen Kritik standhalten.

Die Tatsache, daß trotzdem eine ganze Anzahl von Systemen weitere Verbreitung gewonnen haben, zeigt, daß es eben mancherlei praktische Fälle gibt, bei denen man sich mit geringeren Anforderungen zufrieden geben kann, allerdings ist dies nicht die alleinige Ursache für ihr Bestehen, sondern bei der schnellen Entwicklung und bei dem starken Bedürfnis nach solchen Einrichtungen sind manche Systeme deshalb in Aufnahme gekommen, weil es noch nichts anderes gab bzw. die Anwendenden sich noch nicht über alle zu beachtenden Gesichtspunkte klar waren oder auch ihre Schlüsse auf die Anwendbarkeit des Systems nur aus dem speziell zunächst vorliegenden praktischen Fall zogen und nicht auf das Rücksicht nahmen, was sich in Zukunft aus ihren Anlagen noch entwickeln könnte.

Heute kann man sagen, daß es in jeder Beziehung universelle Systeme gibt und man soll nie sagen, eine Erweiterung kommt in dem und dem Fall nicht vor, sondern soll nicht engherzig einige hundert Mark sparen und sich dafür die Zukunftsentwicklung verbauen.

Man könnte vermuten, daß das Erfüllen aller Forderungen ein zwar universelles, aber sehr teures Fernmeßsystem ergibt, so teuer, daß es für einfache Fälle nicht mehr genügend preiswert herzustellen sei und dies der Grund für die Existenzberechtigung mehrer Systeme sein könnte. Es muß jedoch festgestellt werden, daß dies nicht unbedingt der Fall sein muß, wenn nämlich das Universalsystem baukastenähnlich aufgebaut wird, d. h. wenn vom einfachsten Fall bis zum kompliziertesten die verschiedenen Stadien durch Hinzufügen von Zusatzteilen zu den Grundelementen zusammengestellt werden können. Es ist daher berechtigt, wenn man diesen konstruktiven Gesichtspunkt zur Beurteilung der verschiedenen Fernmeßsysteme als sehr wesentlich mit heranzieht.

F. Der prinzipielle Aufbau und die Wirkungsweise der verschiedenen Fernmeßsysteme.

1. Die Gleichstromsysteme.

a) Die Gleichstromsysteme, bei denen die zu messende Wechselstromgröße durch ruhende Umformer in eine proportionale Gleichstromgröße, die über die Fernleitung zu übertragen ist, umgewandelt wird. Für diese Methode werden die bekannten Trockengleichrichter verwendet, und zwar sind sie zur Zeit in praktischer Verwendung als Kupferoxydul-Gleichrichter oder als Selengleichrichter.

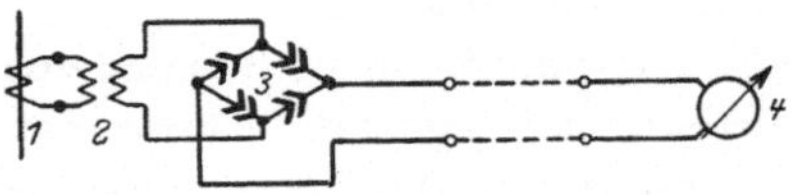

Abb. 4. Fernmeßanordnung mittels Trockengleichrichter.
1 = Stromwandler.
2 = Zwischenwandler.
3 = Gleichrichterbrücke.
4 = Empfangsanzeigegerät.

Es wird gewöhnlich mit einer sehr geringen spezifischen Belastung der Platten gearbeitet. Direkter Anschluß an Meßwandler ist nicht möglich, sondern es wird ein Zwischenwandler verwendet, der meist stark gesättigt wird, um Überlastungen der Gleichrichter bei Kurzschluß zu vermeiden.

Die Instrumente werden als Strommesser (Abb. 4) und als Spannungsmesser gebaut.

Sie sind auch als Wirkstrommesser in besonderer Schaltung verwendbar.

Zu beachten ist, was in der Natur der Sache liegt, die Abhängigkeit der Anzeige vom Formfaktor des zu messenden Wechselstromes, die man als Kurvenformabhängigkeit bezeichnet. Diese beträgt etwa 1,5 % bei 15 % dritter Oberwelle.

Für die Wirkstrommesser ist weiter zu beachten, daß sie in ihrer einfachen Form symmetrische Belastung der drei Phasen voraussetzen und damit bei unsymmetrischer Belastung fehlerhaft anzeigen müssen.

Der Vorteil dieser Gleichrichterfernmeßinstrumente ist der, daß sie weder auf der Sendeseite noch auf der Empfangsseite Hilfsstromquellen benötigen.

Ihre Genauigkeit darf nicht zu hoch veranschlagt werden, ist aber für viele technische Zwecke, wo sie z. B. nur der Allgemeinüberwachung dienen, genügend.

Eine andere Methode bedient sich zur Gleichrichtung der Hochvakuumröhren. Diese Instrumente sind herstellbar als Spannungsmesser und Strommesser.

Die Schaltung zeigt Abb. 5, das ohne weiteres verständlich ist.

Um die Apparatur gegen zu große Spannungserhöhung bei Öffnen der Sekundärseite des Wandlers zu schützen, ist eine Sicherheitsfunkenstrecke vorgesehen. Eine Neonlampe dient zum Schutz gegen Spannungserhöhungen bei Unterbrechung der Fernleitung. Bei Spannungsmessungen ist noch ein Justierwiderstand vorzusehen, der bei Strommessungen fortfallen kann. Siebkreise beseitigen zum Teil die Welligkeit des Gleichstromes, der auf der Empfangsseite durch gängige Drehspulinstrumente gemessen wird.

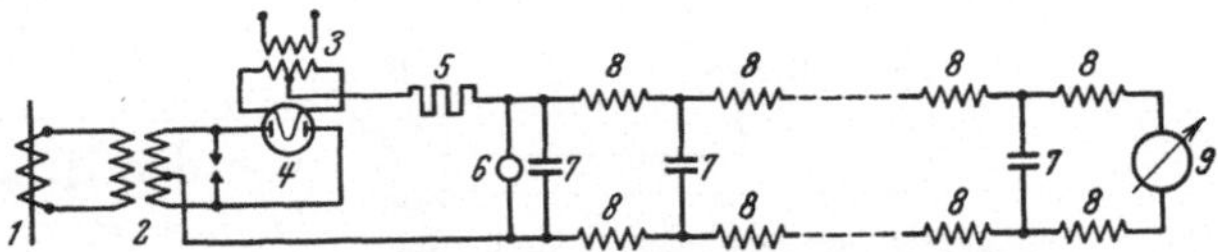

Abb. 5.   Fernmeßanordnung mittels Glühkathodengleichrichter.

1 = Stromwandler.   5 = Widerstand   zur   7 = Kondensatoren.
2 = Zwischenwandler.   Kompensation der   8 = Drosselspulen.
3 = Heiztransformator.   Fernleitung.   9 = Gleichstromdreh-
4 = Gleichrichterröhre.   6 = Neonröhre.   spulinstrument.

Der wesentliche Unterschied dieser Einrichtung gegen die soeben beschriebene Methode ist die Notwendigkeit, Hilfsstromquellen auf der Sendeseite zu verwenden. Größere Bedeutung scheint dieses System bis heute nicht gewonnen zu haben.

Gemeinsam ist diesen beiden Systemen, daß der erzeugte Gleichstrom wellig ist, und daher eine Störung in demselben Kanal liegender Telephonkreise vorkommen kann, vor allem dann, wenn es sich um Signalkabel handelt, bei denen bekanntlich beim Kabelaufbau auf gegenseitige Störungsmöglichkeit nicht wesentlich Rücksicht genommen ist.

Ein weiteres System, das allerdings bisher nur als Fernwattmeter bekanntgeworden ist, beruht auf dem thermoelektrischen Prinzip.

Diese Methode ist an sich auch als Strom- bzw. Spannungsmeßmethode denkbar, sie würde jedoch eine quadratische Skala ergeben, die prinzipiell durch bekannte Mittel mehr oder weniger der linearen Skala angenähert werden könnte.

Als Wattmeter stellt dieses Prinzip ein eigenartiges Gebilde dar, das zwar nicht uninteressant ist, aber der Fernleitung und dem Empfangsinstrument nur relativ sehr wenig Energie zur Verfügung stellt, so daß also nur die technischen Meßgeräte benutzt werden können, die in der Wärmemeßtechnik üblich sind, nämlich elektrisch empfindliche Drehspulzeigerinstrumente.

Als gewöhnliches thermisches Wattmeter ist das Grundprinzip schon längst bekannt, aber kaum je praktisch ausgenutzt worden. Es beruht auf der bekannten Formel: $(a + b)^2 - (a - b)^2 = 4a \cdot b$ oder gleich in die elektrischen Verhältnisse umgesetzt: $(e + i)^2 - (e - i)^2 = 4e \cdot i$.

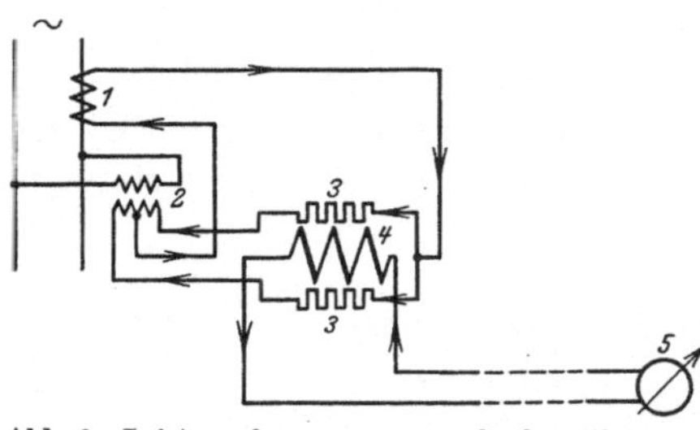

Abb. 6. Leistungsfernmessung nach dem thermoelektrischen Prinzip.
1 = Stromwandler.   *4* = Thermoelemente.
2 = Spannungsmesser.   *5* = Gleichstromdreh-
3 = Heizbänder.   spulinstrument.

Dies wird durch eine Schaltung von Hitzdrähten erreicht, wie sie (Abb. 6) zeigt. Diese Hitzdrähte beheizen Thermoelemente, die in der gezeichneten Weise hintereinander bzw. gegeneinander geschaltet und von den Heizdrähten elektrisch isoliert sind. Die Anordnung arbeitet auch bei verschiedenen Phasenverschiebungen zwischen Strom und Spannung richtig.

(Abb. 7) zeigt einen Querschnitt durch die praktische Anordnung. Die Anzeige ist natürlich relativ träge. Man kann vom ausgeschalteten Zustand aus den Vollausschlag in etwa 20 Sekunden erreichen. Die Systeme scheinen bisher nur für Drehstrom gleicher Belastung ausgeführt worden zu sein. Nach einer Veröffentlichung sind bisher ca. 20 Anlagen ausgeführt, die bis zu 40 K.M. überbrücken. Auch eine Summierung ist mit diesem System durch Reihenschaltung der Gleich-

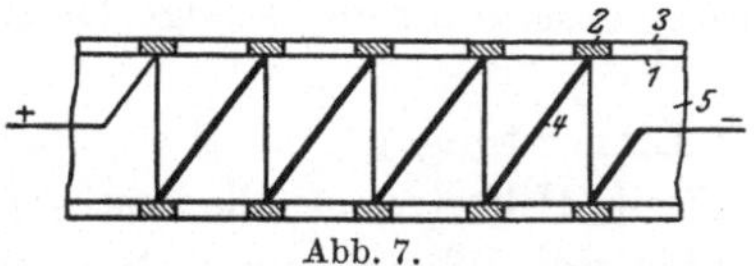

Abb. 7.
Querschnitt durch die Thermoanordnung.
1 = Glimmer.   *3* = Wärmeschutz.
2 = Heizband.   *4* = Thermoelemente.
        5 = Trägeranordnung.

stromkreise möglich. Eine Registrierung ist nur möglich, wenn man Punktschreiber oder Kompensationsschreiber (s. später) verwendet. In ausgedehnterem Maße scheint das Prinzip bisher nicht angewendet worden zu sein.

b) Die Gleichstromsysteme, bei denen die Umformung der Meßgröße in Gleichstrom auf mechanischem Wege geschieht. Bei diesen Systemen wird zunächst die Meßgröße in eine rotierende Bewegung umgesetzt, so daß die Drehzahl der Meßgröße möglichst genau proportional ist. Diese Drehzahl wird alsdann nach dem Prinzip der Drehzahlmessung durch das Gleichstromgeneratorverfahren gemessen bzw. übertragen, d. h. es wird auf die Welle eine kleine Gleichstromdynamo gesetzt, deren Spannung möglichst genau der Drehzahl proportional ist. Die hierfür geeigneten Elemente sind aus der Zählerpraxis allgemein bekannt. Der Umwandlungsapparat der Meßgröße in eine dieser proportionalen Drehbewegung ist im wesentlichen der bekannte Motorzähler. Der Gleichstromgenerator ist im wesentlichen das Grundelement des Gleichstromamperestundenzählers, und zwar wird die Flachankertype bevorzugt. Die mechanische Verbindung beider Elemente gibt im Grundprinzip den „Sender" für eine derartige Fernmeßeinrichtung.

Selbstverständlich ist der „Nutzeffekt" eines solchen Motorgenerators sehr gering.

Überlegt man sich die Verhältnisse genauer, so kommt man zu der praktischen Bedingung, daß das Drehmoment des normalen Wechselstromzählers stark erhöht werden muß und die Verhältnisse so gewählt werden müssen, daß der Temperaturkoeffizient der Fernleitung die Dämpfung bzw. die Bremsung des Gesamtsystems nicht beeinflussen darf, wenn man keine Fehlanzeige erhalten will. Die Bremsung der Dämpferscheibe des Senders muß stets die Bremsung durch die Energieabgabe in das Fernmeßnetz so weit überwiegen, daß der variable Teil der Belastung, verursacht durch den Temperaturkoeffizienten des Fernübertragungskreises, nichts wesentliches ausmacht.

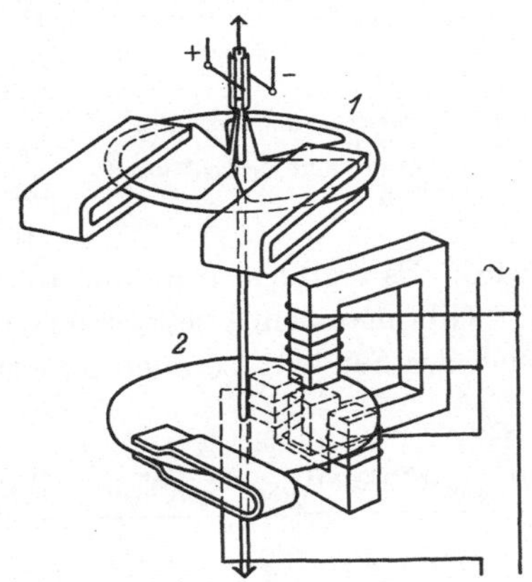

Abb. 8. Fernmeßsender nach dem Generatorverfahren.

1 = Gleichstromerzeuger.
2 = Antriebsorgan für Leistungsmessung.

Abb. 8 zeigt einen solchen Sender. Dieses System ist relativ sehr günstig in Beziehung auf die Herstellbarkeit von Sendern für verschiedenerlei Meßgrößen. Für Meßgrößen, für die es Zähler gibt, sind roh gesprochen auch entsprechende Fernmeßapparate leicht herstellbar. Es ist also die Übertragung von Strom, Spannung, Leistung (Einphasen- wie auch Drehstromleistung usw.) möglich. Auch die Übertragung der Frequenz ist durchführbar, wenn man einen Zähler so umbaut, daß er frequenzempfindlich wird, die Spannungsabhängigkeit darf dabei aber nur klein sein.

Die Fernanzeige von irgendwelchen Einstellungen wird dadurch möglich, daß man z. B. den Zähler in eine Schaltanordnung legt und den Verstellhebel mit einem Eisenkern ausrüstet, der in eine Spule eintaucht, Abb. 9.

Zu beachten ist, daß die normalen Flachanker der Amperestundenzähler, die als Tourendynamo verwendet werden, meist dreiteilige Kollektoren besitzen und daher der von diesen in die Fernleitung abgegebene Strom stark wellig ist, Abb. 10. Es kann dies zu einer Störung von Ortstelephonkreisen führen, wenn man sich nicht besonders dagegen, z. B.

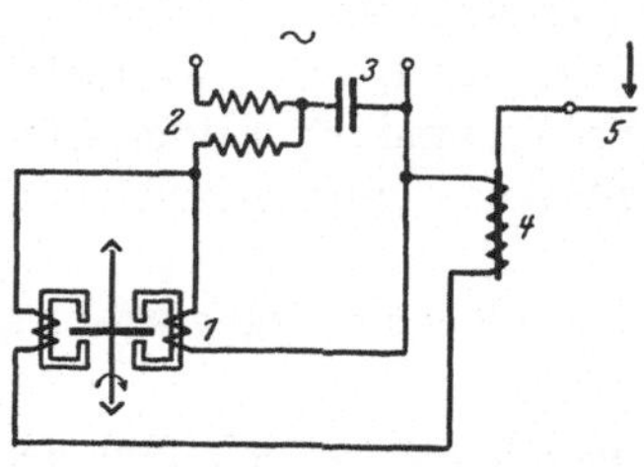

Abb. 9. Sendeorgan für die Fernübertragung von Winkelstellungen.

1 = Rotierendes Meßorgan.
2 = Wandler.
3 = Kondensator.
4 = Drosselspule mit verstellbarem Eisenkern.
5 = Angriffspunkt für das Verstellorgan.

durch Drosselspulen im Fernmeßkreis, schützt. Bei schwacher Belastung steht der Zeiger der Empfangsinstrumente durch die Welligkeit des Gleichstromes in der Fernleitung nicht ruhig, ein Mangel, der durch entsprechendes Dämpfen dieser Instrumente erreicht werden könnte. Auch ist man dazu übergegangen, um die Welligkeit herabzudrücken, und gleichzeitig mehr Energie zur Verfügung zu haben, zwei solcher Generatoren auf die Welle des Triebsystems zu setzen und die Kollektoren so gegeneinander zu verstellen, daß die Welligkeit herabgesetzt wird. Es ergibt sich daraus allerdings eine erhöhte Spurlagerbelastung.

Gibt man dem Triebsystem einen Vortrieb, so kann man dadurch, daß sich der Sender also auch unbelastet nur unter dem Einfluß der Span-

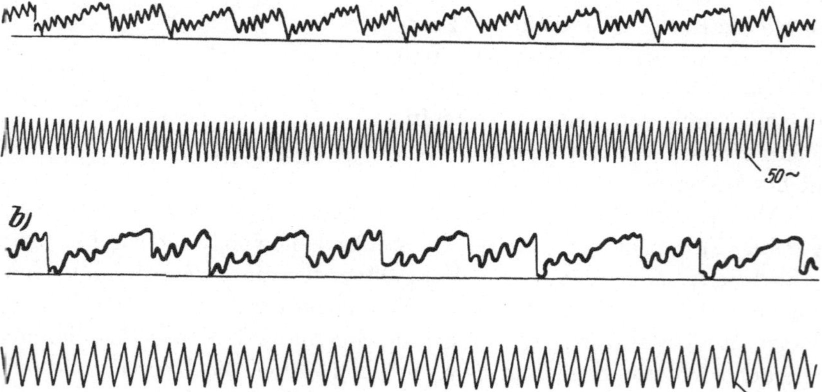

Abb. 10. Oszillogramm der Gleichstromgeneratorspannung Abb. 8.
a) = ¹/₂ Normaldrehzahl.   *b)* = ³/₄ Normaldrehzahl.
Die Oberwellen rühren von indirekter Beeinflussung durch das Antriebsorgan her.

nungsspule dreht, erreichen, daß der wahre Nullpunkt des Empfangsinstrumentes von der Nullstellung abweicht, die z. B. der Durchgangsleistung Null entspricht, wenn es sich um eine Leistungsübertragung handelt. Es ist dadurch möglich anzuzeigen, ob eine Unterbrechung in der Fernleitung vorliegt. Eine Summierung ist durch Hintereinanderschalten der Gleichstromerzeuger möglich. Bis zu welcher Zahl von Sendern und mit welcher Genauigkeit der Summenbildung dies praktisch möglich ist, ist nicht bekannt.

Das hierbei auftretende elektrische Problem ist ungefähr dasselbe, als wenn eine Anzahl von Wechselstrom-Gleichstromumformern auf der Gleichstromseite hintereinander geschaltet werden. Diese Umformer haben außer elektrischer Energie auch mechanische Energie abzugeben, deren Größe sich mit ihrer Drehzahl ändert, z. B. Kreiselpumpen. Je nach dem Betriebszustand laufen alle, oder haben auch in einem anderen Fall einige keinen Antrieb, von der Wechselstromseite her. Sie entwickeln aber von der Gleichstromseite her ein Drehmoment, das sie in Bewegung setzen kann, wobei sie natürlich eine Gegenspannung auf der Gleichstrom seite erzeugen, Abb. 11.

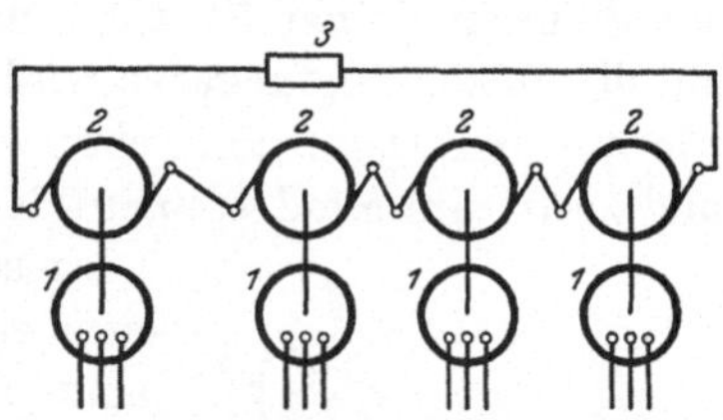

Abb. 11. Grundschema der Summenbildung beim Generatorverfahren.

1 = Drehstrommotoren.
2 = Gleichstromgeneratoren mit Wirbelstrombremsen.
3 = Belastung.

Man sieht an diesem Beispiel ohne weiteres, daß diese Summierungsmethode nur dann einwandfrei arbeiten kann, wenn der Meßstrom, der dem System entnommen wird, vernachlässigbar klein ist gegenüber der Leistungsfähigkeit des ganzen Systems. Weiter soll auf diese Verhältnisse hier nicht eingegangen werden. Es sei nur bemerkt, daß die Verhältnisse noch komplizierter werden, wenn außer einer Summierungsanzeige gleichzeitig eine Einzelanzeige erfolgen soll. Es wird daher praktisch in diesem Fall zu einer Trennung der Stromkreise derart übergegangen, daß auf jede Senderwelle zwei solcher Gleichstromgeneratoren gesetzt werden, von denen der eine auf den Summenkreis, der andere auf das Einzelanzeige-instrument arbeitet.

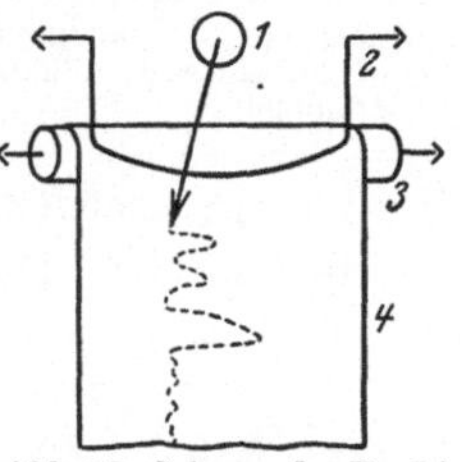

Abb. 12. Schema des Punktschreibers.

1 = Meßwerk.
2 = Fallbügel.
3 = Papierwalze mit untergelegtem Farbband.
4 = Papier.

Es ist versucht worden, mehrfach gekuppelte Empfangsinstrumente zu bauen und so die Summierung der einzelnen Generatoren im Empfangsinstrument unter elektrischer Trennung der Stromkreise zu summieren, doch stoßen solche Versuche auf konstruktive Schwierigkeiten, die außerdem auch die Zahl der möglichen Summanden stark einschränken. Die geringe Energie, die diese Meßmethode liefert, genügt zwar, um empfindliche Empfangsinstrumente von runder oder von Kreisprofilform zu betreiben, eine Registrierung ist aber nur durch Punktschreiber (Abb. 12), oder Kompensatorschreiber möglich, die auf einer Automatisierung der bekannten Kompensationsschaltung von

Lindeck und Rothe beruhen, erstere geben bei wechselnder Last keine klare Kurve. Um auch Großinstrumente mit dieser Übertragungsmethode betreiben zu können, wird der Schatten des Zeigers eines normalen Anzeigegerätes durch eine vergrößernde Optik auf eine Mattscheibe projiziert. Als besonderer Vorteil dieses Systems wäre noch zu erwähnen, daß es keinerlei Hilfsspannungen zum Betriebe nötig hat.

c) **Gleichstromübertragungssysteme, bei denen das Sendeorgan direkt zur Steuerung einer Gleichstromhilfsspannung benutzt wird, die alsdann auf die Meßleitung gegeben wird.** Diese Systeme bedienen sich sämtlich, wie aus der Definition schon zu schließen ist, einer Hilfsstromquelle, und zwar zum mindesten auf der Sendeseite, wobei zunächst noch nichts ausgesagt wird, welcher Art diese Hilfsspannungen sind. Die einfachsten dieser Systeme sind in zwei Ausführungen auf den Markt gekommen. Sie beruhen im wesentlichen darauf, daß das Meßinstrument direkt an einem stromdurchflossenen Widerstand ein Potential abgreift, das an die Fernleitung gelegt wird (Abb. 13). Bei der einen dieser beiden Konstruktionen wird als Widerstand ein Toroid z. B. aus Platiniridium benutzt, auf dem eine Bürste, die vom Meßsystem bewegt wird, schleift. Bei der anderen Konstruktion wird ein sogenanntes Ringrohr benutzt (Abb. 14); dies ist ein kreisförmig gebogenes Glasrohr, in dem sich eine Metallspirale befindet. Das Rohr ist zur Hälfte mit Quecksilber gefüllt, so daß bei der Drehung um seine Achse durch das Quecksilber ein mehr oder weniger großer Teil des Widerstandsdrahtes kurzgeschlossen wird.

Es ist klar, daß beide Formen Meßwerke mit abnormal hohem Drehmoment verlangen, wenn eine genügend genaue Einstellung erreicht werden soll. Ihr konstruktiver Unterschied dürfte nach folgenden Gesichtspunkten zu beurteilen sein. Das erste System könnte der Verschmutzung und dem Verschleiß ausgesetzt sein, letzteres insbesondere vielleicht bei Voltmetern, bei denen der Kontakt fast immer an derselben Stelle kleine Bewegungen ausführt. Dagegen ist die zusätzliche vom Meßwerk zu bewegende Masse, nämlich die der Bürste und des Stromzuführungsbandes, gering. Es ist dies eine Frage, die bezüglich der Instrumentendämpfung und seiner Lagerung zu berücksichtigen ist. Bei der anderen Ausführung ist zwar kein Verschmutzen und kein Ver-

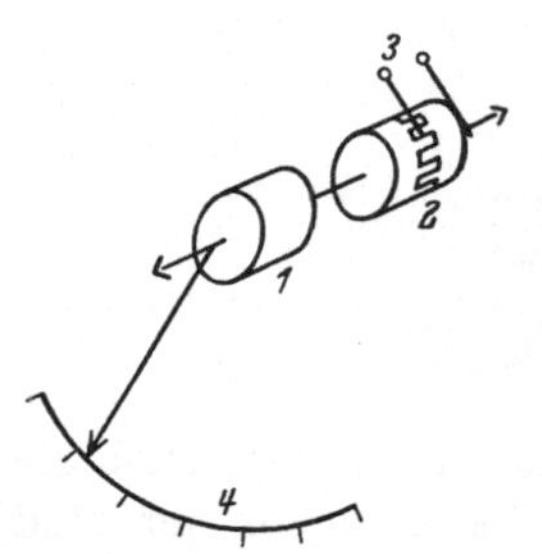

Abb. 13. Fernmeßverfahren Art. C.

1 = Meßwerk.   3 = Bürsten.
2 = Widerstands- 4 = Skala.
trommel.

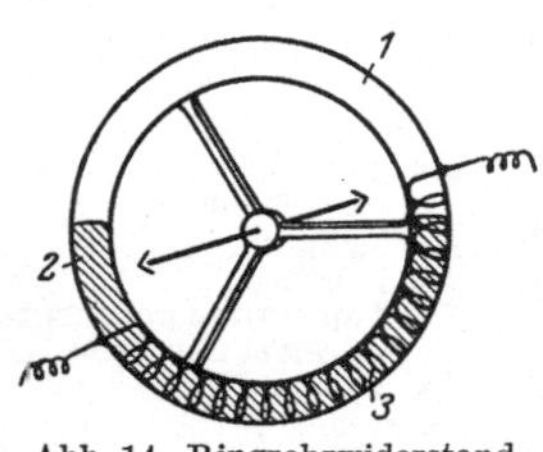

Abb. 14. Ringrohrwiderstand.

1 = Glasrohr.   3 = Widerstands-
2 = Quecksil-   draht.
berfüllung.

schleiß zu erwarten, es muß aber das ganze Ringrohr gedreht werden. Das Gewicht des Ringrohres muß von besonderen Lagern aufgenommen werden, auch sind, um Pendelungen zu vermeiden, besondere Zwischenorgane zwischen Ringrohr und Meßwerk nötig. Dies der Nachteil, der Vorteil dieser Konstruktion liegt in dem stets zuverlässigen und sauberen Kontakt, der auch durch Staub und Feuchtigkeit nicht zu beeinflussen ist. Zur Übertragung elektrischer Meßwerte hat sich die letztere Konstruktion wohl wegen ihres relativ hohen notwendigen Drehmomentes nicht eingeführt. Sie ist aber zur Übertragung der Anzeige von Federmanometern, Glockenmanometern, zur Fernübertragung der Angaben von Venturimessern, zur Übertragung von irgendwelcher Klappenstellungen, kurz aller Apparate, an denen ein relativ hohes Drehmoment zur Verfügung gestellt werden kann, häufig benutzt worden.

Diese beiden Konstruktionen wären natürlich in ihrer Anzeigezuverlässigkeit in der bis hierher vorgeführten Form abhängig von der Konstanz des Stromes im Potentiometerwiderstand. Man beschränkt sich im allgemeinen

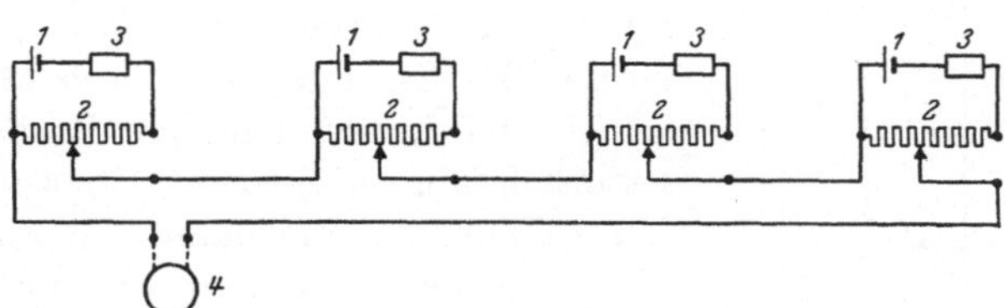

Abb. 15. Summierung nach dem Potentiometerverfahren.

1 = Stromquellen.
2 = Von den Meßwerken abgreifbare Widerstände.
3 = Einrichtungen zum Konstanthalten des Stromes in den Widerständen.
4 = Drehspulanzeigegerät.

darauf, diesen Strom durch vorgeschaltete Eisenwasserstofflampen, sog. Variatoren, konstant zu halten und ihn durch ein besonderes Meßinstrument zu kontrollieren und durch Regulierwiderstände ab und zu nachzuregulieren. Auch der Umstand, daß kleine Akkumulatorenbatterien mit Tropfenladung, d. h. einer Ladestromstärke, die nur 10—20 mA größer ist als der Konsum, ihre Spannung ziemlich konstant halten, wurde benutzt. Eine Summierung ist mit diesen Konstruktionen in beschränktem Maße möglich (Abb. 15). Es ergeben sich aber dabei leicht gewisse Komplikationen, wenn die Anlage nicht vollkommen erdschlußfrei gehalten wird, was bei solchen kleinen Batterien und einem ausgedehnten Leitungsnetz nicht immer sicher und keinesfalls auf die Dauer erreicht werden kann. Empfangsinstrumente von großer elektrischer Empfindlichkeit und hohem inneren Widerstand, die frei von Temperaturfehlern sind, zu verwenden, ist natürlich zweckmäßig, um die Widerstandsänderung der Fernleitung mit der Temperatur in ihrem Einfluß auf die Übertragung herabzudrücken; auch sind solche Instrumente weniger empfindlich gegen Isolationsfehler der Fernleitung, wenn dieser am Anfang der Leitung liegt.

Eine sehr genaue und zuverlässige Anzeige läßt sich aus den genannten Gründen mit diesen Systemen nicht erreichen. Sie sind daher in dieser Form kaum noch zu finden. Um bei diesen Konstruktionen diese Mängel zu beseitigen, insbesondere um von den Schwankungen der Batteriespannung unabhängig zu werden, werden statt zweier Meßleitungen, deren drei benutzt und als Empfangsinstrument an Stelle eines gewöhnlichen Drehspulinstrumentes ein sogenanntes Kreuzspulinstrument verwendet. Es sind dies Gleichstromdrehspulinstrumente, die anstatt einer zwei miteinander fest verbundene Drehspulen besitzen, die in demselben Felde schwingen und einen gewissen festen Winkel miteinander einschließen. Diese Instrumente sind richtkraftlos, besitzen also keine Feder. Sie werden in einer Schaltung (Abb. 16) benutzt und messen, wie das Bild zeigt, lediglich das Verhältnis der Spannungsabfälle an dem Potentiometer des Sendemeßwerkes an dem von diesem eingestellten Abgreifpunkt. Die Anzeige ist also prinzipiell von der Größe des Stromes, der durch den Widerstand geschickt wird, unabhängig. In der Praxis ist dies natürlich nur in gewissen Grenzen der Fall, da das Einstellmoment und damit die Einstellsicherheit des Empfangsinstrumentes immer noch von der Gesamtstromstärke abhängig bleibt.

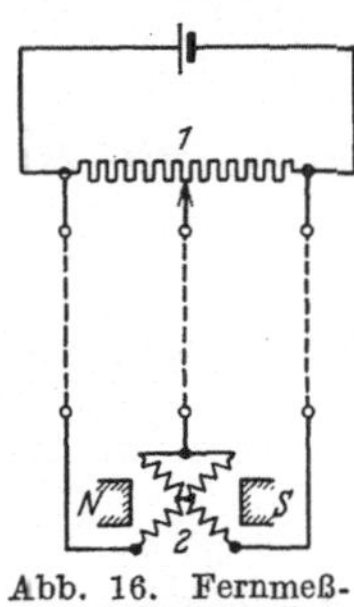

Abb. 16. Fernmeßanordnung mit Kreuzspulanzeigegerät.

1 = Potentiometerwiderstand (Abgriff vom Meßorgan eingestellt).

2 = Kreuzspulanzeigegerät.

Man erkennt an der Schaltung noch folgende technische Vorteile: der variable Übergangswiderstand des Schleifkontaktes auf der Sendeseite geht ebensowenig in die Genauigkeit der Übertragung ein, wie die Widerstandsänderung der Fernleitung mit der Temperatur, solange natürlich die Drähte aus gleichem Material sind und gleichmäßig erwärmt werden, was stets anzunehmen ist. Eine Summierung verschiedener Meßübertragungen ist nicht ohne weiteres möglich, auch ist die praktisch überbrückbare Entfernung geringer, weil sich Kreuzspulinstrumente nicht mit derselben elektrischen Empfindlichkeit bauen lassen, wie normale Drehspulinstrumente.

Selbstverständlich sind mit den soeben geschilderten Konstruktionen alle Meßgrößen übertragbar, für die es Anzeigeinstrumente gibt, sobald diese mit dem nötigen Drehmoment ausgestattet werden können. Die Übertragung der Anzeige z. B. von elektrischen Temperaturmeßgeräten und ähnlichem ist natürlich auf diese Weise nicht möglich.

Da die Stromstärken bzw. Spannungen, die mit solchen Einrichtungen sozusagen direkt gesteuert werden können, relativ sehr gering sind, nämlich nur einige Volt, ging man zu Konstruktionen über, bei denen noch eine zusätzliche Hilfskraft eingeführt wird, die die Kontaktverhältnisse zu verbessern gestattet, so daß man der Fernleitung Spannungen bis zu 24 Volt und mehr zur Verfügung stellen kann.

Bei einer dieser Konstruktionen wird von einem sog. Fallbügelinstrument, wie sie bei Punktschreibern üblich sind, im Prinzip Gebrauch gemacht (Abb. 17). Es wird der Zeiger des sendenden Meßinstrumentes in gewissen Zeitabständen durch den Fallbügel auf ein Potentiometer gedrückt, damit eine dem Zeigerausschlag entsprechende Spannung abgegriffen und an die Fernleitung gelegt. Als Taktgeber für den Fallbügel wird z. B. ein geheizter Bimetallstreifen direkt oder auch nur als Steuerrelais eventuell mit magnetischem Abriß verwendet.

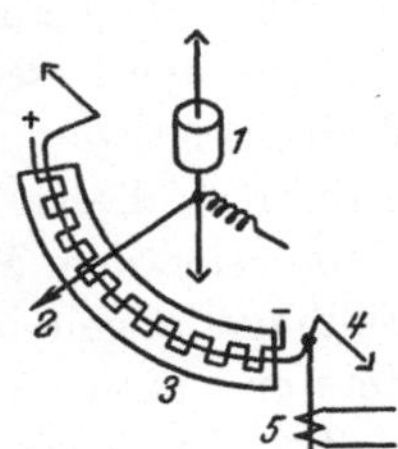

Abb. 17. Schema des fremdgesteuerten Widerstandsabgriffes.

1 = Meßwerk.
2 = Zeiger.
3 = Potentiometerwiderstand.
4 = Fallbügel.
5 = Vom Taktgeber für die Bewegung des Fallbügels.

Da bei dieser Konstruktion der Zeiger des Empfangsinstrumentes sich im Takt mit dem Fallbügel einstellt und beim Aufheben dasselbe auf Null zurückgeht, ist dies für den praktischen Gebrauch nicht als eine wirklich brauchbare Lösung anzusehen; es wurde daher folgende Modifikation, die Abb. 18 zeigt, in der Praxis angewendet.

Es wurden zwei Fallbügel angeordnet, der eine oberhalb, der andere unterhalb des Potentiometers, beide werden durch eine aus der Abbildung leicht zu ersehende mechanische Vorrichtung so gesteuert, daß zunächst der obere Fallbügel auf den Zeiger und dieser auf das Potentiometer aufgelegt wird, dann der untere, dann hebt sich der obere eine gewisse Zeitlang ab und legt sich dann wieder auf, worauf sich dann der untere abhebt und sich nach einiger Zeit wieder auflegt usw.

Über dem unteren Fallbügel befindet sich nun, wie gesagt, der Meßinstrumentenzeiger, der am Ende mit einem Kontakt versehen und andererseits mit dem Meßwerk starr verbunden ist. Zwischen dem

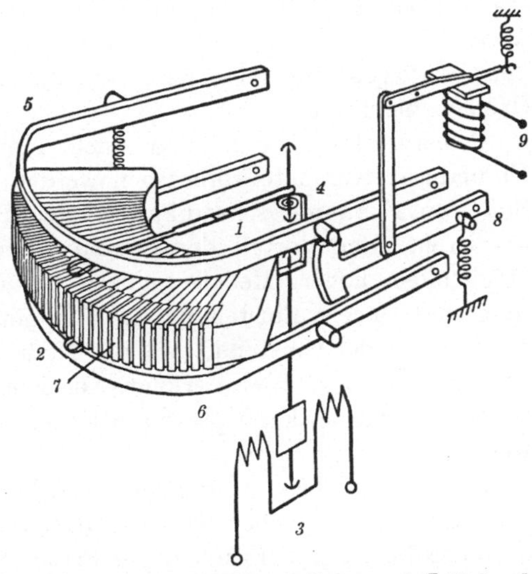

Abb. 18. Schema eines Fernmeßinstrumentes mit fremdgesteuertem Widerstandsabgriff.

1 = Folgezeiger.
2 = Meßwerkzeiger.
3 = Meßwerk.
4 = Kuppelungsfeder.
5 = Oberer Fallbügel.
6 = Unterer Fallbügel.
7 = Potentiometerwiderstand.
8 = Fallbügelbetätigung.
9 = vom Taktgeber.

oberen Fallbügel und dem Potentiometer befindet sich ein zweiter Zeiger, der am Ende ebenfalls einen Kontakt trägt. Dieser ist nun

nicht direkt mit dem Meßwerk verbunden, sondern über eine schwache
Feder, deren Drehmoment klein gegen das Drehmoment des Meßwerkes
ist. Diese Feder ist nun so eingestellt, daß sich beide Zeiger, wenn sie
sich frei überlassen werden, genau übereinanderstellen, d. h. denselben
Widerstandswert auf dem Potentiometer abgreifen würden. Die Arbeitsweise dieser Einrichtung ist ohne weiteres einzusehen: der Zeiger
nimmt eine dem Meßwerk entsprechende Stellung ein, wenn der untere
Fallbügel angehoben ist, dann wird der Zeiger durch das Auflegen des
unteren Fallbügels festgehalten und der obere kann sich unter den unteren
stellen. Dann wird dieser festgehalten und der untere kann sich auf
einen neuen Meßwert einstellen. Der obere hält so lange die vorher
innegehabte Stellung des unteren ein, bis dieser seine neue Stellung eingenommen hat usw. Es besteht also dauernd eine Verbindung des
Potentiometers mit der Fernleitung, so daß das Empfangsinstrument
entsprechend dem Zeitspiel der Fallbügel in Abständen von etwa 20 Sekunden korrigiert auf seiner Skala je nach Sendewerten hin- und her-
rückt, ohne in der Zwischenzeit sich auf Null einzustellen.

Der Betrieb der Fallbügel ist nicht vollkommen geräuschlos. Das
Potentiometer ist in eine Kontaktbahn von 50 Lamellen zerlegt, so daß
die Einzeldrähte des Potentiometers mechanisch nicht angegriffen
werden können. Die Zeigerkontakte sind gespreizte Silberfedern, die
beim Auflegen eine reibende Bewegung zur Säuberung der Kontakt-
flächen ausführen.

Selbstverständlich können auch hier Kreuzspulinstrumente als
Empfangsinstrumente vorgesehen werden, die, wie erwähnt, den Einfluß von Spannungsschwankungen der Hilfsstromquellen usw. kompensieren. Der Vorteil der ganzen Anordnung ist, wie gesagt, die
Möglichkeit, höhere Meßspannungen zu verwenden und eine reibungs-
freie und sichere Einstellung des Sendeinstrumentes zu erhalten. Der
Nachteil ist der Umstand, daß die Meßübertragung nicht kontinuierlich, sondern absatzweise erfolgt. Die Einstellzeit, die zu 20 Sekunden
angegeben wurde, kann praktisch kaum unter 10 Sekunden verringert
werden.

Nach dieser Übergangstype der „unabhängigen Selbststeuerung
mit Hilfskraft" gehen wir zum nächsten technischen Schritt über,
der allerdings durch Erhöhen des Stromes in der Fernleitung erkauft
wird.

**d) Die Gleichstromsysteme, bei denen das Sendeorgan indirekt zur
Steuerung von Gleichstromhilfsspannungen benutzt wird, die auf die
Meßleitung gegeben werden.** Diese Systeme benutzten ganz überwiegend
kleine Elektromotoren zum Einstellen des Potentiometers und sind für
sich allein in der eben beschriebenen Übertragungsweise praktisch
weniger aufgetreten, sondern überwiegend in Verbindung mit Einrich-

tungen, die entweder die Fernleitung nach Möglichkeit von der Stromführung entlasten, um eine größere Reichweite zu erhalten, und gleichzeitig um den Einfluß der Widerstandsänderung der Fernleitung mit der Temperatur zu kompensieren. Diese Methoden nehmen aber nur in geringem Maße auf die Veränderung des Isolationswiderstandes der Leitung Rücksicht.

Es sind die Gleichstromkompensationsverfahren. Man teilt sie gewöhnlich in Spannungskompensationsverfahren und in Stromkompensationsverfahren ein. Ihr Zweck ist neben dem geschilderten der, nicht jedes Instrument, das zu liefern ist, genau auf die zu übertragende Leitungslänge besonders einstellen zu müssen. Ein wesentlicher Unterschied zwischen der Strom- und der Spannungskompensationsmethode läßt sich nicht ohne weiteres anführen, denn beide reagieren auf die Widerstandsänderung der Leitung so, daß dieser ausgeglichen wird, während Isolationsfehler in der Leitung nicht kompensiert werden.

Neben diesem haben diese Kompensationsmethoden den Vorteil, daß sie eine Verstärkerwirkung haben, und zwar sind das diejenigen Verfahren, die Kompensationseinrichtungen auch auf der Empfangsseite besitzen. Bei diesen steht für die Anzeigevorrichtung ein fast beliebig großes Drehmoment zur Verfügung, um einerseits eine beliebige Anzahl von Empfangsinstrumenten anschließen zu können und um Registrierinstrumente oder auch Großinstrumente von ihnen aus zu betreiben.

Im allgemeinen ist es eine der Eigenschaften dieser Anordnungen, daß die Kontakte und der Reguliermechanismus sich nur dann in Bewegung setzen, wenn eine Änderung der Meßgröße einsetzt.

e) Das Stromkompensationsverfahren erster Art, ohne Kompensationseinrichtung auf der Empfangsseite. Ein Verfahren, das relativ schnell überträgt, also die Änderung der Meßgröße gut wiederspiegelt, ist folgendermaßen aufgebaut:

Der Fußpunkt der Rückstellfeder eines Meßinstrumentes ist mit dem beweglichen System eines Drehspulrelais mit feststehender Wicklung verbunden, welcher seinerseits noch eine weitere Feder trägt (Abb. 19). Der in der Wicklung des Relais fließende Strom erzeugt ein diesem proportionales Drehmoment, das den Relaiskontakt zu öffnen sucht, während die Summe der Dreh-

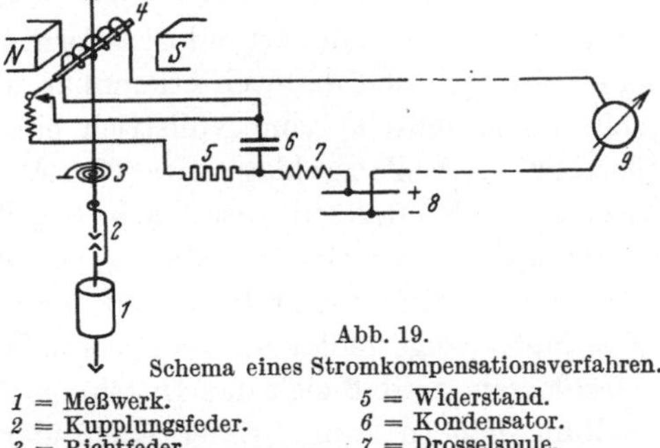

Abb. 19.
Schema eines Stromkompensationsverfahren.

1 = Meßwerk.
2 = Kupplungsfeder.
3 = Richtfeder.
4 = Gleichstromrelais mit feststehender Wicklung.
5 = Widerstand.
6 = Kondensator.
7 = Drosselspule.
8 = Stromquelle.
9 = Empfangsinstrument.

momente der Federn ihn zu schließen sucht. Der Strom im Fernmeßkreis kann sich nur entsprechend den elektrischen Konstanten des Stromkreises ändern. Die Zeitkonstante der Änderung ist im wesentlichen
durch die Induktivität der Drosselspule in diesem Stromkreis gegeben.
Bei geschlossenem Kontakt steigt der Strom nach der Einschaltkurve,
die Abb. 20 zeigt, an. Bei geöffnetem Kontakt fließt er zunächst über
den Kondensator weiter und klingt nach der ebendort gezeichneten
Ausschaltkurve ab. Außerdem enthält dieses Diagramm den Übertragungsstrom bei konstantem Ausschlag, durch den ein bestimmtes
Drehmoment auf die Kupplungsfeder zwischen dem Meß- und dem
Kompensationssystem übertragen wird. Zusammen mit dem Drehmoment der Systemfeder des Kompensationssystems wirkt auf den
Relaisanker beider das Drehmoment, das den Kontakt geschlossen
hält. Durch das Einschalten der Batterie steigt der Fernleitungsstrom

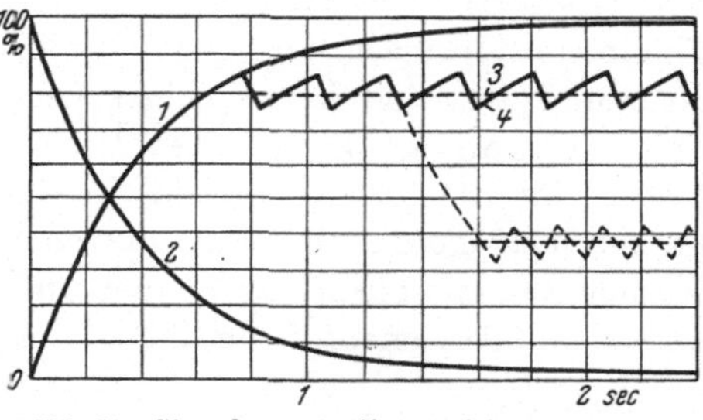

Abb. 20. Stromkompensationsverfahren, Stromverlauf in der Fernleitung.

1 = Einschaltekurve.   3 = Mittelwert.
2 = Anschaltekurve.   4 = Übertragungsstrom.

nach der Einschaltkurve an, bis sich der Relaiskontakt öffnet. Daraufhin fällt der Strom in der Fernleitung nach der Ausschaltkurve, bis sich der Kontakt wieder schließt. So pendelt das Kompensationssystem dauernd nach Art der bekannten Schnellregler hin und her. Der Mittelwert des Stromes, der sich in der Fernleitung einstellt und der auf der Empfangsseite gemessen wird, ist der Meßgröße proportional. Bei der Übertragung
wird der Grenzwert des Fernleitungsstromes zwischen 0 und 100%
der Meßanzeige nur von 15—18% ausgenutzt, so daß also der Eichpunkt 0 nicht mit der stromlosen Fernleitung zusammenfällt und damit
ein Leitungsbruch dadurch erkennbar wird, daß der Meßinstrumentenzeiger sich jenseits vom Nullstrich einstellt. Der Übertragungsstrom
beträgt bei Vollausschlag etwa 10 mA. Die Zahl der Pulsationen, mit
denen der Kontakt dauernd arbeitet, liegt bei Vollausschlag der Instrumente in der Größenordnung von 4 Stromstößen in der Sekunde
und scheint etwa bei Halblast auf deren 6 heraufzugehen. Ändert sich
eine Meßanzeige plötzlich, steigt sie z. B., so bleibt der Kontakt zuerst
geschlossen, so daß sich das Instrument sehr schnell seiner neuen Einstellung nähern kann. Einer Laständerung von Halblast auf Vollast
scheint es nach vorliegenden Diagrammen in etwa einer halben Sekunde
zu folgen. Die Empfangsinstrumente sind normale Gleichstromdrehspulinstrumente, da die Stromschwankungen keiner vollen Unterbrechung
gleichkommen, sondern Fluktuationen um einen Mittelwert darstellen,

ist keine besondere Dämpfung oder Beschwerung des Empfangsmeßwerkes notwendig.

Ein Summieren verschiedener Meßwerte ist dadurch möglich, daß man das Summeninstrument in die gemeinsame Rückleitung der Einzelanzeigeinstrumente legt. Ein Registrieren der Meßwerte ist ebenfalls durchführbar, solange es möglich ist, den für diese nötigen, selbstverständlich höheren Betriebsstrom über die Fernleitung zu bringen. Einer Erhöhung der Meßspannung ist durch die Leistungsfähigkeit des Kontaktes am Relais eine gewisse Grenze gesetzt.

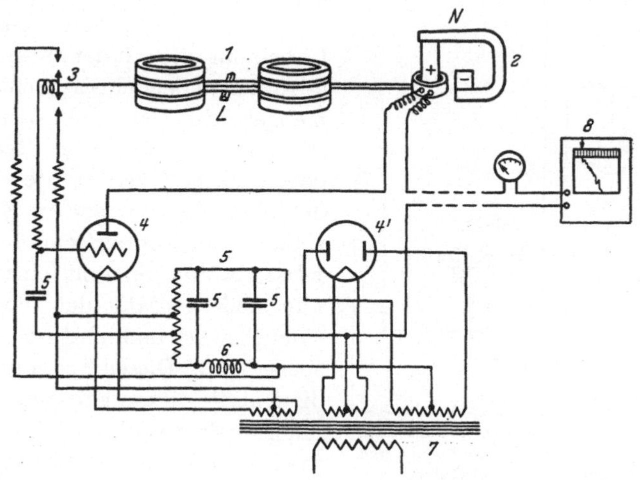

Abb. 21. Stromkompensationsverfahren mit Glühkathodenröhren.

<table>
<tr><td>1 = Meßwerk.</td><td>4,4 = Glühkathodenröhren.</td><td>7 = Wechselstromquelle.</td></tr>
<tr><td>2 = Drehspulrelais.</td><td>5 = Kondensatoren.</td><td>8 = Drehspulempfangsin-</td></tr>
<tr><td>3 = Wendekontakt.</td><td>6 = Drosselspulen.</td><td>strumente.</td></tr>
</table>

Ein ganz ähnliches Verfahren verwendet, um die Kontakte zu entlasten, gittergesteuerte Röhren, Abb. 21. Die Konstruktion vermeidet das mechanische Verstellen des die Meßspannung erzeugenden Widerstandes:

Das Meßwerk, z. B. bei einem Leistungsmesser eine Kelvinsche Waage, ist mit einem Drehspulrelais gekuppelt. Die ganze Anordnung trägt einen Wechselkontakt, der das Gitter einer Glühkathodenröhre steuert. Dadurch erhält das kompensierende Drehspulrelais und das damit über die Fernleitung in Reihe geschaltete Empfangsinstrument bald zu wenig, bald zu viel Strom, so daß das sendende Instrument dauernd hin- und herpendelt. Der Mittelwert der Stromstöße ist der zu messenden Leistung proportional. Die Methode ist also auch der in diesem Abschnitt zuerst beschriebenen sehr ähnlich, hat aber den Vorteil, daß die Kontaktbeanspruchung wahrscheinlich geringer ist. Sie

3*

unterscheidet sich von dem erstgenannten Verfahren dadurch, daß keine direkte Anzeige am Sendeort möglich ist.

Eine andere Stromkompensationsmethode arbeitet wie folgt: das sendende Meßinstrument trägt an seinem Zeiger einen Gabelkontakt. Zwischen diesen beiden Kontakten befindet sich der Kontaktarm eines Gleichstromdrehspulinstrumentes, das koaxial zum eigentlichen Meßinstrument angeordnet ist. Dieses Drehspulinstrument ist über die Fernleitungsschleife mit dem Empfangsinstrument, ebenfalls ein Drehspulinstrument, in Reihe geschaltet.

Berühren sich nun einer der Gabelkontakte mit dem Kontaktarm des mit dem Sendeinstrument zusammengebauten Drehspulinstrumentes, so wird ein Motor in Rechtslauf oder Linkslauf versetzt, je nachdem der eine oder der andere Kontaktzinken zum Kontaktschluß kommt. Dieser Motor verstellt einen Spannungsteilerkontakt, der von irgendeiner Gleichstromhilfsstromquelle gespeist wird. Dieser Spannungsteiler dient als Regulierorgan bzw. als Spannungsquelle für die in Reihe geschalteten Drehspulinstrumente. Diese werden sich, solange der Motor läuft, ebenso lange verstellen, bis sich der Kontakt löst und damit der Motor stillgesetzt wird.

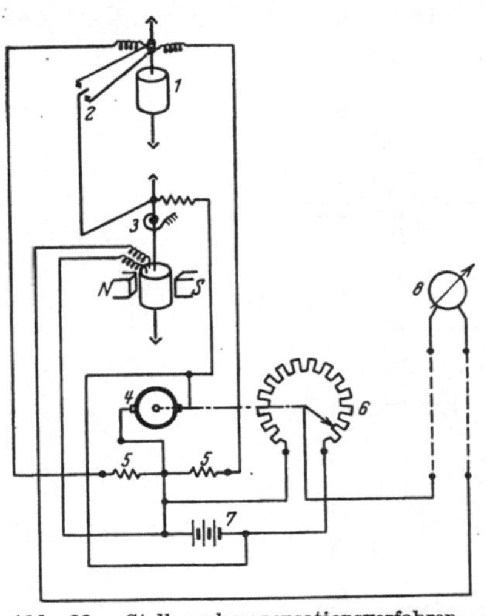

Abb. 22.   Stellungskompensationsverfahren.

1 = Meßwerk.
2 = Gabelkontakt.
3 = Drehspulrelais.
4 = Motoranker.
5 = Feldwicklungen für Rechts- und Linkslauf.
6 = Potentiometerwiderstand.
7 = Stromquelle.
8 = Empfangsinstrument.

Wir haben also hier, wenn wir uns so ausdrücken wollen, eine Stellungskompensationsmethode vor uns, da man das Wort „kompensieren" allgemein zu benutzen berechtigt ist und es nicht auf rein elektrische Vorgänge einzuschränken braucht.

Es ist bei näherer Betrachtung dieser Methode zu erkennen, daß die Änderung des Leitungswiderstandes mit der Temperatur keinen Einfluß auf die Genauigkeit ausübt, wohl aber, daß Isolationsfehler in der Fernleitung die Übertragungsgenauigkeit beeinträchtigen können, da ja der Isolationswiderstand parallel zum Empfangsinstrument liegt, so daß beide Instrumente, nämlich das Empfangsinstrument und das kontrollierende Instrument nicht mehr vom gleichen Strom durchflossen werden.

Die Tatsache, daß ein Gabelkontakt verwendet wird, bedingt, daß die Anordnung einen, wenn auch kleinen toten Gang haben muß, dessen Größe durch die Zuverlässigkeit, mit der der Motor beim Stromloswerden stehenbleibt, bestimmt ist. Sind beide, der tote Gang und der

Nachlauf des Motors, nicht richtig zueinander abgestimmt, so kann die Anordnung in dauerndes Pendeln geraten. Die Anzeigegeschwindigkeit dürfte nicht sehr hoch zu veranschlagen sein, und die Frage der Summierung nicht in allen Fällen einwandfrei gelöst werden können (Abb. 22)

Eine, wenn man so sagen will, mechanisch-elektrische Drehmomentkompensationsmethode arbeitet nicht mit Ausschlaginstrumenten, sondern verwendet Meßgeräte, die immer in derselben gegenseitigen Lage ihres festen, zum beweglichen Teil nach Art der altbekannten Torsionsinstrumente verharren. Als Gegendrehmoment dient hier keine Feder, die von Hand nachgestellt wird, sondern ein auf derselben Achse befestigtes Gleichstromdrehspulsystem (Abb. 23).

Sobald das vom Meßwert ausgeübte Drehmoment nicht mehr durch das des Drehspulsystems kompensiert ist, wird einer von zwei Kontakten geschlossen und ein durch das Drehspulmeßwerk fließender Strom so lange geändert, bis sich die Kontakte wieder lösen. Da auch hier wieder das kompensierende Drehspulmeßwerk mit dem Empfangsinstrument ebenfalls einem Drehspulinstrument in Reihe geschaltet ist, ist die Art der Übertragung klar.

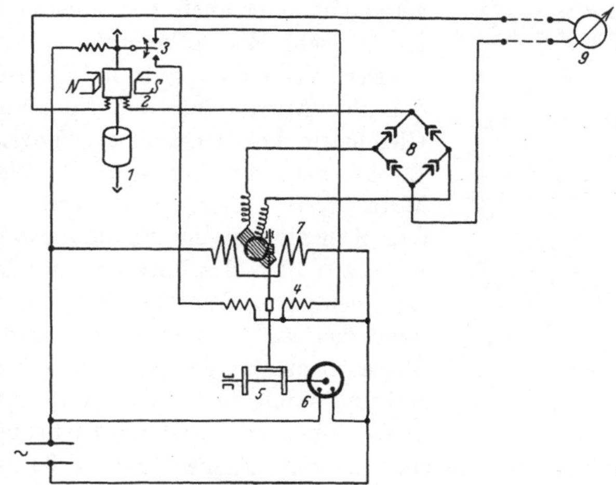

Abb. 23. Drehmomentenkompensationsverfahren.

1 = Meßwerk ohne Gegenfeder.　　5 = Reibradwendegetriebe.
2 = Drehspulanordnung ohne Gegenfeder.　　6 = Motor.
3 = Kontaktanordnung.　　7 = Variometer.
4 = Mechanisches Umschalterelais.　　8 = Trockengleichrichterbrücke.
　　9 = Empfangsinstrument.

Als Regulatorantrieb wird auch hier entweder ein Motor gewählt, der einen Widerstand bzw. den Kontakt eines Spannungsteilers verstellt, wie bei der vorstehend beschriebenen Methode gezeigt worden ist, oder es wird, wie aus Abb. 23 zu sehen, ein dauernd laufender Motor mit Reibradwechselgetriebe und elektromagnetischer Umschaltung des Getriebes für Rechts- und Linkslauf verwendet. Durch dieses Getriebe wird ein vom Wechselstromnetz gespeister Drehregler verstellt, dessen Spannung sich je nach seiner Stellung ändert. Seine Sekundärspannung wird durch eine Trockengleichrichterbrücke gleichgerichtet, die alsdann die Hilfsspannung für die Fernleitung abgibt. Der Vorteil der letzteren Anordnung soll der sein, daß die Regulierung und damit die Einstellung schneller und exakter arbeitet, weil der Motor nicht erst bei jeder Verstellung beschleunigt bzw. abgebremst werden muß. Es kann also der tote Gang der Anordnung kleiner gehalten werden. Durch den Drehregler wird die Regulierung eine wirklich kontinuierliche und weiterhin können keine Widerstandsdrähte mit der Zeit durchgescheuert werden. Als Sendeinstrument werden gewöhnliche eisengeschlossene oder Ferraris-Instrumente verwendet oder auch bei anderen Konstruktionen die Kelvinsche Waage benutzt.

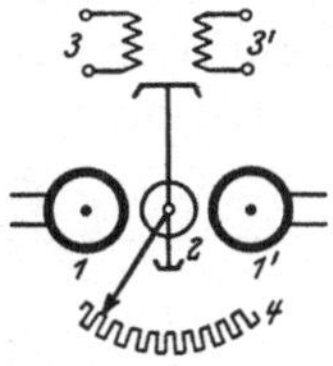

Der Vollständigkeit halber sei noch angeführt, daß der Antrieb für den Spannungsteiler bei einem Gleichstromkompensationsverfahren auch noch folgende Lösung gefunden hat, Abb. 24. Ein dauernd laufender Motor treibt über ein doppeltes Differentialgetriebe den Kontaktarm des Spannungsteilerwiderstandes an, und zwar über das Mittelrad des Differentialgetriebes. Die beiden Außenräder können, und zwar das eine oder das andere mechanisch durch den Hebel eines Magnetpaares aufgehalten werden, wodurch das Mittelrad und damit der Wanderkontakt am Spannungsteiler in der einen oder anderen Richtung sich in Bewegung setzt. Bei gleicher Geschwindigkeit der Außenräder steht er still. Das Magnetpaar wird von einem Kontaktpaar am Sendeinstrument gesteuert, dessen Drehmoment durch ein Drehspulgerät, das sich auf derselben Achse, wie das Hauptinstrument befindet, kompensiert ist. Dieses befindet sich wie bei anderen schon erwähnten Konstruktionen in demselben Stromkreis wie die Fernleitung und die Empfangsinstrumente.

Abb. 24. Grundschema für eine Sendeform des Kompensationsverfahrens.
1, 1′ = Außenräder eines Differentialgetriebes.
2 = Mittelrad.
3, 3′ = Hilfsrelais gesteuert von einem Kompensationsrelais.
4 = Potentiometerwiderstand.

2. Die Stromstoßmethoden.

Diese Methoden können, wie schon erwähnt, weder als Gleichstrommethoden noch als Wechselstrommethoden angesprochen werden, weil die Stromstöße, die über die Leitung gegeben werden, unabhängig von dem jeweiligen Meßprinzip Gleichstromstöße oder auch Wechselstromstöße beliebiger Frequenz sein können. Sie stellen daher ein Bindeglied zwischen den reinen Gleichstrommethoden und den reinen Wechselstrommethoden dar.

Diese Methoden erfreuen sich heute wohl der größten Verbreitung, weil sie, wie der Name schon sagt, nur erfordern, daß ein am Anfang auf die Leitung gegebener Stromstoß auch am Ende von den Empfangseinrichtungen aufgenommen wird. Man kann daher diese Verfahren als völlig unabhängig von den Widerstandsänderungen der Fernleitung mit der Temperatur als auch in hohem Maße unempfindlich gegen Isolationsänderungen der Fernleitung ansehen. Diese Unempfindlichkeit bezüglich des Isolationszustandes ist im wesentlichen nur davon abhängig, mit welcher Stromstärke das Relais unter normalen Umständen arbeitet, und bei welch' kleinstem Reststrom infolge eines Isolationsfehlers auf der Leitung das Empfangsrelais gerade noch anspricht. Da nun der innere Widerstand eines einfachen Empfangsrelais infolge seiner hohen elektrischen Empfindlichkeit relativ niedrig ist, kann man sich unter Berücksichtigung der Lage des Fehlers auf der Leitung leicht ausrechnen, wie groß der Isolationsfehler sein darf, damit das Relais gerade noch richtig arbeitet. Man kommt bei solchen Überschlagsrechnungen auf erstaunlich geringe Werte, die der Isolationswiderstand annehmen kann, bei dem noch eine vollständig richtige Übertragung stattfindet.

Alle diese Methoden sind übertragungstechnisch gesprochen Telegraphiermethoden, und es sind daher alle bei der Telegraphie, also bei einer sehr weitgehend ausgebauten Technik üblichen Methoden prinzipiell anwendbar.

Die Stromstoßmethoden sind in drei Untergruppen mit je mehreren Varianten aufteilbar, die jeweils ihre spezifischen Eigenschaften haben. Diese drei Hauptgruppen hat man in Deutschland oft mit „Impulszeitmethoden" mit „Impulszählmethoden" und mit „Impulsfrequenzmethoden" bezeichnet, doch ist mit diesen Bezeichnungen nicht klar gesagt, um was es sich eigentlich handelt. Man kommt den spezifischen Eigenschaften dieser Ausführungsarten vielleicht näher, wenn man sie folgendermaßen erläutert: Bei der Impulszeitmethode entspricht jeder Stromstoß einer Instrumenteneinstellung, wobei der zeitliche Abstand zweier Stromstöße oder die Länge oder Dauer eines Stromstoßes ein Maß für den Ausschlag darstellt. Die Zuverlässigkeit der Messung ist demgemäß abhängig von allen sich zwischen Sendeinstrument einschließlich Fernleitung bis zum Empfangszeiger befindenden Zwischengliedern bezüglich ihrer Zeitgleichmäßigkeit.

Bei der Impulsfrequenzmethode ist der Ausschlag des Empfangsinstrumentes lediglich abhängig von der Zahl der Stromstöße, die im Mittel in der Zeiteinheit erfolgen; die Zeitgleichmäßigkeit der Zwischenglieder hat damit auf die Genauigkeit der Messung keinen Einfluß. Bei der Impulszählmethode wird die Zahl der übertragenen Stromstöße absolut festgestellt, und die Zeigereinstellung ist abhängig von der Zahl der Stromstöße je Zählperiode, nach deren jeweiligen Abschluß die Zeigereinstellung erfolgt. Auch hier kommt es auf die Zeitgleichmäßigkeit der Zwischenglieder nicht an. Der Begriff „Zählperiode" zeigt aber bereits, daß zwischen der Abgabe der Einzelwerte immer eine Wartezeit eingeschoben werden muß, damit die Apparatur zählen kann, oder man muß über zwei Sendeeinrichtungen verfügen, die sich dauernd zwischen Zählen und Wertabgeben abwechseln.

Alle Methoden unterscheiden sich, wie wir später sehen werden, sehr stark voneinander, sowohl in ihrem konstruktiven Aufbau als auch in der Häufigkeit der Betätigung der Relaiskontakte und andererseits in besonders einschneidender Weise in der Lösung der Summierungsmöglichkeit der verschiedenen zu addierenden Meßwerte. Besonders bei der Betrachtung dieser letzten Frage kommen erst zum Schluß die charakteristischen Unterschiede der Lösungswege für ihre praktische Brauchbarkeit von Fall zu Fall voll zutage.

a). Die Stromstoßmethoden, bei denen jeder Stromstoß gleich einer Zeigereinstellung ist. Diese beruhen darauf, daß der zeitliche Abstand zweier Stromstöße die Größe des Ausschlages des Empfangsinstrumentes bedingt. Daraus geht schon hervor, daß das Empfangsinstrument bei allen diesen Lösungen in Beziehung auf seinen inneren Aufbau keine Ähnlichkeit mehr mit einem elektrischen Meßinstrument haben wird, sondern im Prinzip einen Zeitmesser besonderer Konstruktion darstellen muß.

Auf der Sendeseite handelt es sich darum, diesen zeitlichen Abstand der Stromstöße aus einer Meßwertangabe herzuleiten. Gerade diese Lösungen sind es, aus denen die verschiedenen Varianten dieser Methoden entspringen.

Das eine dieser Verfahren arbeitet wie folgt:

Über der Skala eines beliebigen Zeigerinstrumentes rotiert mit konstanter, motorisch erzeugter Geschwindigkeit ein Kontaktarm. Dieser schließt auf seinem Wege an der Stelle einen Kontakt, der dem Nullpunkt der Skala entspricht und dann einen zweiten Kontakt an der Stelle, an der sich der Zeiger gerade befindet. Es folgen also zwei Stromstöße aufeinander, deren zeitlicher Abstand dem Ausschlagswinkel des sendenden Instrumentes entspricht, das, soweit das Meßwerk in Betracht kommt, keine Änderung einem normalen Schalttafelinstrument gegenüber aufweist. Die gesamte Hilfsapparatur ist um dieses Instrument herumgebaut. Es kann also jede Art von Meßwert übertragen werden, für den es Schalttafelmeßgeräte gibt. Selbstverständlich ist man nicht genötigt, die Meßzeit durch zwei Stromstöße zu begrenzen, sondern man kann auch die Fernleitung die entsprechende Zeit lang unter Strom setzen.

Konstruktiv zu lösen ist für das sendende Instrument die Frage, wie man den unter den geringen Kräften eines gewöhnlichen elektrischen Anzeigeinstrumentes stehenden Zeiger benutzen kann, um auf die Dauer einen zuverlässigen Kontakt zu betätigen.

Zu diesem Zweck läuft bei der einen Lösung dem Kontaktarm eine mit ihm konstruktiv verbundene Gummirolle voraus, die den Zeiger

erfaßt, und in dem Augenblick auf die Skala drückt und festhält, in dem
der Kontakt für das Endsignal der Zeitmeßperiode geschlossen werden
muß (Abb. 25). Es scheint gelungen zu sein, die Wiederholung der Meß-
perioden auf 2,5 Sekunden herabzudrücken. Die Präzision der Zeit-
bestimmung ist bei diesem Verfahren abhängig von der Konstanz der
Eigenzeit der Zwischenrelais, die natürlich abgesehen von Zufälligkeiten
bei der Fabrikation, von der Spannung, vom Alter, Schmierungszustand
usw. abhängt. Diese Änderung kommt natürlich nicht absolut, sondern
nur soweit in Frage, als zusammenarbei-
tende Relais sich zueinander ändern. Der
Einfluß dieser relativen Änderung auf
die Meßgenauigkeit ist natürlich um so
größer, je kleiner der zu übertragende
Ausschlag ist.

Das andere Verfahren hat einen von
dem bereits beschriebenen etwas abweichenden Aufbau: Es arbeitet zwar auf
derselben prinzipiellen Grundlage, aber
der konstruktive Unterschied ist der, daß
der auf der Sendeseite mit konstanter Geschwindigkeit umlaufende Kontaktarm
durch eine hin- und hergehende Bewegung
ersetzt ist, und der Zeiger des Meßsystems
zur Kontaktgabe nicht besonders festgehalten wird, was allerdings prinzipiell zur
Folge haben könnte, daß das Instrument
falsche Angaben macht, wenn der Kontakt
etwas verschmutzt ist. Diesem Gefahren-
punkt sucht man dadurch zu begegnen,

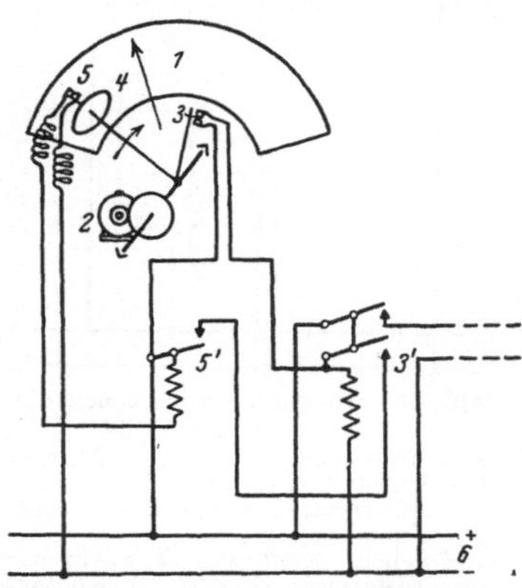

Abb. 25. Stromstoßverfahren (Sender).
1 = Skala und Zeiger einer Schalttafel-
        anzeige.
2 = Synchronmotor.
3 = Nullpunktskontakt.
3' = Relais für den Beginn des Strom-
        stoßes mit Selbsthalteschaltung.
4 = Gummirolle.
5 = Kontakt für die Beendigung des
        Stromstoßes wenn der Zeiger er-
        reicht ist.
5' = Stromstoßbeendigungsrelais.
6 = Stromquelle.

daß man als Meßwerke nicht solche normaler Zeigerinstrumente, sondern
solche von Registriergeräten verwendet, die bekanntlich ein wesentlich
höheres Drehmoment haben. Die Erzeugung der hin- und hergehenden
Bewegung wird am besten aus Abb. 26 entnommen. Das Primäre ist ein
Kontaktarm, der durch einen dauernd umlaufenden kleinen Uhrensyn-
chronmotor bewegt wird. Es wird einmal dieser Kontakt, der nur kurze
Zeit dauert, durch den Kontakt eines Relais überbrückt. Gleichzeitig
wird die magnetische Kupplung erregt und durch den ebenfalls dauernd
laufenden Motor 4 am Meßinstrument die Welle mitgenommen, die einen
Kontaktarm in Bewegung setzt und gleichzeitig Strom auf die Fernleitung gegeben. Dieser Kontaktarm wird nun so lange mitgenommen,
bis der mit der Achse des Meßinstrumentes verbundene zweite Kontaktarm berührt wird; in diesem Augenblick wird die magnetische Kupplung
unterbrochen, wodurch der Kontaktarm unter Einfluß der Feder in seine

Ruhelage zurückschnellt, der Strom von der Fernleitung fortgenommen und der Überbrückungskontakt des Kontaktapparates aufgehoben. Der

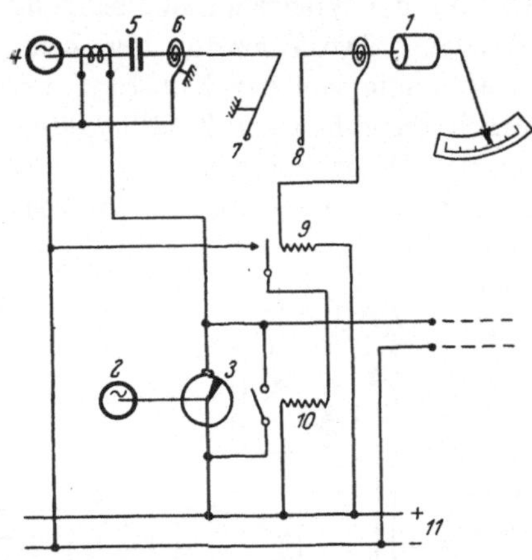

Strom auf der Fernleitung hat so lange gedauert, wie es dem Ausschlag des Instrumentes entsprach.

Auch auf der Empfangsseite enthält das Meßinstrument einen dauernd laufenden kleinen Motor, eine magnetische Kupplung und zwei magnetisch betätigte mechanische Bremsen, Abb. 27.

Solange die Fernleitung stromlos ist, läuft der Motor leer; die erste Bremse ist angezogen und die zweite Bremse gelockert. Der Arm der ersten Bremse hat zunächst irgendeine Stellung; der Arm der zweiten Welle stützt sich auf den der ersten. Das andere Ende der dritten Welle trägt den Zeiger des Empfangsinstrumentes. Wird die Fernleitung unter

Abb. 26. Grundschema des Senders eines Stromstoßverfahrens.

1 = Meßwerk.	7 = Kontakt des Tastarms.
2 = Synchronmotor des Steuergetriebes.	8 = Kontakt des Meßwerkes.
3 = Kontaktgeber.	
4 = Synchronmotor des Tastarms.	9 = Abwurfrelais bei Kontaktschluß 7,8.
5 = Magnetische Kupplung.	10 = Überbrückungsrelais für Kontakt 3.
6 = Rückstellfeder.	11 = Stromquelle.

Strom gesetzt, so zieht die Kupplung an. Der Arm fängt an sich zu drehen, gleichzeitig zieht sich die Bremse 4 fest und löst sich die erste Bremse 3, wodurch der zweite Arm durch seine Rückstellfeder zurückfällt. Der erste Arm nimmt nun irgendeine Stellung ein oder schiebt den zweiten und dritten Arm vor sich her. Hört der Strom in der Fernleitung auf, so fällt die erste Bremse ein, die Kupplung wird gelöst und der erste Arm fällt unter dem

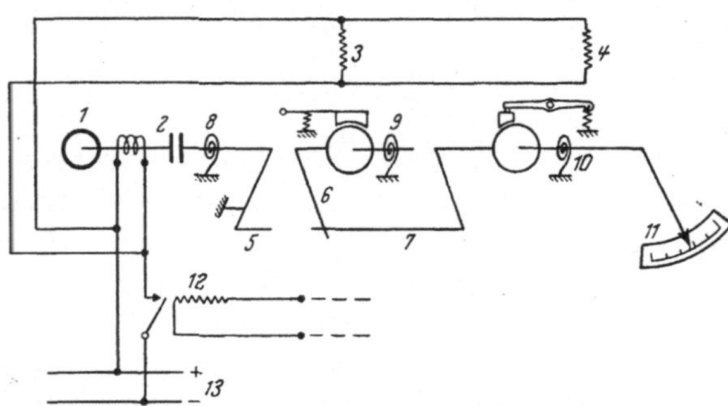

Abb. 27. Grundschema der Stromstoßmethode (Empfänger).

1 = Synchronmotor.	5 = Antriebshebel.
2 = Magnetische Kupplung.	6 = Zwischenhebel.
3 = Bremse bei Stromschluß gelüftet.	7 = Einstellhebel.
	8,9,10 = Rückstellfedern.
4 = Bremse bei Stromschluß angezogen.	11 = Zeiger.
	12 = Fernleitungsrelais.
13 = Stromquelle.	

Einfluß der Rückstellfeder wieder zurück, dann löst sich (etwa durch einen Kupfermantel auf der Wicklung der zweiten Bremse) — etwas verzögert — auch diese, und der Zeiger bleibt entweder in der neuen Stellung stehen, wenn es ein Anstieg des Meßwertes ist, oder er fällt auf die Stellung des zweiten Armes zurück und wird dort festgehalten, wenn der Meßwert gefallen ist.

Die Kupplungen werden in der praktischen Ausführung bei den Sende- wie auch den Empfangsinstrumenten durch ein- und ausrückbare Schneckentriebe verwirklicht.

Wie schon anfänglich erwähnt, greifen diese beiden Methoden beliebig Meßwerte heraus, und zwar nach Wahl oder besser, gesagt, Zufall, wie es ein gleichmäßig umlaufender Kontaktgeber bzw. Kontaktarm gerade will.

Die äußeren Abmessungen der ersten Ausführung sind relativ recht groß, die der zweiten in der Draufsicht nicht größer als die normalen Schalttafelinstrumente, die Konstruktion ist mehr in die Tiefe entwickelt, wo ja auch Platz ist, wenn die Instrumente in eine Tafel eingebaut sind.

Es ist an sich leicht zu verstehen, wie man z. B. durch eine Steuerwalze eine Vielfachmessung oder Summierung herstellen kann. Man braucht sich die Zeiten auf den Sendeinstrumenten nur einstellen zu lassen und braucht sie nur im Takt der Steuerwalze nacheinander abzurufen. Die Empfangswalze kann durch ein Zwischensignal je um ein entsprechendes Stück weitergedreht werden, um auch das entsprechende Empfangsinstrument anzuschließen.

Ein solches Abtasten dauert natürlich einige Zeit, und die wahllos herausgegriffenen Meßwerte der sich dauernd mit dem Betriebe ändernden Meßwerte geben ein immer weniger mit der Wirklichkeit übereinstimmendes Bild, je mehr Meßwerte nacheinander abgefragt werden. Man kann hierdurch zu Korrekturabständen kommen, die in die Minuten gehen, was bei Summierungen recht störend sein kann.

Man könnte sich, wenn es sich darum handelt, an ein und demselben Ort eine Summe zu bilden und diese nach einem anderen Ort in die Ferne zu übertragen, dadurch helfen, daß man, um die Summierungszeit abzukürzen, die eigentliche Summierung durch irgendeines der schnell arbeitenden Gleichstromverfahren vornimmt und das Summeninstrument erst in der geschilderten Weise überträgt. Auf diese Weise werden die Übertragungszeiten nicht größer als die, die einer einzelnen Impulszeitübertragung entspricht. Bei der Summierung verschiedener, bereits nach diesem Verfahren fernübertragener Werte an einem Ort ist eine solche Abkürzung der Summierungszeit kaum zu erreichen.

Um nun auf einem anderen Wege eine Besserung in der Wiedergabe der Betriebsvorgänge auf der Sendeseite zu erreichen, wird dieses letztere Verfahren noch in anderer Weise benutzt. Wir haben in ihm dann in gewisser Weise einen Vertreter der Impulszählmethode, die an sich selten angewandt wird, vor uns.

b) Die Impulszählmethode. Das Sendeinstrument ist hier ein Zähler, der nach einer gewissen Anzahl von Scheibenumdrehungen einen Kontakt schließt und durch ein Klinkwerk einen Zeiger vorschiebt; dieser wird nach einer gewissen Zeit abgetastet und fernübertragen. Der nunmehr angegebene Wert ist nun z. B. eine Zahl von kWh, die in einer gewissen Zeit durch die Meßstelle geflossen ist, die also auch dem Mittelwert der Leistung seit der letzten Richtigstellung der Zeigerstellung entspricht, so daß man natürlich bei einer Vielfachübertragung, die nacheinander geschieht, wenigstens sagen kann, die Leistung in der letzten Einstellperiode betrug „im Mittel" so und so viel. Dieses Verfahren wird auch zur Fernübertragung von Maximumzählern verwendet, (siehe dort).

Die Dauer einer Übertragung ist natürlich bei dem einen, wie bei dem anderen Verfahren abhängig von der praktisch erreichbaren Exaktheit und Schnelligkeit der einzelnen mechanischen Vorgänge und von dem sich daraus ergebenden Verschleiß der Kupplungen, Anschläge usw. Endgültige Erfahrungen scheinen noch nicht vorzuliegen.

c) Die Stromstoßmethoden, bei denen sich der Zeiger laufend entsprechend dem Mittelwert der Zahl der Stromstöße einstellt. Das Grundprinzip dieser Methode ist sehr alt und wurde früher angewendet, um die Kapazität eines Kondensators durch eine Ausschlagsmethode zu bestimmen.

Legt man einen Kondensator über einen Umschalter an eine Stromquelle und mißt man den aus der Stromquelle entnommenen Strom durch ein ballistisches Galvanometer, so ist der Ausschlag des Galvanometers der Kapazität proportional, wenn die Spannung der Stromquelle konstant und die Zahl der Umschaltungen in der Zeiteinheit ebenfalls konstant ist.

Die Erkenntnis, daß man bei bekanntem Kondensator auf die Zahl der Umschaltungen schließen und damit die Drehzahl des Umschalteapparates ermitteln kann, wenn die Konstruktion entsprechend gewählt ist, und daß man weiterhin als Antrieb für den Umschalter einen Zähler verwenden kann, scheint zuerst von Prof. Burstyn angegeben worden zu sein. Jedenfalls ist ein von ihm stammendes Patent älter als die erste über dieses Verfahren bekannte amerikanische Veröffentlichung.

Diese einfachen Gedankengänge bilden die Grundlage für diese Art von Fernmeßinstrumenten.

Ehe auf die Einzelheiten dieser Methode näher eingegangen wird, ist es vielleicht interessant zu überlegen, worin eigentlich der Hauptvorteil dieser Methode liegt, denn der Gedanke ist naheliegend, daß dieses Prinzip abgewandelt werden kann, denn meist kann ja manches Problem prinzipiell elektrisch, magnetisch oder mechanisch gelöst werden.

Bei jeder Fernübertragung von Stromstößen ist bei großen Entfernungen damit zu rechnen, daß mehrere Relais in Reihe gelegt werden müssen und daß durch die Fernleitungseigenschaften (Kabelkapazität und Induktivität) Verzögerungen des Stromstoßes eintreten und weiter, daß die Relais ihre Ansprechzeit durch alle möglichen Umstände ändern. Ein Kondensator hat nun bekanntlich die Eigenschaft, daß er sich unter einfachen Verhältnissen in einer Zeit lädt, entlädt oder umlädt, die kurz ist gegen die üblichen Relaisansprechzeiten. Damit ergibt sich, daß die Elektrizitätsmenge, die der Kondensator bei einer bestimmten Spannung aufnehmen kann, stets voll erreicht wird, gleichgültig, ob die Stromkreiskontakte schnell oder langsam, gleichmäßig oder ungleichmäßig arbeiten. Ferner wird diese Ladezeit und die aufgenommene Ladung nicht beeinflußt, ob die Stromkreiskontakte etwas mehr oder weniger Übergangswiderstand haben, und drittens werden infolge des schnellen Ablaufes des Lade- und Entladevorganges die Stromkreiskontakte stets stromlos geöffnet. Es ist nun allgemein bekannt, daß Kontakte am meisten vom Öffnungsfunken angegriffen werden.

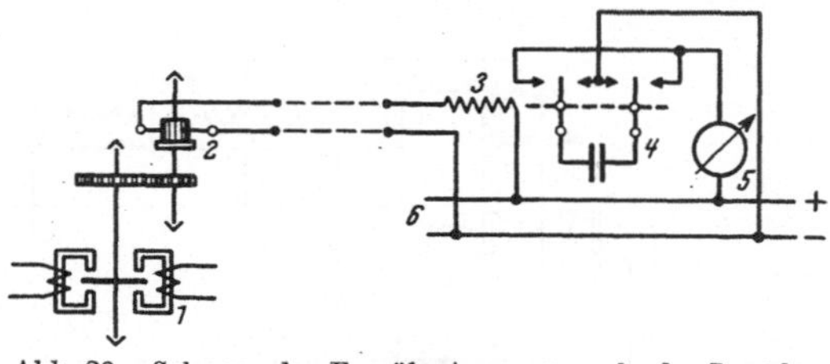

Abb. 28. Schema der Fernübertragung nach der Impulsfrequenzmethode.

1 = Meßorgan   4 = Kondensator.
2 = Unterbrecher.   5 = Empfangsanzeigerinstrument.
3 = Empfangsrelais.   6 = Stromquelle.

Diese Eigenschaften dieser, im ersten Augenblick ungewöhnlich erscheinenden Methode sind es, die sie für Fernmeßzwecke praktisch besonders geeignet machen, wobei man sich allerdings nicht verhehlen darf, daß auch diese Methode ihre Nachteile hat, und das sind vor allem die, daß die Energiemengen, die für das Empfangsinstrument zur Verfügung stehen, relativ klein sind, soll der Kondensator nicht zu groß und teuer ausfallen und soll die Ladestromquelle nicht zu hohe Spannung erhalten müssen oder die Umschaltegeschwindigkeit nicht zu hoch werden, denn von diesen drei Größen hängt ja die mittlere Stromstärke ab, die dem Meßinstrument zur Verfügung gestellt werden kann. Ein weiterer Nachteil ist zunächst der, daß natürlich in der einfachen bisher skizzierten Grundform die Konstanz der Ladespannung für den Kondensator gewährleistet sein muß. Diese Nachteile zu beseitigen, ist bei den modernen Konstruktionen gelungen, so daß die Vorteile der Methode für die Übertragung voll nutzbar gemacht werden können.

Das Grundschema zeigt Abb. 28. Der Unterbrecher am Sendeinstrument wird zweckmäßig über eine gut gelagerte Zahnradübersetzung angetrieben, einerseits um Verschiedenheiten im geforderten Meßbereich auszugleichen, andererseits sind die Achsen der Zählersysteme erschütterungsempfindlich, so daß sich bei direkter mechanischer Verbindung mit dem Kontaktapparat Prellkontakte ergeben könnten. Dies kommt daher, weil das Oberlager des Zählers als Nadellager ausgebildet, nur als Führungslager dient. Bei größeren zu überbrückenden Entfernungen kann dieser Kontakt am Sendeinstrument, der für geringsten Arbeitsbedarf gebaut sein muß, um den Motorzähler nicht merklich zu bremsen, nicht direkt auf die Fernleitung arbeiten, sondern es muß ein besonderes Senderelais dazwischengeschaltet werden, Abb. 29. Es ist wegen des geringen Eigenbedarfs bei gegebener Kontaktleistung zweckmäßig dieses als Gleichstromrelais auszuführen. Eine eigene Stromquelle hierfür wird dadurch vermieden, daß die Energie hierfür von den Spannungsklemmen des Sendeinstrumentes als Wechselspannung abgenommen und durch einen kleinen Trockengleichrichter gleichgerichtet

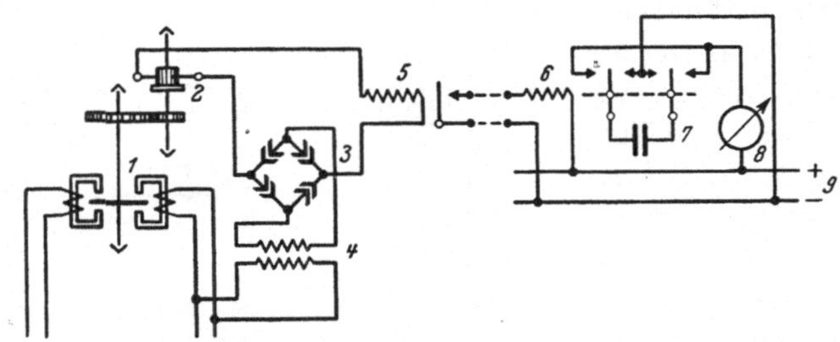

Abb. 29. Stromversorgung der Sendeseite mit besonderem Senderelais.

1 = Meßorgan.	*4* = Zwischenwandler.	*7* = Kondensator.
2 = Unterbrecher.	*5* = Senderelais.	*8* = Empfangsanzeigeinstrument.
3 = Trockengleichrichter.	*6* = Empfangsrelais.	*9* = Stromquelle.

wird. Dies hat nebenbei den Vorteil, daß eine solche Stromquelle nur dann ausbleibt, wenn auch die Spannung am Sendeinstrument verschwindet, dieses also sowieso unfähig ist zu messen. Der Vorteil, zählerähnliche Konstruktionen als Sendeinstrumente zu verwenden, der natürlich allen Übertragungsmethoden, die solche Konstruktionen verwenden, gleichmäßig zugute kommt, ist der, daß die Zähler als Massenfabrikate billig sind, große Genauigkeit haben, von einfachstem Aufbau sind und für alle möglichen Meßgrößen sich auf dem Markt befinden. Es sind gerade für die Messung der Wirkleistung alle möglichen Modifikationen zu haben, z. B. Wechselstromleistung für Einphasenstrom, für Drehstrom gleich oder ungleich belasteter Phasen, für Dreileiter- und Vierleitersystem, Wechsel- und Drehstromblindleistung, Gleichstromleistung beliebiger Spannungen, auch Gleichstrom- und Gleichspannungszähler u. a. m. sind zu haben. Sogar Wechselstrom-Scheinleistungszähler sind auf dem Markt, auch Wechselstrom- und -spannungszähler sind gebaut worden, deren Drehzahl dem Meßwert nahezu proportional ist. Sogar rotierende Leistungsfaktormeßgeräte sind herstellbar aus Teilen, die einer langjährigen Fabrikation entstammen.

Ein Problem bleibt allerdings bei all diesen Aufgaben besonders zu lösen übrig, und das ist die Fernübertragung einer in ihrer Richtung wechselnder Größe, z. B. Hin- und Rücklieferung von Leistung an einer Übergabestelle.

Diese Aufgabe wird für die verschiedenen Zwecke auf zwei Wegen gelöst. Handelt es sich um geringe zu überbrückende Entfernungen und separate Leitungen, auf denen man mit Gleichstromstößen arbeiten kann, so sorgt ein Umschalter am Sendegerät dafür, daß bei einem Wechsel der Energierichtung auch die Polarität des Fernleitungsstromes geändert wird, Abb. 30.

Diese Methode hat bei aller Einfachheit den Nachteil, daß bei einer Summenbildung eine Addition und Subtraktion auf der Empfangsseite je nach der Lieferungsrichtung nur dadurch geschehen kann, daß auf der Empfangsseite ein besonderes Relais das auf die Stromrichtung empfindlich ist, vorgesehen werden muß, damit es die nötigen Umschaltungen im Summierungskreis vornimmt; darüber soll a. a. O. näher berichtet werden.

Muß hingegen auf große Entfernungen gearbeitet werden, z. B. unter Zuhilfenahme von Wechselstromstößen, so wird das Sendeinstrument so ausgebildet, daß es eine Stromstoßzahl abgibt, deren Häufigkeit in der Zeiteinheit abhängig von der Differenz zwischen einer konstanten Umlaufgeschwindigkeit und der variablen des Meßorgans ist. Selbstverständlich könnte prinzipiell noch die Differenz zweier Drehmomente gewählt werden, von denen natürlich das eine konstant sein muß, was natürlich eine gewisse Schwierigkeit ergibt. Man sieht, daß diese Differenz

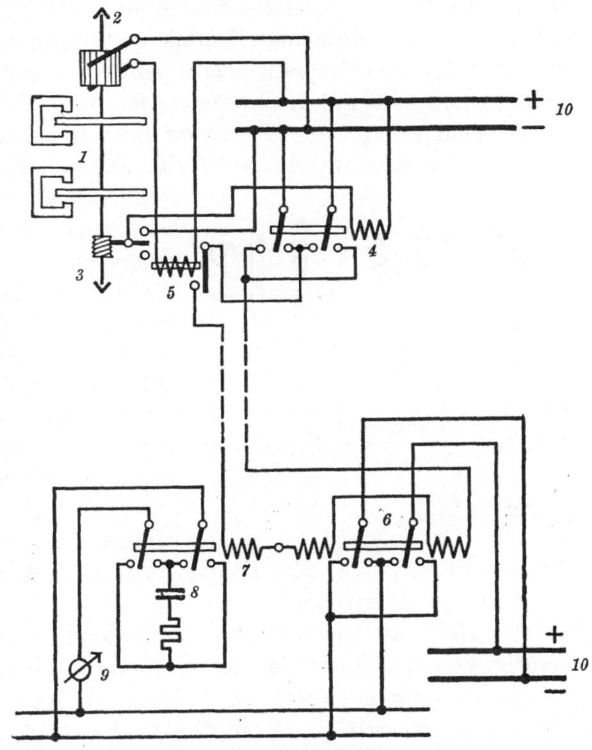

Abb. 30. Grundschema der Stromstoßmittelwertsmethode. Richtungsumkehr durch Stromwechsel.

1 = Rotierendes Sendemeßgerät.	6 = Umschaltekipprelais.
2 = Unterbrecher.	7 = Umschalterelais.
3 = Umschaltekontakt.	8 = Kondensator.
4 = Umschalterelais.	9 = Drehspulmeßgerät.
5 = Senderelais.	10 = Stromquellen.

abhängig ist von der Drehzahl des Meßgliedes und seiner Drehrichtung. Abb. 31 zeigt ein solches Gerät. Links sieht man das Meßglied, rechts einen kleinen Synchronmotor und dazwischen ist ein Differentialgetriebe angeordnet. Die Drehzahl des Synchronmotors ist in modernen Netzen, die ja nur geringe Frequenzschwankungen aufweisen, als genügend konstant anzusehen. Die Übersetzungsräder zwischen Meßglied und Differentialgetriebe werden so gewählt, daß, falls das Meßglied stillsteht, sich eine solche Kontaktschlußgeschwindigkeit ergibt, daß sie den Zeiger des Empfangsinstrumentes in die Mitte seiner Skala einstellt. Diese wird mit Null bezeichnet. Je nachdem nun das Meßglied in der einen oder anderen Richtung umläuft, erhöht oder erniedrigt sich die Zahl der Kontaktschlüsse in der Zeiteinheit. Der Empfangszeiger stellt sich also links oder rechts vom Nullstrich dem Meßwert entsprechend ein.

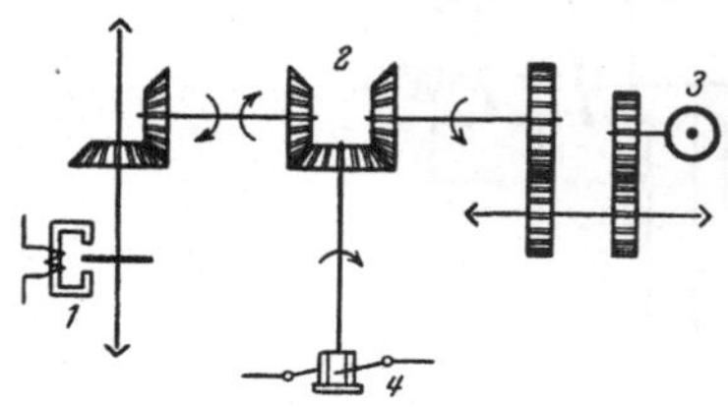

Abb. 31. Grundschema der Stromstoßmittelwertsmethode. Richtungsumkehr durch Stoßzahländerung (Sendegerät).

1 = Rotierendes Sendemeßgerät.
2 = Planetengetriebe.
3 = Einphasensynchronmotor.
4 = Unterbrecher.

Ehe wir die Schilderung der verschiedenen Möglichkeiten, die Sendemeßgeräte auszubilden, abschließen, soll noch eine Anordnung beschrieben werden, die praktisch besonders zuverlässig auszuführen ist. Es ist dies die Möglichkeit, die Stellung irgendwelcher mechanischen Einrichtungen, z. B. von Schwimmerwasserstandsanzeigern, die sehr häufig in Kraftwerksanlagen nötig sind, in die Ferne zu übertragen.

Der Gedanke ist natürlich naheliegend, einen Regulierwiderstand betätigt von dem Organ, das sich verstellt, in einen Stromkreis konstanter Gleichspannung zu legen, der noch z. B. einen Gleichstrom-Amperestundenzähler enthält, dessen Drehzahl sich alsdann proportional zur Einstellung des Widerstandes ändert. Diese wird fernübertragen.

Eine solche Anordnung ist natürlich nicht als genügend sicher zu bezeichnen, wenn die Gegenstände, deren Stellung zu melden ist, sich in feuchten Räumen befinden. Eine wasserdichte Kapselung ist teuer und kann durch die Schwitzwasserbildung im Innern manchmal mehr schaden als nützen.

Es ist nun möglich, einen Einphasen-Wechselstromzähler so zu dimensionieren, daß er fast unabhängig von Spannungsschwankungen und Frequenzschwankungen seine Drehzahl mit dem Scheinwiderstand einer in seinem Stromkreis eingebauten Drosselspule ändert, Abb. 9, siehe S. 26.

Die Aufgabe ist gelöst, wenn man der Drossel einen vom Verstellorgan verschiebbaren Eisenkern gibt. Die Drosselspule kann ohne weiteres feuchtigkeitsfest imprägniert werden. Außerdem enthält der Stromkreis keinerlei Kontakte mehr, was in feuchter Atmosphäre von Vorteil ist, da man den Sender selbst entfernt, an einer trockenen Stelle unterbringen kann.

Gehen wir nunmehr auf die Empfangsseite über, so ist zunächst an die Fernleitung die Spule eines doppelpoligen Umschalterelais angeschlossen. Bei großen Entfernungen wird ein polarisiertes Telegraphenrelais vorgeschaltet, doch soll über solche Einrichtungen bei den Übertragungsfragen näher gesprochen werden. Dieses polt bei jedem Stromstoß die Batteriespannung um. Dadurch wird ein Kondensator umgeladen, und die Stromstöße werden durch ein im Prinzip beschwertes Drehspulinstrument gemessen. In der praktischen Ausführung wählt man eine Art Kreuzspulinstrument in der Schaltung nach Abb. 32.

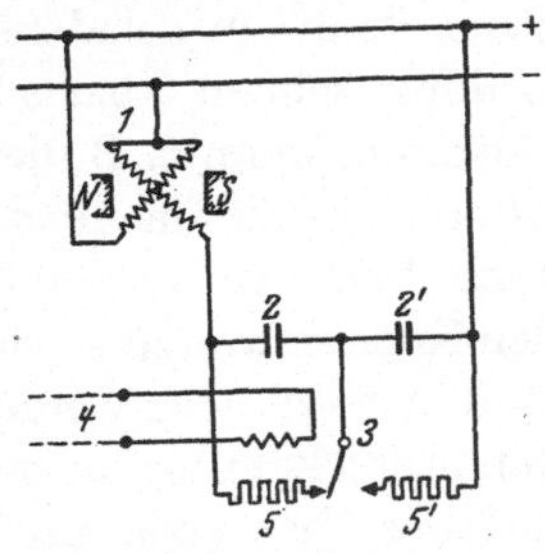

Abb. 32. Schema der Empfangsseite der Impulsfrequenzmethode bei Unabhängigkeit von der Spannung der Hilfsstromquelle.

1 = Kreuzspulinstrument.
2, 2′ = Kondensatoren.
3 = Umschalterelais mit einem Umschaltekontakt.
4 = Anschluß an die Fernleitung.
5, 5′ = Begrenzungswiderstände.

Diese Instrumente haben bekanntlich keine Rückstellfeder, sondern statt dieser einen an der Meßspannung liegenden besonderen Spulenteil des beweglichen Systems, das ein der Meßspannung proportionales Rückstellmoment entwickelt, das also mit sinkender Spannung sinkt und mit steigender Spannung steigt. Auch der Ladestrom des Kondensators steigt und fällt neben der Stromstoßhäufigkeit auch proportional mit der zur Verfügung stehenden Spannung. Dieser Kondensatorstrom wird durch den anderen Teil des beweglichen Systems geschickt, und die Spannungsabhängigkeit hebt sich auf, so daß also das Anzeigegerät unabhängig von der Meßspannung wird und seine Anzeige nur noch entsprechend der Häufigkeit der Stromstöße sich ändert. Bei neueren Konstruktionen verwendet man nur noch Umschalterelais mit nur einem Kontakt. Dadurch wird der Aufbau vereinfacht und damit die Lebensdauer und Zuverlässigkeit wesentlich größer, Abb. 33.

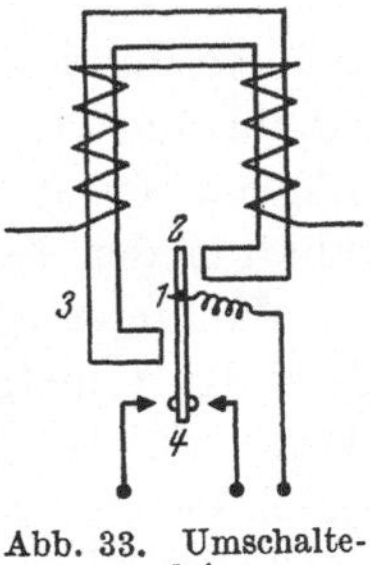

Zu lösen ist nun die Aufgabe des Summierens mehrerer Meßgrößen auf der Empfangsseite. Dies geschieht, wie Abb. 34 schematisch andeutet. Es wird prinzipiell durch das Empfangsinstrument die Summe aller Kondensatorladeströme fließen.

Es erhebt sich dabei die Frage, ob nicht eine Fehlsummierung da durch möglich ist, daß z. B. sich ein Kondensator eines der Summen werte dadurch auflädt, daß er seinen Ladestrom nicht aus der Strom

Abb. 33. Umschalterelais.

1 = Drehpunkt.
2 = Eisenzunge.
3 = Magnetgestell.
4 = Umschaltekontakt.

quelle, die dafür vorgesehen ist, sondern z. B. seinen Nachbarkondensator, der, weil sein Relais eher gearbeitet hat, bereits gefüllt ist, entzieht, denn ein geladener Kondensator ist natürlich stets bereit, seine Ladung schnell abzugeben. Tatsächlich könnten solche Verhältnisse eintreten, wenn z. B. der innere Widerstand der Stromquelle sehr hoch ist oder das Summeninstrument einen hohen inneren Widerstand besitzt. Diese Verhältnisse sind genau studiert worden, und da man zweckmäßig den Kondensatoren sowieso Widerstände vorschaltet, um den Ladestromstoß nicht zu hoch werden zu lassen, was die Kontakte beim Einschalten gefährden könnte, hat man es in der Hand, die Verhältnisse so zu wählen, daß der oben genannte Zustand auch bei der größten Zahl von Summanden nicht eintreten kann. Die elektrischen Verhältnisse hier näher zu verfolgen, wäre zwar sehr interessant, geht aber über den Rahmen der Arbeit hinaus.

Haben wir die Summierungsfrage auf der Empfangsseite behandelt, so ist nun die Frage zu lösen, wie man eine so gebildete Summe weiter überträgt, denn es liegt

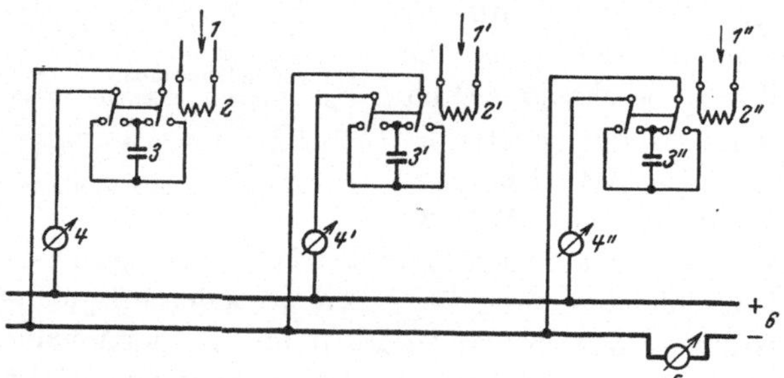

Abb. 34. 1 Summenbildung auf der Empfangsseite.

1, 1′, 1″ = Zuführung der Stromstöße von den Sendern.
2, 2′ 2″, = Umschalterelais.
3, 3′, 3″ = Kondensatoren.
4, 4′, 4″ = Fernanzeige der Einzelwerte.
5 = Summenanzeigeinstrument.
6 = Hilfsstromquelle.

auf der Hand, daß dies mit dem vorliegenden Verfahren, bei dem das Summeninstrument von Strömen variabler Intensität durchflossen ist, möglich sein muß. Hier kommen der Lösung wiederum günstige Eigenschaften der Zählerkonstruktionen entgegen.

Man setzt an Stelle oder in Reihe mit dem Summenanzeigegerät, Abb. 34, prinzipiell einen Gleichstrom-Amperestundenzähler, der alsdann von der Summe der Ladeströme der Kondensatoren ebenfalls durchflossen wird, und eine entsprechende, gleichmäßige Drehgeschwindigkeit annimmt. Von diesem leitet man in bekannter Weise wiederum Stromstöße für die Fernleitung ab, die der Summe der zu übertragenden Leistung proportional ist. Selbstverständlich wäre auch die Drehzahl dieses „Summensendegerätes", wie wir es bezeichnen wollen, abhängig von den Schwankungen der Hilfsstromquelle, wenn man es in dieser einfachen Form benutzen würde. Dieser Mangel kann nicht durch einen ähnlich dem Kreuzspulmeßgerät gebauten umlaufenden Apparat ersetzt werden; doch gibt es hierfür eine andere Lösung.

Die übliche Bauweise des Ankers eines Gleichstrom-Amperestundenzählers ist die, daß ein dreiteiliger Flachanker von einer Aluminiumkapselung umgeben wird. Dieser Anker läuft im Felde zweier permanenter Magneten.

Die Dämpfung, die die Aluminiumkapsel bei der Drehung im Felde erfährt, ist bekanntlich in gewissen Grenzen proportional dem Quadrat des durchsetzenden Flusses der permanenten Magnete. Ersetzt man nun die permanenten Magnete durch Elektromagnete, die so bemessen sind, daß sich ihr Fluß möglichst genau proportional mit der an seiner Wicklung angelegten Spannung ändert, so ändert sich die Dämpfung proportional mit der Spannung. Genau so geht es mit dem Triebfluß des Ankers, da ja die ihn erzeugenden Ladeströme der Kondensatoren bei diesem Aufbau als nahezu eisenloser Nebenschlußmotor ohne merkliche Ankerrückwirkung, ebenfalls mit dem jeweiligen Wert der Spannung sich proportional ändern. Auf diese Weise gelingt es auch, dieses Summenübertragungsgerät spannungsunabhängig zu gestalten. Man kann es damit an jede beliebige Spannungsquelle anlegen, Abb. 35. Außerdem ist dieses Gerät noch mit Einrichtungen ausgerüstet, die den natürlich vorhandenen Temperaturfehler kompensieren.

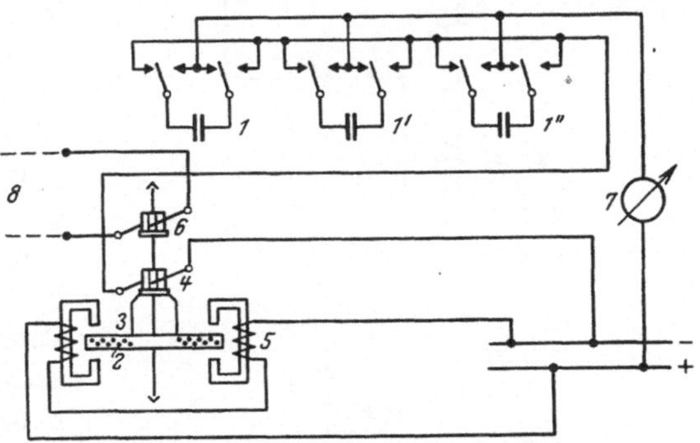

Abb. 35. Spannungsunabhängiger Summensender.

$1, 1', 1''$ = Kondensatoren von 3 Einzelmeßwerten.
2 = Ankerwicklung des rotierenden Summensenders.
3 = Dämpferkapsel des Ankers.
4 = Kollektor des Ankers.
5 = Feldwicklung.
6 = Unterbrecher für die Fortleitung der Summe.
7 = Örtliche Summenanteile.
8 = Fernleitung.

Wie schon gesagt, kann mit diesen Apparaten ohne weiteres folgendes Problem gelöst werden: Die Summe sämtlicher Maschinenleistungen beispielsweise ist im Kraftwerk anzuzeigen, in die Ferne zu übertragen und dort ebenfalls anzuzeigen oder noch weiterhin mit anderen Angaben zu vereinigen. Dies geschieht durch folgende Apparatekombination, Abb. 36.

Man sieht die an die Maschinenleitungen angeschlossenen Sender, die Umschalterelais mit ihren Kondensatoren, das Summenanzeigeinstrument, den Summensender mit seinem Senderelais, die Hilfsstromquelle, die Fernleitung, das Empfangsrelais mit seinem Kondensator, die Empfangsrelais anderer mit einzubeziehender Meßgrößen und die Summenbildung sind nicht gezeichnet.

Dieses Bild wirft zwangläufig die Frage auf, ob man, was natürlich ohne weiteres möglich wäre, sich den Hilfsgleichstrom durch Trockengleichrichter vom Netz her beschaffen soll oder ob man dazu besser Sammlerbatterien verwendet. Vom Standpunkt der Sicherheit aus ist eine Batterie vorzuziehen, weil die Fernmessung vor allem dann funktionieren soll, wenn eine Netzstörung vorliegt, um sich nämlich informieren zu können, wie die Netzbelastung steht. Dies kann unmöglich werden, wenn man mit Netzwechselstrom als Hilfsstromquelle arbeitet. Wohl werden Hilfsbatterien nicht gern gesehen. Da es aber möglich ist, mit den Stromquellen der üblichen Hilfsbetriebe der Starkstromanlage diese Batterie dauernd unter Ladung zu halten, ergeben sich keine Schwierigkeiten. Im übrigen kann in einfachen Fällen auch mit großen Trockenelementen gearbeitet werden, die immerhin ein halbes Jahr aushalten und relativ billig zu ersetzen sind, billig, wenn man die Kosten einer kleinen Sammlerbatterie mit Ersatz, Instandhaltung und Ladeeinrichtung nebst Kapitaldienst und Stromverlusten genau in Rechnung stellt.

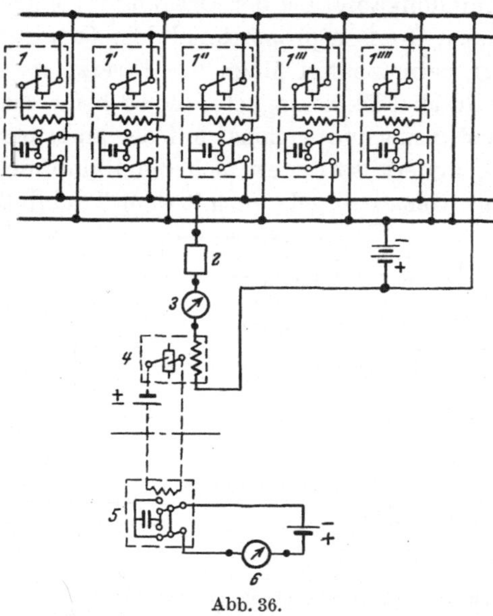

Abb. 36.
Bildung und Fernübertragung einer Summe.

1—1'''' = Rotierende Sender.
2—3 = Örtliche Summeninstrumente.
4 = Summensender.
5 = Empfangsumschalterelais.
6 = Empfangsinstrument für die Summe.

Bezüglich der Empfangsinstrumente ist zu sagen, daß im allgemeinen Kreuzspulinstrumente von der Bauart und Empfindlichkeit der elektrischen Temperaturmeßgeräte verwendet werden, die entweder

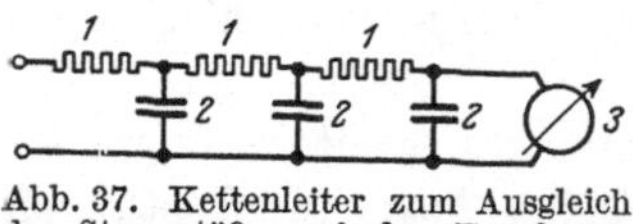

Abb. 37. Kettenleiter zum Ausgleich der Stromstöße auf das Empfangsinstrument.

1 = Widerstände.
2 = Kondensatoren.
3 = Drehspulmeßoder Schreibgerät.

mechanisch beschwert werden, um die nötige Trägheit gegen die Stromstöße zu ergänzen, oder indem man diese Trägheit auf elektrischem Wege durch Vorschalten eines Kettenleiters herstellt, Abb. 37. Man erreicht dadurch trotz des ruhigen Ganges eine relativ sehr schnelle Einstellung. Beide Eigenschaften werden am besten nicht durch Zahlen ausgedrückt, sondern durch Vergleich der Diagramme eines auf der Sendeseite aufgestellten Tintenschreibers mit einem über eine solche Fernmeßeinrichtung betriebenen Tintenschreiber in einem Bahnbetrieb, Abb. 38. Interessant ist, daß mit dieser Methode sogar Rückzündungen von Großgleichrichtern, die bekanntlich recht schnell verlaufen, aufgezeichnet werden.

Ehe wir das Gebiet dieser Art von Meßmethoden verlassen, sei erwähnt, daß eine Firma nun prinzipiell den Kondensator durch eine eisengesättigte Drosselspule ersetzt in folgender Schaltung, Abb. 39. Man wollte dadurch einmal die Energie, die für die Empfangsinstrumente zur Verfügung gestellt werden kann, erhöhen und zum andernmal die Anzeige unabhängig von der Spannung der Hilfsstromquelle machen. Allerdings muß dabei das häufige Schalten des einen der Kontakte unter stark induktiver Belastung in Kauf genommen werden. Ob hier die Summierungsfrage gelöst ist und welche Lebensdauer der Kontakte erreicht worden ist, ist nicht bekannt.

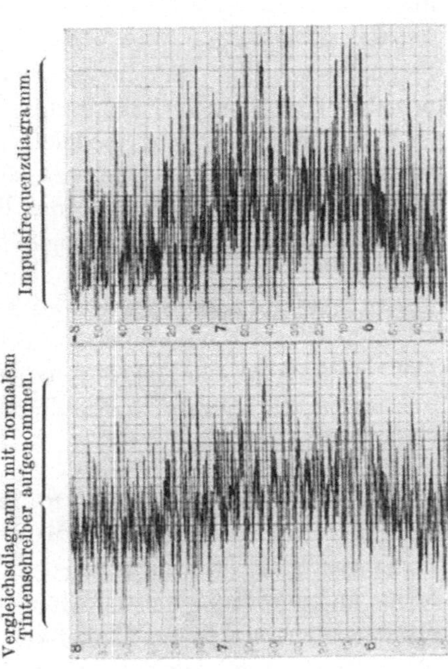

Abb. 38. Tintenschriftdiagramm eines Bahnbetriebs direkt und über Stromstoßmittelwertverfahren (Impulsfrequenzverfahren) übertragen.

Auch bei den Stromstoßverfahren hat man den Gedanken der Kompensation, um höhere Drehmomente der Empfangsinstrumente zu erreichen, durchgeführt, allerdings ist das nur auf Kosten der Einfachheit gelungen.

Der Grundgedanke ist hierbei folgender:

Die ankommenden Stromimpulse werden in eine Geschwindigkeit umgesetzt; dieser wird eine anderweitig erzeugte Geschwindigkeit entgegenge-

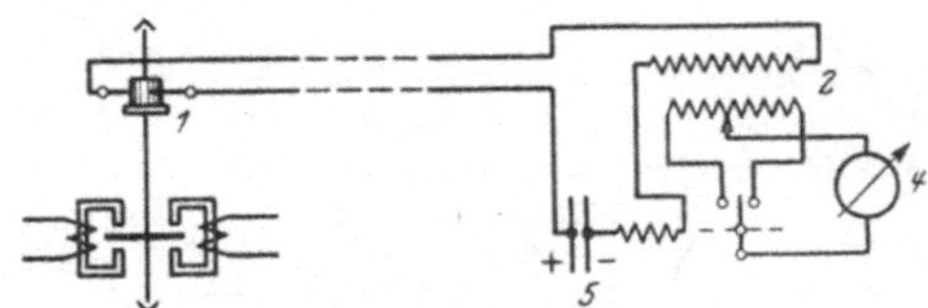

Abb. 39. Grundschema der Impulsfrequenzmethode mit Drosselspule an Stelle des Kondensators.

1 = Rotierendes Sendegerät mit Unterbrecher.
2 = Transformator mit gesättigtem Kern.
3 = Umschalterelais.
4 = Empfangsinstrument.
5 = Stromquelle.

setzt, die jeweils selbsttätig so reguliert wird, daß beide Geschwindigkeiten entgegengesetzt gleich sind. Die Stromstärke, die zum Erzeugen dieser zweiten Geschwindigkeit nötig ist, wird einem Meßinstrument als Empfangsinstrument zugeführt. Als Sendeinstrument dient ein Kontaktgeberzähler. Die Stromstöße werden auf der Empfangsseite auf ein Klinkwerk gegeben, das ein Zahnrad eines Differentialgetriebes in Umdrehungen versetzt. Das gegenüberliegende Zahnrad dieses Getriebes wird über ein Kegelrad von einem Gleichstrom-Amperestundenzähler angetrieben, dessen Wicklung in Reihe liegt mit einem Strommesser, dem Empfangsinstrument und einem Widerstand, der prinzipiell von dem Zwischenrad des Differentialgetriebes verstellt wird. In Wirklichkeit dürfte es vielleicht nötig sein, dieses Zwischenrad durch einen Kontaktapparat steuern zu lassen, der einen den Widerstand verstellenden Motor auf Links- oder Rechtslauf steuert. Man sieht, daß das Verfahren zwar Unabhängigkeit von der Größe der Hilfsspannung ergibt, aber die Genauigkeit einmal von dem Fehler des Anzeigeinstrumentes plus dem Fehler des Amperestundenzählers abhängt, ganz abgesehen, von dem größeren mechanischen Aufwand, der auch eine nicht unbeträchtliche Anzeigeverzögerung mit sich bringen dürfte. Summierungen sind natürlich durch Parallelschalten der Kompensationsstromkreise möglich.

3. Die reinen Wechselstrommethoden zur Fernübertragung von Meßwerten.

a) Der Wechselstrom in der Übertragungsleitung hat konstante Frequenz und nimmt je nach der Intensität der zu überbrückenden Meßgröße nur jeweils eine andere Winkellage zum Netzspannungsvektor an. Die wesentlichen Eigenschaften dieses Verfahrens sind schon in der Einleitung, als die Einteilung der verschiedenen Verfahren besprochen wurden, genannt worden. Es sei hier nur rekapituliert, daß dieses Verfahren zwischen Sende- und Empfangsstelle ein synchrones Netz verlangt, und beim Ausbleiben der Spannung oder Störung des Synchronismus Fehlanzeigen nicht zu vermeiden sind, weil der Zeiger entsprechend der Frequenzdifferenz zwischen Sende- und Empfangsort zu pendeln beginnt.

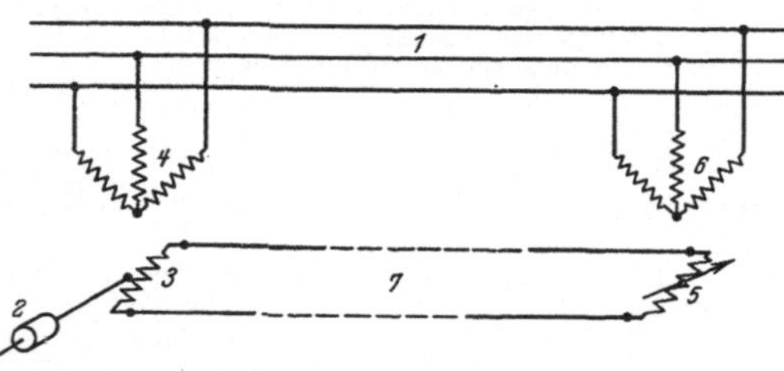

Abb. 40. Fernübertragung auf dem Phasenwinkel beruhend.
1 = Starkstromleitung.
2 = Meßwerk auf der Sendeseite.
3, 5 = Rotor der Induktionsregler.
4, 6 = Stator der Induktionsregler.
7 = Hilfsleitung.

Dieses Übertragungsprinzip ist im wesentlichen in zwei Konstruktionen auf dem Markt gebracht worden.

Das eine wird nur auf ganz kurze Entfernungen, etwa innerhalb desselben Gebäudes benutzt und hauptsächlich für Stellungsübertragungen angewendet und verlangt auf der Sendeseite einiges Drehmoment. Es ist unter der Bezeichnung „Selsyn" bekanntgeworden. Auf der Sendeseite und auf der Empfangsseite befindet sich je ein kleiner Wechselstrommotor mit einphasig gewickelten Läufer. Die Statoren sind an das Wechselstromnetz angeschlossen. Die Rotoren sind über die Fernleitung miteinander verbunden, Abb. 40.

Die andere Konstruktion benutzt dasselbe Grundprinzip, ist aber feinmeßtechnisch und dementsprechend im Aufbau feinmechanisch

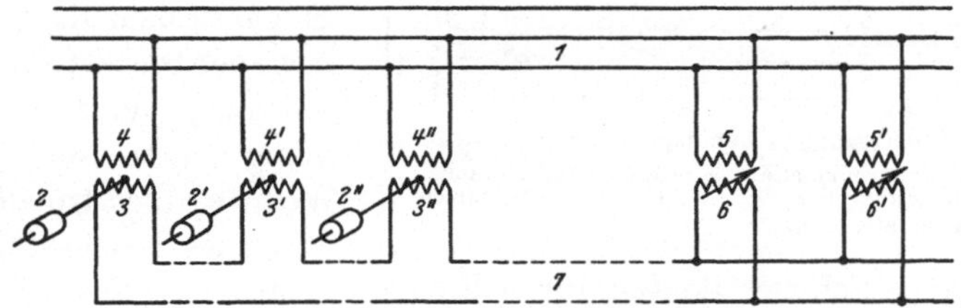

Abb. 41. Schema der Summierungsmöglichkeit.

1 = Starkstromleitung.
2 ÷ 2'' = Meßwerke auf der Sendeseite.
3—3'' = Rotoren auf der Sendeseite in Reihe geschaltet.
4—4'' = Statoren.

5—5'' = Statoren auf der Empfangsseite.
6—6' = Rotoren auf der Empfangsseite, parallel geschaltet (gleiche Anzeige).
7 = Hilfsleitung, die die Summe von 2 + 2' + 2'' überträgt.

durchgebildet und wird zur Übertragung von Meßwerten herangezogen, indem auf der Sendeseite der Rotor mit einem Meßinstrument (Wattmeter usw.) verstärkten Drehmomentes gekuppelt wird. Auch eine Summierung ist in beschränktem Maße möglich, indem die verschiedenen Winkellagen elektrisch addiert werden, Abb. 41.

Auch diese letztgenannte Ausführung verlangt auf der Sendeseite ein Meßgerät, das ein abnormal hohes Drehmoment zu entwickeln vermag, nicht nur, weil die Reibung der Zusatzteile auf der Sendeseite zu überwinden ist, sondern auch, weil es elektrisch den Verlust in der Leitung decken und das ganze Empfangsinstrument mit seiner Reibung genügend sicher mitschleppen muß und außerdem noch die inneren Verluste des Empfangsgerätes z. T. von der Sendeseite her gedeckt werden müssen.

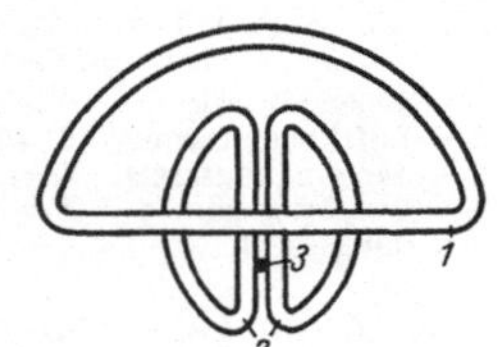

Abb. 42. Drehmomentfreies Doppelvariometer für Fernmeßzwecke.

1 = Feste Spule.
2 = Bewegliche, gekuppelte Spulen.
3 = Drehpunkt.

Selbstverständlich sind daher auch Konstruktionen versucht worden, die diesen Mangel beheben sollen. Zu diesem Zweck wurde ein Doppelvariometer mit besonderer Spulenform ausgebildet, die Abb. 42 zeigt. Außerdem ist natürlich ein Mehraufwand an Leitungen nötig, wie dies aus Abb. 43 der Verbindungsskizze zwischen Sende- und Empfangsseite zu entnehmen ist.

Selbstverständlich ist auch hier eine Addition bzw. Subtraktion verschiedener Meßwerte durch entsprechende Reihenschaltung der Variometerspulenkreise und die Mehrfachanzeige durch Parallelschalten dieser Kreise möglich.

b) Der Wechselstrom im Übertragungskanal hat eine Frequenz, die sich je nach der Intensität der zu übertragenden Meßgröße ändert. Dieses Verfahren ist im wesentlichen in zwei Formen in weiteren Kreisen bekanntgeworden.

Das eine ist nur für Hochfrequenzübertragung längs der Starkstromleitungen ausgebildet, aber sehr wenig angewendet worden. Wenn es hier trotzdem erwähnt wird, so geschieht es,

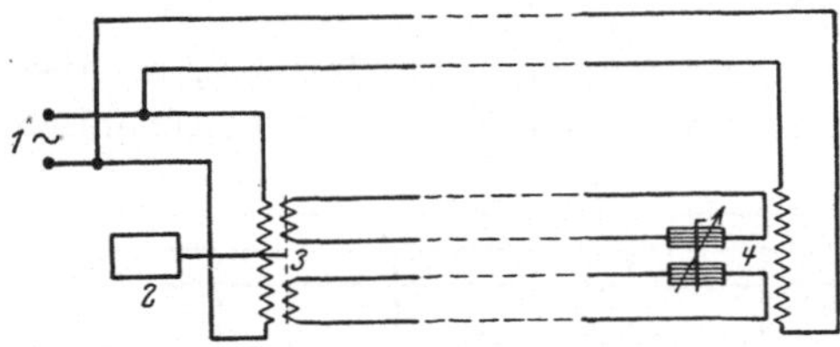

Abb. 43.   Übertragungsanordnung mit Doppeltvariometer.

1 = Wechselstromquelle.   *4* = Empfangsinstrument
2 = Meßwerk.   (Kreuzspulinstrument).
3 = Doppelvariometer.

weil gewisse Schwierigkeiten, die sich bei der Umsetzung des Gedankens in die Praxis ergeben, hier in recht netter Weise umgangen sind.

Auf der Sendeseite ist mit dem Meßinstrument, dessen Anzeige übertragen werden soll, ein variabler Luftkondensator verbunden, der einen Teil eines Schwingungskreises bildet, so daß von diesem Schwingungen variabler Frequenz erzeugt werden, die sich proportional mit dem Ausschlag des Meßinstrumentes ändert.

Auf der Empfangsseite ist ein entsprechender Schwingungskreis aufgebaut, dessen Luftkondensator von einem Motor in schnelle Rotation versetzt wird. Mit dem Antrieb dieses Kondensators ist der Indikator für den Resonanzfall beider Schwingungskreise, bei dieser Konstruktion ein Heliumröhrchen, fest verbunden, das hinter einer Skala rotiert und stets an dem Skalenteil aufblitzt, bei dem der Kondensator

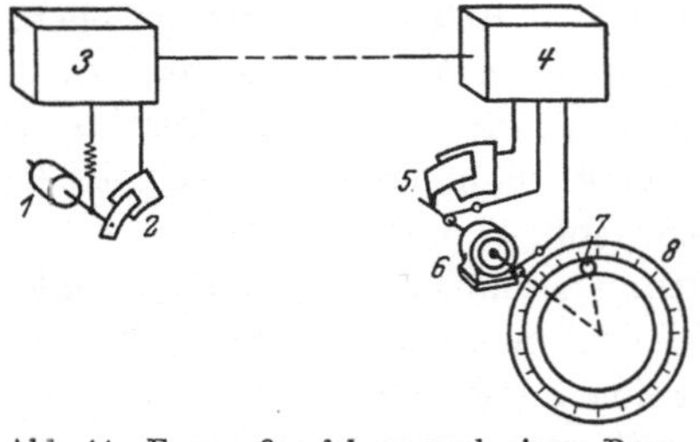

Abb. 44.   Fernmeßverfahren nach einem Resonanzverfahren.

1 = Meßgerät mit   5 = Luftkondensator.
2 = Luftkondensator.   6 = Motor.
3 = Schwingungskreis.   7 = Neonlampe.
4 = Empfangsschwin-   8 = Skala.
    gungskreis.

sich in der Resonanzlage befindet. Da die Lichtblitze schnell hintereinander folgen, entsteht ein scheinbar dauernd leuchtender Punkt, der der Zeigerfahne eines normalen Meßinstrumentes entspricht, Abb. 44. Das Verfahren ist bisher nicht über das Versuchsstadium hinausgekommen.

Als zweite Ausführung soll eine solche vorgeführt werden, die eine weitergehende Ausbildung bis in ihre Einzelheiten erfahren hat. Auch hier ist das sendende Meßgerät mit einem kleinen Luftkondensator verbunden. Es ist hierzu eine Sonderkonstruktion ausgebildet worden, da der Kondensator eine ganze Anzahl von Platten besitzt. Dieser ist ein Teil eines normalen Schwingungskreises. Ein zweiter Schwingungskreis enthält einen festen Kondensator. Die Schwebungsfrequenz beider Kreise wird auf die Leitung gegeben, auf der Empfangsseite durch einen Röhrenverstärker verstärkt, dieser speist einen normalen technischen Zeigerfrequenzmesser, der entsprechend der Einstellung und Meßgröße des sendenden Instrumentes geeicht wird. Diese Methode ist prinzipiell auf allen Übertragungswegen brauchbar, Abb. 45.

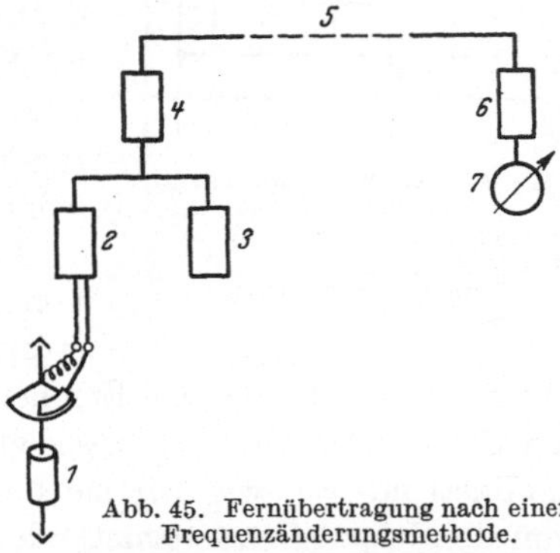

Es ist gelungen, die Verhältnisse usw. so zu bemessen, daß Spannungsschwankungen am Gitter bzw. am Heizdraht von $\pm\,20\,^0/_0$ die entsprechende erzeugte Frequenz nur um $\pm\,1\,^0/_0$ ändern.

Dieses System ist von den Fernleitungskonstanten so lange unabhängig, als die Empfangsstromstärke für eine sichere Einstellung des empfangenden Frequenzmessers genügt. Es ist daher in gewisser Weise, wenn auch nur in geringem Maße, vom Leitungszustand abhängig.

Abb. 45. Fernübertragung nach einer Frequenzänderungsmethode.

1 = Meßwerk mit variablem Luftkondensator.
2 = Schwingungskreis mit entsprechend 1 variabler Frequenz.
3 = Schwingungskreis mit fester Frequenz.
4 = Schwingungskreis entsprechend der Schwebung aus 2 und 3.
5 = Fernleitung.
6 = Verstärkeranordnung.
7 = Technischer zeigender oder schreibender Frequenzmesser.

Die Tatsache, daß die üblichen technischen Zeigerfrequenzmesser richtkraftlos sind, erlaubt eine absatzweise Vielfachübertragung der bekannten Art über einen Übertragungskanal, denn solange ein Instrument nicht erregt wird, behält es seine zuletzt innegehabte Einstellung bei, vorausgesetzt natürlich, daß es gut equilibriert und gedämpft ist; es ist natürlich trotzdem nötig, die Nacheinanderübertragung der Meßwerte schnell aufeinanderfolgen zu lassen. Zur absatzweisen Vielfachübertragung wird ein auf der Sende-

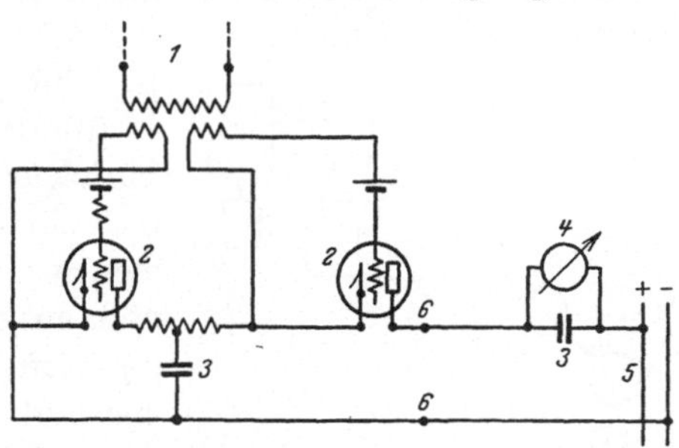

Abb. 46. Schema der Empfangsanordnung (spannungsabhängig).

1 = Transformator.
2 = Thyratrons.
3 = Kondensatoren.
4 = Drehspulstrommesser.
5 = Gleichstromquelle.
6 = Klemmen, s. Abb. 47.

und Empfangsseite synchron umlaufender Umschaltearm verwendet, der zu seiner Steuerung keines besonderen Übertragungskanals bedarf.

Sehr interessant ist bei diesem System die Methode der Summierung, eine Aufgabe, die ja bei jedem System gelöst sein muß, das Anspruch auf Verwendbarkeit in der Praxis erheben will. Diese geschieht durch eine Röhrenschaltung nach Abb. 46. Der Kondensator 3 wird durch

die Röhre *2*, *2* je nach der Periodenzahl der ankommenden Steuer-
frequenz umgeladen, und es fließt damit ein im Strommesser *4* zu messender Gleichstrom, der proportional der ankommenden Frequenz ist. Die verwendeten Rohre, Thyratrons, sind angewendet, weil sie bei relativ geringer Gitterspannung mehr Leistung geben als gewöhnliche Vakuumverstärkerrohre.

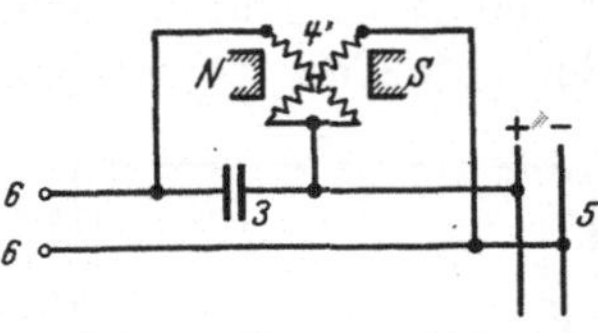

Abb. 47. Spannungsunabhängige Empfangsschaltung.

6 = Klemmen, s. Abb. 46.
3 = Kondensator.
4' = Kreuzspulanzeigegerät.
5 = Stromquelle.

Diese Schaltung ist natürlich abhängig von der Konstanz der Spannung der Hilfsstromquelle. Diese im praktischen Betrieb unter Umständen lästige Erscheinung wird im vorliegenden Fall durch die Schaltung, Abb. 47, beseitigt, durch Kreuzspulinstrumente, wie wir sie der Wirkung nach von der Impulsfrequenzmethode her kennen.

Da es so gelungen ist, durch eine Hilfsstromquelle einen im wesentlichen nur von der empfangenen Frequenz abhängigen Gleichstrom zu erhalten, ist es möglich, diese Ströme verschiedener Meßübertragungen zu addieren und das Summeninstrument in die eine der Leitungen der Hilfsstromquelle zu legen, die die verschiedenen Kondensatoren speist, Abb. 48.

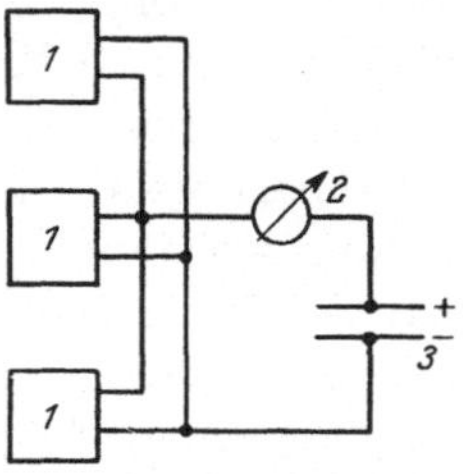

Abb. 48. Summierungsschaltung.

1 = Geräte nach Abb. 46.
2 = Anzeigegerät.
3 = Stromquelle.

Selbstverständlich ist eine solche Summenbildung nicht möglich, wenn eine absatzweise Vielfachübertragungsmethode dabei angewandt wird.

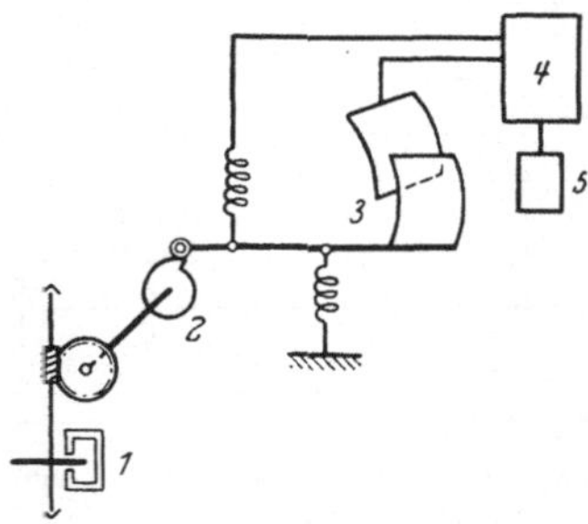

Abb. 49. Fernzählanordnung für die Fernübertragung durch Kreuzungsänderung.

1 = Zähler.
2 = Nockenscheibe.
3 = Luftkondensator.
4 = Durch 3 variabler Schwingungskreis.
5 = Fest eingestellter Schwingungskreis.

Auf dem gleichen Prinzip der oben beschriebenen Einfachübertragung beruht auch ein Fernzählverfahren, das den üblichen Systemen gegenüber, bei denen Stromstöße ausgesandt werden, die einer gewissen abgelaufenen elektrischen Arbeit entsprechen und die auf der Empfangsseite addiert werden, den Vorteil hat, daß kurzzeitige Störungen im Übertragungskanal unschädlich sind, es wird eben, kurz gesagt, der Zählerstand übertragen.

Bei diesem System wird von der Zählwerksrolle durch eine Spiralkurve der variable Kondensator, des einen der beiden Schwingungskreise, gedreht und damit eine dem Zählerstand entsprechende Frequenz erzeugt, die in der bereits beschriebenen Weise zur Anzeige gebracht werden kann, Abb. 49. Dieses

System ist natürlich auch in Verbindung mit einer absatzweisen Vielfachübertragung ohne weiteres prinzipiell anwendbar. Wenn dieses System vielleicht auch zur Zählerstandübertragung im allgemeinen Sinn zu ungenau sein dürfte, so kann es doch als gute Lösung für Maximumfernübertragungen geeignet sein, wo allerdings auch die üblichen Fernzählverfahren im allgemeinen genügend zuverlässig sind. Prinzipiell ließe sich entsprechend dem Summenverfahren für Meßwerte auch ein Zählverfahren für Summenbildung entwickeln.

Zum Schluß seien noch zwei Wechselstromverfahren erwähnt, die ihre Anzeige abhängig vom Verhältnis der Ströme in ihren 3 Leitungen übertragen.

Beide arbeiten mit Netzwechselstrom. Das eine verwendet drei Leitungen und eine Zusatzhilfskraft auf der Empfangsseite, wie wir Ähnliches schon bei dem Gleichstromkompensationsverfahren kennengelernt haben.

Als variable Wechselstromwiderstände werden Variometer verwendet, die in den beiden Außenleitungen liegen.

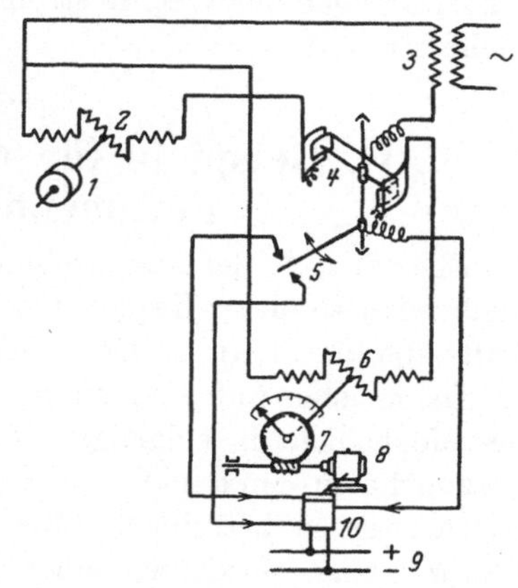

Abb. 50.
Wechselstromkompensationsmethode für Fernübertragung von Meßwerten.

1 = Meßwerk.
2 = Variometer.
3 = Wechselstromquelle.
4 = Wechselstromdynamometer.
5 = Umschaltekontakt.
6 = Variometer.
7 = Anzeigeskala auf der Empfangsseite.
8 = Motor.
9 = Hilfsstromquelle.
10 = Umschalterelais für den Motor.

Das eine wird von dem sendenden Instrument verstellt. Die Ströme in den Außenleitern werden durch ein Differentialwechselstromrelais auf der Empfangsseite verglichen. Dieses steuert durch einen Motor das im anderen Außenzweig liegende Variometer, bis beide Zweige gleichen Strom führen. Die Stellung des zweiten Variometers wird durch einen Zeiger angezeigt und stimmt mit der des Sendeinstrumentes überein, Abb. 50.

Die andere Methode kommt mit zwei Leitungen aus. Sie arbeitet nach

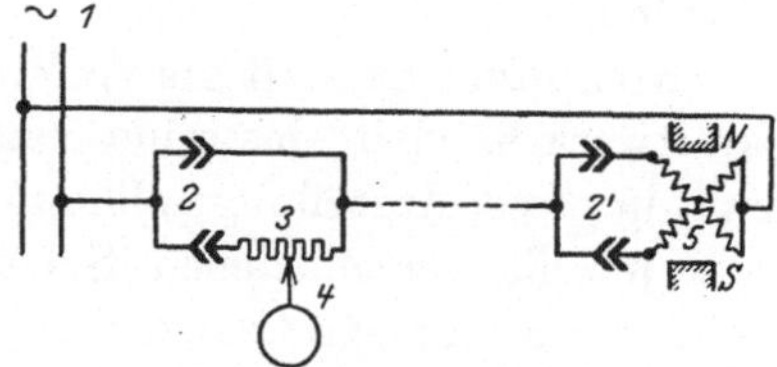

Abb. 51. Fernübertragungsmethede mit Wechselstrom- und Gleichstromkreuzspulanzeigegerät.

1 = Wechselstromquelle.
2, 2′ = Trockengleichrichter.
3 = Widerstand, eingestellt vom Meßgerät auf der Sendeseite.
4 = Sendendes Meßgerät.
5 = Kreuzspulanzeigegerät.

Abb. 51. Der Wechselstrom wird durch eine Trockengleichrichterweichenanordnung örtlich in positive und negative Stromstöße aufgespalten. Der eine dieser Zweige enthält auf der Sendeseite einen vom sendenden Meßinstrument entsprechend der Anzeige verstellten Widerstand. Auf der Empfangsseite werden beide Zweige durch ein Kreuzspulmeßgerät verglichen. Wenn sich die Gleichrichter in ihrem inneren Widerstand konstant halten, ist die Einrichtung unabhängig von Spannungsschwankungen der Wechselstromquelle. Die Summierungsfrage ist noch nicht studiert.

G. Beispiele für die Anforderungen an Fernmeßübertragungen.

Ehe wir nach der Beschreibung der verschiedenen bekannteren Fernmeßverfahren dieses Kapitel abschließen, wollen wir noch einige typische Fälle, die die Praxis zu lösen aufgibt, kurz skizzieren.

Die meisten Aufgaben entspringen, wie bereits mehrfach angedeutet, der Möglichkeit in beliebiger Weise Summenbildungen von Meßgrößen vorzunehmen und eine ganze Anzahl von Empfangsinstrumenten gleichzeitig zu betreiben. Eine häufige Aufgabe ist es, die Summenleistung aller Maschinen eines Kraftwerkes oder mehrerer nahe beieinander liegender Kraftwerke, z. B. der verschiedenen Kraftwerke eines mehrfach unterteilten Gefälles (Laufwerke), zu summieren und diese Summe in der Schaltwarte, im Betriebsleiterbüro, im Direktionsbüro und bei einem vorhandenen Dampfwerk im Kesselhaus anzuzeigen. Letzteres Instrument muß der Übersichtlichkeit halber ein Großinstrument sein, zu dem oft noch eine weithin sichtbare Signaleinrichtung anzuordnen ist, auf der die Warte durch Handverstellung angeben kann, wie hoch sie den in einer bestimmten Minutenzahl zu erwartenden Lastanstieg oder Lastabfall einschätzt, damit die Heizer schon im voraus die Kesselfeuerungen auf das zu Erwartende einstellen können.

Komplizierter wird die Aufgabe schon, wenn es sich um ein Großkraftwerk handelt, das seine Gesamtleistung in Gruppen aufgeteilt hat und in dieser Aufteilung vollkommen freizügig sein will, also die Gruppen aus jeweils verschiedenen Speiseleitungen und auch beliebigen Maschinen zusammensetzen will, je nach Bedarf und Betriebsbereitschaft der Stromerzeuger. Verlangt ist es, nicht nur die Summe aller Maschinen-, sondern auch die Gesamtleistung jeder Gruppe bei jeder beliebigen Kombination anzuzeigen.

Diese Aufgabe kann in zweierlei Weise gelöst werden, einmal von Hand dadurch, daß man eine Art Kreuzschienenverteiler verwendet, der in der Ordinate die Gruppensummeninstrumente und in der Abszisse die einzelnen Meßwerte enthält, während das Gesamtsummeninstrument fest mit den Einzelsummeninstrumenten zusammengeschaltet ist. Die andere automatische Lösung ist die, daß man die Schaltung der Einzelsender abhängig von der Stellung der Hilfskontakte der Hochspannungstrenn-

messer macht, wobei man zweckmäßig die von den einzelnen Sendeinstrumenten abgegebenen Meßströme nicht durch die ganze Anlage
über die Hilfskontakte direkt führt, sondern von diesen nur Relais
steuert, die in einem Schrank zusammen angeordnet die Instrumen-
tenströme in der gewünschten Weise kombinieren. Es werden dadurch
Isolationsfehler und de-
ren Folgen, insbeson-
dere Stromübertritt aus
anderen Stromkreisen,
wesentlich hintange-
halten und die Fehler-
suche sehr erleichtert.

Hat ein solches
Kraftwerk nicht nur
Abnehmer, sondern
auch Stromlieferanten,
die jeweils wieder zu
verschiedenen Zeiten
manchmal liefern und
manchmal beziehen, so
muß man beim Sum-
mieren auch das Vor-
zeichen der Summan-
den berücksichtigen.

Haben wir uns bis-
her nur innerhalb eines Kraftwerkes oder Kraftwerkekomplexes bewegt,

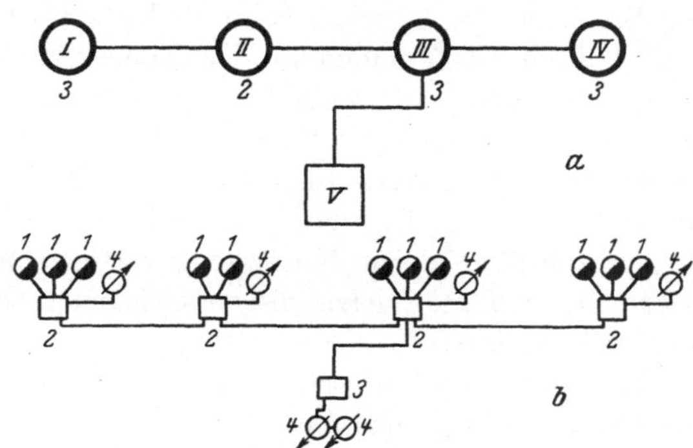

Abb. 52. Beispiel für eine kompliziertere Fernmeßanlge.

a

$I \div IV$ = Kraftwerke (Laufwerke).
V = Zentralbüro.
1 = Aderpaar verbindet die Punkte $I \div V$.
Die Zahlen bedeuten die Maschinen der Kraftwerke.

b

1 = Sender der Impulsfrequenzmethode.
2 = Summensender in Verbindung mit Differentialrelais für Duplexverkehr.
3 = Einfache Empfangsrelaisanordnung.
4 = Anzeigeinstrumente, die sämtlich die Summe der Leistungen aller 11 Maschinen anzeigen.

so werden die Aufgaben noch vielseitiger, wenn verschiedene Kraftwerke über große Entfernungen zueinander fernmeßtechnisch in Beziehung treten, und zwar nicht nur wegen der Übertragungsfrage selbst
und der Lösung der Vergesellschaftung mit dem Telephon und anderen
Dingen, sondern durch Verschiedenartigkeit der Aufgabe in sich.

Sehr häufig ist es z. B. der Wunsch, die Summe beider Kraftwerks-
leistungen, die je aus ihren einzelnen Maschinen gebildet werden muß
und die Einzelsumme wie auch die Gesamtsumme beider Kraftwerke in
beiden Zentralen anzuzeigen, und zwar soll sich der ganze Vorgang womöglich über zwei bereits durch Telephonübertragungen belegte Übertragungsadern oder über einen Hochfrequenzkanal abspielen. Diese
Aufgaben sind heute ohne weiteres lösbar.

Das Problem kann sich aber auch natürlich vervielfachen, Abb. 52.

Die Aufgabe, einfache Summierungen über längere Strecken mit
mehreren Summierungspunkten zu lösen, treten z. B. auf, wenn längere
Bahnstrecken über verschiedene Speisepunkte von mehreren Landes-
netzen gespeist werden, und man die Spitzenlast über die ganze Strecke

feststellen und beobachten will, um z. B. durch geschickten Einsatz eventuell von ebenfalls vorhandenen eigenen Werken günstigere Tarifverhältnisse zu erreichen. In diesem Fall muß unter Umständen die Gesamtsumme auch noch in diesen eigenen Werken zur Anzeige gebracht werden. Die Beobachtung der Spitzenlast kann auch zu Fahrplanregulierungen der Strecken führen. Diese Probleme haben alle letzten Endes ihren Gipfelpunkt in der „Lastverteilerstelle"[1], bei der alle Aufgaben vereint auftreten können, z. B. die Aufteilung in Gruppen zu dem schon genannten Zweck und auch ferner noch um die Fremdzuspeisungen zum Netz, für die der Tarif zu beachten ist, besonders zu beobachten. Diese letztere Aufgabe ist besonders häufig in Großstadtnetzen, die über eigene Kraftwerke verfügen und außerdem durch ein oder mehrere Landesnetze, die verschiedenen Gesellschaften angehören, angespeist werden.

Eine besondere Aufgabe kann dadurch entstehen, daß bei der Lastverteileranlage an einer Zentralstelle die Summe der Gesamterzeugung eines Netzes gebildet wird, und die Gesamtsumme an die einzelnen Kraftwerke zurückgegeben wird und diese nun nach einem vorgezeichneten Fahrplan einen bestimmten Anteil dieser Gesamtsumme übernehmen. Es wird durch dieses Verfahren das Spitzenkraftwerk insoweit entlastet, daß es nur einen Teil der Spitze zu übernehmen hat. Darüber wird des näheren in dem Kapitel „Lastverteileranlagen" und in dem Kapitel „Mehrfachübertragung von Meßwerten" gesprochen. Es treten hierbei aber zwei Aufgaben auf, die die Fernmeßinstrumente selbst und ihre Schaltung angehen und daher hier besprochen werden müssen.

Das eine Problem ist das, wie der Lastverteiler die Übernahme einer gewissen Last auf das Spitzenkraftwerk, das ja in die Summenbildung nicht eingeschlossen sein muß, ohne besondere Nachricht an die einzelnen Grundlastwerke zu geben, bewerkstelligen kann.

Er kann dies dadurch tun, daß er die an die Einzelkraftwerke zurückgegebene Summenanzeige absichtlich fälscht. Er kann also das Spitzenkraftwerk z. B. entlasten, wenn er die Summenleistung künstlich erhöht, er kann es belasten, wenn er sie erniedrigt. Dies ist z. B. dadurch möglich, daß er in die Summierungseinrichtung einen Apparat nach Art eines Fernmeßempfängers einschaltet, dessen Meßwert er willkürlich von Hand regeln kann. Bei der Stromstoßhäufigkeitsmethode ist dies in der Form ausgeführt, daß man einen Sender, der als Amperestundenzähler ausgebildet ist, verwendet, dessen Drehzahl durch einen Regulierwiderstand eingestellt werden kann, Abb. 53. Die Kondensatoren, die von diesem Amperestundenzähler umgeschaltet werden,

---

[1] Siehe auch Kapitel Lastverteileranlagen.

sind in bekannter Weise in die Summenleitung der anderen Instrumente eingeschaltet.

Eine zweite Aufgabe, liegt für diesen Fall im Kraftwerk. Der Wärter hat, wie beschrieben, auf einem Anzeigeinstrument die Gesamtleistung des Netzes vor sich und auf einem anderen die Gesamtsumme des von ihm zu bedienenden Kraftwerkes. Nach dem ihm vorgeschriebenen Fahrplan soll er zu einer bestimmten Stunde einen gewissen Prozentsatz der Gesamtleistung des Netzes übernehmen. Er ist nun genötigt,

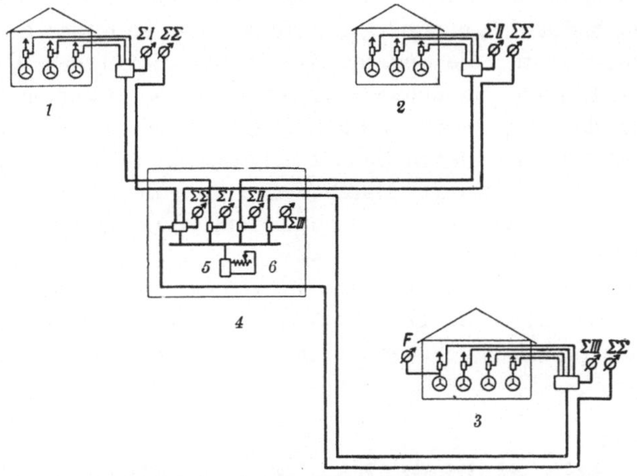

Abb. 53. Phantomanordnung bei Lastverteileranlagen.

1 = Kraftwerk I mit 3 Maschinen.	6 = Handregulierwiderstand für das Phantom.
2 = Kraftwerk II mit 3 Maschinen.	
3 = Kraftwerk III mit 4 Maschinen.	Σ = Summe der jeweiligen Kraftwerksleistung.
4 = Zentralmeßstelle mit Summenbildung.	
5 = Phantomgeber.	$\Sigma\Sigma$ = Summe aller Kraftwerksleistungen.

dauernd umzurechnen oder sich Zeichen an das Instrument zu machen. Viel einfacher wird für ihn die Betriebsführung, wenn er z. B. ein Doppelinstrument vor sich hat, wie solche als Flachprofilinstrumente altbekannt sind, das auf der einen Seite die Kraftwerksleistung anzeigt und auf der anderen Seite die Gesamtsumme des Netzes erkennen läßt, das durch einen in Anteilprozente geteilten Drehwiderstand gleich auf den einzuhaltenden Prozentsatz eingestellt wird. Die wahre Gesamtsumme kann auf einem besonderen Instrument zur Kontrolle angezeigt werden. Natürlich ist es auch möglich, die Aufgabe durch ein entsprechendes Verhältnisinstrument so zu lösen, daß der Wärter nur den Zeiger dieses Instrumentes auf einer bestimmten Marke zu halten hat. In diesem Fall sind natürlich zur Kontrolle noch ein Anzeigeinstrument für die Summenleistung des Netzes und eines für die Summenleistung des Kraftwerkes vorgesehen, allerdings wird der apparative Aufwand umfangreicher als in der erst beschriebenen Anordnung.

Die Anordnung eines besonderen Senders beim Lastverteiler, die wir soeben besprochen, gibt gleichzeitig eine Sicherung für den gesamten Fernmeßbetrieb. Fällt z. B. durch eine Fernleitungsstörung einer der Summanden aus, so leidet natürlich das ganze System darunter, was um so unangenehmer ist, als sich das gesamte Personal an diese Methode zu arbeiten gewöhnt hat. In diesem Fall kann man sich mit der beschriebenen Anordnung dadurch helfen, daß man die gestörte Leitung mit ihrem Summanden abschaltet, den Hilfssender an die Summierungsleitung anschließt und ihn auf telephonischen Anruf an das Werk, dessen Summand gestört ist, einstellt. Auf diese Weise kann der Betrieb ohne weitere Störung für die anderen Kraftwerke aufrechterhalten werden. Wäre diese Einrichtung nicht vorhanden, so müßte in kurzen Abständen an alle Werke telephoniert werden, was natürlich Unsicherheit, Mühe und Mißverständnisse der in dieser Betriebsmethode nicht mehr geübten Mannschaft mit sich bringt. Durch Verwendung des oben beschriebenen Hilfssenders hat man jeweils nur mit dem Werk zu sprechen, dessen Fernmeßübertragung ausgefallen ist.

Das hier Besprochene ist nur ein kleiner Ausschnitt dessen, was häufiger gefordert wird. Es ist nur das Typische besprochen worden, die Zahl der praktisch gelösten und lösbaren Kombinationen ist vielfach größer.

II. Die elektrischen Fernzählverfahren.

A. Anwendungsgebiete.

Diese müssen deshalb in einem besonderen Kapitel besprochen werden, weil sie in der Gruppe der Fernmeßgeräte durch die besondere Art der Übertragungsaufgabe eine besondere Stellung einnehmen, handelt es sich doch hier um Integrationsverfahren und nicht um die momentane Anzeige von einzelnen Meßwerten. Dieser Umstand läßt daher auch andere Übertragungsmethoden zu, wie sie bei den Fernmeßgeräten zulässig sind. Die eigentlichen Fernzählverfahren, die immer weiter addieren über Tage, Wochen und Monate hindurch, haben als wirklich Fernzähler über größere Entfernungen bisher keine Bedeutung gewonnen und werden sie wohl auch nicht gewinnen, denn ebensowenig wie bisher der Zählerstand in einer Anlage Interesse derart hatte, daß ihn irgendeine mit der Betriebsführung betraute Person dauernd überwachen mußte, ebensowenig liegt dann Interesse vor, einen fortlaufenden Zählerstand in die Ferne zu übertragen. Der Zählerstand an sich hat in den meisten Fällen Zeit, brieflich oder telephonisch von Zeit zu Zeit je nach der Verrechnungsmethode übermittelt zu werden. Die dauernd fortlaufende Übermittlung des Zählerstandes hat nur Interesse

als Summenzählvorrichtung, um das langweilige und oft von Addier-
fehlern behaftete mit Bleistift und Papier durchgeführte Aufsummieren,
z. B. der insgesamt geleisteten Arbeit eines Kraftwerkes oder der gesamten Übergabeleistung von einem Netz auf das andere, was heute
häufig über mehrere Kupplungsleitungen geschieht, selbsttätig zu bewerkstelligen. Aber auch diese Arbeit rechtfertigt nur selten das An-
schaffen einer besonderen kostspieligen Apparatur.

Ein Ausschnitt aus der Zählertechnik, bei dem die Fernübertragung
jedoch von ganz eminenter Bedeutung, in gewissen Fällen von
größerer Bedeutung ist als die Fernmessung, ist die Übertragung des, in
der üblichen Weise ausgedrückt, Einviertelstundenmaximums. Wohlgemerkt kann man praktisch mit der Übertragung des über $^1/_4$ Stunde
bereits integrierten Endwertes nichts anderes anfangen als ihn zur
Kenntnis nehmen und danach bezahlen, sondern man muß auf der
Empfangsstelle den Integrationsvorgang laufend verfolgen können.
Der Grund ist aus folgendem sehr häufig vorkommenden Fall zu erkennen.

Zwei Energieversorgungsnetze haben sich zwecks Energieaustausches
gekuppelt, nehmen wir an, über mehrere Leitungen. Der Tarif ist so
abgeschlossen, daß die übliche Grundgebühr festgelegt und ein Zuschlag in irgendeiner Form für eine Überschreitung des Einviertelstundenmaximums bestimmt ist. Diese letzteren Festlegungen können
ganz verschiedener Art sein. Manchmal tritt ein solcher Zuschlag erst
nach mehrfacher Überschreitung je Monat ein, manchmal schon nach
einer Überschreitung, manchmal hängt der Sonderpreis auch von der
Art der Überschreitung ab, kurz und gut es kommen alle möglichen
Formeln für die Verrechnung vor. Auch die Tageszeit, zu der sich die
Überschreitung ereignet, wird hier und da besonders gewertet. Sehr
häufig wird der sich ergebende höhere Verrechnungssatz auf die Lieferung
für den ganzen Monat erstreckt.

Das bezeichnete Netz habe nun in seiner eigenen Maschinenanlage
die Möglichkeit, die Überschreitung zu vermeiden, indem es die Laststöße seines Netzes mit seinen eigenen Maschinen abfängt. Dazu muß
aber der Maschinist des Werkes jederzeit das Fortschreiten des Inte-
grationszeigers der Summe der Übergabestellen beobachten können, will
er den meist wesentlich billigeren Grundgebührentarif der Zulieferungs-
stelle soviel als möglich ausnutzen.

Die üblichen Maximumzähler sind in ihrem Aufbau wohl genügend
bekannt. Es sind Zähler gewöhnlicher Art, die durch eine Kupplung
einen Schreibstift und ein Anzeigewerk fortbewegen. Dieser Schreibstift
wird unter dem Einfluß einer Uhr in einem bestimmten Augenblick
eingekuppelt und nach Ablauf einer bestimmten Zeit, z. B. $^1/_4$ Stunde,
wieder abgelöst, gleichzeitig fällt er auf die Nullinie wieder zurück und

das Spiel beginnt von neuem. Es ergibt sich daraus ein Diagramm, Abb. 54.

Der Maschinist der Zentrale muß nun so regulieren, daß der Schreibstift nach Möglichkeit an seinem Kulminationspunkt nie eine bestimmte Horizontallinie überschreitet.

Diese selbe Aufgabe für Fernübertragung und Fernsummierung zu lösen, ist für die Verrechnung des Energieaustausches der Netze von größter Bedeutung. Aber nicht nur für die Regulierfrage ist diese Lösung wichtig, auch für den einfachen Verrechnungsfall folgender Art hat die Fernübertragung des Summenmaximums wesentlichen Wert, weil Streitigkeiten vermieden werden können.

Nehmen wir eine große Fabrik an, die einen bedeutenden Energieverbrauch hat und deren fortlaufenden Betrieb, um Ausschußwaren zu vermeiden, ununterbrochen aufrechtzuerhalten, sehr wichtig ist. Die Fabrik wird deshalb von mehreren Knotenpunkten eines Großkraftwerkes angespeist. Der Fall kann auch

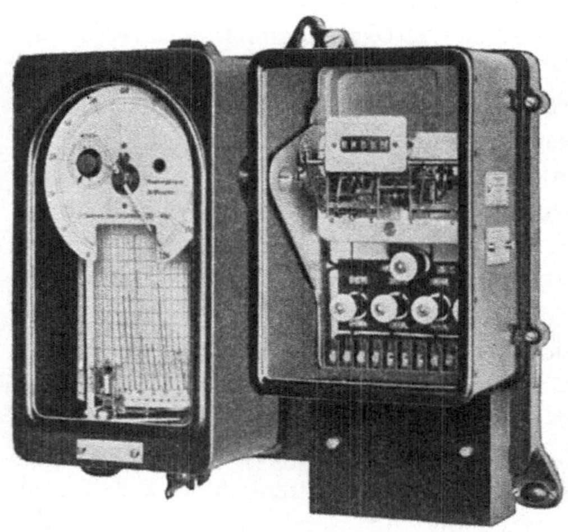

Abb. 54. Zähler mit Maximumschreiber und sichtbarem Diagrammstreifen.

so liegen, daß die Fabrik mehrere Zweigbetriebe hat, die über das Gebiet des Großkraftnetzes verstreut liegen, so ist es hier das Interesse des Konsumenten, mit einem Maximumtarif auszukommen. Dieser Fall ist gar nicht selten, gelingt es doch so, die Arbeiter in ihren Wohnsitzen zu belassen.

Das Übereinanderlegen der Diagramme einzelner verteilter Maximumschreiber in den verschiedenen Speiseleitungen wird hier bei der Abrechnung immer wieder Schwierigkeiten machen, und es wird oft eine gütliche Einigung nötig sein, besonders dann, wenn der Grad der Überschreitung mit zur Bestimmung der monatlich zu zahlenden Leistungen herangezogen wird. Das Auseinanderlaufen der Uhren der verschiedenen Zählersätze gibt neben anderen Ungenauigkeiten, die die graphische Addition mit sich bringt, leicht Uneinigkeit über die Verrechnung.

Um den ersten Fehler zu vermeiden, könnte man natürlich mit einer elektrischen Uhrenanlage Abhilfe schaffen. Dies bedingt jedoch ein Hilfsleitungssystem, das dadurch mit zur Erhöhung der Genauigkeit und zur eindeutigen Verrechnungsbildung besser benutzt wird, daß man die Zählerangaben zu einem Punkt überträgt und dort die Summe aller Zählerangaben bildet und durch eine lokale Uhr die jeweils aufsummierten Werte einteilen läßt. Auch dieses Beispiel zeigt die Notwendigkeit der Fernsummenbildung für die Maximumanzeige von Zählern, wenn auch hier das Verfolgen des Anstieges mit der Zeit von geringerer Bedeutung ist wie im ersten Fall, da nicht jedes Fabrikunternehmen plötzliche Eingriffe in seinen Betrieb (Stillegen irgendwelcher Antriebe) zulassen, sondern nur durch organisatorische Maßnahmen Überschreitungen vermeiden kann. Wohl kommen Fälle vor, wo auch durch Ab- und Zuschalten von Stromverbrauchern, z. B. Glüh- und Schmelzöfen, Kompressoren usw. zur Spitzenregulierung auch eines Betriebes ohne eigene Energieerzeugung herangezogen werden. Auf dieses Gebiet, das immer mehr Ausdehnung gewinnt, wollen wir jedoch erst zurückkommen, wenn wir die Regler besprechen.

Auf dem Gebiet der Summierungsverfahren sind praktisch bisher im wesentlichen zwei Wege beschritten worden, die man vielleicht als Summierungsverfahren mit und solche ohne Hilfssteuerung bezeichnen könnte.

Das Problem bei einer Summierung von Zählerangaben ist allgemein das, eine einwandfreie Zählung auch dann durchzuführen, wenn mehrere Zähler gleichzeitig einen Stromimpuls abgeben zum Zeichen, daß eine bestimmte Menge der gezählten Größen durch den Meßpunkt gelaufen ist. Diese „bestimmte Menge" wählt man möglichst hoch, damit das Zählersystem möglichst selten oder möglichst kurze Zeit in Beziehung auf die gesamte Laufzeit durch die unvermeidliche Kontakteinrichtung gehemmt wird, denn ein Kontaktschließen bedeutet stets eine in sich, je nach der Konstruktion mehr oder weniger variable Arbeitsleistung, die durch eine Kompensationseinrichtung nicht unbedingt zu erfassen ist. Sie ist daher eine Ursache von Zählerfehlern.

Da nun der „Wert" eines Stromstoßes durch seine Seltenheit in bezug auf die Meßzeit ziemlich hoch ist, muß jeder Impuls so sicher und rein wie möglich gegeben werden und so rein wie möglich von der Summierungseinrichtung aufgenommen und gewertet werden. Das sind hohe Anforderungen, denn Kontakte, die unter allen Umständen und bei allen Geschwindigkeiten und auch dann, wenn Erschütterungen von außen vorhanden sind, stets sauber öffnen und schließen, sind nicht ganz einfach herzustellen.

Wenn bei der soeben prinzipiell beschriebenen Methode die Kontakte prellen oder die Summierungsvorrichtung nicht einwandfrei arbeitet, können erhebliche Fehler entstehen.

Beide der obengenannten Wege lösen dieses Problem auf ganz verschiedene Weise und müssen daher auch gesondert behandelt werden.

Prinzipiell muß aber noch zur Beurteilung der Lösungen eines vorausgeschickt werden:

Man muß neben allem versuchen, solche Zählerprobleme so zu lösen, daß gewollte oder unabsichtliche Fälschungen so weitgehend als möglich vermieden werden. Selbstverständlich kann diese Sicherheit bei Fernübertragungen längst nicht so hoch gehalten werden wie bei den üblichen Verrechnungszählern, aber immerhin kann soviel gesagt werden, daß es zweckmäßig ist, die Empfangs- oder Summierungseinrichtungen so auszugestalten, daß keine Hilfsstromquellen nötig sind, deren Lieferungsunfähigkeit, gleichgültig ob sie absichtlich herbeigeführt ist oder ob sie sich durch Zufall ereignet, die Richtigkeit der Zählung beeinflussen könne, d. h. besondere Hilfsstromquellen an der Summierungsvorrichtung sollten vermieden werden.

Diese Bedingung ist natürlich nur in den Fällen zu erfüllen, in denen die Entfernungen oder die Leitungsverhältnisse noch derart sind, daß man mit dem vom Spannungskreis des Sendezählers für die Meldeleitung entnommenen Strom auch das mechanische Empfangsschaltwerk noch so betreiben kann, daß die an dasselbe angegliederten mechanischen Einrichtungen noch einwandfrei mitgenommen werden. Liegen die Verhältnisse so, daß dies nicht mehr möglich ist und man zu Zwischenübertragungseinrichtungen greifen muß, wie sie z. B. bei der Telegraphie üblich sind, so hat diese Bedingung keine wesentliche Bedeutung mehr. Man kann über solche Fälle geradezu sagen, daß dann diese beiden Wege für die Fernübertragung von Zählerangaben überhaupt nicht mehr gangbar sind und man prinzipiell zu Zählerstandsübertragungen übergehen muß, für die aus dem Kapitel „Fernmeßeinrichtungen" verschiedene Verfahren brauchbar und dort bereits erwähnt sind.

B. Die Zählverfahren mit Hilfssteuerung auf der Empfangsseite bzw. für die Summierungseinrichtung.

In diesem Fall trägt jeder Sendezähler einen Kontakt, der nach einer gewissen Zahl von Umdrehungen einen Stromstoß auf die Fernleitung gibt. Auf der Empfangs- oder Summierungsseite befindet sich ein Relais nach Art einer Fallklappe, das also beim Anziehen einen Hebel mechanisch auslöst und fallen läßt, der dann mechanisch wieder zurückgestellt werden muß. Entsprechend der Zahl der Summanden ist eine Anzahl von solchen fallklappenähnlichen Relais nebeneinander angeordnet. Neben diesen Einrichtungen befindet sich nun eine z. B. durch einen Ferraris-Motor angetriebene dauernd laufende Nockenwelle, die die von den Relais ausgelösten Hebel wieder zurückstellt und verklinkt. Durch das Zurückstellen wird durch eine Ratsche eine Zählwelle um einen Zahn weitergeschoben. Die Nocken auf der dauernd laufenden Nockenwelle, die das Zurückstellen besorgen, sind nun so gegeneinander versetzt, daß nur immer ein Hebel jeweils zurückgestellt werden kann und damit die Zählwelle immer nur um einen Zahn weitergeschoben werden kann. Die Geschwindigkeit der Nockenwelle muß natürlich so gewählt sein, daß auch bei der höchstzulässigen Drehzahl eines der Sendezähler ein Nockenumlauf nicht mehr als einen Stromstoß umfassen kann. Um ein Bild zu gebrauchen: Mit jedem Sendezähler ist eine Fallklappe verbunden, die beim Zurückstellen durch eine Klinke ein Zahnrad um einen Zahn weiterschiebt, daneben befindet sich ein Apparat, der die Fallklappen der Reihe nach immer wieder zurückstellt mit einer Geschwindigkeit, die größer ist als die Fallklappen hintereinander fallen können. Ist bei der Rückstellbewegung die Fallklappe gefallen, so wird auch die Zählwelle weitergeschoben; ist sie nicht gefallen, so wird die Rückstellbewegung leer ausgeführt. Man sieht, daß bei dieser Methode die Prellfreiheit des Kontaktes am Sendezähler nicht von sehr großer Bedeutung ist. Selbst wenn der Kontakt mehrmals schnell hintereinander schließt und öffnet. Mehr als

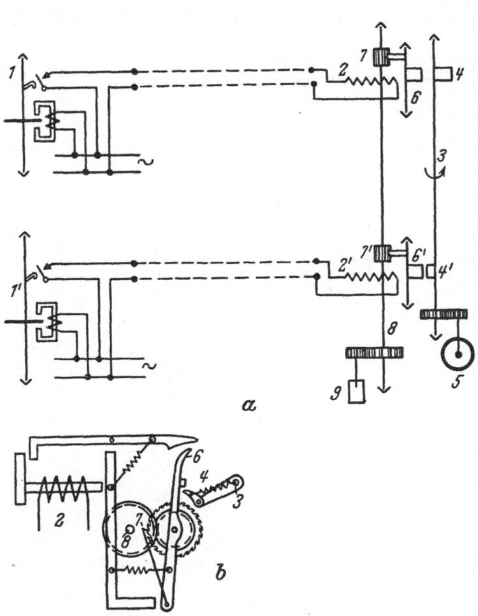

Abb. 55.   Schema einer Summenzähleinrichtung mit Hilfssteuerung.

a = Draufsicht.

1,1' = Sendezähler mit Kontakt.
2,2' = Relais.
3 = Rückstellwelle.
4,4' = Nocken.
5 = Motor der Rückstellwelle.
6,6' = Relaisanker.
7 = Fortschaltrad mit Ratsche.
8 = Summenwelle.
9 = Zählwerk.

b = Seitenansicht.

Fallen kann die Empfangsfallklappe nicht. Gewertet wird sie ja erst beim Zurückstellen. Allerdings hängt von der Sicherheit des Ein- und Ausklinkens der Empfangseinrichtung viel ab. Durch Erschütterungen darf die Verklinkung nicht auslösen können, Abb. 55.

Die Kontaktdauer der Zähler darf selbstverständlich nur kurz sein, denn wenn sie relativ zur Steuerzeit der Nocken lang wäre, z. B. bei sehr geringer Belastung des Sendezählers, so bliebe unter Umständen die Fallklappe so lange ausgelöst, daß sie mehrmals zurückgestoßen würde, ohne wieder einzuklinken. Das würde natürlich zu Fehlmessungen führen. Daher erfolgt in der praktischen Ausführung die Kontaktgabe am Sendezähler durch ein Fallgewicht, dessen Kontaktdauer bei höchster Drehzahl ca. 0,05 Sekunden beträgt. Der Zählerfehler, verursacht durch den Kontaktmechanismus, wird bei einer Kontaktgebung je 7,5 Ankerumdrehungen bei einem Zählerdrehmoment von 8,5 gcm bei Vollast, zu 1,5%, und zwar für einen Zweisystemzähler bei $^1/_{20}$ der Nennlast angegeben. Die Sendezähler werden stets mit Rücklaufhemmung ausgerüstet. Die Fernleitungsströme betragen ca. 10 mA.

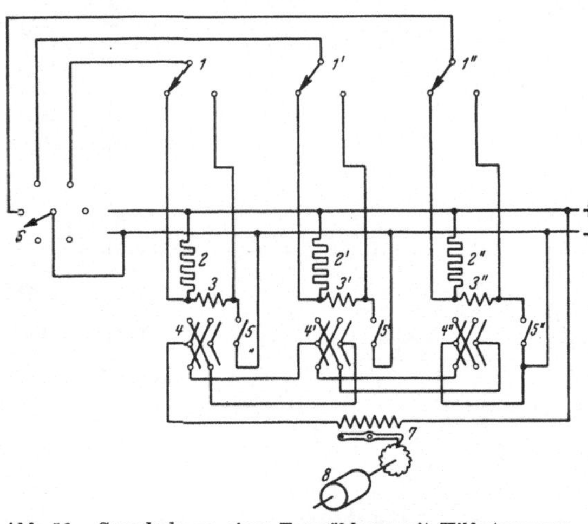

Eine andere Form, die ebenfalls mit einer besonderen Stromquelle am Ort, an dem die Summierung stattfindet, arbeitet, ordnet am Sendezähler einen Umschaltekontakt an. Zu jedem Summanden gehört ferner noch ein besonderes Umschalterelais mit Selbsthaltekontakt. Schließt der Sendezähler bei seiner Rotation den einen Kontakt, so wird das Relais angeworfen, löst sich dieser Kontakt, so hält es sich selbst, schließt sich der andere

Abb. 56. Grundschema einer Fernzählung mit Hilfssteuerung.

$1 \div 1''$ = Umschaltekontakte an den Sendezählern.	$5 \text{—} 5''$ = Kurzschlußkontakte.
$2 \div 2''$ = Widerstände.	6 = Umlaufender Kontaktarm.
$3 \div 3$ = Relaisspulen.	7 = Fortschaltewerk.
$4 \div 4''$ = Umschaltekontakte.	8 = Zählwerk.

Kontakt, so wird das Relais wieder abgeworfen. Um zu verhindern, daß mehrere Stromstöße gleichzeitig kommen, können all diese Kontaktschlüsse nur stattfinden, wenn die Wurzel des Umschaltekontaktes am Senderelais an Spannung gelegt ist. Dies geschieht durch einen dauernd rotierenden Umschalter, der die Sendezählerkontakte der Reihe nach mit einer Geschwindigkeit abtastet, die so bemessen ist, daß auch bei höchster Drehzahl der Sendezähler nicht mehr als ein Spiel möglich ist.

Die eigentlichen auf das Zählwerk arbeitenden Relaiskontakte sind Umschaltekontakte, die in Reihe in einem Stromkreis liegen, und durch ein ebenfalls in diesem Stromkreis liegendes Klinkwerksrelais wird das Zählwerk fortgeschaltet. Betrachtet man Abb. 56, so sieht man einmal, daß irgendeine Funktion nur dann von einem der Sendezähler ausgeübt werden kann, wenn er durch den Umlaufschalter gerade an die Stromquelle gelegt wird und daß das Umschalterelais, wenn der rechte

Kontakt am Sendezähler geschlossen und über einen Widerstand an Spannung gelegt wird, sich dann über dem Selbsthaltekontakt selbst hält, und zwar über dieselbe Spule, wogegen beim Schließen des linken Kontaktes am Sendezähler am linken Spulenende dieselbe Polarität erscheint wie an der rechten, so daß das Relais wieder abfallen muß.

C. Ein Zählverfahren ohne Hilfssteuerung auf der Empfangsseite bzw. für die Summierungseinrichtung.

Auch dieses Verfahren arbeitet im wesentlichen so, daß auch hier wieder die Sendezähler nach jeweils einer gewissen Anzahl von Umdrehungen Stromstöße aussenden, die zu einem zugeordneten Elektromagneten geführt werden, der seinerseits ein Klinkwerk fortschaltet. Dieses Klinkwerk arbeitet nun auf das eine Rad eines Differentialgetriebes, denn bekanntlich kann man mit einem Differentialgetriebe die Bewegung zweier vollkommen unabhängigen Antriebe summieren.

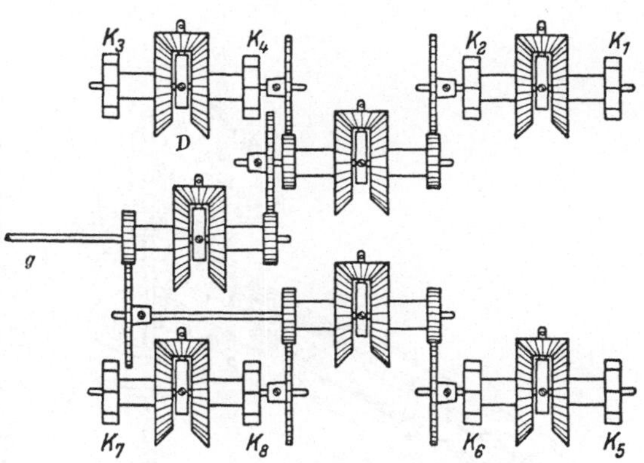

Abb. 57. Schema einer Summenzählung ohne Hilfssteuerung.
K_1—K_8 = Klinkenräder der Empfangsrelais.
g = Summenwelle.
D = Differentialgetriebe.

Eine einfache Überlegung läßt erkennen, daß n unabhängige Bewegungen mit $n-1$-Differentialgetrieben summiert werden können. Aus praktischen Gründen werden bei einer der praktischen Ausführungen jeweils drei Differentialgetriebe für 4 Summanden als Pyramidendifferentialgetriebe zusammengefaßt und solche Getriebe, bei denen mehr als 4 Summanden verlangt werden, wieder mit Differentialgetrieben durch Herzgetriebe verbunden. Dabei ist es auch möglich, einen Teil der Differentialgetriebe als Subtraktionsgetriebe arbeiten zu lassen, damit die Einrichtung auch richtig arbeitet, wenn ein Bezieher elektrischer Arbeit auch teilweise als Lieferant auftritt.

Abb. 57 zeigt den Aufbau eines Summierwerkes für 8 Summanden. In die Klinkenräder K_1—K_8 greifen die Schaltklinken der 8 Relais ein, die von den 8 Sendezählern gesteuert werden. Die Fortschaltwerke selbst haben natürlich ein Gesperre, so daß kein Rückwärtslauf möglich ist. Die Stromquelle für die Relais liegt nicht auf der Empfangsseite, sondern auf der Sendeseite, und zwar ist es dieselbe Stromquelle, die

auch die Spannungsspule des Sendezählers beliefert, der Spannungswandler, so daß, abgesehen von einem Leitungsbruch oder Leitungs-
kurzschluß, der natürlich durch eine Sondereinrichtung angezeigt werden
kann, die Stromquelle für das Summierwerk nur dann versagen kann,
wenn auch der Sendezähler selbst nicht mehr anzeigen würde. Eine
örtliche Stromquelle am Summierungsort ist also nicht notwendig, solange die Energie für den Leitungskanal ausreicht und die Stromart
geeignet ist.

Eine der Konstruktionen des Kontaktes am Sendezähler sei wegen
der Eigentümlichkeit der Lösung noch kurz beschrieben. Dieser muß,
wie früher schon erwähnt, sicher sein, darf nicht prellen und darf bei

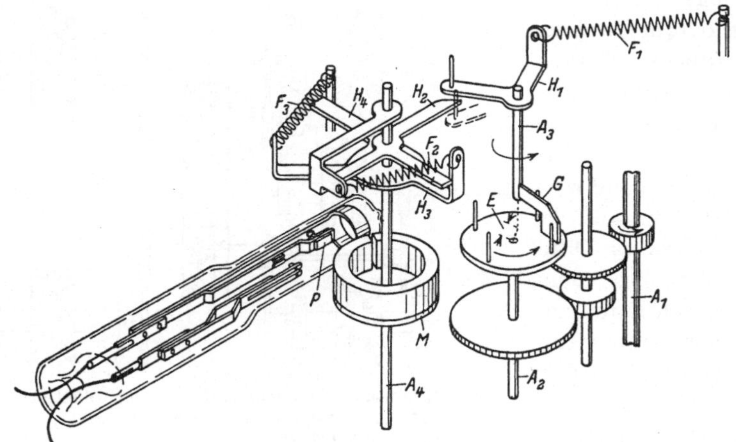

Abb. 58. Kontaktanordnung eines Sendezählers.

den verschiedensten Drehgeschwindigkeiten des Zählers immer nur
gleich kurze Zeit Kontakt machen. Außerdem muß ein solcher Kontakt
bei Stillstand des Zählers immer geöffnet sein, damit kein Relais dauernd
unter Spannung ist, da bei Ausfall eines Speisepunktes und versuchs-
weisem Ein- und Ausschalten der Spannung an der Starkstromleitung das
Relais arbeiten und damit die Messung fälschen könnte. Ferner ist
natürlich Unempfindlichkeit gegen Erschütterungen Bedingung. Diese
Anordnung, Abb. 58, ist im wesentlichen ein Momentdruckkontakt.

Von der Zählerachse A_1 wird in der gezeichneten Drehrichtung über
ein Vorgelege die Achse A_2 angetrieben. Diese trägt eine mit 4 Mit-
nehmerstiften ausgestattete Scheibe, diese greifen an einen mit der
Achse A_3 drehbaren Griffarm G unter Spannung der Feder F_1 an. Die
Achsen A_2 und A_3 sind um den Betrag E gegeneinander versetzt, so daß
sich die Bahn der Mitnehmerstifte und die Bahn des Griffarmes nur um
einen bestimmten Winkel überschneiden, so daß der Griffarm viermal
bei einer Umdrehung von A_2 abgleitet. Durch die angedeutete weitere

Übertragung wird die Achse A_4 in eine ruckweise Drehung versetzt, so daß der an ihr konzentrisch befestigte Ringmagnet ein an der einen Kontaktfeder angebrachtes Eisenstück kurzzeitig jeweils bewegt und damit den Kontakt, der in ein Glasgefäß eingeschlossen ist, bewegt. Da im wesentlichen nur Federkräfte arbeiten, kann der Arbeitsbedarf dieser Einrichtung, so gering er ist, mit eingeeicht werden. Diese Methode gestattet die Aufgabe zu lösen, durch ein Leitungspaar eine Anzahl an ihrer Trace liegender Summanden hinzuzuaddieren, so daß man ohne besonderen Leitungsaufwand von Meßstelle zu Meßstelle fortschreitend Werte aufsummieren und das Endergebnis anzeigen kann. Man muß nur an jedem Ort ein Differentialgetriebe aufstellen, das den ankommenden Wert aufnimmt, den Ortswert hinzufügt und die Summe der Impulse an die fortlaufende Leitung weitergibt. Allerdings ist hierbei nicht volle Unabhängigkeit der Stromquellen voneinander gewahrt.

Die Anzeige bzw. Aufschreibung auf einen Maximumregistrierapparat bietet keine gedanklichen Schwierigkeiten, so daß auf eine Beschreibung verzichtet werden kann. Erwähnt sei nur, daß in diesem Fall, um auf die Ortsstromquelle zu verzichten, der Einviertelstundenablauf mechanisch ausgelöst wird.

III. Die elektrischen Fernwirkungseinrichtungen.

A. Die Definition der elektrischen Fernsteuer- und Fernmeldeeinrichtungen.

Hier muß zunächst eine Einschränkung des üblichen Sammelbegriffes vorgenommen werden, denn der Begriff eines ferngesteuerten Schalters ist in der Starkstromtechnik dadurch verwässert, daß man jeden Schalterantrieb, der nicht direkt von Hand, sondern durch Seilzug oder elektrische Kommandoübermittlung betätigt wird, einen „ferngesteuerten" Schalter nennt. Man hat versucht, für diese neue Technik die Bezeichnung Fernwirk- und Fernbedienungsanlagen oder -einrichtungen zu prägen, doch versteht man darunter den ganzen Komplex, einschließlich der Fernmessung und Fernzählung, so daß diese Begriffe für das, was wir hier besprechen wollen, zu weit gefaßt sind.

Wir wollen daher hier mit unserer Definition ähnlich vorgehen, wie wir es bei der Fernmessung getan haben und uns soweit einschränken, daß allgemein Bekanntes von vornherein ausgeschieden wird. Wir wollen daher in unsere Betrachtungen nur die Einrichtungen aufnehmen, die weniger Übertragungsadern benötigen als die übliche Schaltersteuerung, bei der sich Schalter und Bedienungsstelle in demselben Gebäude befinden. Wir wollen daher nur „leitungssparende" Einrichtungen zur Fernsteuerung und Fernmeldung betrachten, und zwar leitungssparend nach Zahl und nach Querschnitt der Leitungen, um es kurz zu kennzeichnen.

B. Die technische und wirtschaftliche Bedeutung der Fernbedienungseinrichtungen.

Die elektrische Fernsteuerung im Sinn der Definition hat sich heute schon fast alle Gebiete der Energieverteilung erobert, da ihre beiden Hauptvorteile, Zentralisieren der Handhabung und Verbilligung der Verteilungsanlagen, von enormer Bedeutung für den Betrieb und die Wirtschaftlichkeit der Verteilungsanlagen sind.

Schon bei der Steuerung der Schalter einer größeren Freiluftstation läßt sich die Wirtschaftlichkeit einer Fernsteuereinrichtung adersparender Art, der sogenannten Eindrahtsteuerungen, nachweisen.

Besonders wertvoll werden die Fernsteuereinrichtungen da, wo ein Netzknotenpunkt nach der ihn im Jahre passierenden Kilowattstundenzahl unbedeutend, aber zur Aufteilung des Netzes notwendig und als Stützpunkt für die Stromversorgung von größter Wichtigkeit ist, andererseits aber wieder seine Bedienung zu einfach ist, um die dauernde Anwesenheit von Menschen zu rechtfertigen. Solche Punkte sind Transformatorenstationen in Überland- und Stadtnetzen, Spannungsregelungsstationen, Phasenschiebestationen, Umformerstationen insbesondere Gleichrichterstationen u. a. m. Ähnlich liegen die Verhältnisse in Bahnnetzen, und zwar bei Vollbahn- und Straßenbahnnetzen, bei denen besonders die Gleichstrombahnen kleine Stationsabstände, ohne daß die Stationen selbst bedeutend sind, erfordern.

Grundlegende Forderung ist in all diesen Fällen schnelles Beseitigen der Störung, wenn nötig, schnelles Umschalten des Netzes, denn die Anforderungen an die Zuverlässigkeit der Stromlieferung steigen dauernd. Es ist also selten ein Bedienen der Stationseinrichtungen notwendig, wenn es aber nötig ist, muß es schnell gehen.

Noch vor wenigen Jahren klagten die Leiter von Überlandwerken über die Einführung des elektrischen Glockenläutens, weil es nun auch das Abschalten am Sonntag vormittag zwecks Reparatur verbiete. Heute ist die Forderung in allen Arten von Verteilungsnetzen nach sicherer Stromversorgung durch das intensive Einführen des Stromes im Haushalt (Kochen) noch wesentlich größer geworden. Damit steigen die Anforderungen an schnelles Wiedereinschalten nach einer Störung auch in Gebieten, deren Konsum recht gering ist.

Es ist keine Frage, daß fernbediente Stationen baulich kleiner und einfacher werden als besetzte Stationen, wenn man sie logisch nach dieser Art Bedienung aufbaut, d. h. auf Nebenräume verzichtet und die Schalttafel nur soweit ausbildet, als es ein Notbetrieb verlangt und auf eine bewußte Konzentration aller Betriebseinrichtungen zur bequemen Handbedienung verzichtet. Auch die Ausstattung kann einfacher, die Gänge schmäler gehalten und Treppen hier und da durch Luken ersetzt werden. Der Baukostenersparnis entspricht eine Grundflächenersparnis und die Möglichkeit, die Station an Orte zu verlegen, bei denen die Beleuchtungsverhältnisse nicht die besten sind, der Grund und Boden also billig ist. Es sind solche Anlagen sogar schon ohne Fenster billig gebaut worden, wodurch nebenbei geringere Geräuschübertragung und damit Störung der Nachbarschaft erzielt wurde, auch größere Unterpflasterstationen werden möglich. Für Bahnanlagen ist der Einbau in Viadukte und Bahndämme schon mehrfach durchgeführt worden, was wesentlich an Anlagekosten sparen ließ. Auch Ersparnisse an Leitungskupfer durch Wahl eines geringen Speisepunktabstandes, ermöglicht durch den Bau unbesetzter Stationen, sind schon erreicht worden. In Straßenbahn- und Vorortbahnnetzen ist das Fernbedienen von Streckenschaltern ein Vorteil, da man das Netz in mehreren Schaltungen betreiben kann; bei Tag, wenn alle Unterwerke in Betrieb sind, läßt man das Netz offen, nachts, bei schwachem Betrieb, setzt man mehrere Unterwerke still und betreibt das Netz geschlossen.

Die Aufgabe, einzeln liegende einfache Freiluftanlagen (Kuppelstellen) in Hochspannungsversorgungsnetzen fernzusteuern, liegt nicht selten vor und ist heute einfach zu lösen.

Für kompliziertere Fälle, die das Ausnutzen kleinerer oder ungünstig, nach Platz, Zugang oder Aufenthalt von Menschen, liegender Wasserkräfte, hat sich die Kombination der Fernsteuerung mit der Automatik als Lösungsweg besonders günstig gezeigt. Dieser seien einige eingehendere Erläuterungen gewidmet.

Die Grundzüge der ferngesteuerten und automatisierten Kraft- und Unterwerke.

Aus dem Gedanken der Fernsteuerung und Fernüberwachung, sowie dem der Notwendigkeit der örtlichen Verriegelung siehe a. a. O., welch letzterer aus den Überlegungen entspringt, Bedienungsfehler auszuschließen und etwaiges Fehlarbeiten der Fernsteuerung in seinen Folgen jedenfalls soweit zu mildern, daß kein direkter materieller Schaden entsteht, entwickelt sich die ferngesteuerte automatische Anlage. Wie es bei allen Neuentwicklungen geht, gab es auch auf dem Gebiet der Automatik anfänglich zwei Richtungen. Die eine wollte jeden Vorgang fernsteuern und fernmelden, die andere wollte alles automatisieren und hielt jedes Fernmeldekabel für unnötig. Das betriebliche Ergebnis der sog. vollautomatischen Stationen und Kraftwerke war das, daß diese Stationen zwar ganz gut arbeiteten und bisher keine wesentlichen Schäden vorgekommen sind, aber wenn sich eine solche Station einmal, z. B. infolge Lagererwärmung stillsetzte, merkte man es im Betriebe erst dann, wenn das Ausbleiben der Stromversorgung von den Abnehmern gemeldet wurde, oder irgendeine andere Netzstelle, z. B. ein parallelarbeitendes Kraftwerk aus anormaler Anzeige seiner Instrumente auf das Versagen des an anderem Ort liegenden automatischen Kraftwerkes schloß. Diese Erfahrungen führten zu den automatischen Stationen mit Fernüberwachung. Das **Fernmeldekabel** mit einer Signalanlage erschien.

Eine besondere Schwierigkeit beim Ausbilden automatischer Kraftwerksanlagen ist z. B. die, das Kriterium für die Automatik zu erfassen, das den Anlaß geben soll, daß sich das automatische Kraftwerk in Betrieb setzt. Handelt es sich darum, z. B. anfallendes Wasser zu verarbeiten, so ist das Anlassen abhängig vom Oberwasserspiegel relativ einfach. Es kann auch nötig sein, einen Abfluß konstant zu halten; in diesem Fall gibt der Wasserstand im Unterwasser das Signal. Komplizierter wird es, wenn das automatische Kraftwerk das Netz unterstützen soll, wenn es nötig ist. In diesen letzten drei Worten liegen die Schwierigkeiten. Nötig ist das Anlassen, wenn die Spannung oder die Frequenz im Netz absinkt. Diese beiden Größen können aber auch einmal zufällig oder gewollt absinken, ohne daß das Kraftwerk einspringen muß, z. B. zur Spannungsregulierung im Netz bei Belastungsverschiebungen oder eine Frequenzabsenkung wird vorgenommen, um sich mit einem anderen Netz parallel zu schalten u. a. m. Will man verhindern, daß sich also das automatische Werk zur Unzeit parallel schaltet, weil z. B. das Oberwasserbecken klein ist und sein Inhalt für wirkliche Notzeiten z. B. zur Abendspitze gespart werden soll, so muß man diese Spannungs- und Frequenzrelais, die die Automatik anregen, grob einstellen und dann muß der Netzzustand schon direkt gefährdet sein, wenn das automatische Kraftwerk einspringen soll.

Um diese Schwierigkeit zu vermeiden, versuchte man das Anlassen und Abstellen des automatischen Kraftwerkes durch eine Uhr zu bewerkstelligen. Der Nachteil ist auch hier klar, es ergibt sich daraus eine Starrheit des Einsetzens, die mit der von Lebewesen verursachten Belastungskurve des Netzes nicht gut in Einklang zu bringen ist. Auch kann man über das Kraftwerk nicht verfügen, wenn man z. B. durch Maschinendefekt im Netz zu abnormaler Zeit auf das automatische Werk zurückgreifen muß.

Noch schwieriger werden die Verhältnisse, wenn man zur Leistungsregelung eines automatischen Kraftwerkes übergehen will. Hier gibt es einfach keinen Netzzustand, der die Automatik anreizen könnte, das Kraftwerk etwas mehr oder weniger Last abgeben zu lassen.

Ebenso ist schwer, ein Kriterium dafür zu finden, wenn eine automatisierte Maschine von einem Sammelschienensystem auf ein anderes umgeschaltet werden muß.

Aus dem Gesagten wird klar: Ein vollautomatisches Werk ist nur möglich für technisch ganz einfache Verhältnisse, Einmaschinenkraftwerke oder Umformerwerke mit einer Sammelschiene und auch dann nur, wenn es direkt und ausschließlich nach einem bedienten Kraftwerk oder Unterstation liefert, denn nur in diesem Fall kann man dadurch, daß man die Leitung willkürlich an Spannung legt, dieses Werk ohne Hilfsleitung veranlassen, anzulaufen und Vollast abzugeben. Aber auch hier ist eine Fernüberwachung wünschenswert, wenn nicht die Entfernung so gering ist, daß man bei Ausbleiben der Zuspeisung mit einem Fahrrad schnell hinfahren und die Störungsursache feststellen kann.

In allen anderen Fällen ist eine Hilfsleitung zum Inbetriebsetzen und zum Überwachen notwendig. Man sieht, daß wir der wirklichen Fernsteuerung, wie wir sie in diesem Buch verstehen, nicht mehr fern sind, und der Mehraufwand, wenn man sie anwendet, nicht groß ist, da ja auch die Meldeanlage und der eine Steuerimpuls für das Anreizen der Automatik sicher und Fremdeinflüssen entzogen sein muß.

Man kann sagen, ein unbedientes Kraft- oder Umformerwerk, das in seinem Gebaren einem bedienten Werk gleich oder ähnlich sein soll, ist durch Fernsteuerung viel eher herzustellen als durch eine Automatik. Die Frage muß jetzt sein, warum man die Kombination aus beiden heute für die richtigere ansieht. Einen Teil der Antwort gab die Einleitung, der andere Teil liegt darin begründet, daß die Fernsteuerung der Handbedienung doch nicht absolut identisch ist, wenn man keinen zu großen Hilfsleitungsaufwand treiben will, der bei größeren Entfernungen dann besonders teuer wird, wenn man aus irgendwelchen Gründen kein Erdkabel verlegen kann oder dieses stark hochspannungsbeeinflußt ist und man daher jedes Aderpaar mehrfach unterteilen muß.

Ein typisches Beispiel für einen Fall, den die Fernsteuerung nur unter größerem Aufwand lösen kann, ist das Parallelschalten. Fernsteuer- und Fernmeßeinrichtungen, die alle zum Parallelschalten nötigen Vorgänge so gleichzeitig zu übermitteln gestatten, daß man auch bei unruhig liegendem Netz sicher parallelschalten kann, sind kostspielig. Wir haben dazu heute ja nur die Tonfrequenzeinrichtungen zur Verfügung, wenn man nicht eine ganze Anzahl einzelner Leitungen verlegen will. Es ist also naheliegend, hier zu automatischen Parallelschalteeinrichtungen zu greifen, die man durch die Fernsteuerung nur frei gibt, damit sie dann selbständig ihre Arbeit vollziehen. Damit ist es auch gegeben, ihr die Regelung der Maschinendrehzahl und der Spannung während des Parallelschaltens ganz oder teilweise anzuvertrauen.

An die Verriegelungen gegen Bedienungsfehler wurde schon erinnert.

Dazu kommt die Notwendigkeit des möglichst schnellen Eingreifens bei gewissen Fehlern an den Maschinen und Transformatoren, bei denen es um so weniger Schaden gibt, je schneller eingegriffen wird. Es sind das die üblichen Schutzeinrichtungen, die auch bei handbedienten Anlagen bereits automatisch wirken. Es sind das z. B. der Generatorschutz gegen Kurzschluß, Erdschluß und Windungsschluß, der Drehstromwicklung und der Erregerwicklung, die Lagertemperaturüberwachung, die Öldrucküberwachuug, der Schutz der Transformatoren, die Kontrolle ihrer Kühlung u. a. m. An sich bringt die Automatik ganz allgemein einen Vorteil, der sich bei Handbetrieb nicht erreichen läßt und bei Fernbedienung noch weniger geschaffen werden kann, und das ist das Beschleunigen der Anlaßvorgänge, eine Eigenschaft, die dann von besonderer Wichtigkeit ist, wenn das automatisch-ferngesteuerte Werk eine Spitzenreserve darstellt. Dies ist deshalb notwendig, weil man nur dann den Vorteil einer solchen Reserve voll ausnutzen kann, indem man die „stillen Reserven“ des Netzes reduziert, d. h. statt sämtliche Betriebsmaschinen mit nur 80 % zu belasten, sie mit 90 % Last arbeiten läßt. Solche Reserven sind mehrererlei Art: Wasserkraftwerke, insbesondere Pumpspeicherwerke, Dieselmaschinen und auch Ruthspeicheranlagen. Ähnlichen Zwecken dienen auch als Phasenschieber laufende Dampfturboaggregate, die auf Kommando zur Lastabgabe übergehen können. Derartige Automatisierungen greifen sogar in die Automatisierung des Kesselbetriebes über. Man hat es erreicht, daß Wasserkrafteinheiten für mäßige Gefälle von 30000 kW-Leistung betriebsmäßig, einschließlich Parallelschalten, in 180 Sekunden vom Stillstand auf Vollastabgabe gebracht werden, wenn der ganze Anlaßvorgang selbsttätig vor sich geht. Diese in der Automatisierung liegende Möglichkeit der Beschleunigung des Inbetriebsetzens wird natürlich auch für Umformer aller Art heute ausgenutzt, aus denselben Gründen, die wir oben besprochen haben.

Wie sind nun die Vorgänge in einer solchen automatisierten ferngesteuerten Anlage in fernzusteuernde, fernzumessende, fernzumeldende und zu automatisierende Vorgänge einzuteilen?

Die bis hierher angestellten Überlegungen geben uns die Richtlinie. Ferngesteuert werden die Vorgänge, für die man innerhalb der Anlage selbst keine oder nur unsichere Kriterien zur Verfügung hat, also prinzipiell den Zeitpunkt des Anlassens und Stillsetzens, den Grad, also die Regulierung der Lastabgabe, der Spannung, der Phasenverschiebung, mit der abgegeben oder aufgenommen werden soll. Die Art der Schaltung der Station, die Art der Kombination der Maschinen und der Transformatoren müssen der Fernsteuerung zugeordnet werden.

Fernzumessen ist, was betriebsmäßig den Energiefluß bestimmend zu regulieren ist. Fernzumelden ist zunächst, was fernzusteuern ist, ferner das, was die Automatik veranlassen kann bzw. veranlaßt hat, in die ferngesteuerte Arbeitsproduktion einzugreifen, ob es ein von ihr entdeckter vorübergehender Fehler war, z. B. eine bedenklich hohe Kühlwassertemperatur oder ein Ansteigen der Wicklungstemperatur, die nach einer bestimmten Wartezeit gestattet, die Anlage wieder in Betrieb zu nehmen, oder ob der Anlaß ein ernsterer war, eine Verstopfung der Betriebswasseranlage oder ein Wicklungsdurchschlag oder eine Lagertemperaturerhöhung oder anderes mehr.

Bei dieser Fehlergruppe, Einzelmeldungen in die Ferne durchzuführen, ist überflüssig, da doch ein Besuch einer fachkundigen Person nötig ist, die natürlich örtlich an einer Meldetafel die Einzelanzeige zur schnellen Orientierung vorfinden muß. Es genügt für sie eine Sammelmeldung.

Zu automatisieren sind sämtliche Vorgänge, die schnell eingreifen müssen oder von der Fernsteuerung nur mit großem Aufwand beherrscht werden können. Dahin gehören die Schutzeinrichtungen, die Parallelschalteeinrichtungen, die Regulierung zum Parallelschalten, ferner alle Vorrichtungen, die keiner individuellen Behandlung von Fall zu Fall bedürfen, wie Anlauf- und Stillsetzungsvorgänge, außerdem die Verriegelung dieser Vorgänge und anderer, die, der Fernsteuerung anvertraut, nur in bestimmter Reihenfolge durchgeführt werden dürfen.

Wie bei der Fernsteuerung gehört zu den zu überwachenden Einrichtungen auch die Überwachung der Hilfsstromquellen der Automatik auf Ladezustand und Erdschluß.

Betrachten wir die Steuerstelle einer solchen automatisierten Anlage die eine Anpassungsfähigkeit haben soll, die der einer bedienten Anlage ähnlich ist, so könnte diese relativ einfach aussehen, so einfach, wie z. B. das Generatorfeld eines ganz normalen Kraftwerkes: Oben zwei Sammelschienen, darunter die beiden Trennschalter, dann der Ölschalter, rechts und links Voltmeter, Amperemeter, Wattmeter, cos φ-Messer, Erregerstrommesser, darunter einige Signallampen oder Fallklappen und zum Schluß der Reglerhandgriff für die Erregung und einer für die Steuerung der Kraftzufuhr zur Antriebsmaschine.

Die dazwischenliegenden Vorgänge des Anlassens besorgt ja der Maschinist an der Maschine und nicht der Schalttafelwärter. Die Parallelschalteeinrichtung befindet sich in größeren Kraftwerken nicht auf jedem Generatorfeld, sondern ist eine Kombination in der Nähe angebrachter Instrumente, die durch eine Steckvorrichtung auf dem Generatorfeld mit dem Generator beim Anlassen verbunden werden.

Wir haben besprochen, daß das Anlassen und Abstellen sowie das Parallelschalten Aufgaben der Automatik sind, also tatsächlich bei einer ferngesteuerten Anlage auf der Steuertafel prinzipiell nicht zu erscheinen brauchen. Wenn man trotzdem noch heute bei großen Anlagen ein zusätzliches Hilfsmittel anbringt, so geschieht das einmal, weil das Maschinengeräusch ja nicht zu hören ist, zum anderen, weil man eben einen gewissen Kontakt auch zwischen Schalttafelwärter und Maschinen ganz gefühlsmäßig für richtig hält, und in den Fällen, in denen in einer handbedienten Anlage, in der der Schalttafelwärter die Maschine nicht sieht, hier und da wenigstens ein Signaltableau anbringt.

Dieses ersetzt man mit etwas mehr Deutlichkeit bei ferngesteuerten automatischen Anlagen durch ein Leuchtbild des ferngesteuerten Maschinensatzes, den man in ihm schematisch einschließlich Antriebs-

Abb. 59.
Lebendes Kontrolleuchtbild für die Steuerstelle der Maschinensätze eines Pumpspeicherwerkes.

maschine abbildet und die einzelnen Teile Stück für Stück aufleuchten läßt, wenn sie ordnungsgemäß ihren Dienst aufnehmen, Abb. 59. In dem Bild wird angezeigt, wie beim Anlauf zunächst das Drucköl bereitet wird, die Wasserschieber sich öffnen, die Turbine sich füllt, die Leitschaufeln sich öffnen, die Welle sich zu drehen beginnt, der Generator sich teilweise erregt, die Maschinen sich über Drosselspulen an das Netz legt, sich dann voll an das Netz legt, sich voll erregt und die Last aufnimmt. Ein solches Bild, am Kopf des — wie vorhin beschrieben — einfachen Steuerpultes angebracht, gibt einen so innigen Kontakt mit der ferngesteuerten Anlage, daß man die große Entfernung vergißt. Man erkennt auch, wie unnötig und unrichtig es wäre, einen solchen Maschinensatz in allen Einzelheiten fernsteuern zu wollen, da man doch wieder an der Maschine so viele Verriegelungen anbringen müßte, um Anlaßfehler auszuschließen, daß die ganze Schar von Betätigungsknöpfen doch nur in einer bestimmten Reihenfolge bedient werden könnte, wenn sie eine Wirkung haben sollen. Eine solche Anordnung würde auch kaum ein klareres Bild geben.

Auf die gesteuerte Stelle genau einzugehen, würde ein Büchlein über die Automatisierung von elektrischen Kraftmaschinen bedeuten; das ist eine Sache ganz für sich.

Es sollen hier nur kurz die zwei Grundprinzipien solcher Automatisierungen angedeutet werden, um das Ganze abzurunden. Die beiden Richtungen waren zu Anfang ebenfalls vorhanden und streng getrennt durchgeführt. Sie werden heute gleichzeitig, je nach Zweckmäßigkeit benutzt.

Man verwandte bei der einen Art des Aufbaues die Schaltwalze, bei der anderen Art sog. Relaisketten, d. h. wirkungsgemäß aneinander anschließende Relais.

Der Gedanke der Automatisierung nach dem Prinzip der Schaltwalze ist dem des normalen Kontrollers insofern ähnlich, als bei jeder seiner Stellungen ein oder mehrere zusammengehörende Vorgänge ausgelöst werden. Diese Schaltwalze wird durch einen Motor angetrieben, der aber die Walze weder kontinuierlich noch ruckweise in gleichmäßigem Takt fortbewegt, sondern nur dann weiterschreiten läßt, wenn der zu der Stellung gehörende Vorgang elektrisch als vollzogen von der Anlage selbst gemeldet wird. Die Relaiskette arbeitet in dieser Beziehung ähnlich.

Auch bei ihr wird irgendein „erster Vorgang" eingeleitet. Ein Steuerungsvorgang kann erst dann weitergeleitet werden, wenn der erste vollzogen und die Grundbedingungen für den zweiten erfüllt sind.

In ihrer Wirkung sind beide Wege gleich, indem eben das Schaltgesetz unter der Kontrolle der Einzelerfolge abgewickelt wird.

Ein kleines, ganz einfaches Beispiel aus dem elektrischen Gebiet soll das Gesagte erläutern:

Ein Abzweig einer vom anderen Ende her unter Spannung stehenden Leitung soll auf eine von einer anderen Stromquelle her unter Spannung stehenden Sammelschiene geschaltet werden. Die Reihenfolge ist die, daß zunächst der Abzweigtrennschalter geschlossen wird. Meldet sein Hilfskontakt, daß das der Fall ist, schließt sich der Sammelschienentrennschalter, meldet dessen Hilfskontakt, daß dies ebenfalls geschehen ist, so fängt eine Synchronismuskontrolleinrichtung an zu arbeiten. Stellt sie Synchronismus fest, so gibt sie den Weg frei, den die beiden Trennschalterhilfskontakte vorbereitet haben, um den Ölschalter zu schließen.

Man erkennt ohne weiteres, daß diese Aufgabe durch eine Schaltwalze, wie wir sie besprochen haben, gelöst werden kann, aber auch durch eine einfache Relaiskombination.

Für die Anwendung in einer umfangreichen Anlage ergeben sich aber mehrere Unterschiede die von praktischer Bedeutung sind.

Die Schaltwalze verlangt unbedingt, daß fast das ganze notwendige Hilfsleitungssystem der Anlage an die Walze herangezogen wird. Außerdem sind verschiedene Teile der Walze für alle Vorgänge gemeinsam, z. B. der Motor, die Lagerung, die Haltevorrichtungen, die Steuerung für den Weiterlauf u. a. m. Wird einer dieser Teile fehlerhaft, so ist der ganze Betrieb stillgelegt. Die Ausführung von Reparaturen an irgendwelchen Einzelteilen ist nicht immer ganz einfach, und es ist nach dem Zusammenbau eine sorgfältige Kontrolle jedes einzelnen Vorganges notwendig.

Eine Relaiskette für eine ganze Anlage läßt sich in Gruppen auflösen, die getrennt untergebracht eine vereinfachte Leitungsführung gestatten, was für ausgedehnte Anlagen wesenswichtig ist. Außerdem können Reparaturen nur einzelne Relais betreffen, so daß nach dem Auswechseln keine Generalprobe nötig ist. Außerdem sind keine gemeinsamen Teile für das Ganze vorhanden, deren Defektwerden ein Durcheinanderlaufen aller Vorgänge nach sich ziehen könnte. Trotz dieser Unterschiede ist zu sagen, daß jede Art der Ausführung ihren Platz haben kann, je nach Umfang des Objektes und nach Art des Vorganges. Anzunehmen ist, daß eine Relaiskette schneller zu arbeiten vermag, weil die zu bewegenden Massen geringer sind. Auch dürfte der Energieverbrauch kleiner sein, was bei gewissen Anwendungen, die mit Batteriestrom arbeiten, von Vorteil sein könnte.

Das Anwenden dieser Grundprinzipien ist von Fall zu Fall so verschieden, daß es hier nicht behandelt werden kann. Die eingehendsten Überlegungen erfordern dabei meist mehr die Antriebsmaschinen als der elektrische Teil, einmal weil die Zahl der zu beachtenden Maßnahmen beim Anlassen und Stillsetzen an Zahl größer und je nach Fabrikat und Art der Maschine verschiedenartig sind. Elektrische Generatoren sind heutzutage bezüglich der Handhabung und Regulierung fast einander gleich. Außerdem ist der Elektrotechniker gewöhnt, Vorgänge elektrisch zu verknüpfen und in Richtung auf Selbsttätigkeit zu behandeln, so daß hier keine ungewohnten Gedankengänge auftreten.

Anders ist es auf dem Gebiet der Wasserturbinen, der Dampfturbinen und Dieselmotoren. Jede Firma hat ihre besonderen Ausführungen, ihre besondere Art des Antriebes der Regelorgane, der selbsttätigen Regler u. a. m. Man denke nur an die verschiedenen Methoden der Düsen- und der Leitschaufeleinstellungen, bei Peltonrädern, Françisturbinen, Kaplanturbinen, und was der Ausführungen mehr sind.

Dazu kommt die Bereitung und Sicherstellung des Drucköles oder Druckwassers für die Regler und die Lager und vor allem die richtige Eingliederung der Wasserabsperrorgane, der Entlüftung, und die bei den verschiedenen Konstruktionen nötigen Zeiten und Drehzahlen bis zum Vollzuge des Vorganges sind stets individuell zu behandelnde Schaltungen der Automatik.

Grundlegend für die Sicherheit der Automatik ist nicht nur die Kunst der richtigen Abstimmung und Verriegelung der einzelnen Vorgänge, sondern auch die Wahl und Güte der verschiedenen Relais, Endschalter und Hilfskontakte an den gesteuerten Apparaten selbst. Eine Preisersparnis an diesen Dingen, soweit sie auf Kosten der Qualität gemacht werden, wirkt sich stets unheilvoll aus. Was nützt die beste Leitungsmontage, wenn die Isolation der Relais mangelhaft wird, was die geschickteste Verriegelung, wenn ein geschlossener Kontakt keinen Stromdurchgang ermöglicht. Es passiert zwar kein Unglück, aber der Ablauf der Vorgänge wird gesperrt. Man kommt nicht zum Ziel, z. B. zum Vollenden des Anlaufes. Auch ein hängenbleibender Kontakt kann Ähnliches verursachen. Dieselben Wirkungen kann auch ein vibrierender Kontakt haben, indem er im ganzen Gebilde eine Störung eines Zwischengliedes vortäuscht, die die Automatik als Ganzes, wenn sie richtig aufgebaut ist, mit einem Stillsetzen der Maschine beantworten muß. Daher gilt hier, wie bei allen in diesem Buch beschriebenen Konstruktionen, sorgfältige Ausführung der Teile als erste Pflicht. Die Erfolge der Automatik, deren Vorteile im Ausschließen von Bedienungsfehlern und im Beschleunigen der Vorgänge vor allem besteht, haben ihre Überlegenheit in Hunderten von Fällen gezeigt, so daß man sich vor allem heute im Ausland überlegt, wann man nicht automatisieren soll, statt sich zu fragen, ob man automatisieren soll.

Die Kombination der Fernsteuerung mit der Fernmessung soll nicht verlassen werden, ohne noch zwei Ausführungsarten zu schildern, die für die Zukunft der Groß- und Fernstromversorgung von größter Bedeutung werden.

Es ist bekannt, den Erdschlußlichtbogen bei Hochspannungsnetzen durch sog. Löscheinrichtungen zu löschen. Es sind das prinzipiell zwischen Netznullpunkt und Erde geschaltete regelbare Drosselspulen, die so eingestellt werden, daß sie mit der Netzkapazität einen Resonanzkreis bilden. Aus betrieblichen Gründen, um das Netz auch aufgetrennt betreiben zu können, und aus baulichen u. a. Gründen verteilt man diese Spulen in passender Größe im Netz und das Problem ist nun, die Summe aller Induktivitäten der Spulen auch in Resonanz mit der Netzkapazität zu halten. Dies ist in ausgedehnten Netzen nicht einfach. Man löst die Aufgabe dadurch, daß man durch eine z. B. über Hochfrequenz betriebene Meldeanlage sich die Spuleneinstellungen automatisch melden läßt, die gemeldeten Werte automatisch summiert und mit einem Sollwert, der aus der Summe der eingeschalteten Streckenlängen (Kapazitäten) gebildet wird, vergleicht.

Dies geschieht z. B. dadurch, daß man sich eine Anzahl von Widerständen herstellt, deren Leitwerte den Kapazitäten der im Netz vorhandenen Teilstreckenlängen entsprechen. Die Widerstände sind bezeichnet und werden entsprechend den als „eingeschaltet" gemeldeten wahren Strecken eingestellt.

Eine entsprechende Widerstandsanordnung für die Induktivitätswerte der Drosselspulenanzapfungen wird ebenfalls hergestellt, jedoch von der Fernmeldeanlage automatisch eingestellt. Vergleicht man beide Widerstandswerte durch ein Kreuzspulinstrument, so kann man aus den Abweichungen des Zeigers von der Nullage auf die Über- oder Unterkompensation schließen und aus der Einzelanzeige der Drosselspuleneinstellung die nötigen Anweisungen zum Richtigstellen telephonisch oder auch durch Fernsteuerung geben.

Ein anderes Problem der Fernübertragung von Netzstrom auf größte Entfernungen ist die Kompensation der Ladeleistung der Leitungen. Hier war man bisher gewöhnt, die Kompensation durch rotierende Blindleistungsmaschinen vorzunehmen, was die Anlage einer solchen Fernübertragung stark verteuerte und auch sonst verschiedene übertragungstechnische Nachteile hatte. Man kam auf den Gedanken, die Kompensation durch regelbare Drosselspulen vorzunehmen, die aber nicht zwischen Nullpunkt und Erde, sondern in sich zwischen den Phasen zu Null geschaltet waren.

Die Regulierung geschieht hierbei nicht von einer Zentralstelle aus, was ja erst eine Fernmessung von Kompensationsstelle zu Kompensationsstelle verlangt und außerdem noch eine Fernsteueranlage nötig gemacht hätte, sondern durch ein örtlich angebrachtes Steuerrelais.

Dadurch wird die Anlage wesentlich billiger und technisch richtiger, weil ein solches Relais selbsttätig und wesentlich schneller arbeitet, was bei plötzlichen Belastungen und vor allem Entlastungen, Vorgängen, die mit starken Spannungsschwankungen verbunden sind, von allergrößtem Wert ist. Die Anordnung arbeitet kurz gesagt derart, daß nicht die Spannung als Regelkriterium verwendet wird, sondern der Blindstrom. Man hat daher ein Relais gewählt, das folgender Bedingung gehorcht: $W L_1 J_1^2 + W L_2 J_2^2 + E J_s \sin (\varphi + \delta) = W C E^2$. Hierbei bedeuten J_1 und J_2 die Ströme beiderseits einer Abnehmerstation. Die Strecken haben dabei die Induktivitäten L_1 und L_2, $E =$ Spannung an der Leitung in der Station, J_s der in die Station abfließende Teil des Leitungsstromes $\delta = \operatorname{arctg} \dfrac{r}{w L}$, $C =$ Kapazität des zu steuernden Abschnittes.

Wir haben hier die Lösung einer Aufgabe vor uns, die prinzipiell auf beiden Wegen, dem der Fernsteuerung und dem der Automatik gelöst werden kann, und zeigt, wie leicht aus dem einen das andere werden kann, denn die hier gefundene Lösung ist eine auf dem Wege

der Automatik und ist nicht eigentlich als eine Fernsteuerung anzusprechen.

Ein drittes Gebiet der Fernsteuerung, das allerdings noch stark in
den Anfängen steckt, ist das der Fernsteuerung der Straßenbeleuchtung
und des selbsttätigen Meldens stromlos gewordener Speisestränge oder
auch einzelner Lampen.

Man verwendet hierbei für die Steuerung entweder ein Steuerkabel
oder versucht über die Starkstromleitung selbst mit geringen Frequenzen
in der Größenordnung von 100—500 Per. Signale zu geben, die von
mechanischen oder elektrischen Resonanzrelais aufgenommen werden.
Letzterer Weg kann nur wirtschaftlich werden, wenn es sich um sehr
lange Straßenzüge handelt und man mit Serienschaltungslampen und
Klemmenspannungen am Speisepunkt von ca. 2000 Volt arbeitet.
Dieser Weg wird neuerdings in Amerika beschritten.

Soll der Wunsch erfüllt werden, das Ausfallen einzelner Lampen
zu melden, was von Wichtigkeit sein kann in alten Städten mit winke-
ligen Straßen und sehr starkem Verkehr, so bleibt nur die separate
Meldeleitung übrig. Um hier mit einer geringen Aderzahl auszukommen,
wendet man das Feuermeldeprinzip an, d. h. beim Ausbleiben des
Lampenstromes wird die Sperrung eines Uhrwerkes aufgehoben, das
durch Bewegen eines Kontaktapparates ein für den Mast spezifisches
Telegramm auf die Meldeleitung gibt, das an einer Zentralstelle von
einem Morseschreiber aufgenommen wird. Selbstverständlich ist die
Anordnung so getroffen, daß tagsüber, wenn die Lampen bewußt abgeschaltet sind, die Meldung ebenfalls gesperrt bleibt.

Gab man früher das Signal zum Einschalten der Lampen durch eine
Schaltuhr, so geschieht das heute durch lichtempfindliche Zellen über
eine Verstärkereinrichtung, wobei der Ermüdung der Zellen durch inter-
mittierende Lichtblitze, erzeugt durch eine rotierende Blende vorgebeugt
wird. Die hierdurch zu erzielenden Ersparnisse an Beleuchtungsstrom
sind bedeutend, da eine nach bürgerlicher Zeit eingestellte Schaltuhr
Abweichungen von der nach der Beleuchtungskurve notwendigen Be-
leuchtungszeit bis $1^1/_2$ Stunden ergibt.

C. Die Einteilung der elektrischen Fernsteuerungs- und Fernmeldeeinrichtungen in zwei Hauptgruppen.

Unter den in der Einleitung angedeuteten Voraussetzungen können
wir zunächst zwei Hauptgruppen bilden, um dieses verhältnismäßig
große und komplizierte Gebiet zu überblicken, nämlich die Einrichtungen,
bei denen je Schaltstelle inklusive der zugehörenden Meldungen $(a + 1)$
Leitungen nötig sind, wobei $(a + 1)$ aber kleiner als bei den bekannten

üblichen Antrieben, die oben erwähnt wurden, ist. a bedeutet dabei eine zum System nötige Leiterzahl, die für alle Schaltstellen gemeinsam ist. Ferner solche Einrichtungen, bei denen die Aderzahl je Schalter kleiner ist als 1 ist, d. h. die Einrichtungen, bei denen letzten Endes über einen Übertragungskanal eine ganze Anzahl von Übertragungen stattfinden kann.

Ehe wir weiter auf Einzelheiten und Unterteilungen eingehen, müssen wir uns vor Augen halten, daß bei diesem Arbeitsgebiet die Unsicherheiten des Übertragungskanales dieselben sind, wie wir sie bei der Fernmessung und in dem Kapitel über die Übertragungskanäle kennengelernt haben. Andererseits aber muß die Sicherheit des gesamten Funktionierens der Einrichtungen vielfach größer sein als bei den Fernmeß- und Fernzählübertragungen.

Selbstverständlich ist es allgemein das Ziel, dem Ideal der fehlerfreien Übertragung in jeder Beziehung so nahe als möglich zu kommen, aber es ist andererseits festzustellen, daß es keine Einrichtung gibt, die bei jeder denkbaren Kombination von Zufälligkeiten irgendeinen Fehler absolut sicher vermeidet. Damit soll kein Urteil ausgesprochen werden, denn auch die einfachste Fernleitung von einem Raum in den anderen kann einmal fehlerhaft arbeiten bei irgendwelcher Zufälligkeit. Es soll nur ausgedrückt werden, daß man die theoretischen 100% Übertragungsrichtigkeit über sehr lange Zeiträume schon theoretisch nicht verlangen kann. Praktisch ist festzustellen, daß bei modernen Fernsteuereinrichtungen die Zahl der Fehlerquellen tatsächlich enorm gering ist und in der Größenordnung vom Hundertstel pro Mille liegt.

D. Die Bewertung der Störungsmöglichkeiten.

Wohl kann man fast gegen alle Störungsmöglichkeiten auch Gegenmaßnahmen treffen. Man setzt sich aber der Gefahr aus, zusätzliche Fehlerquellen zu schaffen, die die Anlage wieder so oft sperren und stillsetzen, denn das ist meist der gewählte Ausweg, daß sie dann zu häufig überhaupt nicht arbeiten.

Der Konstrukteur muß eben auch hier den richtigen Mittelweg zu finden suchen wie bei jeder Technik bzw. er muß lieber durch Sicherung des Übertragungskanales zu wirken suchen, als einen unsicheren Kanal zu wählen, und seine Unsicherheiten apparativ durch Selbstsperrungen kompensieren wollen. Wenn diese Selbstverständlichkeit hier überhaupt erwähnt wird, so geschieht es aus den schon in der Einleitung erwähnten Gründen. Die Technik ist jung, und es gibt erst Wenige, die das Ganze bereits in allen Einzelheiten übersehen, und es werden eben immer wieder Versuche mit untauglichen Mitteln gemacht, die auf die

Dauer nicht befriedigen können. Auch wird bei manchen Konstruktionen zu wenig daran gedacht, daß dem Besitzer der Anlage nicht damit gedient ist, daß die Anlage keinen Fehler macht, sondern daß sie unter allen Umständen funktioniert, und dies ist eben nur möglich, wenn der Übertragungskanal gesund ist. Ist er das aber, so kann auch die Apparatur, wenn logisch aufgebaut, meist relativ einfach sein.

Ein wichtiger Punkt beim Beurteilen der Fehlermöglichkeiten der zu besprechenden Einrichtungen ist es, sie nicht der Zahl nach zu betrachten, sondern ihrer „Wertigkeit" nach. Auf diese Bemerkung werden wir bei den Einzelheiten noch zurückkommen, aber zu ihrer Erklärung sei hier doch schon ein erläuterndes Beispiel gegeben.

Es ist sicher ein schwerer Fehler, wenn man einen Ölschalter aus der Ferne auslösen will, wenn dafür aber ein anderer auslöst. Es ist aber ein betrieblich noch schwerer Fehler, wenn man einen Schalter einlegen will und sich statt dessen ein anderer einlegt. Ein noch schwererer Fehler ist es, wenn dieser Schalter gerade ein solcher ist, der zwei asynchrone Netzteile im unrichtigen Augenblick zusammenschalten kann. Ein ebenso schwerer Fehler, wenn nicht ein noch schwererer ist es, wenn bei dem Auslösekommando für einen Ölschalter, statt dessen durch die Fernsteueranlage sich ein Trennmesser unter Last öffnet. Dies wäre z. B. eine Fehlerskala, ohne gerade damit Zensuren ausstellen zu wollen.

Man könnte nun sagen, man konstruiert nach dem schwersten Fehler und seinen Folgen, dann ist man gegen alles gesichert. An sich ist dies wohl richtig, aber teuer und absolut nicht erfolgversprechend, denn man muß bedenken, daß eine solche Einrichtung nicht nur aus den hier zu beschreibenden Fernübertragungseinrichtungen für diese Dinge besteht. Sie setzt sich zusammen einerseits aus der Anlage, von der die Befehle ausgehen, wo sich also Menschen mit all ihren Eigenschaften und Irrtumsmöglichkeiten befinden, und andererseits aus den Übertragungseinrichtungen, aus Apparaten und Drähten, die gestört sein können. Auf der Ausführungsseite (gesteuerten Stelle) besteht sie aus Einrichtungen und Kontakten üblicher Art an den Antrieben der Schalter selbst, die ebenfalls durch allerhand Zufälligkeiten gestört sein können, und zwar derart, daß auch sie unrichtig arbeiten. Diese Dreiheit, einmal der betätigende Mensch, zum anderen die Übertragungsanlage und zum dritten der zu betätigende Teil müssen zusammen wirken und auch bezüglich der Sicherheit aufeinander abgestimmt sein. Die Sicherung nur des Mittelteiles, der eigentlichen Fernsteuerapparatur, kann logischerweise kein Allheilmittel gegen jede Fehlermöglichkeit sein.

Die Gefahren, die der Mensch durch Irrtum herbeiführen kann, nach Möglichkeit zu beseitigen, ist heute ein Bestreben, das durch die ganze Technik geht und das gerade hier bei diesen Dingen besonders streng durchgeführt werden sollte, weil die Fernsteuerung in gewissem Grade ihm eine gewisse Selbsthemmung nimmt, die Möglichkeit sich selbst zu gefährden, die eine sehr heilsame unbewußte Kontrolle darstellt.

Es gibt hier nur einen Weg, um die ganze Anlage gegen die Fehler des Bedienenden wie auch der Übertragungseinrichtung und zum Teil auch gegen die der Betätigungseinrichtungen nach Möglichkeit gegen die ganzen Gefahren zu sichern, nämlich den, am Aufstellungsort der zu betätigenden Organe Riegel zu legen, die den möglichen Fehlern, die aus den beiden anderen Teilen herrühren, ihre wahre Gefährlichkeit nehmen, z. B. die Trennschalter, die zu einem Ölschalter gehören, so zu verriegeln, daß sie sich nur bei geöffnetem Ölschalter öffnen lassen und sie unter sich so zu verriegeln, daß der eine erst beginnen kann sich zu schließen, wenn sich der andere ganz geöffnet hat u. a. m. Ferner ist der beste Schutz gegen das die Anlage gefährdende Schließen von Schaltern darin zu erblicken, daß sie erst dann einem Schließungsbefehl folgen können, wenn eine Synchronisiersperre, die sich am Aufstellungs- ort des Schalters befindet, ihren Antrieb freigegeben hat. Derartige Sicherungen auf der Steuerstelle anzubringen, ist natürlich, wie leicht einzusehen, vollkommen verfehlt.

Dies sei vorausgeschickt einmal, um ein Beispiel von dem zu geben, was gemeint ist, und zum anderen um zu zeigen, wie man die Mängel der Übertragungseinrichtungen, die zu beschreiben sind, zu bewerten hat, ehe man sie unter Hinweis auf die Gefahren, die in Fernsteuerungs- einrichtungen ruhen könnten, aburteilt.

Außerdem besteht sonst die Gefahr, daß man Einrichtungen mit mysteriösen Sicherungseinrichtungen, wie sie vielfach angepriesen werden, für sicher hält, die es gar nicht sind, und so eine Technik groß- gezogen wird, der die klare einfache und harmonische Linie fehlt.

Der Grundgedanke aller Fernsteuereinrichtungen ist der, auf der sendenden Stelle durch Betätigen des Kommandoschalters eine Weiche zu stellen, die ihn über den Übertragungskanal mit dem Betätigungs- mechanismus am Schalter verbindet. Dies ist nur möglich, indem auf der anderen Seite ebenfalls eine andere Weiche in dieselbe Stellung ge- bracht wird, um das Ende des Übertragungskanales mit dem zu be- tätigenden Gegenstand zu verbinden.

Bestimmend für die Auswahl der technischen Mittel und ihre An- wendung ist der Umstand, daß es sich bei all den zu besprechenden Steuereinrichtungen stets um einen Wechselbetrieb handelt. Es ist nämlich keine Fernsteuereinrichtung von Belang in die Praxis umgesetzt worden, bei der nicht gleichzeitig eine Rückmeldeeinrichtung vor- gesehen ist, die über die Ausführung des Kommandos berichtet bzw. von sich allein aus über einen Vorgang in der entfernten Stelle Mitteilung macht, wenn die Kommandostelle dazu nicht der Anlaß war, wie das z. B. beim Auslösen eines Schalters durch Überstrom u. ähnl. eintritt.

E. Die feinere Einteilung der Fernsteuerungs- und Fernmeldeeinrichtungen.

In der Ausbildung dieser Weichenstellvorrichtungen liegen zunächst die Unterschiede in den verschiedenen Systemen und hier vor allem scheiden sie sich auch in zwei grundlegend verschiedene Gruppen.

Die eine Gruppe sichert die korrespondierende Weichenstellung am Sende- und Empfangsort derart, daß nach Möglichkeit die Gleichstellung bei der Übertragung der Weichenstellung gesichert ist. Das System verläßt sich darauf, daß alles in Ordnung ist und gibt das Betätigungskommando durch. Die andere Gruppe besitzt keine besonderen Maßnahmen zur Sicherung der korrespondierenden Weichenstellung, aber die Stellung der Weiche auf der Empfangsseite wird zurückgemeldet, ehe weiteres geschieht. Die Stellung der Sendeweiche wird direkt oder indirekt mit der der Empfangsseite verglichen und erst bei Übereinstimmung das Schaltkommando durchgegeben.

Dieser letztere Weg scheint zunächst ein sehr sicherer, natürlicher und einleuchtender zu sein, wenn nicht, und das ist leider bei sehr vielen Ausführungen der Fall, zur Rückkontrolle, dieselben Organe verwendet werden, wie zur Einstellung der Weichen, so daß Fehler, die die Organe bei der Einstellung machen, sie auch dieselben Fehler bei der Rückkontrolle machen können, so daß also beide Fehler sich u. U. kompensieren und doch eine Fehlübertragung zustande kommt.

Man kann daher nicht ohne Weiteres sagen, daß zwischen diesen beiden Methoden „der gesicherten Gleichartigkeit der Weichenstellung" und der „rückkontrollierten Weichenstellung" ein grundlegender qualitativer Unterschied besteht. Man kann zunächst nur den Schluß ziehen, daß die letztere Methode mehr Zeit brauchen kann, bis ein Vorgang erledigt ist, wie die erstere Methode, und man muß sich bewußt sein, daß während der Zeit der Rückkontrolle der ausgewählte Schaltvorgang besonders gesichert werden muß. Häufig sind die Konstruktionen derart, daß, nachdem die Auswahl erfolgt ist, also die Weiche auf der Steuerstelle gestellt ist, das Ausführungskommando nur durch einen einfachen Stromstoß auf die Fernleitung gebildet wird. Es ist beinahe, um einen plastischen Vergleich zu geben, so, als wenn man aus einem Schlüsselbund schon den passenden Schlüssel ausgesucht und in das Schloß gesteckt hat, und nunmehr nur noch ein Druck nötig ist, um die Tür zu öffnen. Je länger nun der Schlüssel im Schloß steckt (Zeit der Rückkontrolle), um so wahrscheinlicher ist es, daß jemand anderes, in diesem Fall ein von außen ungewollt in den Übertragungskanal übertragener Stromstoß, das Schloß öffnet. Es muß daher bei diesen Methoden Prinzip sein, auch das Ausführungskommando so kompliziert zu gestalten, daß ein einfacher Störimpuls nicht schaden kann.

Dies ist der Unterschied zwischen beiden Gruppen, der zeigt, daß beide ähnlich gewertet und daher behandelt werden müssen, und wir müssen daher beide Arten der Weichenstellung auf beiden Seiten mit ihren Kontrollen und Sicherungen nebeneinanderstellen und ihre Ausführungsformen betrachten.

Diese beiden Formen lassen sich konstruktiv betrachtet in zwei weitere Gruppen zerlegen, die eine benutzt zum Betriebe von einer fremden, in ihrer Geschwindigkeit lokal beherrschten Kraftquelle angetriebene Umschalter, die eine große Zahl von Stellungen einnehmen können. Diese können z. B. nach Art der bekannten Voltmeterumschalter oder der Zellenschalter, wie man sie von den großen Akkumulatorenbatterien her kennt, ausgeführt sein oder es können Wähler sein, wie sie aus dem Gebiet der automatischen Telephonie her bekannt sind, deren „Geschwindigkeit" von der Anlage aus gesteuert wird.

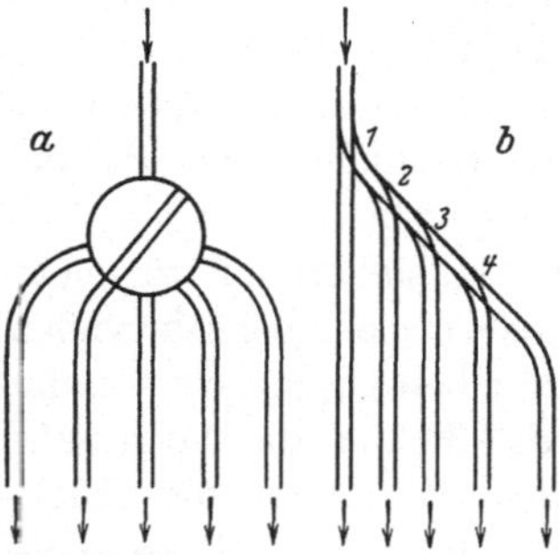

Die andere Gruppe benutzt keine derartigen Elemente. Die erste Gruppe zerfällt nun wieder in zwei Untergruppen; bei der einen ist dieser „Umschalter mit vielen Stellungen" die Weiche selbst, bei der anderen dient er nur dazu, um eine Weichenanordnung einzustellen.

Abb. 60. Symbole von Fernsteuerungsanordnungen.
a = Drehscheibenanordnung.
b = Weichenanordnung.

Um hierzu einen plastischen Vergleich zu bringen: Der erste Fall, bei dem der Umschalter mit vielen Stellungen gleichzeitig die Weiche ist, entspricht der vom Eisenbahnbetrieb her bekannten „Drehscheibe", während im anderen Fall ein Vielfachumschalter benutzt wird, um zwangläufig eine Anzahl von Gleisweichen mit je nur zwei Stellungen so zu steuern, daß ein bestimmtes Gleis von vielen durch Bahnwagen (Stromimpulse) befahren werden kann, Abb. 60.

In der anderen Gruppe sind die Methoden zusammengefaßt, bei denen zwangläufig ein Vielfachumschalter mit vielen Stellungen eingestellt wird.

Wenden wir uns nun den Einrichtungen zu, die mit Umschaltern mit vielen Stellungen arbeiten, so dominieren hier zwei Konstruktionen. Die eine verwendet besonders für den Zweck hergestellte kollektorähnliche oder zellenschalterähnliche Umschalter mit Motorantrieb. Die andere benutzt Teile der automatischen Telephonie oder diesen im Prinzip ähnlich gebaute Konstruktionen, die überwiegend durch Klinkwerke angetrieben werden. Beide Konstruktionen werden in zweierlei Weise auf Gleichlauf kontrolliert, also daraufhin kontrolliert, ob sich die Empfangsweiche jeweils in derselben Stellung befindet wie die Sendeweiche. Das eine Mal wird nämlich je Gesamtumlauf kontrolliert, das andere Mal wird von Schritt zu Schritt, also von Stellung zu Stellung, kontrolliert, und zwar meist gleich in der Form, daß nämlich die Kontrolle eine Regulierung in sich schließt, sich also selbsttätig auswirkt.

Die erste Kontrollmethode geht immer von einem Fixpunkt aus, von dem einzig und allein ein Anlauf der Apparatur überhaupt möglich ist, während im Verlauf des Umlaufes selbst der Gleichlauf der beiden Umschalter an den beiden Enden des Übertragungskanales anderen Organen überlassen bleibt, die jeweils rein örtlich wirken. Diese Methoden arbeiten meist mit relativ sehr schneller Rotation, also große Übertragungsgeschwindigkeiten der Zeichen; die jeweils kontrollose Zeit ist also kurz.

Die Regulierung, die über die Regulierfähigkeit der örtlichen Regulierorgane hinausgeht, liegt lediglich darin, daß die Umschalter vom Fixpunkt aus erst wieder losgelassen werden, wenn beide auch am Fixpunkt angekommen sind. Man hat dieses Prinzip, das der Telegraphie entliehen ist, wie dort „start stop" also „Geh, steh"-Prinzip genannt.

Der Antrieb der Umschalter geschieht entweder mittels Gleichstrommotoren über magnetische Kupplungen, Reibungsregler oder elektrischer Fliehkraftregler oder auch lediglich durch Asynchronmotoren unter Vermittlung magnetischer Kupplungen, wenn die Ganggenauigkeit nicht hoch sein muß, weil z. B. die Zahl der Kontaktpunkte auf dem Vielfachumschalter nicht groß ist. Denn es ist klar, daß die Schlupfschwankung eines Asynchronmotors nach Temperatur und Last sowie die relative Frequenzschwankung an den Aufstellungsorten der Motoren so in Beziehung zur Teilung des Umschalters gebracht werden können, daß in einer bestimmten Zeit, die zwischen zwei Korrekturen liegt, keine Gleichlaufstörung eintreten kann.

Diese eben genannten Methoden gestatten im allgemeinen kein Anhalten an irgendeinem beliebigen Punkt des Umlaufes, um nach ihrer Einstellung irgendeinen Vorgang überzuleiten. Hier geht im allgemeinen Einstellung der Weichen und Ausführen des Kommandos gleichzeitig vor sich, allerdings unter Sicherungsmaßnahmen, die bei den Einzelbeschreibungen erwähnt werden sollen.

Abweichend davon sind die Anordnungen mit Vielfachumschaltern, die sich von Stellung zu Stellung gegenseitig kontrollieren. Diese laufen meist beiderseitig auf die gewünschte Stellung und bleiben dort so lange stehen, bis alle gewünschten Vorgänge sich vollzogen haben und kehren dann in ihre Ruhelage zurück.

Diese Anordnungen haben meist keine besonderen örtlichen Einrichtungen, um den Gleichlauf zu erzwingen oder zu kontrollieren, weil sie nicht nötig sind, bzw. weil zwischen zwei Kontaktstellungen nichts Unrechtes passieren kann.

Die Gefahr an diesen Einrichtungen ist unter Umständen die, daß sie infolge Mangels eines gemeinsamen Fixpunktes, um eine oder mehrere Kontaktteilungen versetzt, weiterlaufen können, was natürlich zu Fehlern Anlaß geben kann. Um diesen Zustand hervorzurufen, ist allerdings meist eine besondere Kombination gleichzeitig auftretender Fehler nötig.

Die Antriebe dieser Anordnungen sind meist Klinkwerke und nicht rotierende Motoren.

Es ist klar, daß die Unterteilung dieser Vielfachumschalter ihre konstruktiven Grenzen hat, denn nicht nur werden bei zunehmender Zahl der Anschlüsse die Kontakte und Isolationswege kleiner und kleiner, sondern auch die Genauigkeit im Gleichlauf muß immer höher getrieben werden. In diesen Umständen liegen die Ursachen und Gründe für den Übergang, einmal zu den Methoden, bei denen dieser Vielfachumschalter nur sozusagen als Vorsteuerung für eine Vielfachweichenanordnung benutzt wird, und zu den darauffolgenden Konstruktionen, die mehrere solcher Umschalter in Hintereinanderschaltung oder in Schachtelung verwenden.

Diese Prinzipien zeigen die nachfolgenden schematischen Abbildungen, und zwar ist die Vielfachweichenanordnung in Gestalt der Relaispyramiden gezeigt, die einfach eine Häufung von Zweiwegweichen darstellt.

Man erkennt ohne weiteres, daß diese Methode zu einer Häufung von Relais führt, die, wenn nicht konstruktiv, so doch vom Standpunkt der Pflege, insbesondere der Fehlersuche bedenklich erscheinen kann. Übersichtlicher ist die Hintereinanderschaltung oder Schachtelung von mehreren Vielfachumschaltern oder, kongreter gesprochen, Wählern der automatischen Telephonie. Aber auch diese Wege müssen bezüglich der Sicherung der ganzen Vorgänge bis zum letzten Organ der Anordnung betrachtet werden, siehe z. B. Abb. 73, 77, 81, 82.

Es bietet sich nun noch ein weiterer Weg, um Fortschritte in der Richtung die Zahl der zu beherrschenden Vorgänge zu machen, ohne komplizierter zu werden bzw. mehr Kontakte je Übertragungshandlung hintereinander zu schalten, und das ist der Weg des Kodierens, ein Verfahren, daß heute bei allen schnelltelegraphenähnlichen Telegraphieverfahren sich eingebürgert hat. Es ist ja allgemein bekannt, daß man mit fünf Stromzeichen in verschiedener Gruppierung z. B. das ganze Alphabet beherrscht.

Diese Zahl von Vorgängen, die man bei der Telegraphie benötigt, genügt bei dem von uns hier erstrebten Ziel noch lange nicht. Es sei, aber als Beispiel für diesen Weg, ein Verfahren genannt, das zeigen soll, mit welch verhältnismäßig geringen Aufwand man die Zahl der zu beherrschenden Vorgänge höher und höher treiben kann. Der Grundgedanke mutet zunächst als Zahlenspielerei an, denn er bedeutet eigentlich ein Zählverfahren, das von unserem üblichen dekadischen System so abweicht, daß es befremdet und ein Vorteil zunächst nicht ersichtlich erscheint.

Es ist eine Tatsache, daß die Zahlen der Potenzenreihe von 2 stets so addiert werden können, daß sich jede Zahl unseres dekadischen Zahlensystems ergibt.

$$\text{Nr. } 1 = 2^0 = 1$$
$$\text{Nr. } 2 = 2^1 = 2$$
$$\text{Nr. } 3 = 2^2 = 4$$
$$\text{Nr. } 4 = 2^3 = 8$$
$$\text{Nr. } 5 = 2^4 = 16$$
$$\text{Nr. } 6 = 2^5 = 32$$
$$\text{Nr. } 7 = 2^6 = 64$$
$$\text{Nr. } 8 = 2^7 = 128$$
$$\text{Nr. } 9 = 2^8 = 256$$

Wollen wir z. B. die Zahl 14 haben, so brauchen wir nur $2^1 + 2^2 + 2^3 = 2 + 4 + 8 = \text{Nr. } 2 + \text{Nr. } 3 + \text{Nr. } 4$ zu addieren.

Wollen wir die Zahl 416 haben, so brauchen wir nur $2^5 + 2^7 + 2^8 = 32 + 128 + 256 = 416$ also Nr. 6 + Nr. 8 + Nr. 9 zu addieren.

Man erkennt, daß man im vorliegenden Fall mit 9 „Nummern", d. h. 9 hintereinander im Kreis angeordneten Kontakten Zahlen bilden kann. Man kann also mit 9 Zeichen, die man in ihrer Reihenfolge über die Leitung gibt und zwischendurch das eine oder andere oder mehrere ausfallen läßt, eine Zeichengruppe in die Ferne übertragen, die die Zahlen von 0—511 zu bilden gestatten. Man kann also ebensoviel verschiedene Betätigungen vornehmen, d. h. man kann mit denselben bisher bekannten Elementen wesentlich mehr ausrichten, als man nach dem bisher Gezeigten vermuten sollte.

Bei dieser Methode dienen die Vielfachumschalter, die z. B. nach dem Start-Stop-Prinzip arbeiten, nur zum Aufnehmen und Abgeben der Zeichenkombination, während die Weichenstellung besonderen Organen überlassen bleibt.

Es fällt vielleicht auf, daß bisher ein wesentliches äußerliches Kriterium zur Unterscheidung der Fernsteuereinrichtungen nicht behandelt wurde, nämlich die Zahl der Übertragungsleitungen. Es wird sich aber im Laufe der weiteren Behandlung zeigen, daß die Frage der Übertragungsleitungen weniger mit dem, was bisher beschrieben wurde, den Übertragungsprinzipien, zusammenhängt als mit der Übertragungsgeschwindigkeit und vor allem der Art der inneren Sicherungen der ganzen Anlage bezüglich Zuverlässigkeit der Übertragungen. Es ist daher die Unterscheidung nach den verwendeten Aderzahlen kein geeignetes Unterscheidungsmittel, doch soll sie als ergänzende Bezeichnung für die verschiedenen Methoden mit herangezogen werden. Was über ihre Bedeutung, wie Wirtschaftlichkeit, Beeinflußbarkeit des Kanals usw., zu sagen ist, ist prinzipiell genau dasselbe, was schon über diese Fragen bei der Beurteilung der verschiedenen Fernmeßsysteme gesagt wurde. Auch hier ist unbedingt für größere Entfernungen das Auskommen mit einem Aderpaar oder einem Hochfrequenzkanal als das erstrebenswerte Ziel anzusehen und das Einbeziehen der Erde als Leiter prinzipiell zu verwerfen, weil das erhöhte Störbarkeit bedeutet und zu komplizierteren Sicherheitsmaßnahmen zwingt, die über das weit hinausgeht, was nötig ist, wenn man auf die Erde als Leiter verzichtet.

Einiges ist aber doch zu dem in dem Kapitel über Fernmeßübertragungen Gesagten hinzuzufügen, das ist nämlich das Verlangen nach mit der Steuerung gleichzeitiger Fernmeßübertragung, da der Anlaß zu einer Steuerung aus einer Meßangabe entspringen kann. Ferner das Verlangen nach Fernsteuereinrichtungen, die auf einem Übertragungskanal perlschnurartig aufgereiht sind, damit mit einem durchlaufenden Kanal oder Aderpaar eine ganze Reihe von Stationen beherrscht werden kann. Es muß dabei, vom Ende angefangen, jede Station der anderen ihre Wirkungen weitergeben, bis alles schließlich in der Zentralstelle wieder zusammenläuft.

Man erkennt sofort, daß diese Forderung nicht nur Anforderungen an die Kapazität der Apparaturen stellt, sondern auch unter Umständen an die Übertragungsgeschwindigkeit, denn je größer die Zahl der Betätigungen ist, um so kürzer muß die Übertragungszeit für den Ablauf eines Vorganges nebst Rückmeldung werden, will man nicht jeweils zu lange warten müssen, bis ein Vorgang erledigt ist.

F. Die Hilfsstromquellen für die Fernsteuer- und Fernmeldeeinrichtungen.

Einige Worte seien auch der Frage der Hilfsstromquellen für derartige Einrichtungen gewidmet, weil dies eine Frage von prinzipieller Bedeutung ist. Die Grundfrage ist dabei zunächst, ob man zum Betriebe den Wechselstrom des Netzes oder ob man Gleichstrom aus einer Batterie hierfür wählen soll.

Praktisch findet man beides vor, aber der Batteriegleichstrom wird weitaus bevorzugt. Dies dürfte drei Gründe haben:

Einmal ist damit zu rechnen, daß eine ferngesteuerte Anlage stromlos geworden sein kann und dann eben auch die Fernsteuerungseinrichtung nicht funktioniert, wenn man Wechselstromantrieb gewählt hat. Wohl kann man entgegensetzen, daß eine Transformatoren- oder Gleichrichter- oder Phasenschieberstation in Betrieb zu nehmen zwecklos ist, wenn nicht irgendein Speisestrang von außen her Spannung führt und man einen Hilfsspannungswandler vor den ersten Schalter der Anlage zum Betrieb der Apparate legen kann. Dem ist aber gegenüberzustellen, daß dieses Verfahren kostspielig wird, da prinzipiell mehrere

Speisestränge so ausgerüstet werden müssen, um bei jeder Art von Netzzerfall die Station steuern zu können.

Der zweite Grund ist der, daß aus Gleichstromrelais bei gleichem Aufwand an elektrischer Energie mehr Kontaktleistung herauszuholen ist, als aus Wechselstromrelais, bei denen man außerdem noch stets besondere Anordnungen treffen muß, um die Kontaktvibrationen und das lästige Brummen, das nebenbei gesagt, Befestigungen ohne besondere Vorsichtsmaßnahmen auf die Dauer lockert, zu vermeiden.

Der dritte Grund, der vielleicht das besonders häufige Anwenden des Gleichstromes mit erklärt, ist ein konstruktiver, wenn man ihn so nennen will. Er hat auch von vornherein die ganze Technik dieser Apparate stark beherrscht. Es ist das Verwenden der Bauelemente der Selbstanschlußtechnik.

G. Die Beziehungen zwischen der Konstruktion der Apparate und den Hilfsstromquellen sowie den Betätigungsstromquellen.

Wie schon erwähnt, sind die Bausteine der Apparate sehr häufig der Selbstanschlußtelephonie und auch der Telegraphie entnommen, wohlgemerkt die Bausteine, nicht die grundlegenden Schaltungen, die hier viel weitergehend auf Sicherheit der Übertragung ausgearbeitet sind als bei diesen beiden bekannten Zweigen der Technik. Man hat dies getan, weil diese Teile relativ wohlfeil und geeignet sind und vor allem einer viel weitergehend durchgearbeiteten Technik entstammen als der Starkstromfachmann auf den ersten Blick sieht.

Abb. 61. Schrittwähler der Selbstanschlußtechnik.

Eines der Hauptelemente sind die sog. Schrittwähler (Abb. 61). Betrachten wir diese genauer, so sehen wir die Klinke des Fortschaltemagneten so ausgebildet, daß sie nicht nur fortschaltet, sondern auch exakt sperrt und den Wähler mitten auf der Lamelle anhält. Zwischen den Lamellen befindet sich kein fester Isolierstoff, sondern im Wege der Kontaktbahn Luft; es können also weder mitgeschleppte Metallspäne die Isolation verschlechtern noch mitgeschleppte Isolierstofffasern die Güte des Kontaktes beeinträchtigen. Die einzelnen Kontaktlamellen der Schleifbürste können frei gegeneinander spielen und sind schräg zur Bewegungsrichtung abgebogen, so daß sich keine Riefen in den Kontaktlamellen bilden können. Die Halterung der feststehenden Kontaktlamellen ist aus Isolierstoff und Metall aufgebaut, so daß kein Verziehen bei Temperatur- und Feuchtigkeitsschwankungen auftreten könne. Als Beweis diene, daß einfache Blechhäuschen im Freien als

,,stumme Vermittlungsstellen'', oft kleine Zentralen für Selbstanschlußtelephonanlagen enthalten. Auch die Relais (Abb. 62) dieser Technik
bergen mancherlei geschickte Konstruktionsgedanken. Die Schneide statt

des Zapfens als Lagerung, die tatsächlich ,,von der Waage her bekannt'' die
beste Lagerung für hin- und hergehende
Bewegungen sind, die Doppelkontakte
für jede Kontaktschließung. Hat das
Relais mehrere Kontakte zu steuern,
so sind diese nicht starr verbunden und
können sich damit nicht gegenseitig behindern, sondern sie sind mechanisch in
Serie geschaltet, so daß ein Kontakt
nach dem anderen geschlossen wird.

Abb. 62. Relais mit Schneidenlagerung.

Ein anderes Fortschalteorgan, das vielfach angewendet wird, jedoch
weder Ähnlichkeit mit dem Vielfachumschalter noch mit dem Schrittwähler hat, aber demselben Zweck dient, ist die Relaiskette, eine Kombination, die lediglich aus Relais besteht, Abb. 63. Legt man den Schalter *1*

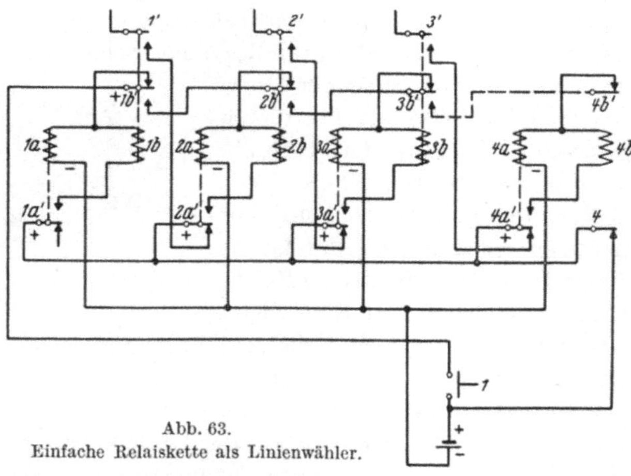

Abb. 63.
Einfache Relaiskette als Linienwähler.

ein und öffnet ihm dann wieder, so schließt sich der Relaiskontakt *1'*.
Schließt man den Schalter *1* nochmals und öffnet ihn wieder, so schließt
sich der Relaiskontakt *2'* und *1'* wird wirkungslos. Schließt man den
Schalter *1* zum dritten Mal und öffnet ihn wieder, so wird *2'* wirkungslos
und *3'* schließt sich usf. Öffnet man den Schalter *4*, so stellt sich der
Anfangszustand wieder her. Zur Erklärung sei auf folgendes aufmerksam
gemacht:

Durch das Schließen von *1* kommt an *1b'* ein Pluspol, damit kommt
Spule *1a* unter Strom, es geht daher Kontakt *1a'* nach oben, Spule *1b'*

bleibt trotzdem stromlos, weil sie zwischen + und + liegt. Es passiert also weiter nichts. Öffnet man nun Schalter *1*, so legen sich die Spulen *1a* und *1b* in Reihe.

Sie sind so dimensioniert, daß ihre Anziehungskraft auch dann noch genügt, *1b'* und *1'* nach unten zu ziehen, und auch *1a'* noch weiter zu halten. Dieses Nachuntenlegen von *1b'* hat keine weiteren Folgen, weil *1* offen ist. Schließt man *1* wieder, so kommt Spule *2a* unter Strom. *2a'* geht nach oben, *2b* legt sich zwischen + und +. Gleichzeitig wird *1'* wirkungslos. Öffnet man *1* wieder, so schließt sich *2b'* usf. Es kommen *1' 2' 3' 4'* usw. nacheinander unter Spannung, so oft man Schalter *1* hin und her bewegt. Öffnet man *4*, so werden alle inzwischen gefallenen Relais stromlos und, wie gesagt, es stellt sich der Anfangszustand wieder her.

Bei den Apparaten für die automatische Telephonie pflegt man auf Grund jahrzehntelanger Erfahrung nicht über 60 Volt Betriebsspannung zu gehen, und zwar aus sehr triftigen Gründen, die vor allem in der Dimensionierung, Isolation und Korrosion infolge von Kriechströmen zu suchen sind.

Ein Umbau dieser Teile auf z. B. 220 Volt Betriebsspannung bedeutete mechanisch und elektrisch eine Neuentwicklung, deren technischer Erfolg unsicher gewesen wäre.

Es ist daher ein Zwang vorhanden, will man mit diesen Teilen auskommen, mit Gleichstromniederspannung unter 60 Volt zu arbeiten, was um so leichter konzediert wird, als der Gleichstrombetrieb große Vorteile bietet, und eine Batterie um so billiger wird, je niedriger ihre Spannung ist. Der Stromverbrauch ist stets so klein, daß man mit den kleinsten gängigen Typen sein Ausreichen findet.

Diese Umstände, die von einer die Entwicklung beherrschenden Bedeutung sind, müssen, ehe sie vom Fernsteuertechniker anerkannt werden, noch eine besondere Beleuchtung erfahren, die, da sie mit der Hilfsspannungsfrage verknüpft und von grundlegender Bedeutung sind, am besten gleich hier behandelt werden.

Ist es richtig, eine z. B. 24-Volt-Gleichstromleitungsanlage mit einer 220 oder gar 380-Volt-Gleich- oder -Wechselstromleitungsanlage, denn diese Spannung hat das Hilfsnetz fast jeder modernen Schaltanlage, in so nahe Berührung zu bringen, wie es bei einer solchen Fernsteueranlage stets der Fall sein muß? Es handelt sich hier um eine Verschränkung innigster Art.

Es sei nur daran erinnert, daß es hier nötig sein kann, daß die Ölschalterhilfskontakte auf den einen Fingern 220 Volt für die Signallampe des Ölschalters führen und an den anderen Fingern die Leitungen der 24 Volt Fernsteueranlage liegen.

Ähnlich liegen die Dinge bei den gesamten Schalttafelreihenklemmen, an den Schützen der Antriebe und an anderen Stellen.

Wohl zu beachten ist dabei, daß die Stromkreise der 24-Volt-Anlage, so wie sie gewöhnlich gebaut werden, nur wenige Milliamper zur Betätigung der Relais nötig haben.

Ferner muß man daran denken, daß ferngesteuerte Stationen ungeheizt, also der Schwitzwasserbildung bei Witterungsumschlägen ausgesetzt sind, und sie unter Umständen auch nicht so sauber gehalten werden, weil das Revisionspersonal nicht soviel Zeit hat, wie ein dauernd anwesender Wärter einer handbedienten Anlage.

Vergegenwärtigt man sich, daß bei 220 Volt ein Kriechwegwiderstand von 220000 Ohm schon 1 mA Kriechstrom hindurchläßt, so können schwerste Bedenken gegen ein solches Vorgehen aufsteigen. Es soll daher hier gleich gezeigt werden, daß diese Schwierigkeit durch ein Schaltungsprinzip umgangen werden kann, so daß keine Bedenken mehr gegen die Verwendung solcher Konstruktionen bestehen. Abb. 64 ist wie folgt zu verstehen:

Der Apparatekasten, der sämtliche, sagen wir, nicht den Verbandsvorschriften entsprechend isolierten Teile enthält, ist staubdicht gekapselt und alle galvanischen Kupplungen mit diesem Kreis sind so kurz als möglich gehalten und folgende Zuführungen zu diesem Kreis durch verbandsmäßig isolierte Transformatoren und Relais abgeriegelt: Die Fernleitung durch einen Übertrager (Wandler), die Ladevorrichtung von der Wechselstromseite durch einen Transformator und die Steuer- und Rückmeldeleitungen durch den Verbandsvorschriften entsprechende Relais. Setzt man diese Teile z. B. in einen zweiten Kasten, der mit dem ersten Wand an Wand steht (Abb. 65), so ist jede Gefahr vermieden, und es entsteht ein an sich den Sicherheitsvorschriften entsprechendes Gebilde, das alle vermutbaren Gefahren beseitigt, besonders dann, wenn

Abb. 64. Schema der Isolierung von Fernsteuerapparaten, die Teile der Selbstanschlußtechnik zum Aufbau verwenden.

<table>
<tr><td>1 = Fernleitung.</td><td>8 = Steuerzwischenrelais.</td></tr>
<tr><td>2 = Übertrager.</td><td></td></tr>
<tr><td>3 = Fernsteuerapparat (Empfangsseite).</td><td>9 = Meldezwischenrelais.</td></tr>
<tr><td>4 = Hilfsbatterie ca. 24 V.</td><td>10 = Steuerantrieb.</td></tr>
<tr><td>5 = Gleichrichter.</td><td>11 = Antriebskasten.</td></tr>
<tr><td>6 = Transformator.</td><td>12 = Rückmeldekontakte.</td></tr>
<tr><td>6' = Wechselstromhilfsnetz der Anlage 220/380 V.</td><td>13 = Isolationsgrenze Starkstrom gegen Schwachstrom.</td></tr>
<tr><td>7 = Gleichstromnetz der Anlage 220 V.</td><td></td></tr>
</table>

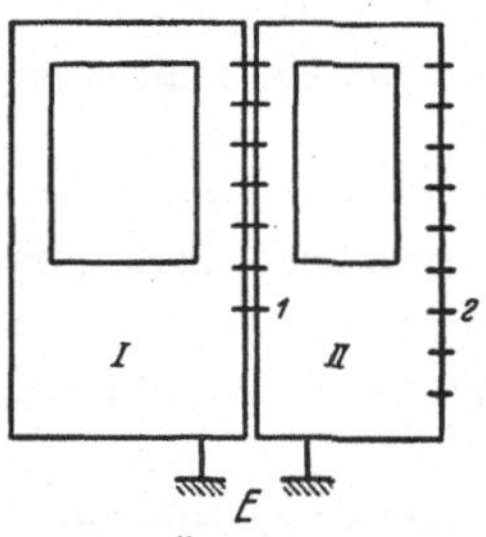

Abb. 65. Äußerer Aufbau von Fernsteueranlagen, die Teile der Selbstanschlußtechnik für den Aufbau verwenden.

I = Schwachstromteil = 3 des vorhergehenden Bildes.

II = Starkstromteil = 1, 4, 5, 6, 8, 9 des vorhergehenden Bildes.

1 = Durchführungen.

2 = Ein- und Ausführungen.

E = Erde.

man den Energieverbrauch der Relais, die von der höheren Spannung durchflossen werden, genügend hoch setzt. Will man ganz vorsichtig sein, so kann man zwischen den Isolationswegen der Relais und Wandler noch geerdete Metallflächen anbringen, die bei vielleicht vorkommenden Durchschlägen den Spannungsübertritt abriegeln. Übertrieben ist eine solche Maßnahme nicht, sondern absolut notwendig, denn es ist durch Oszillogramme festgestellt worden, daß in den Hilfsstromkreisen von Starkstromanlagen durch die Bewegung größerer Hubmagnete und ähnlicher Apparate Spannungsspitzen bis 2000 Volt und darüber auftreten können.

Anders liegen natürlich die Verhältnisse bei Fernsteuerungseinrichtungen, die besonders für diese Verhältnisse gebaut sind. Bei diesen müssen dann aber unbedingt alle Teile den Verbandsvorschriften entsprechend durchkonstruiert sein. Dieses Vorgehen bedingt prinzipiell eine viel größere Zahl richtig zu bemessender, mechanisch und elektrisch beanspruchter Kriechstrecken als im anderen Fall, so daß man zweifelhaft sein kann, welcher Methode der Vorzug zu geben ist.

Lästig und preislich nicht unbedeutend ist heute für ferngesteuerte Anlagen noch die Notwendigkeit, eine nicht ganz kleine 110- oder 220-Volt-Batterie für die Betätigung der Schalter und Schütze selbst aufzustellen. Sie ist zwar nötig, ob die Station unbedient oder bedient ist, jedenfalls dann, wenn man im letzten Fall von der Schalttafel aus

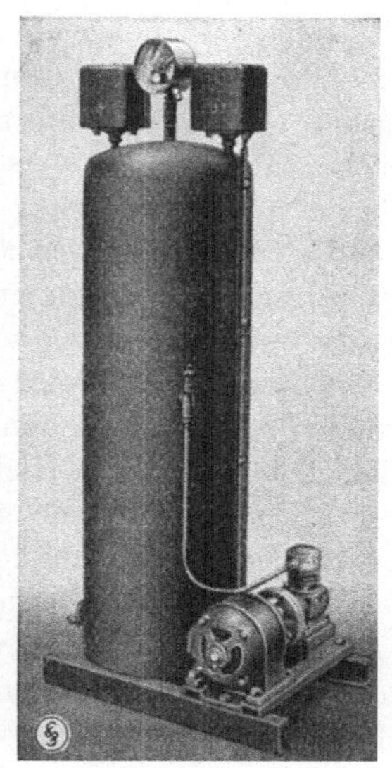

Abb. 66. Drucklufterzeugeranlage für 5 Schalterantriebe.

steuert. Das ist prinzipiell nicht nötig, wenigstens nicht bei mittleren und kleinen Stationen.

Man glaubt in der Notwendigkeit dieser Batterie für unbediente Stationen wegen der Kapitalaufwendung und ihrer Amortisation ein Hindernis für das Einführen der Fernsteuerung zu sehen.

Nun sind in neuester Zeit die Druckluftantriebe für Schalter so vervollkommnet worden, daß man sie wegen ihrer Billigkeit und der sich ergebenden Raumersparnis häufig verwendet; ihre Kombination mit der Fernsteuerung ist nun so vorteilhaft, daß die Fernsteuerung auch für mittlere und kleinere Stationen sehr wirtschaftlich wird, und man aus preislichen Gründen auch nicht mehr darauf verzichten muß, auch Trennschalter fernzusteuern, worauf man bisher aus Ersparnisgründen verzichtete, weil ein elektrischer Antrieb für einen Schalter immerhin eine nicht unbeachtliche Ausgabe darstellt. Die Betätigungsbatterie ist durch einen Windkessel ersetzt, und es bleibt nur die mit Dauerladeeinrichtung versehene 24-Volt-Batterie übrig, die die Fernsteuerungseinrichtung selbst betreibt, auf diese kann sowieso nicht verzichtet werden, weil sie für die Betätigung der Druckluftventile durch die Selektivschutzrelais und für Notbeleuchtung unumgänglich nötig ist, Abb. 66.

H. Die Einzelvorgänge und ihre Kombination auf der Leitung.

Wir wollen uns nun einige prinzipielle Gesichtspunkte über einen schon erwähnten, vom technischen Gesichtspunkt zunächst rein äußerlichen Unterschied verschaffen, über die Bedeutung der Unterschiede in der zur Übertragung nötigen Aderzahl. Hierzu müssen wir uns klar werden über das, was zwischen Steuerstelle und gesteuerter Stelle zu übertragen nötig ist, um alle Bedingungen zu erfüllen.

1. müssen, wie wir uns ausdrückten, die „Weichen" gestellt werden.

2. muß diese Weichenstelleinrichtung auf Gleichstellung auf beiden Seiten gesichert werden oder es muß die Stellung der Weiche zurückgemeldet und auf Gleichheit der Stellung kontrolliert werden, ehe

3. das Kommando gegeben wird,

4. die Ausführung des Kommandos muß zurückgemeldet werden.

Dieses sind die Hauptvorgänge, die den Übertragungskanal belasten. Alle übrigen Vorgänge, wie Sperrungen für Kommando- oder Meldungsdurchgabe, wenn bezüglich Punkt 2 etwas nicht in Ordnung ist, Aufhebung des Kommandos, wenn die richtige Rückmeldung eingelaufen ist und was anders mehr ist, sind überwiegend örtlich zu erledigende Vorgänge, die den Übertragungskanal nicht belasten.

Vier Vorgänge sind es also, die wechselweise oder gleichzeitig zu übertragen nötig sind. Dazu kommt meist noch ein Leiter, der die prinzipiell vorhandenen vier Stromkreise zusammenfaßt. Damit ergibt sich die Zahl von 5 Übertragungsleitungen, die man bei den meisten einfacheren Fernsteuereinrichtungen auch vorfindet.

Wesentlich interessanter sind natürlich die Methoden, die durch besondere Maßnahmen die Vorgänge alle so kombinieren, daß man zum Schluß die Idealzahl von zwei Adern für die Übertragung oder allgemein gesprochen einen „Kanal" erhält. Um dieses Ziel zu erreichen, stehen ebenfalls im Prinzip allgemein bekannte Mittel zur Verfügung, wie eine zeitliche Verschachtelung der Vorgänge oder die Verwendung verschiedener Stromarten für die Unterscheidung der Vorgänge oder auch beides miteinander kombiniert. Ab und zu findet man in den praktischen Ausführungen die zuletzt genannte Kombination vor. Der Grund dafür dürfte darin zu suchen sein, daß man bei einer zeitlichen Verschachtelung allein fürchtete, daß das Abwickeln der Vorgänge einer Übertragung zuviel Zeit kostet.

Etwas, was bei einer solchen Kombination von Vorgängen stören kann, ist, wenn ein Stromzeichen, daß der Weicheneinstellung oder deren Kontrolle zugeordnet ist, von der Apparatur durch irgendeine apparative Störung als Kommandoimpuls sozusagen ausgelegt werden kann, also ein Schaltkommando ausgeführt wird, wenn eigentlich eine Weicheneinstellung oder deren Kontrolle an der Reihe ist. Dem sucht man dadurch zu begegnen, daß man die Einstellungen womöglich mit der einen Stromart in sich geschachtelt vornimmt und die anderen Vorgänge, wie Kommandos und Rückmeldungen, mit einer anderen vornimmt, in einfachster Form z. B. bei mit Gleichstrom betriebenen Anordnungen durch Stromrichtungswechsel, bei Wechselstromsystem eventuell durch verschiedene Trägerwellen u. a. m. Diese Beispiele seien nur zur Erläuterung des Gesagten gegeben.

Es wäre nun eigentlich noch nötig, eine prinzipielle Übersicht über die Anordnung und die Bedienung der Betätigungs- und Meldeorgane solcher Fernsteuereinrichtungen zu geben, ehe wir uns mit den praktisch ausgeführten Anordnungen im einzelnen befassen. Diese sind aber so verschiedenartig, und es ist an ihnen so vieles Ansichts- und Geschmacksache oder auch Zufall, daß, wenn sich hierbei auch mit der Zeit Prinzipien herausbilden werden, zur Zeit weder prinzipielle Gesichtspunkte herauszuarbeiten sind, noch diese überhaupt in Worte gekleidet werden können, ehe man diese Einzelheiten der Gesamtanordnungen kennengelernt hat. Es wäre also, wollte man hier darüber sprechen, ein so starkes Vorwegnehmen der Details nötig, daß dies lieber hier unterlassen und als Schlußkapitel an die Einzelbeschreibungen angefügt werden soll, dies um so mehr, als diese Details einen Übergang zu der Frage des äußerlichen Zusammenfassens vieler Betätigungen und der Mittel zum Gewinnen der Übersicht über diese Betätigungen, wenn sie in größerer Zahl zusammenzufassen sind, bilden, Gesichtspunkte, die sowieso in einem besonderen Kapitel betrachtet werden müssen.

J. Die Grundprinzipien der einzelnen Übertragungssysteme.

Im folgenden sollen die Grundprinzipien der einzelnen Übertragungssysteme, die für Fernsteuer- und Fernmeldeanlagen üblich sind, durch je einen „Vertreter" näher erläutert werden. Für die Wahl des Vertreters, unter den vielen vorhandenen Systemen, war nicht die Bekanntheit des Systems maßgebend, sondern mehr die Reinheit, in der es in der einen oder anderen Form auftritt. Denn die ganze Arbeit soll nicht Vorhandenes aufzählen, sondern nur das Verständnis für das „Prinzipielle" der neuen Technik und die Möglichkeiten, die sie in sich birgt, erleichtern.

Da nun unter den praktischen Ausführungen nur wenige reine Vertreter des einen oder anderen Prinzips vorhanden sind, sondern fast alle Kombinationen der verschiedenen Möglichkeiten darstellen, sollen, um die verschiedenen Ausführungen wenigstens einigermaßen äußerlich zu kennzeichnen, gewisse Bezeichnungen für die wesentlichen Elemente, denen Aufmerksamkeit geschenkt werden soll, jeweils vorangestellt werden. Zu diesem Zweck werden die verschiedenen Kennzeichen hier nochmals tabellarisch zusammengestellt.

Da jeder Steuerungsvorgang mindestens aus zwei auszuführenden Bewegungen und den Meldungen ihres Vollzuges besteht, soll unter einer „Steuerung" der komplette Vorgang nebst Rückmeldung über den Vollzug verstanden werden.

I. Hauptgruppe: Zu jeder „Steuerung" ist ein Kanal nötig; die Kanäle ergänzen sich aber gegenseitig.

II. Hauptgruppe: Zu jeder „Steuerung" ist zahlenmäßig nur ein Bruchteil eines Kanales nötig.

I. Untergruppe: Die Weicheneinstellung ist nicht besonders gesichert, sondern wird vor der Kommandogebung zurückkontrolliert.

II. Untergruppe: Die Weicheneinstellung ist in sich selbsttätig gesichert, so daß keine besondere Kontrolle vor der Kommandogebung erfolgt.

III. Untergruppe: Der Vielfachumschalter ist die Weiche selbst.

IV. Untergruppe: Der Vielfachumschalter ist nur die Einstellvorrichtung für die Weiche.

V. Untergruppe: Geh-steh-Prinzip (Der Vielfachumschalter macht für jede Betätigung oder Meldung einen vollen Umlauf).

VI. Untergruppe: Einstellprinzip (Der Vielfachumschalter läuft jeweils auf einen bestimmten, gewählten Punkt).

VII. Untergruppe: Die Weicheneinstellung geschieht durch eine geringere Zahl von Zeichen als der Zahl der Verbindungsmöglichkeiten entspricht.

Die Beispiele sollen durch Nennen der Gruppen, auf deren Prinzipien im wesentlichen zu achten ist, gekennzeichnet werden.

Beispiel für die Hauptgruppe I.

Wir wollen zunächst ein ganz einfaches Prinzip betrachten, das für jeden zu steuernden Vorgang in beiden Richtungen einschließlich der Rückmeldung jeder Stellung eine Ader benötigt, während für alle Betätigungen gemeinsam ein Aderpaar nötig ist; scheinbar ist dies nur eine geringe Verbesserung des Bekannten und doch ergibt die Anordnung einen großen wirtschaftlichen Vorteil.

Aus Abb. 67 ist einmal zu erkennen, daß man in der Leitung nur dann einen Strom zustande bringen kann, wenn die beiden Umschalter am Anfang und Ende der Leitung verschiedene Lage einnehmen, wobei die Stromrichtung in dieser Leitung verschieden ist je nach der Lage der Umschalter. Man kann nun prinzipiell aussagen, daß ein Leistungsschalter an der Stelle *II* dann der Stellung in der Stelle *I* entspricht, wenn der Strommesser Stromlosigkeit anzeigt. Zeigt er Strom an, so muß der Leistungsschalter an der Stelle *II* anders liegen. Da nun gleichzeitig das Relais an der Stelle *II* durch diesen Umschalter Strom in der einen oder anderen Richtung bekommt, ist es möglich, z. B. Kommandos „Ein" und „Aus" zu geben, wenn man durch die Einrichtung z. B. einen Ölschalter steuert. Wählen wir näm-lich als Umschalter an der Stelle *II* die Hilfskontakte des Leistungsschalters oder, besser gesagt, die Signalkontakte für die rote und grüne Signallampe dieses Schalters, so können wir an der Stellung des Umschalters in *I* bei Stromlosigkeit des Strommessers gleichzeitig aussagen, wie dieser Ölschalter steht, d. h. wir haben Kommando und Rückmeldung für einen Schalter komplett auf einen Draht über-mittelt, wenn wir die Stromzuführungsleitung nicht mitrechnen. Diese kann für eine beliebige Anzahl von

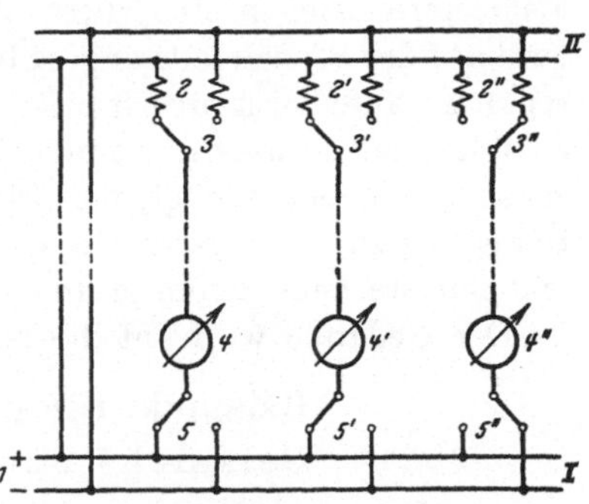

Abb. 67.
Grundschema der sog. Eindrahtsteuerungen.

1 = Stromquelle.
2 = Relais zur Betätigung der Steuerung.
3 = Umschalter (z. B. Ölschalterhilfskontakt).
4 = Anzeigeorgane.
5 = Umschalter.

Leistungsschaltern gemeinsam sein, wie die gezeichneten Anordnungen für zwei weitere Schaltstellen zeigen.

Wie gesagt, es ist hier das Grundprinzip beschrieben, man kann z. B. das Relais in *II*, das bei der beschriebenen Anordnung ein polarisiertes sein müßte, in zwei gewöhnliche Weicheisenrelais zerlegen und dasselbe erreichen. Es ist sogar möglich, die ganze Anordnung als Wechselstromanordnung auszubilden; doch hat das bisher geringere Bedeutung gewonnen. Im praktischen Fall wird man den Strommesser z. B. durch einen Schalterstellungsanzeiger der bekannten Art ersetzen oder man verwendet eine Glühlampe.

Trotz dieser Möglichkeiten haftet der Anordnung noch ein Mangel an, der sie praktisch unbrauchbar macht, und das ist der, wenn der Schalter anfängt, dauernd ein- und auszuschalten zu „pumpen", das kann dann der Fall sein, wenn er auf einen Kurzschluß im Netz geschaltet wird und mit einer Selbstauslösevorrichtung irgendwelcher Art z. B. mit einem Überstromrelais versehen ist. Der Vorgang ist ohne weiteres klar. Man legt auf der Kommandoseite den Schalter um, so daß die ihm zugeordnete Ader Strom führt. Der Schalter arbeitet, angeregt durch das entsprechende Relais. Die Ader wird dadurch, daß der Schalter in *II* sich ebenfalls umlegt, spannungsführend. Die Ader wird stromlos, der Ölschalter löst automatisch aus, der Schalter in *II* legt sich wieder um, wodurch das Spiel sich so oft wiederholt, bis man es in *I* bemerkt und das Gegenkommando gibt. Dieses Beanspruchen der Aufmerksamkeit auf der Kommandoseite *I* muß beseitigt werden. Dies geschieht auf folgende Weise: Man rüstet den Stromkreis mit einem Widerstand aus, der so hoch ist, daß die Steuerrelais von den im Stromkreis fließenden Strömen nicht bewegt werden können, sondern nur die Meldeeinrichtungen auf diese Ströme ansprechen. Der Widerstand wird auf der Steuerstelle angeordnet und durch das Bewegen des Steuerschalters kurz zeitig überbrückt. Der Steuerschalter selbst wird so ausgebildet, daß er überhaupt nur einen kurzen Stromstoß auf die Leitung geben kann, der genügt, den Ölschalter zur richtigen Ausführung der Bewegung zu veranlassen. Es wird also mit schwachem Strom gemeldet und mit starkem Strom gesteuert.

Der Gedanke wird auf die verschiedenste Weise verwirklicht.

Beispiele für die Hauptgruppe II.

Beispiel 1 nach Untergruppe I.

Elemente der automatischen Telephonie, 6 Leitungen.

Ein Aderpaar dient der Auswahl, 1 Paar der Kontrolle der Auswahl und 1 Paar ist für den Ausführungsbefehl vorgesehen.

Das Prinzip ist folgendes: Durch ein einander zugeordnetes Wählerpaar wird zunächst der Schaltvorgang, der ausgeführt werden soll, eingestellt, dadurch ein Relais umgelegt, das einerseits einpolig den Schaltvorgang in der Ausführungsschaltung an Spannung legt, d. h. es wird die Einschaltespule des Schalterantriebes einpolig an Spannung gelegt, während die Rückleitung zur Betätigungsstromquelle noch durch einen anderen Kontakt eines anderen Relais offengehalten wird. Andererseits schließt dieses Relais noch einen zweiten Kontakt, der einen entsprechenden Kontakt eines zweiten Wählerpaares an Spannung legt, das seinerseits seine Stellung über ein anderes Aderpaar zurückmeldet. Stimmt die Rückmeldung mit der Auswahl überein, so wird über ein drittes Aderpaar der Stromkreis für die Schaltspule des zu steuernden Leistungsschalters vervollständigt. Dieses dritte Aderpaar kann je nach der Polarität, die man anlegt, verwendet werden, um, wie gesagt, die Schaltung zur endgültigen Ausführung zu bringen oder, falls sich zeigt, daß Wahl und Rückmeldung nicht übereinstimmen, die sämtlichen Einstellungen der Wähler wieder zusammenbrechen zu lassen, um den Aufbau der gesamten Schaltung von vorn beginnen zu können, Abb. 68.

Die Einstellungs-, die Kontroll- und Rückmeldeapparatur baut sich auf, wie Abb. 69 zeigt.

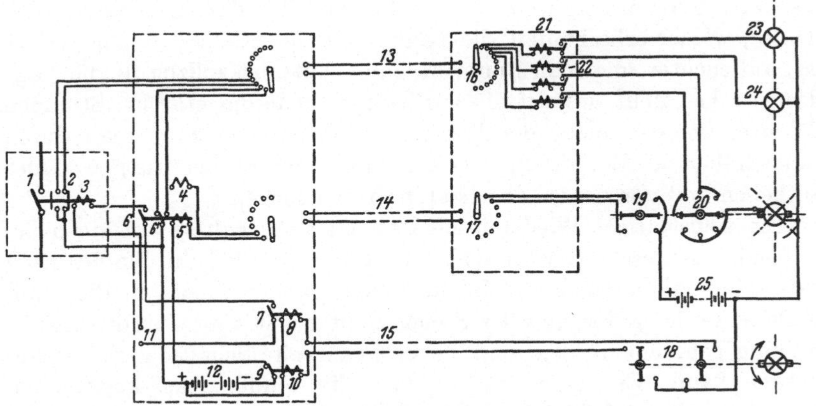

Abb. 68. Grundschema einer Fernsteuerung nach Hauptgruppe II.

1 = Zu steuernder Schalter.	7, 8 = Ein-Befehlsausführung.	18 = Ausführungsschalter.
2 = dessen Hifskontakte.	9,10 = Aus-Befehlsausführung.	19 = Kontrollschalter.
3 = Betätigungsspule.	11 = Starkstromhilfsquelle.	20 = Kontrollschalter.
4 = Ein-Befehlsspule.	12 = Schwachstromquelle.	21 = Melderelais.
5 = Aus-Befehlsspule.	13 = Meldeadern.	22 = deren Kontakte.
6 = Kontakte der Ein-Befehls-	14 = Auswahladern.	23,24 = Lampen.
leitung.	15 = Ausführungsadern.	25 = Schwachstromhilfs-
6' = Meldekontakt des Befehls-	16 = Meldewähler.	stromquelle.
relais.	17 = Auswahlwähler.	

Auf der Betätigungstafel sind zwei separate Lampen und eine in einem Schaltknebel eingebaute weitere Lampe vorhanden.

Der Betätigungsschalter ist in ein Blindschaltbild der zu steuernden Starkstromanlage eingebaut, und die Lage seines Griffes zum Leitungszuge im Blindbilde wird benutzt, um die „Ein"- bzw. „Aus"stellung zu kennzeichnen.

Will man z. B. einschalten, so dreht man den Knebel in die 45⁰-Lage, nachdem sich nun die Rückmeldung der Vorwahl kontrolliert hat, leuchtet eine der Lampen, die die Schalt-bereitschaft anzeigt, auf. Jetzt betätigt man den „Ausfüh-rungsschalter", daraufhin wird der Schaltvorgang vollzogen, worauf eine Lampe, die „durchgeschaltet" bedeutet, aufleuchtet, dies geschieht,

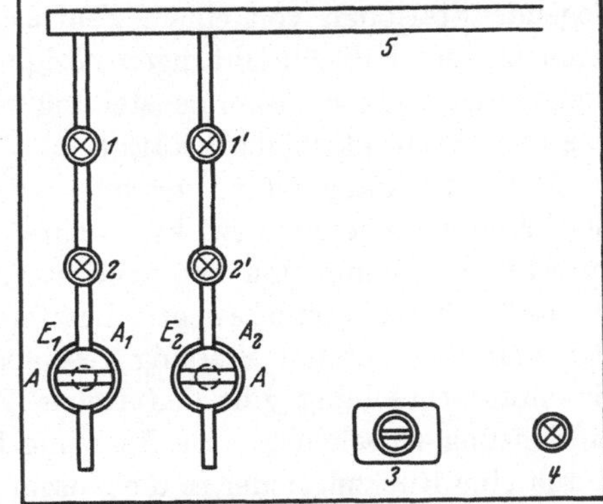

Abb. 69. Skizze einer Fernsteuertafel für 2 Schalter.

1,1' =	Lampen für das Signal „schaltbereit".
2,2' =	Lampen für das Signal „durchgeschaltet".
A,A' =	Quittungsschalter.
3 =	Durchführungsschalter.
4 =	Kontrollampe.
5 =	Blindschaltbild der Anlage.

nachdem die erste Lampe erloschen ist. Nunmehr greift der Ölschalterhilfskontakt ein und meldet die vollzogene Stellungsänderung nochmals als vollzogen zurück, wodurch .die Lampe, die „durchgeschaltet" bedeutet, wieder erlischt und die Lampe, die im Steuergriff angeordnet ist, aufleuchtet, die man nunmehr zum Quittungsvollzug in die Lage des Striches stellt, worauf die Grifflampe wiederum erlischt. Stimmen die drei Lampen nicht der Reihe nach überein, so kann man durch Linksdrehen des Betätigungsschalters die ganzen Vorbereitungen wieder aufheben und von neuem durchzuführen, versuchen.

Ein selbsttätiges Wiedereinschalten eines Ölschalters auf einen bestehenden Kurzschluß wird dadurch vermieden, daß die Wähler nach jedem Schaltkommando unabhängig voneinander wieder in die Nullstellung zurücklaufen und der Steuerschalter erst wieder in die „Aus"stellung gebracht werden muß, bevor eine zweite Schaltung vorbereitet werden kann. Ein Verwechseln eines „Ein"- und „Aus"-kommandos beim Einstellen wird dadurch vermieden, daß sich die Steuerschalter nur in einer Richtung weiterdrehen lassen. Die Abwicklung gleichzeitig gegebener Schaltungen und Rückmeldungen wird je nach ihrer Lage auf der Kontaktbank der Reihe nach erledigt. Eine selbsttätige Stellungsänderung wird durch Aufleuchten der Quittungslampe im Schaltergriff und ein für alle Schalter gemeinsames akustisches Signal angezeigt. Selbstverständlich können Fernmeßinstrumente, solange nicht gesteuert wird, über das Steueraderpaar übertragen werden.

Handelt es sich darum, mehrere auf einer Leitung hintereinanderliegende Stationen von einem Zentralpunkt aus anzusteuern, so sind noch weitere Hilfseinrichtungen nötig. Die Betätigung eines Schalters bedarf hierzu einer Zusammenstellung von 2 Relais mit einem Triebwerk, das eine Kontaktscheibe betätigt.

Die Anordnung ist so getroffen, daß ein Relais 9 eine Sperrung der Kontaktscheibe bewirkt, während das zweite Relais 10 entsprechend den ihm von der Sendestation erteilten Stromimpulsen die Kontaktscheibe weiterbewegt. Letztere trägt einen Kontaktsatz, der bei einer bestimmten Stellung geschlossen ist. Bei länger dauernder Stromunterbrechung gibt das Relais 9, das mit einer Verzögerungseinrichtung versehen ist, die Sperrung frei, worauf die Kontaktscheibe durch eine Rückzugsfeder in die Ausgangsstellung zurückgebracht wird.

Das Einschalten eines Ölschalters in Station 1 geht folgendermaßen vor sich (Abb. 70).

Der Steuerschalter 1 wird in Stellung E_1 gebracht. Dadurch wird Relais 1 eingeschaltet. Der Impulserzeuger RU_1 gibt nun auf die geschlossenen Steuerschleifen $l_4 - l_5$ und gleichzeitig auf ein Mitlaufwerk 3 in der Sendestation Stromstöße. Alle auf der Steuerschleife $l_{4,5}$ liegenden Laufwerke laufen mit. Erreicht der Schalter des Mitlaufwählers den der Schaltung zugeordneten Kontakt, so wird durch das Relais *2* der Relaisunterbrecher vom Mitlaufwerk *3* von der Steuerschleife $l_{4,5}$ abgetrennt und die Steuerschleife $l_{5,6}$ auf den Steuerschalter *2* geschaltet. Von den mitlaufenden Laufwerken der Steuerschleife bleibt nur das erste auf der erreichten Stellung stehen, denn nur dieser hat bei der durchgegebenen Stromstoßzahl den Kontakt an der Kontaktscheibe geschlossen. Die Kontaktscheiben sind nämlich derart ausgebildet, daß bei einer bestimmten, nur einer einzigen

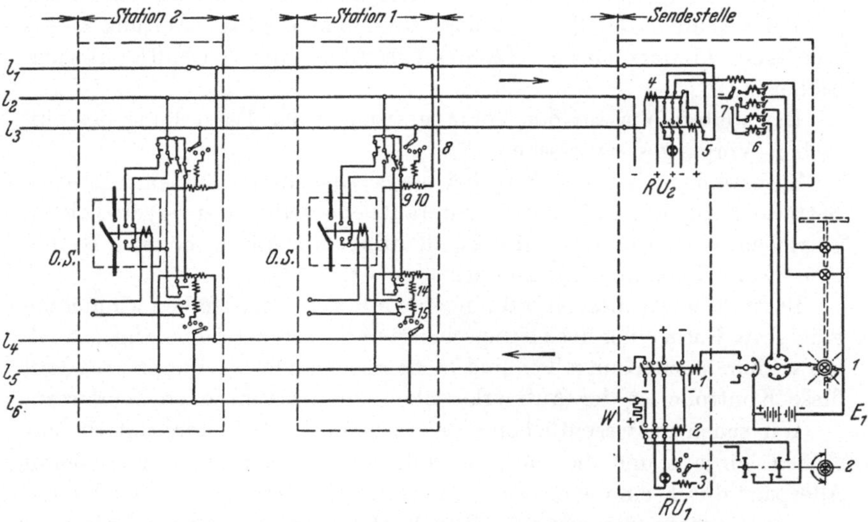

Abb. 70. Schema einer Fernsteuerung mehrerer Stationen an einem Leitungszug.

$O.S.$ = Ölschalter.	1 = Steuerschalter.
$l_1 \div l_3$ = Meldeleitungen.	2 = Ausführungsschalter.
$l_4 \div l_6$ = Steuerleitungen.	$3, 7, 8, 13$ = Wähler.
$RU_{1,2}$ = Impulserzeuger.	$1, 2, 4, 5, 6, 9, 10, 14, 15$ = Relais.

Schaltung zugeordneten Impulszahl eine Kontaktgabe an einem der Laufwerke stattfindet.

Das Laufwerk *15* wird durch das Relais gehalten, das über die Kontaktscheibe, die Relais *14* und *15*, die Steuerschleife $l_{5,6}$ und den Widerstand *W* eingeschaltet ist. Das Relais *14* zieht bei diesem Durchgangsstrom schon an und meldet durch Umlegen seiner Kontakte, daß der Stromweg für diese Schaltung vorbereitet ist. Das Relais *15* zieht jedoch noch nicht an.

Die Rückmeldung dieses Schaltzustandes erfolgt über die Signalschleifen. Durch den Kontakt am Relais *14* wurde die Signalschleife $l_{1,2}$ geschlossen und das Relais *5* in der Sendestation eingeschaltet. Vom Impulserzeuger RU_2 werden nun Stromimpulse auf den Mitlaufwähler *7* und über die Schleife $l_{1,2}$ auf den Wähler *8* gegeben.

Erreicht die Kontaktscheibe von *8* den Prüfkontakt der Signalleitung l_3, so wird durch das Relais *4* der Mitlaufwähler *7* und gleichzeitig die Leitung l_1 vom Relaisunterbrecher abgetrennt. Der Wähler *7* steht mit seinem Schaltarm auf einem bestimmten Kontakt, lediglich durch die Stellung der Kontaktscheibe des Laufwerkes *8*. Dieses schaltet ein diesem Signal zugeordnetes mechanisch verriegeltes Relais *6* um und bringt die Schaltungsmeldelampe zum Aufleuchten. Der Wähler *7* und der Wähler *8* gehen in die Nullage zurück.

Durch Umlegen des Steuerschalters *2* in die Durchschaltstellung wird der Widerstand *W* überbrückt und über die Steuerleitung $l_5 - l_6$ das Relais *15* umgeschaltet, das den Stromkreis des Ölschalterantriebes schließt.

Der weitere Verlauf der Vorgänge ist aus der Darstellung des einfachen Vorganges zu ersehen.

Zu erwähnen ist noch, daß bei dieser Anordnung nur eine Zentralbatterie nötig ist, falls die Schalterantriebe selbst mit Wechselstrom betrieben werden können, dies ist allerdings nur selten möglich, so daß eine zweite Batterie nicht zu entbehren ist.

Betrachten wir diese Anordnung systematisch, so haben wir hier die einfachste Form einer in sich ungesicherten Fernsteuerung vor uns. Auch die vorhandenen Kontrollen sind nicht miteinander verknüpft, sondern diese Kontrolle ist der Aufmerksamkeit des Ausführenden überlassen.

Wir sehen im wesentlichen eine Auswahl des Schalters mit Stromstößen vor uns und die Rückkontrolle der Wahl auf einem besonderen Aderpaar durch eine ebensolche Anordnung. Diese bringt eine Lampe zum Aufleuchten, die, wenn die Rückkontrolle mit der Auswahl übereinstimmt, örtlich über dem Steuerschalter angeordnet, aufleuchten muß. Das Ausführungskommando wird, nachdem die Kontrolle ausgeführt ist, durch einen gemeinsamen Schalter, die Rückkontrolle durch eine zweite über dem Steuerschalter liegende Lampe und das Schlußzeichen wird durch Umlegen des Steuerschalters in die nunmehr endgültig erreichte, der wahren Stellung des Schalters, entsprechenden Lage gegeben.

Die Anordnungen zur Steuerung mehrerer hintereinanderliegenden Stationen von einem Punkt aus zeigt bereits mehrere Komplikationen, die an die Zuverlässigkeit der einzelnen Teile bereits einige Anforderungen stellen. Auch wird dem Zentralbatteriesystem, das den Wählern von der Ferne her Energie zuführen muß, Beachtung bei der Projektierung zu schenken sein, da mit Telephonadern in diesem Fall bei dem normalen Eigenverbrauch der Schrittwähler keine großen Entfernungen zu überbrücken sind, wenn man sie nicht durch Vorrelais betätigt, was aber dazu zwingt, eine besondere Batterie an der gesteuerten Stelle aufzustellen. Zu beachten ist noch, daß bei diesem System der symmetrische Leitungsaufbau gestört ist, wodurch die ganze Anordnung prinzipiell empfindlicher gegen Störungen in der Fernleitung wird.

Außerdem ist noch zu bedenken, daß die Batterien beider Stationen korrespondierend herangezogen werden. Die ganze Anordnung wird dadurch empfindlich gegen die unvermeidlichen Batterieerdschlüsse.

Zum Schluß sei noch auf die für alle Schalter gemeinsame „Ausführungstaste", die bei vielen Systemen, die mit Wählern arbeiten, benutzt wird, hingewiesen. Ihre prinzipiellen Nachteile für Starkstromanlagen sollen hier gleich besprochen werden.

Eine solche Taste verleitet dazu, daß mehrere Kommandos eingestellt und durch einen Druck auf die Ausführungstaste durchgeführt werden. Es ist nun bekannt, daß die Laufzeit eines motorisch angetriebenen Trennschalters viel größer ist als die eines Ölschalters. Es kann also bei gleichzeitigem Kommandogeben vorkommen, daß beim Einschalten z. B. eines Kabelabzweiges, der Ölschalter sich zuerst einlegt und der Trennschalter folgt, also das Einschalten durch den Trennschalter unter Last erfolgt. Dies ist eines der Beispiele der Gefährdung einer Anlage durch das Personal, zu der bei einer solchen Anordnung direkt herausgefordert wird und dem nur, wie früher schon erwähnt, durch örtliche Verriegelungen absolut sicher abgeholfen werden kann.

Beispiel 2 für die Untergruppe I.

Aufbau aus den Elementen der automatischen Telephonie jedoch zwei Verbindungsleitungen.

Die soeben gezeigte Fernsteuereinrichtung gibt uns gute Gelegenheit in der nunmehr folgenden die in der Einleitung erwähnte „zeitliche Schachtelung" zum Einsparen von Leitungskanälen näher zu erläutern.

Wir haben folgende Verbindungskreise kennengelernt: erstens auswählen, zweitens Auswahl kontrollieren, drittens Befehl ausführen, viertens Befehlsausführung rückmelden.

Da alle diese Vorgänge sich einer nach dem anderen abspielen müssen, ist prinzipiell zunächst nicht einzusehen, warum man diese Vorgänge nicht alle hintereinander über ein und denselben Kanal sich abspielen läßt. Es ist ja nur die Aufgabe zu lösen, die verschiedenen Vorgänge voneinander zu unterscheiden.

Die könnte einmal. wie schon angedeutet, geschehen durch verschiedene Stromarten; das wird aber leicht zu kompliziert. Ein anderer Weg wäre das Einlegen von Pausen. Dieser Weg ist in der hier zu beschreibenden Einrichtung eingeschlagen worden. Diese Art des Vorgehens wird bei Schaltungen der Selbstanschlußtechnik vielfach verwendet und ist deshalb praktisch besonders leicht durchzuführen, weil das Selbstfortschalten der Wähler in einem sehr gleichmäßigen Takt geschieht, so daß eine genügend lange und sichere Verzögerung ein gutes Unterscheidungsmittel darstellt.

Gleichzeitig ist bei diesem System eine zweite Forderung erfüllt, nämlich die, daß je Vorgang ein besonderer Apparatesatz verwendet ist, und nicht für zwei Vorgänge derselbe verwendet ist, so daß sich ein und derselbe Fehler bei korrespondierenden Vorgängen wiederholen und so zu Fehlergebnissen führen kann. Außerdem ist bei dieser Steuerung die Automatik der Kontrolle durchgeführt, was bei der zuerst beschriebenen nicht der Fall war, die bei der Wahl und der Kontrolle der Wahl der Bedienende visuell erst vergleichen mußte, um das Ausführungskommando geben zu können. Wie eine solche Automatik durchzuführen ist, ist wohl prinzipiell leicht einzusehen, da jedem Elektrotechniker

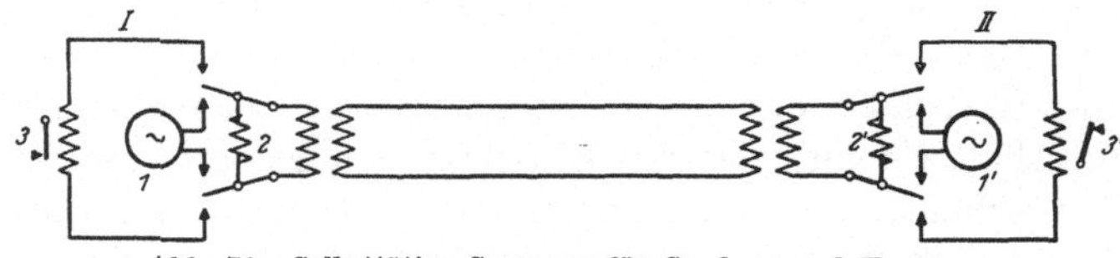

Abb. 71. Selbsttätige Sperrung für Sendung und Empfang.

I = Steuerstelle.
II = Gesteuerte Stelle.
1, 1' = Sendestromquellen.
2, 2' = Umschalterelais von Senden auf Empfangen und umgekehrt.

3, 3' = Empfangsrelais, das die ankommenden Impulse in die Apparatur weitergibt und gleichzeitig das Relais *1* bzw. *1'* über eine Verzögerung (nicht gezeichnet) sperrt, solange Impulse ankommen.

klar ist, wie man ein Relais anziehen lassen kann, wenn zwei an sich unabhängige Wähler auf demselben Kontakt stehen, denn weiter ist ja bei einer Auswahl und einer Kontrolle einer Auswahl nichts zu beobachten.

Die Pausen können einmal gesteuerte Pausen sein, d. h. eigentlich anders ausgedrückt, Sperren für den einen Vorgang, solange ein anderer Vorgang sich abspielt, oder Pausen, die sich selbst steuern, d. h. Verzögerungsrelais, die auf irgendeinen Vorgang hin angeworfen werden, und die dadurch verursachte Wirkung nach einer gewissen Zeit rückgängig machen.

Ein Beispiel für das erstere ist bei dieser Fernsteuerung, die nebenbei gesagt mit Wechselstrom- oder mit Gleichstromstoßimpulsen betrieben wird, das Relais oder besser gesagt die beiden Relais, die am Anfang und Ende des Kanals sich befinden, der die beiden miteinander korrespondierenden Stationen verbindet, Abb. 71.

Will eine Station senden, so legt sie zunächst den Kanal von ihrer Seite aus an ihre Stromquelle. Solange sich Zeichen auf dem Kanal befinden, kann die empfangende Station sich nicht auf „senden" umschalten und muß die Zeichen aufnehmen und umgekehrt. Ein Beispiel für die Wirkung der zweiten Art Pausen braucht, da das Anwenden von Zeitrelais allgemein bekannt ist, nicht gegeben zu werden.

Die Vorgänge bei dieser Art Fernsteuerung sind, allgemein beschrieben, folgende: Zunächst wird eine der Nummer des Schalters entsprechende Stromstoßzahl über die Leitung gegeben. Dann gibt ein anderer Wähler von der Empfangsseite eine Stromstoßzahl zurück, nämlich die, die der Empfangswähler auf der Empfangsseite eingestellt hat. Diese wird wieder durch einen besonderen Wähler auf der Sendeseite mit der Stellung des ersten Wählers, der zuerst die Impulse geformt bzw. ausgesandt hat, verglichen. Stimmt alles gegenseitig überein, so wird automatisch der kodierte z. B. aus drei Stromstößen bestehende Ausführungsbefehl gegeben, Abb. 72.

Haben wir uns bisher nur zwischen den Wählern und den dazugehörenden Relais hin und her bewegt, d. h. hat lediglich die Apparatur sich bisher mit sich selbst beschäftigt, so greift sie jetzt in den endgültig zu steuernden Mechanismus ein, d. h. der Ausführungsbefehl betätigt jetzt, wie wir früher in den allgemeinen Betrachtungen über Fernsteuerungen gelernt haben, ein Starkstromrelais zu Abriegelungszwecken, das den Schalter einlegt. Nunmehr setzt die endgültige Rückmeldung über den wahren, endgültigen Zustand ein; der Ölschalterhilfskontakt bewegt dazu ein Starkstromrelais, das nunmehr die Apparatur anreizt, die Stellung und Nummer des Schalters zurückzumelden.

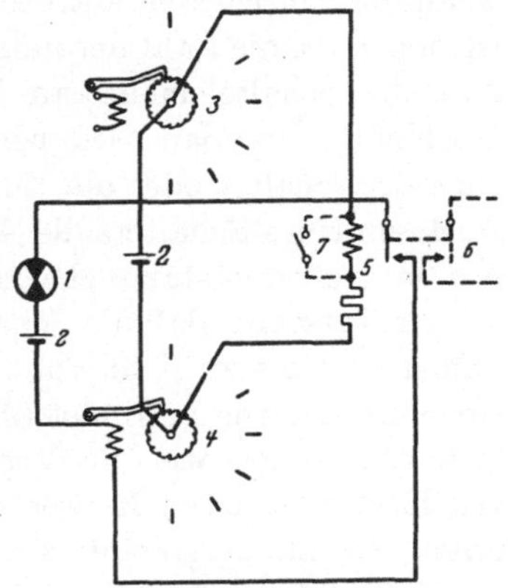

Abb. 72. Automatische Kontrolle zwischen Auswahl und Rückkontrolle.

1 = Impulserzeuger.
2 = Stromquellen (schematisch)
3 = Eingestellter Wähler.
4 = Einzustellender Wähler.
5 = Hauptkontakt des Gleichstellungsrelais 7.
6 = Nebenkontakt des Gleichstellungsrelais 7, das nach Gleichstellung weitere Vorgänge veranlaßt.
7 = Spule des Gleichstellungsrelais (der Stromkreis für diese Spule schließt sich sobald beide Wähler gleiche Stellung haben).

Dies geschieht dadurch, daß der Wähler nunmehr auf seiner Empfangsseite in seine Endstellung zurückgeführt wird. Die Schrittzahl, die dazu nötig ist, wird auf die Sendeseite zurück übertragen und dort der Wähler ebenfalls in seine Ruhelage zurückgeführt. Kommt er durch diese Stromstoßzahl wirklich auf die Endlage zurück, so wird das Schlußzeichen gegeben, das das Erfüllungszeichen an dem Kommandoschalter, der gleichzeitig Steuer- und Rückmeldeschalter sein kann, einstellt, wobei die Stellung des Schalters, ob er ein- oder ausgeschaltet ist, durch eine in diese Restzahl von Stromstößen eingelegte Pause besonderer Lage gekennzeichnet wird.

Der Umstand, daß die Wähler jeweils ihre ganze Kontaktbank durchlaufen müssen, hat den Vorteil, daß es nicht eines Tages Versager deshalb gibt, während es sonst immer gut gegangen ist, weil der Wähler

selten bis ans Ende gekommen ist und sich dort irgendeine Oxydhaut
oder sonst eine Hemmung durch Nichtgebrauch eingeschlichen hat. Es ist
dies eine Eigenschaft des Systems, die nicht nur diesem hier beschriebenen eigentümlich ist, sondern sich bei verschiedenen Konstruktionen
findet, hier aber einmal hervorgehoben werden soll.

Dies sind die Grundgedanken einer solchen Steuerung, die auf nur
einen Kanal arbeitet. Neuartige Gedanken treten an sich nicht auf,
wenn die Einrichtung auch noch mancherlei anderes enthält, was nötig
ist, um z. B. die Zahl der möglichen Betätigungen zu erhöhen, ohne die
Zahl der Schaltelemente an den Wählern zu vergrößern, was dadurch
geschieht, daß man Gruppen bildet, d. h. Wähler elektrisch hintereinander schaltet oder die Einrichtungen so trifft, daß ein selbsttätiges
Auslösen eines Schalters die Apparatur als Meldeanlage in Betrieb setzt
u. a. m., selbstverständliche Maßnahmen die nicht erwähnenswert sind.

Die Tatsache, daß die Schaltungen so getroffen sind, daß ein Wähler
immer nur bis zu dem Punkt läuft, an dem er eine unter Spannung
stehende Lamelle vorfindet (Abb. 72), erklärt ohne weiteres die etwa zu
stellende Frage, wie die Verhältnisse liegen, wenn mehrere Schalter
gleichzeitig auslösen. Es werden eben in diesem Falle mehrere Lamellen
unter Spannung gesetzt, der Wähler läuft bis zur nächstliegenden,
wenn diese gemeldet ist, und die Rückkontrolle eingelaufen ist, bis zur
nächsten unter Spannung stehenden Lamelle usw.

Die Gefahr des Pumpens der Schalter, die uns noch öfter beschäftigen
wird und mancherlei schalttechnische Lösungen gefunden hat, wird
hier dadurch beseitigt, daß das Schaltkommando überhaupt nur einmal
gegeben werden kann, und zwar nur so lange als nötig ist, um den Ein-
schaltemechanismus anzureizen. Folgt auf dieses Kommando nicht
in einer bestimmten aus der Art des Schalters zu bestimmenden Zeit
die Rückmeldung, so bricht der Relaisaufbau, d. h. die Einstellung der
Relais und Wähler in sich zusammen und es wird ein Störungszeichen
gegeben. Der Steuernde kann sich nun überlegen, ob er das Kommando
wiederholen will oder nicht. Ein Störungszeichen erscheint natürlich
auch dann, wenn bei der Auswahl nicht alles so übereinstimmt, wie es
ordnungsgemäß sein soll.

Man erkennt, daß die Anwendung getrennter Wähler für Auswahl
und Rückkontrolle und die Kontrolle der Übereinstimmung beider Einstellungen sowohl gegen Fehlkontakte in der Anlage, wie auch gegen aus-
bleibende oder zusätzliche Impulse (Störimpulse) gleicherweise schützt,
während die Kodierung der Ausführungskommandos dagegen sichert,
daß ein Störimpuls in der Zeit zwischen Rückkontrolle und Ausführung
den nötigen Schutz bietet. Die Sperrung (Abb. 72), die zwischen Auswahl und Rückkontrolle gelegt ist, schützt dagegen, daß an der Auswahl
etwas verändert wird, solange die Rückkontrolle durchgegeben wird.

Beispiel für Untergruppe II.

Elemente der automatischen Telephonie 1 Übertragungskanal.

Das System bedarf nur eines Kanales für die Impulse der Betätigung in beiden Richtungen.

Es benutzt ebenfalls als Grundlage die aus der automatischen Telephonie bekannten Schrittwähler.

Zur Kontrolle, ob die Zahl der Impulse auch in der richtigen Weise ankommt, wird jede Schalternummer nicht als eine Zahl je zur Dekade gehörender Ziffern gegeben, sondern es wird jede Ziffer wieder zu einer je Dekade konstanten Zahl ergänzt.

Ist z. B. der Schalter Nr. 236 zu wählen, so werden, wie man das vom Bedienen der Wählerscheibe einer automatischen Telephonanlage her kennt, grundsätzlich erst 2 Impulse gegeben, dann 3 Impulse, dann 6 Impulse. Da bei einem solchen Vorgehen, infolge von Störungen auf dem Übertragungskanal oder im System selbst, alle möglichen Impulskombinationen auf der Empfangsseite ankommen können, wird hier jede Ziffer zu einer konstanten Zahl, in diesem besonderen Fall, aus technischen Gründen, zur Zahl 11 jeweils selbsttätig ergänzt.

Auf der Empfangsseite sieht also die ankommende Impulsserie für die Zahl 236 wie folgt aus: 2 Impulse, Pause, 9 Impulse, Pause, 3 Impulse, Pause, 8 Impulse, Pause, 6 Impulse, Pause, 5 Impulse, Pause. Man sieht, daß sich stets 2 Impulszahlen zu einer bestimmten Zahl, und zwar 11, ergänzen müssen, wenn der gewünschte Erfolg, die Steuerung des Schalters 236, eintreten soll. Dies wird schaltungstechnisch dadurch erreicht, daß nur dann, wenn die einzelnen Wähler die entsprechenden Stellungen eingenommen haben, ein Stromkreis für das zu betätigende Organ zustande kommen kann.

Zur praktischen Ausführung dieses Grundprinzips müssen noch mehrere Fragen gelöst werden: Einmal, wie bildet man diese Impulskombination durch einen Handgriff, nämlich durch die Betätigung des Steuerschalters? Zum anderen, wie wird auf der Empfangsseite aus der ankommenden Impulskombination der Weg zu dem gewählten Schalter frei gemacht? Zum dritten, wie wird verhindert, daß der Schalter mehr als einmal die gewünschte Schaltbewegung ausführt? (Verhinderung des Pumpens). Zum vierten, was geschieht, wenn die ankommende Impulszahl nicht dem vorgeschriebenen Zahlengesetz entspricht?

Zunächst ist klar, daß das Prinzip vice versa angewendet werden kann und muß, d. h. bei der Wahl bzw. dem Kommando zu einer Schalterbetätigung ist der Steuerschalter das anregende Glied, und das Ende des Wahlvorganges ist das Unterstromsetzen der Betätigungsspule eines Schalters. Bei einer Rückmeldung, die ja sowohl auf Grund des Kommandos erfolgen muß sowie auch durch ein Selbstauslösen eines

Schalters erfolgen kann, übernimmt der Hilfskontakt des Ölschalters die Rolle des Steuerschalters und das Rückmeldeorgan, sei es eine Lampe oder ein Schauzeichen, die Rolle der Betätigungsspule des Schalters. Soweit sind beide Vorgänge wieder gleich. Ungleich sind sie insofern, als man wohl verhindern kann, z. B. durch Vorschriften, daß zwei Kommandos in unzulässig kurzem Zeitabstand nacheinander gegeben werden.

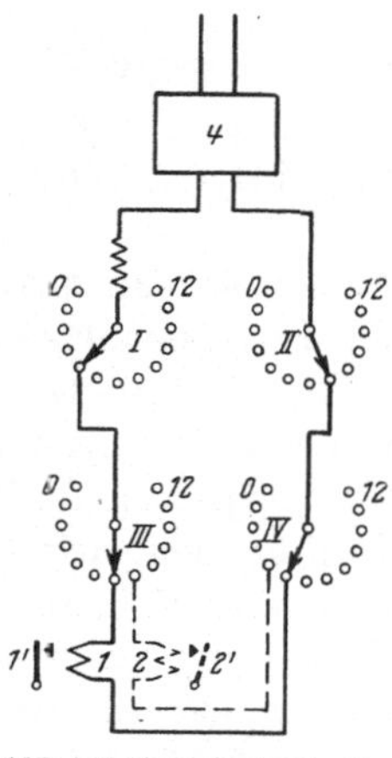

Abb. 73. Grundgedanke für den Empfang einer Fernsteuerung.

Einstellung auf den Schaltvorgang Nr. 46.

I = Erster Hauptwähler (Stellung *4*.

II = Ergänzungswähler (Stellung *7*).

III = Zweiter Hauptwähler (Stellung *6*).

IV = Ergänzungswähler (Stellung *5*).

1 = Einschaltebefehls- bzw. Meldespule.

2 = Ausschaltebefehls- bzw Meldespule.

1',2' = entsprechende Ausführungs- bzw. Meldekontakte.

4 = Empfangseinrichtung für die Stromstöße.

Nicht verhindern kann man jedoch zunächst, daß mehrere Rückmeldungen so kurz nacheinander auflaufen, um weitergegeben zu werden, daß sie die Übertragungsapparatur, soweit wir sie bis jetzt kennen, nicht bewältigen kann.

Es muß daher zum mindesten für die Rückmeldung die Frage der Speicherung von Meldungen gelöst werden. Damit entwickelt sich prinzipiell folgendes Bild für eine solche Einrichtung:

Wird ein Steuerschalter betätigt, um ein Kommando herauszugeben, so wird dadurch zweierlei bewirkt; einmal wird ein Kontakt geschlossen, der eine Wählerkombination zum Anlauf anregt, und zum andernmal wird eine bestimmte Lamelle eines Wählers, und zwar des letzten einzustellenden, unter Spannung gesetzt. Damit wird mit bekannten Schaltungsmitteln erreicht, daß der Schrittwähler an dieser Stelle stehenbleibt. Damit wird das Kommando für einen zweiten vorgeschalteten Wähler gegeben, der an einen entsprechenden Anschlußpunkt läuft und ebenfalls stehenbleibt. Damit ist die Nummer des Schalters fixiert und ein Impulssender, der seinerseits diese Stellungen abtastet, ist nunmehr in der Lage, diese Wahlstellung des Zahlengebers abzutasten und die auszusendende Impulsserie zu bilden, entsprechend Abb. 73, in dem die Stellung 46 dargestellt ist: 4, Pause, 7, Pause, 6, Pause, 5, Pause.

Auf der Empfangsseite hat diese Impulsserie folgende Wirkung: Der eine Wähler wirkt auf den zweiten Wähler ein und läßt ihn auf 7 laufen. Die Pause schaltet durch eine Relaiskombination den dritten Wähler ein, der auf den Kontakt 6 läuft, während der vierte Wähler auf 5 läuft. Damit ist ein Stromkreis geschlossen, der das Endrelais des Schalters 46 zum Arbeiten bringt (Abb. 74).

Diese der eigentlichen Übertragungsapparatur vorgeschaltete Anordnung ist allen Betätigungsschaltern auf der Sendeseite bzw. allen Meldeanordnungen auf der Meldeseite gemeinsam. Durch das Einführen der Ergänzungszahlen ist die Sicherung gegen Störungen in der Übertragung beschrieben. Selbstverständlich ist damit zu rechnen, daß auch in den vorgeschalteten Speichern und Impulsgebern Sicherungen angebracht sein müssen, da ein Fehler in diesen ebenfalls zu einer falschen Aussendung von Impulsen führen kann. Allerdings hat die Sicherungsmethode der Übertragung, wenn man sich so ausdrücken will, rückwirkende Kraft, indem eine Ausführung ja auch dann verhindert wird, wenn der Impulsgeber Zahlen gibt, die nicht dem Grundgesetz des Ganzen entsprechen. Es braucht nicht erwähnt zu werden, daß eine Fernmessung durch Aufsteuern eines Meßinstruments auf einen besonderen Kanal durchgeführt werden kann.

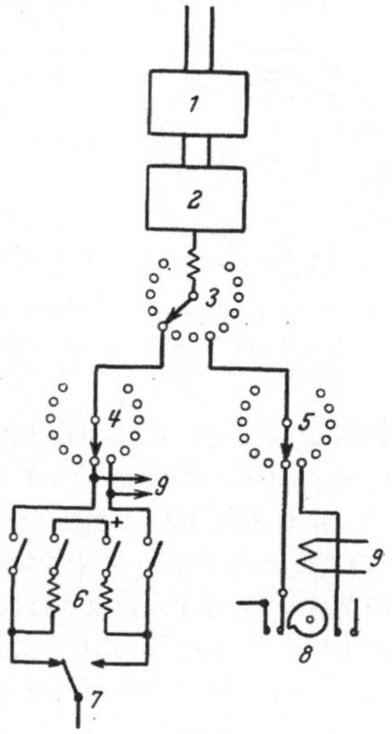

Beispiel für die Untergruppe III in Ausführung nach Untergruppe V.

Zwei Übertragungsleitungen.

Diese Steuerung bedient sich nicht der Teile der automatischen Telephonie, arbeitet nur mit Gleichstromstößen auf einem galvanisch durchgeschalteten Telephonadernpaar und steht durch dauernden Lauf unter Selbstkontrolle und arbeitet über ein Aderpaar.

Wir haben hier einen einfachen Fernsteuerungstyp vor uns, bei dem von den drei Gliedern, Einstellung, Steuerung und Kontrolle der Weichenstellung, die ersten zwei zusammengefaßt sind und die Kontrolle der Weichenstellung teilweise örtlich durch mechanische Mittel gesichert ist, wobei außerdem in kurzen Zeitabständen eine gegenseitige Rückkontrolle der örtlichen Einrichtungen gegeneinander erfolgt.

Das Grundprinzip der ganzen Anordnung ist aus Abb. 75 zu sehen, das an sich verständlich ist, wenn man annimmt, daß sich die beiden Umschalter auf der Sende- und auf

Abb. 74.
Grundgedanke für eine Sendeeinrichtung einer Fernsteuerung.
1 = Sender für die Stromstöße.
2 = Speicherkombination.
3, 4, 5 = Wähler zum Aufbau der Zahlen.
6 = Selbstschalterelais mit Kontakten.
7 = Einschaltehilfskontakte.
8 = Steuerschalter.
9 = Auslösespule für 8 nach Empfang der Ausführungsquittung.

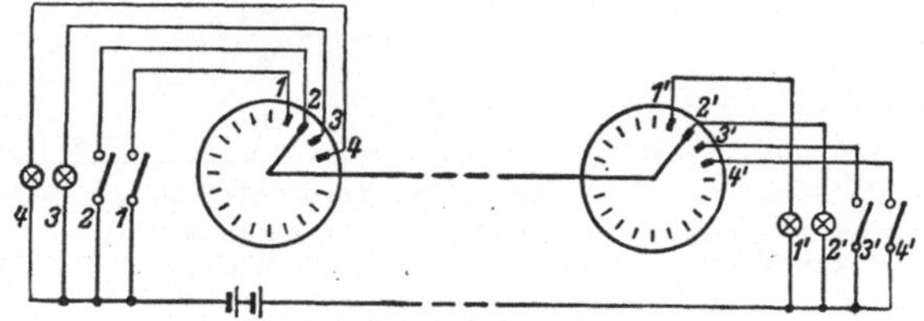

Abb. 75. Grundgedanke einer Fernsteuerung.
1, 2, 1', 2' = Vorgänge in der einen Richtung.
3, 4, 3', 4' = Vorgänge in der anderen Richtung.

der Empfangsseite synchron und gleichphasig bewegen. Der Antrieb dieser beiden Umschalter erfolgt durch gewöhnliche Gleichstromnebenschlußmotore, um von dem gesicherten Vorhandensein vom Wechsel-

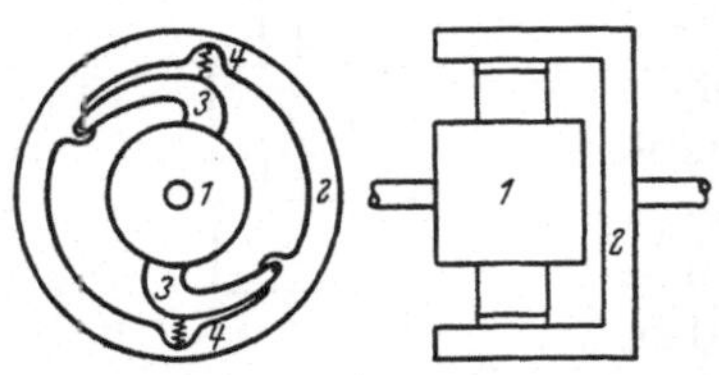

Abb. 76. Fliehkraftreibungsregler.
1 = treibende Welle.   3 = Bremsbacken.
2 = getriebene Welle.   4 = Federn.

strom unabhängig zu sein. Da man von den Ortsbatterien von Schaltanlagen keine genügend konstante Spannung verlangen kann, da diese oft sehr klein gewählt werden und vor allem die Hubmagnetantriebe für die Schalterbetätigung speisen müssen, ist die Drehzahl dieser Motoren für unsere Zwecke nicht genügend konstant zu bekommen.

Infolgedessen sind Fliehkraftreibungsregler zwischen Motor und Getriebe geschaltet, wie sie von der Telegraphentechnik her bekannt sind, Abb. 76.

Mit solchen Reglern läßt sich bei 50% Spannungsschwankung der Antriebsspannung hinter der Reibungsreglerwelle eine auf ca. 1—2% konstante Drehzahl erreichen. Diese Genauigkeit in der Drehzahl ist natürlich aus leicht erklärlichen Gründen mitbestimmend für die Zahl der auf dem Vielfachumschalter anzubringenden Kontakte, die bei dem beschriebenen System auf 40 beschränkt worden ist. Die gegenseitige Kontrolle bzw. Einregulierung des Gleichlaufs ist durch das Start-Stop-Prinzip gewahrt. Ein Kontakt auf dem Vielfachumschalter ist für diese Kontrolle reserviert.

Ist die Empfangsapparatur auf diesem Bezugspunkt angekommen, so wird sie durch eine Rastenanordnung festgehalten und dadurch gleich-

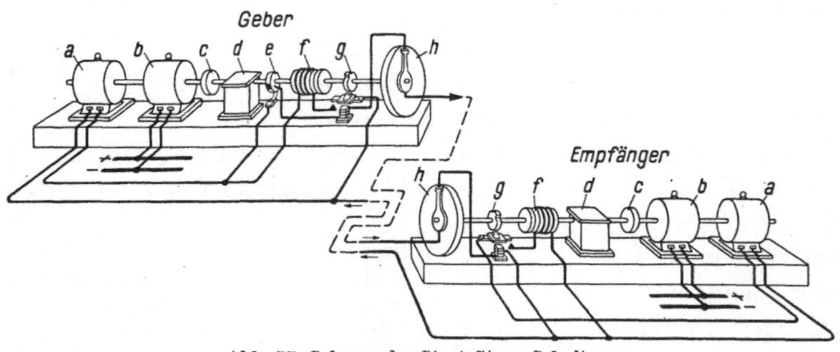

Abb. 77. Schema der Start-Stops-Schaltung.
a = Generator.   c = Kupplung.   e = Kontaktscheibe.   g = Rastenscheibe.
b = Motor.   d = Getriebe.   f = Magnetische Kupplung.   h = Kontaktarm.

zeitig eine magnetische Kupplung gelöst. Die gleiche Anordnung befindet sich auf der Sendeseite, doch ist hier noch ein besonderer Kontakt vorgesehen, der den Sperrstromkreis wieder schließt und so ein Loslaufen der Umschalterarme auf beiden Seiten immer von einem Punkt aus ermöglicht, Abb. 77. Dies ist die gegenseitige Kontrolle der örtlichen

Reguliermechanismen für den Antrieb, der, wenn er stromlos wird, weiterhin noch durch Nullspannungsrelais derart gesichert ist, daß der Betrieb für diesen Fall gesperrt wird.

Um die Steuerungsmöglichkeiten zu verdoppeln, benutzt man hier eine Dreileiteranordnung und stromrichtungsempfindliche Relais, so daß man je Kontakt auf deren Vielfachumschalter zwei Steuervorgänge bzw. Rückmeldevorgänge ausführen kann. Um nun eine Meldung aufzuheben, bis sie erkannt ist, wird die durch Abb. 78 verdeutlichte Anordnung verwendet. Durch Umlegen des Steuerschalters wird Plus oder Minus an die entsprechende Kontaktlamelle gelegt, dadurch wird das Steuerrelais in die eine oder andere Lage gebracht. Die Rückmeldung geschieht entsprechend, nur wird diese durch einen besonderen Schalter, den sog. Quittungsschalter, auf Polarität geprüft. Die Kontrollampe wird, wie sich aus der Schaltung ergibt, nur dann ruhiges Licht geben, wenn Quittungsschalter und Rückmelderelais entsprechend gleiche Stellung haben, im anderen Fall gibt sie als Zeichen für das Nichtübereinstimmen Flackerlicht.

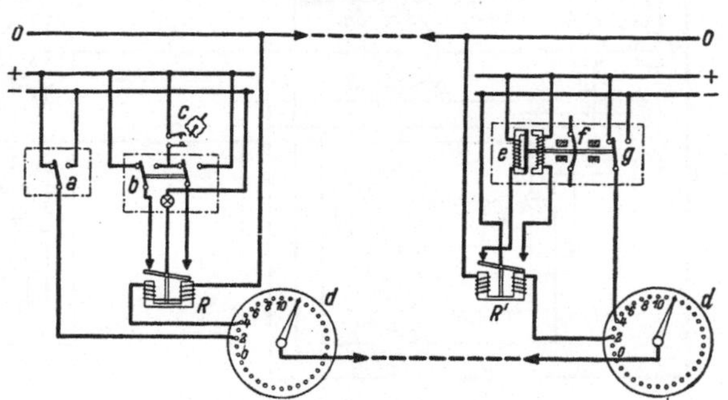

Abb. 78. Aufbewahren eines Vorganges.

a = Steuerschalter.	d = Kollektor.	g = seine Hilfs-
b = Quittungsschalter.	e = Schaltmagnet.	kontakte.
c = Blinkkontakt.	f = Ölschalter.	$R\ R'$ = Kipprelais.

Steuerschalter und Rückmeldeschalter sind mechanisch gegeneinander so verriegelt, daß der Quittungsschalter erst bedient werden kann, wenn das Steuerungskommando elektrisch aufgehoben ist. Die Stellung des Quittungsschalters, dessen Griff durch die Kontrollampe von hinten beleuchtet ist, gibt die wirkliche Stellung dann richtig wieder, wenn dieser Griff ruhig leuchtet, siehe Abb. 91.

Diese Anordnung erfüllt noch nicht alle praktischen Bedingungen, die das Einlegen eines Schalters mit sich bringt, sondern dies erfordert auch, daß ein Schalter nur einmal eingelegt wird und dies nicht selbsttätig wieder geschieht, wenn er infolge Schaltens auf Kurzschluß wieder ausgelöst hat. Diese Aufgabe ist hier so gelöst, daß die erste Rückmeldung den Befehlskreis sperrt, bis das Kommando wieder aufgehoben wird.

Da nun bei dem hier vorliegenden Übertragungsprinzip zwischen Kommando und Rückmeldung eine gewisse Zeit vergeht, besteht beim Schalten auf einen Kurzschluß die Gefahr, daß der Bedienende auf das

Kommando „ein“ eine an sich richtige Rückmeldung „Aus“ erhält
und das Kommando wiederholt. Infolgedessen wird auf sein Kommando „ein“ zunächst die gewünschte „Ein“rückmeldung zurückgegeben, die dann erst nachträglich in die wahre „Aus“rückmeldung
übergeht.

Abb. 79 zeigt die dazu nötige Schaltung, die für dieses System angewendet ist und gleichzeitig noch ein Prinzip zeigt, das die Gefahren
von Fehlern an der Isolation, die bei Batterien als Hilfsstromquellen
leicht eintreten, von den Fernleitungen fernhält. Es wird nämlich den

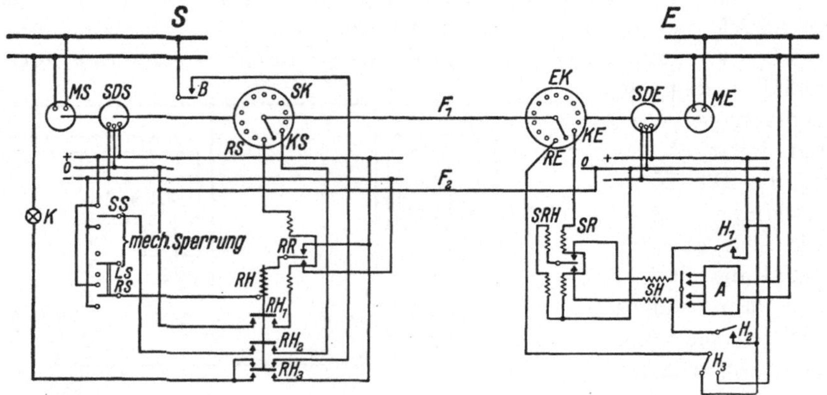

Abb. 79. Schaltung für Steuerung und Rückmeldung eines einfachen Schalters.

S = Sender, E = Empfänger, MS = Motor des Senders, ME = Motor des Empfängers, SK = Senderkollektor, EK = Empfängerkollektor, KS = Befehlskontakt des Senders, KE = Befehlskontakt
des Empfängers, RE = Rückmeldekontakt des Empfängers, RS = Rückmeldekontakt des Senders,
SDS = Sendegenerator des Senders, SDE = Sendegenerator des Empfängers, SS = Steuerschalter,
RS = Rückmeldeschalter (Quittungsschalter), RR = Rückmelderelais, RH = Rückmeldehilfsrelais
mit Kontakten 1—3, SR = Steuerrelais, SRH = Haltewicklung des Steuerrelais, SH = Steuerhilfsrelais, H_1, H_2, H_3 = Hilfskontakte am Ölschalterantrieb, A = Ölschalterantrieb mit Hilfskontakten 1—3, LS = Lampenschalter für die an den Schalter angesetzten Streifen des Leuchtschaltbildes, B = Blinkkontakt am Sender, K = Prüflampe, F_{1-2} = Fernleitung.

Fernleitungen die Spannung durch besondere an dem Apparat angebrachte Generatoren zugeführt, so daß Doppelerdschlüsse, die an den
Batterien auf beiden Seiten liegen könnten und sich ungünstig auf die
Übertragung auswirken müßten, vermieden werden. Dieser Vorteil kann
für den praktischen Betrieb nicht hoch genug eingeschätzt werden.

Die Motoren treiben außerdem über das Getriebe usw., das schon
beschrieben wurde, den Sendekollektor bzw. den Empfangskollektor.
Die Gleichlaufeinrichtung ist, da schon beschrieben, hier fortgelassen.
Der Steuerschalter wird durch Drücken und Drehen des Ringes, des
Steuerelementes am Steuer- und Quittungsschalter betätigt. Damit
wird, je nachdem man ein- oder ausschalten will, der positive oder
negative Pol an den Befehlskontakt gelegt. Im Vorbeistreichen der Arme
wird der entsprechende Stromstoß auf den entsprechenden Kontakt der

Empfangsseite übertragen. Damit wird das entsprechende polarisierte Steuerrelais in eine bestimmte Lage gebracht und hält sich in dieser Lage durch eine Haltewicklung fest. Das Steuerhilfsrelais schließt damit entweder den einen oder anderen Kontakt, wodurch dem Schalterantrieb entweder den „Ein"- oder „Aus"befehl übermittelt wird, und zwar eine an sich beliebige Zeitlang, jedoch aber nur so lange, bis der Schalter örtlich durch seine Hilfskontakte die Leitung umpolt, d. h. sich in die andere Lage begibt; denn man sieht, daß die Wicklungen des Steuerhilfsrelais über Hilfskontakte am Ölschalter geführt sind, die von seiner Stellung abhängig sind.

Ist der Schalter dem Kommando gefolgt, so kann kein Strom mehr in den Wicklungen des Steuerhilfsrelais fließen und damit auch nicht mehr in der Haltewicklung. Das Relais kehrt wieder in die Nullage zurück, und der Steuervorgang ist vollzogen. Mit dem Umlegen des Schalterantriebes A hat sich auch der Hilfskontakt H_3 am Schalterantrieb bzw. am Schalter selbst umgelegt und damit eine bestimmte Polarität am Rückmeldekontakt des Empfängerkollektors hervorgerufen. Sobald die Arme diesen erreichen, wird dieselbe Polarität an den Rückmeldekontakten des Sendeapparates rückwärts erzeugt, und damit sind wir wieder auf der Sendeseite rückwärts angelangt. Die geänderte Polarität legt uns das Rückmelderelais um, das die Eigenschaft hat, daß es auf einen Stromstoß hin von selbst liegen bleibt, bis es einen entgegengesetzten Stromstoß erhält. Legt sich dieses Relais um, so daß sein Rückmeldehilfsrelais Strom bekommt, so zieht dieses an, und betätigt seine drei Kontakte. Der erste unterbricht die Wicklung des Rückmelderelais, damit ja die erste Rückmeldung, die der Schalterantrieb gegeben hat, aufgehoben wird, bis sie quittiert ist. Der zweite unterbricht den Stromkreis des Steuerschalters, damit ja kein ungewollter zweiter Befehl kommt; der dritte ändert den Stromkreis für die Meldelampe.

Verfolgt man diesen Kreis, so sieht man, daß diese Lampe konstanten Strom, so lange das Hilfsrelais stromlos ist und durch den Blinkkontakt am Sendegerät unterbrochenen Strom erhält, so lange es erregt ist. Die Lampe wird also im Augenblick blinken. Sie sitzt hinter dem durchsichtigen Griff des Quittungsschalters. Die Wicklung dieses Hilfsrelais ist nun über den Quittungs- oder Rückmeldeschalter geführt. Legt man diesen um, so wird das Rückmeldehilfsrelais stromlos. Da nun aber, wie früher schon erwähnt, der Steuerschalter und der Quittungsschalter gegeneinander mechanisch verriegelt sind, so daß also der Quittungsschalter nur bedient werden kann, wenn der Steuerschalter in der Ruhestellung steht, so kann das Rückmeldehilfsrelais abfallen und damit schließen sich seine drei Kontakte wieder, wodurch der Weg für neue Rückmeldungen bzw. neue Kommandos freigegeben ist.

Die Rückmeldungen werden bei jedem Umlauf gegeben und die Stellung des Rückmelderelais wird überwacht und dieses umgelegt, falls ein Schalter ohne Befehl auslöst.

Zusammengefaßt ist folgendes erreicht:

1. Jeder Befehl kann nur einmal durchgegeben werden, man kann dabei den Steuerschalter in seiner Lage lassen, solange man will.

2. Die erste daraufhin erfolgende Rückmeldung wird festgehalten, bis sie quittiert wird, also selbst dann, wenn der Bedienende abwesend war als die Meldung einlief. Die Rückmeldung, die er bei der Rückkehr vorfindet, ist die erst mögliche; es kann ihm also nichts entgehen.

Soll mit einer solchen Apparatur gleichzeitig ferngemessen werden, so gibt es hierzu zwei Wege. Der eine erfordert keine weiteren Hilfsadern, gestattet aber nur kurzdauernde Ablesungen, der andere gestattet jedoch auch Dauerablesungen, ohne die Apparatur in ihrer Haupttätigkeit aufzuhalten oder zu behindern.

Bei dem ersten Weg wird auf ein Meßkommando hin ein bestimmtes Relais zum Kontaktschluß veranlaßt, der die Spannung des Fernmeßinstrumentes dann an die Fernleitungen legt, wenn die Arme am Bezugspunkt einlaufen, und hierbei wird von der Sendeseite ferner noch gleichzeitig die Fortlaufschaltung unterbrochen, siehe Abb. 77. Im anderen Fall wird eine besondere Meldeleitung nötig, auf die durch den Steuerapparat auf der Sendeseite und Empfangsseite Relais umgelegt werden, die das entsprechende Sende- und Empfangsorgan der Fernmeßeinrichtung an diese Leitung anschließen, so daß eine beliebige Anzahl Meßinstrumente über diese Leitung übertragen werden kann, die durch die Steuereinrichtung ausgewählt werden. Natürlich kann auch irgendein Wert, der besonders interessiert, längere Zeit übertragen werden, ohne daß die Fernsteuerapparatur dadurch behindert wird, ihre übrigen Pflichten zu erfüllen, da ihre Übertragungsleitung durch die Messung nicht belastet ist.

Beispiel für Untergruppe III in Ausführung nach
Untergruppe VI.

Fünf Übertragungsleitungen.

Diese Ausführung gehört, wie die vorstehende, zu den Synchronwählerprinzipien. Sie ist nur für Wechselstrombetrieb vorgesehen, und die Kontaktarme stehen im unbenutzten Zustand still.

Auf der Sende- wie auch auf Empfangsseite befindet sich je ein Vielfachumschalter mit mehreren kreisförmig angeordneten Bürstenkontaktapparaten, mehreren Reihen von Schleifringen und mehreren Kontaktbänken. Der synchrone Antrieb geschieht mittels Wechselstrom, aber nicht durch Motore, sondern durch sog. Schwingankerantriebe, die aus einem gewickelten Anker, der in einem konstanten

Magnetfeld unter dem Einfluß einer abgestimmten Spiralfeder mit der Periodenzahl des Wechselstromnetzes synchron schwingt, also nicht spannungsabhängig, sondern lediglich im wesentlichen frequenzabhängig sich bewegt. Die schwingende Ankerbewegung wird durch mechanische Mittel in eine Drehbewegung umgesetzt.

Zum Betrieb der Einrichtung, die nur dann unkontrolliert richtig arbeiten kann, wenn beiderseits Wechselstrom ungefähr gleicher Frequenz vorhanden ist, sind fünf Leitungen erforderlich. Zwei Synchronleitungen, dazu eine Leitung, um den Synchronlauf aufrechtzuerhalten bzw. zu kontrollieren, eine Leitung um die Rückmeldungen zu übermitteln, eine Leitung um die Steuerungen zu übermitteln. Abb. 80 zeigt die Grundschaltung für den Synchronlauf. Sie zeigt die Grund- oder

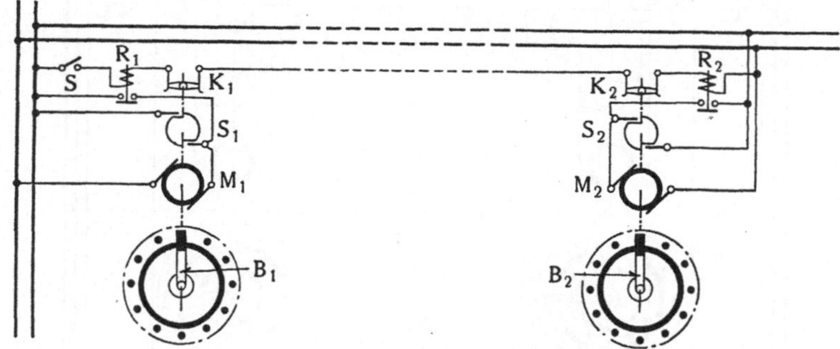

Abb. 80. Grundschaltung für den Gleichlauf zwischen Sender und Empfänger.

Ruhestellung. Wird der Anlaßschalter S geschlossen, so werden die Relais R_1 und R_2 erregt. Diese steuern die beiden Antriebsvorrichtungen M_1 und M_2. Einem kurzen Ansprechen folgt ein selbsttätiger Weiterlauf der Schwingankerantriebe, die nach Schließen der Kontaktscheiben S_1 und S_2 gleichzeitig weiterlaufen. Der Stromkreis der Relais R_1 und R_2 wird durch die Drehung unterbrochen.

Ist der erste Kontakt des Vielfachumschalters erreicht, so unterbrechen die Nockenscheiben S_1 und S_2 das Weiterschalten. Da sich aber K_1 und K_2 bereits nach Erreichen der ersten Wählerstellung schließen, wird die Apparatur wiederum durch R_1 und R_2 angeworfen und in die nächste Wählerstellung übergehen. Damit ist es nur möglich, jeweils von einem Kontakt zum anderen zu kommen, wenn beide Wähler sich im Gleichtritt befinden. Allerdings müssen sie dazu stets von einer Grundstellung ausgehen, und es darf kein Überschlagen stattfinden, sonst können sie um eine Teilung versetzt weiterlaufen. Um nun die Apparatur auf beiden Seiten an einen bestimmten Kontakt des Vielfachumschalters anhalten zu können, ist im Anlaufstromkreis je ein Relais $2, 2'$ eingebaut, das erregt wird, wenn ein bestimmter Kontakt erreicht ist. Die Wahl dieses Punktes wird durch einen Handschalter *1* bzw. den Rückmeldekontakt des betreffenden Ölschalters *1'* erreicht.

Um die Apparatur zum Anlaufen zu bringen, ist in dem Anlaufstromkreis auf beiden Seiten je ein Umschalterelais eingebaut. Diese beiden Relais sind nach Art der Hotelschaltung mit der Stromquelle verbunden, so daß beide Apparate beliebig angelassen werden können. Die Erregung dieser Relais geschieht durch den anderen Kontakt desselben Handgriffes, der das Anhalten an einem bestimmten Punkt veranlaßt. Daraus ersieht man, daß dasjenige Kommando oder die Rückmeldung zuerst durchkommt, die das Anwurfrelais zuerst betätigt hat.

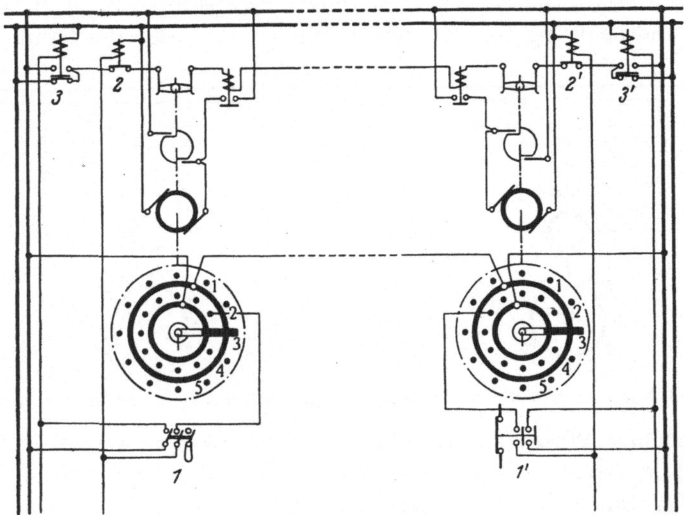

Abb. 81. Prinzipschaltung für das Anlassen von beiden Seiten.
1, 1' = Schalter bzw. Hilfskontakte.   *2,2'* = Anhalterelais.   *3, 3'* = Anlaufrelais.

Mit dieser Einrichtung ist es möglich, die Arme der beiden Wähler unter den oben gemachten Voraussetzungen synchron zu halten, sie von beiden Seiten her anzulassen und an einem bestimmten Punkt anzuhalten.

Fügt man nun noch 2 Schleifringe und 2 Reihen Kontakte hinzu und verbindet die korrespondierenden Schleifringe durch noch je eine weitere Leitung, eine Steuer- und eine Rückmeldeleitung, so sind die Bedingungen für eine Fernsteuerung nach den zu Anfang des Kapitels gezeigten Grundsätzen gegeben, Abb. 81.

Der Steuerschalter, der gleichzeitig Rückmelde- oder Quittungsschalter ist, übernimmt nun durch eine Anzahl von Kontakten sämtliche Funktionen. Durch einen der Kontakte wird über die Kontakte eines Stellungsmelderelais die Anlaufleitung unter Spannung gesetzt. Gleichzeitig wird die „Aus"lampe auf Flackerlicht geschaltet, das Anlaufrelais erregt, die Wähler laufen an; in der gewählten Stellung werden sie durch das Anhalterelais festgehalten, das durch ein weiteres Kontaktpaar am Steuerschalter und am Stellungsmelderelais unter Spannung gesetzt worden ist, durch eine Polaritätsschaltung und ein Zweispulenrelais wird das Schaltkommando gegeben. Die Rückmeldung erfolgt entsprechend und enthält schaltungstechnisch nichts Besonderes.

Um das Pumpen der Schalter zu verhindern, ist das Steuerrelais als Kipprelais ausgebildet, das sich nur nach einer Seite umlegen kann, wenn es sich vorher durch einen anderen Befehl in anderer Lage befunden hat.

Selbstverständlich sind auch Meßübertragungen möglich, allerdings nur auf Auswahl hin. Für die Übertragungen von Dauermeßwerten müssen weitere Verteiler zugefügt werden.

Beim Versagen der Hilfsstromquelle sperrt ein Spannungsrelais die Betätigungen. Diese werden erst wieder freigegeben, wenn die Synchronstellung der Wählerarme geprüft ist. Die Anordnung kann so gebaut werden, da sie über keine selbsttätige Dauerkontrolle verfügt, daß eine Kontaktuhr die Übertragungsapparatur in bestimmten Zeitabständen einmal durchlaufen läßt; es ist dadurch natürlich nur möglich, Fehler in den Wählerkontakten und den Fernleitungen zu melden.

Da die Apparatur mit Wechselstrom betrieben wird, ist eine Unterteilung der Fernleitungen durch Transformatoren prinzipiell möglich. Da die Anlagen mit 110 oder 220 Volt Wechselstrom betrieben werden, ist wegen der Unsymmetrie der Aderzahl, der hohen Stromstärken und Spannungen ein Betrieb auf Telephonkabeln, bei denen auf demselben Kabel gesprochen wird, wahrscheinlich unzulässig und unmöglich. Die Einrichtungen werden auch mit Leuchtschaltbildern zusammengebaut, aber von einem besonderen Pult aus gesteuert, da die Betätigungsorgane, die nach Art normaler Schalterbetätigungen gebaut sind, nicht geeignet sind, im Leuchtschaltbild angeordnet zu werden.

Beispiel 1 für die Untergruppe VII.

Drei Übertragungsleitungen.

Wir wollen hier zunächst ein einfaches Beispiel vorführen, das eine geringere Zahl von Stromstößen verlangt als der Nummer des zu steuernden Schalters entspricht. Es ist ein reiner Vertreter eines sog. Code-Systems. Bei diesem System muß die Zuverlässigkeit der Apparatur und des Fernübertragungskanales sehr groß sein, da keine anderen Sicherungen für die Zuverlässigkeit der Zeichengabe vorgesehen sind als die, daß die Summe aller zu einem Signal gehörenden Stromstöße stets gleich groß ist.

Durch Betätigen des Kommandoschalters wird mechanisch ein Uhrwerk aufgezogen, das nach dem Loslassen des Handgriffs ein Rufzeichenrad in Bewegung setzt. Die Gleichmäßigkeit der Bewegung wird durch einen mechanischen Regler erreicht. Dieses Rad ist so ausgebildet, daß es durch zwischengelegte Pausen drei Serien von Stromstößen durch eine Kontaktanordnung verursacht.

Wir haben also ein ganz ähnliches Gerät vor uns wie den Sender eines Feuermelders. Der Aufbau des Reglers ist jedoch ähnlich dem, der bei den Telephonapparaten der Selbstanschlußtechnik üblich sind.

Dieses Tastwerk sendet über ein polwechselndes Relais Stromstöße über die Fernleitung; von den Impulsempfangsapparaten ist die Leitung über Kondensatoren abgeschlossen.

Die Wählerrelais auf der Empfangsseite bestehen im wesentlichen aus einem polarisierten Relais mit einem zentral gelagerten Anker, der imstande ist, auf die empfangenen Stromstöße anzusprechen, indem er zwischen den Polen des Relais mit derselben Geschwindigkeit, wie die Stromstöße ankommen, hin- und herschwingt. Diese Schwingbewegung wird durch ein Hebelsystem auf eine Sperrklinke übertragen, die ihrerseits ein feingezahntes Sperrad und ein Rufzeichenrad zur Umdrehung bringt. Das Rufzeichenrad trägt einen Kontaktarm, der einen von vier festen Kontakten ausgewählten Kontakt schließt, um den gewünschten örtlichen Stromkreis herzustellen. Am Ende jeder Rufzeichenfolge tritt im Geben der Stromstöße eine Pause ein, während welcher die Vorschubklinke in das Sperrad nicht eingreift und daher das Rufzeichenrad unter Einwirkung der Rückstellfeder in seine Normalstellung zurückkehren kann. Um zu verhindern, daß das gewünschte Rufzeichenrad während dieser Pausen in seine Ruhestellung zurückkehrt, sind in seinem Radkranz Haltestifte angebracht, die in eine Haltefeder eingreifen; die Stellungen der Haltestifte rings um den Radkranz bestimmen das Rufzeichen des Wählrelais. Um den ersten festen Kontakt auszuwählen, müssen die drei Zeichenfolgen insgesamt 17 Stromstöße enthalten, für den zweiten festen Kontakt 19 Stromstöße, für den dritten Kontakt 21 Stromstöße und für den vierten Kontakt 23 Stromstöße. Die Rufzeichenräder aller Wählrelais mit gleicher erster Zeichenfolge werden an ihrem ersten Haltestift aufgehalten, doch ist nur ein einziges Wählrelais auf das Rufzeichen des zugehörigen Tastwerks eingestellt, und nur dieses Wählrelais wird durch die Stromstöße in jene Stellung gebracht werden, in der es einen örtlichen Stromkreis schließt, um die von dem Betätigenden gewünschten und eingeleiteten Steuervorgänge durchzuführen. Jedes Wählrelais besitzt vier feststehende Kontakte und ist imstande, vier Schaltvorgänge, wie z. B. das Öffnen und Schließen zweier Starkstromschaltapparate, zu steuern.

Für die Rückmeldung sind die soeben beschriebenen Kommandoschalter mit Federwerk durch ein Maschinentastgerät mit Motorantrieb ersetzt, dessen Leistungsfähigkeit natürlich größer ist als die eines einfachen Tastgerätes eines Kommandoschalters. Um dieses Gerät durch die ferngesteuerten Schaltapparate in Bewegung zu setzen, sind die zu steuernden Schaltapparate mit Hilfskontakten versehen, die mit dem Maschinentastgerät verbunden sind, und Änderungen der Apparatstellungen veranlassen das Maschinentastgerät im Unterwerk, Stromstöße an die Kommandostelle zurückzusenden.

Das Maschinentastgerät gibt ebensolche Stromstöße wie das Tastwerk, also eine chiffrierte Reihe von drei Zeichenfolgen. Die Änderung einer Schalterstellung bewirkt das Erregen eines Motoranlaßrelais über zwei der Steuerleitungen, die an der Kommandostelle mit einem Relais und einer Batterie in Reihe geschaltet sind. Die Hauptachse des Gerätes trägt 4 Rufzeichenräder, die durch Reibungskupplungen angetrieben werden, und jedes Rufzeichenrad trägt auf jeder der beiden Hälften seines Umfanges ein vollständiges Rufzeichen. Die Rufzeichenräder werden durch Verlängerungen an den Ankern von Auslösemagneten am Drehen gehindert; bei Betätigung des Motoranlaßrelais wird aber einer der Auslösemagneten erregt, um jenes Rufzeichenrad freizugeben, dessen zugehöriger Schalter seine Stellung geändert hat. Damit ist es diesem Rufzeichenrad möglich, sich zu drehen und durch ein Kontaktpaar über eine der beiden bereits in Verwendung stehenden Leitungen und über eine dritte Leitung Stromstöße auszusenden. Hat ein Rufzeichenrad eine halbe Umdrehung vollendet und sein Rufzeichen ausgesandt, so wird der Auslösemagnet aberregt, um das Rufzeichenrad an weiterer Umdrehung zu hindern, und der Motor wird angehalten. Damit stets nur ein Rufzeichenrad in Umdrehung kommen kann, gleichgültig wieviel Maschinentastgeräte oder Unterwerke in der Anlage vorhanden sind, und unabhängig davon, wieviel Schalter ihre Stellung zur gleichen Zeit verändert haben, sind Absperrmöglichkeiten vorgesehen.

Um die Rückmeldestromstöße auf der Kommandostelle zu empfangen, sind entsprechende Empfangsrelais vorgesehen, wie wir sie für den Empfang des Kommandos kennengelernt haben, nur betätigen diese nicht den Antriebsmechanismus des Schaltapparates, sondern rote und grüne Lampen, die die eingenommene Stellung des gesteuerten Schalters melden.

Um zu verhindern, daß Steuerung und Rückmeldung sich gegenseitig stören, und um die Rückmeldung jeder Steuerung vorzuziehen, wird das Anlaßrelais der Tastmaschine für die Rückmeldung in Reihe mit einem Relais an der Kommandostelle betätigt. Dieses Relais ermöglicht die Sperrung von Steuerstromstößen, so daß die Betätigung eines Tastwerkes während des Empfanges von Stromstößen aus einem Unterwerk diese in keiner Weise stört. Außerdem bringt das Relais eine Meldelampe zum Aufleuchten und einen Wecker zum Ertönen, damit der Bedienende von jeder Stellungsänderung der von ihm überwachten Schalter, sowohl sichtbar, als auch hörbar in Kenntnis gesetzt wird. In der praktischen Ausführung beträgt die Zeit zum Durchführen einer Steuerung oder zum Empfang einer Rückmeldung je 8 Sekunden. Die Höchstzahl der in einer Anordnung zusammenfaßbaren Betätigungen ist 102. Die Anlage benötigt eine Hauptbatterie von 124 Volt, ferner eine 24-Volt-Batterie an der Kommandostelle und eine 24-Volt-Batterie in jedem Unterwerk.

Beispiel 2 für die Untergruppe VII.

Zwei Leitungen oder ein Kanal.

Haben wir bisher nur Systeme gesehen, bei denen stets zur Auswahl eines Schalters mindestens eine Impulszahl nötig war, die seiner Nummer entspricht, wobei vielleicht höchstens die Zahl der Stromstöße durch Einführen von „Dekaden" reduziert wurde, so wollen wir jetzt noch ein System beschreiben, das mit dem theoretisch möglichen Minimum von Stromstößen auskommt, indem die Schalternummer in die Dualzahlenreihe von 2 zerlegt, übertragen wird. Die dazu nötigen Gedankengänge haben wir in der Einführung zum Kapitel als besonderes Prinzip schon behandelt.

Eine Grundfrage bei der Ausführbarkeit dieses Prinzips ist die, wie man bei Störungen durch Fremdbeeinflussung die nötige Sicherheit schafft, was insofern nötig ist, als das System in Deutschland seine erste Anwendung als Hochfrequenzübertragung fand, und auch für solche besonders in Betracht kommt.

Diese Sicherungseinrichtung ist so eigenartig und vollkommen, daß sie als allgemein brauchbares Grundelement besonders erwähnt werden muß.

Die Sicherung wird auf der Sendeseite und auf der Empfangsseite eingeführt und überwacht direkt, ob die abgegebene bzw. ankommende Zeichenkombination überhaupt möglich ist, indirekt natürlich auch damit, ob das entstandene Zeichen möglich und damit absendenswert ist.

Wir erinnern uns, daß zur Übertragung einer Schalternummer eine Anzahl von Zeichen nötig ist. Die Zeichen, in ihrer Art gleich, bedeuten das Vorhandensein oder Nichtvorhandensein einer die Nummer des Schalters bildenden Dualzahl.

Zum Zweck der Sicherung besteht nun jedes Zeichen aus zwei Teilen, z. B. Stromzeichen und Pause. Kommt das Stromzeichen zuerst und folgt die Pause, so wird die Dualzahl als vorhanden erkannt, kommt zuerst die Pause und folgt das Stromzeichen, so ist die Dualzahl nicht vorhanden. Abb. 82 zeigt das Prinzip der Sicherungsanordnung.

Wir denken an jede Lamelle eines Vielfachumschalters ein Relais angeschlossen, das neben den nicht gezeichneten Betätigungskontakten je eine Kontaktzunge trägt. Diese Kontaktzungen liegen zwischen zwei Kontakten, die nach Zeichnung geschaltet sind.

Man erkennt ohne weiteres, daß sich der angedeutete Überwachungsstromkreis dann und nur dann schließen kann, wenn innerhalb des ganzen Zyklus eines Umlaufes immer Zeichen, Pause, Zeichen, Pause oder Pause, Zeichen aufeinanderfolgen. Sobald zwei zu einer Meldung gehörende Relais Pause, Pause oder Zeichen, Zeichen melden würden, käme der Stromkreis nicht zustande, und das in ihm liegende Kontrollrelais könnte nicht anziehen, wodurch die eigentlichen Betätigungsstromkreise unterbrochen bleiben.

Es ist klar, was gedanklich weiter geschehen muß. Dieses Kontrollrelais gibt durch sein Anziehen die sich einstellende Kombination frei, damit sie in der Apparatur weiterhin ihre Wirkung tun kann. Selbstverständlich müssen die an die Lamellen des Vielfachumschalters angeschlossenen Relais Selbsthaltewicklungen haben, die die Relais in ihrer Stellung halten, bis die Kontrolle durchgeführt ist und werden dann durch das Kontrollrelais abge

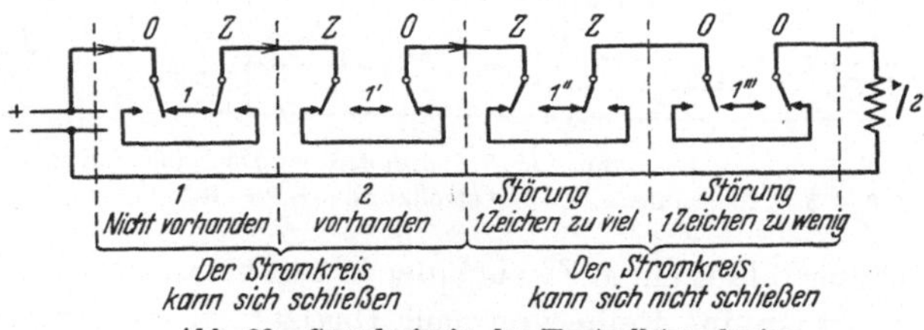

Abb. 82. Grundprinzip des Kontrollstromkreises.

z = Zeichen. $1+1'''$ = Hilfskontakte der Empfangsrelais.
0 = Pause. 2 = Stromkreiskontrollrelais.

worfen. Da derartige Schaltungen allgemein bekannt sind, sind sie hier nicht ausgezeichnet, um den Grundgedanken der Sicherung klar heraustreten zu lassen.

Die Wirkung der Sicherung ist ohne weiteres klar. Pause, Pause, bedeutet, daß der eine Teil eines Zeichens fehlt, also etwas bei der Übertragung verloren ging oder bei der Absendung vergessen wurde, und der Zustand einer doppelten Zeichenfolge bedeutet, daß bei der Übertragung ein Störimpuls eingedrungen ist.

Wie gesagt, dient der Vielfachumschalter jeweils zum Übertragen einer Schalternummer in Form der Dualzahlenreihe.

Wie die Nummer an den Schalter auf der Sendeseite anzulegen ist, ist ohne weiteres klar. Man braucht nur die Lamellen, die den in der Nummer vorhandenen Dualzahlen entsprechen, an Spannung legen. Das Zusammensetzen der Dualzahlen zur Schalternummer auf der Empfangsseite geschieht prinzipiell durch eine sog. Relaispyramide (Abb. 83).

Ehe wir uns weiter um die Einzelheiten bemühen, sollen noch zwei Wege gezeigt werden, wie man mit diesem System auch Meßwerte übertragen kann, was besonders wichtig ist, weil wir hier das einzige bekannt gewordene Fernsteuersystem vor uns haben, das laufend über denselben Kanal nach demselben System Meßwerte zu übertragen vermag.

Wir interessieren uns wieder nur für das Prinzipielle, nämlich dafür, wie eine Meßinstrumentenanzeige in Dualzahlen zerlegt werden kann, Abb. 84.

Die Übertragung eines Momentanwertes geschieht dadurch, daß der Zeiger eines Meßinstrumentes auf ein Potentiometer gedrückt wird und damit einen seinem Ausschlag entsprechenden Widerstandswert abgreift.

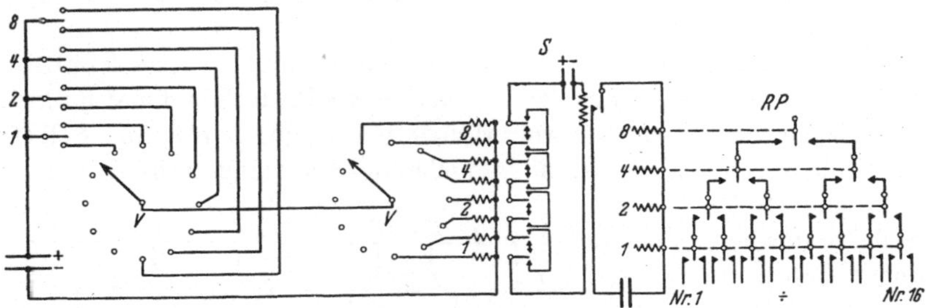

Abb. 83. Grundprinzip der Dualzahlenfernsteuerung.

1, 2, 4, 8 = Dualzahlen.   *S* = Kontrollkreis.   *RP* = Relaispyramide.   *V* = Vielfachumschalter.

Dieser bildet einen Zweig einer Wheatstoneschen Brücke. Der Gegenzweig ist eine Reihe von nach Dualzahlen abgestuften Widerständen, die über Relais, die von einer Kontaktwalze gesteuert werden, ein- und ausgeschaltet werden können. Statt des Galvanometers als Nullinstrument ist ein Relais vorhanden.

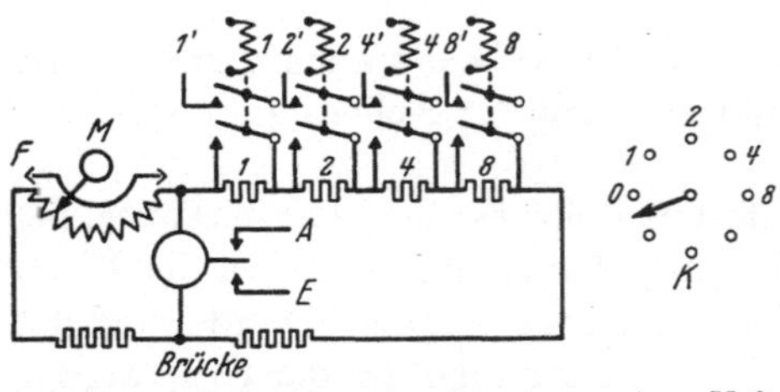

Abb. 84. Grundprinzip der Umsetzung einer Meßinstrumentenanzeige in Dualzahlen.

M = Meßinstrument.
F = Fallbügel.
K = Kontaktwalze.
1, 2, 4, 8 = Dualzahlenwiderstände bzw. Relais.
E, A = Festhalten bzw. Auslösen des jeweils von der Kontaktwalze angeregten Relais.
1' ... 8' = zum Vielfachumschalter.

Beginnt die Kontaktwalze zu laufen, so legt sie zunächst durch ihren ersten Kontakt den Fallbügel auf, beim Weiterrücken legt sie zunächst den größten der nach Dualzahlen abgestuften Widerstände in den Gegenzweig der Brücke. Das Brückenrelais prüft, ob dieser Widerstand größer oder kleiner ist als der vom Meßinstrument abgegriffene Widerstand. Ist er zu groß, so wirft das Brückenrelais den Widerstand wieder heraus, andernfalls bleibt er, gehalten durch eine Selbsthaltewicklung, eingeschaltet. Dann rückt die Kontaktwalze weiter, legt den nächsten Dualwiderstand an und die Prüfung beginnt von neuem usw., d. h. es ist derselbe Vorgang, wie beim mechanischen Wägen, wo man auch am schnellsten zum Ziel kommt, wenn man vom größten Gewichtstein anfangend alle der Reihe nach durchprüft.

Nun werden die Relais, die durch ihre Selbsthaltewicklungen angezogen bleiben, an den Vielfachumschalter gelegt und übertragen, natürlich unter Hinzufügen eines besonderen Zeichens, damit auf der Empfangsseite der Meßwert als solcher erkannt und entsprechend weitergeleitet wird. Auf der Empfangsseite werden die Zeichen benutzt, durch Relais wieder entsprechende Widerstände einzuschalten und durch Widerstandsmeßinstrumente (Kreuzspulinstrumente), die entsprechend geeicht sind, der Meßwert angezeigt. (Dieser ganze Vorgang spielt sich zeitlich in 2 Sekunden ab.)

Wünscht man eine kurzzeitige oder länger dauernde Mittelwertsbildung, so wird als Meßinstrument ein Zähler verwendet, der z. B. bei Vollast je Sekunde 5 Kontaktschlüsse hervorruft, diese Kontaktschlüsse treiben eine Relaiskette besonderer Bauart an, die die z. B. in 10 Sekunden auflaufenden Kontaktschlüsse direkt in Dualzahlen übersetzen und ihre Stellung nach der Übertragung wieder aufheben und von neuem zu summieren beginnen.

Nachdem wir die Grundgedanken der wesentlichen Details kennengelernt haben, wollen wir den Gesamtvorgang überblicken.

Der Steuerschalter bildet durch die Zahl und den Anschluß seiner Kontakte an dem Vielfachumschalter die zugehörige Dualzahl; diese wird über den Kontrollkreis auf die Fernleitung gegeben, dort vom Empfangsvielfachumschalter aufgenommen, durch den Kontrollkreis auf richtige Zeichenfolge kontrolliert und der Relaispyramide zugeführt, die die Schalternummer wieder herausgibt. Zu diesem Vorgang dient die erste Hälfte eines Umlaufes des Vielfachumschalters, an die andere Hälfte des Umschalters wird die Rückmeldung gelegt, die der Schalter auf seine Nummerwahl zurückgibt. Er meldet damit seine Stellung, die er auf der Empfangsseite durch entsprechende Anordnungen aufnehmen und den Meldezeichen zuführen kann.

Man kann also prinzipiell abfragen, steuern und melden.

Je nach der Art des Betriebes kann man durch einen automatischen Umschalter die einzelnen Steuerschalter an den automatischen Vielfachumschalter legen und automatisch im Kreislauf alle Stellungen abfragen, und man kann auch unter Umgehen dieser Anordnung den Steuerschalter direkt an den Vielfachumschalter anlegen und sofort steuern, abfragen und melden.

In der praktischen Ausführung werden die Vielfachumschalter, die als Nockenscheiben ausgebildet sind, durch Asynchronmotoren oder durch Gleichstrommotoren angetrieben und über magnetische Kupplungen nach dem Start-Stop-Prinzip betrieben.

Die Zeit vom Betätigen eines Steuerschalters bis zum Einlauf einer Rückmeldung beträgt 0,4 Sekunden, wobei 380 Vorgänge als Ganzes beherrscht werden können.

Dabei kann an einem Sender eine beliebige Anzahl von Empfängern angeschlossen werden, die alle an ein durchlaufendes Aderpaar oder an einen Hochfrequenzkanal angeschlossen sein können.

Durch den Kontrollkreis ist jede Betriebsart auch über Hochfrequenz oder stark störbare Drahtübertragungen möglich.

Bemerkenswert ist noch, daß trotz der enorm großen Übertragungsgeschwindigkeit alles auf ein und demselben Kanal vor sich geht und diesen nicht stärker belastet als es jeder Telegraphenapparat tut. Je nach der Betriebsart kann die Anlage auf einem durch alle Stationen durchgeschleiften Aderpaar arbeiten und für Selbstanlauf erst bei einer Meldung oder für Dauerkontrolle also dauernden Lauf gebaut werden.

K. Die Betätigungs- und Meldeeinrichtungen der Fernsteueranlagen.

Wir müssen uns jetzt einem wichtigen Kapitel der Fernsteueranlagen, den Betätigungseinrichtungen, sowie den Anordnungen zuwenden, die an der Steuerstelle die, durch die Starkstromanlage, die zu steuern ist, gegebenen Beziehungen der Betätigungseinrichtungen zueinander verdeutlichen.

Auf diesem Gebiet sind vielerlei Konstruktionen zu finden; Geeignetes und weniger Geeignetes. Diese Uneinheitlichkeit rührt zum guten Teil davon her, daß der Herstellungsort der Fernsteuereinrichtungen oft auch bestimmend war für die Ausbildung der Betätigungseinrichtungen, denn man kann zwei ganz typische extreme Richtungen beobachten. Bei der einen sehen die Betätigungseinrichtungen den Schränken von Telephonämtern ähnlich, bei der anderen sind die üblichen Betätigungsanordnungen normaler Schalttafeln von Starkstromanlagen fast vollständig beibehalten worden. Wir werden sehen, daß auch hier, wie wir es schon des öfteren in unseren Betrachtungen gesehen haben, die mittlere Linie, die das Gute von beiden Seiten nimmt, die aussichtsreichsten Lösungen zeitigt.

L. Die Unterschiede zwischen Ortsbedienung und Fernbedienung.

Gehen wir davon aus, daß Fernsteueranlagen stets eine Konzentration in der Bedienung bedeuten werden, und es nicht vorkommen wird, daß man eine Fernsteuerstelle an irgendeinem Ort anlegt, nur weil es gerade so gefällt, sondern man geht planmäßig vor. Man wird eine Fernsteuerstelle entweder irgendeiner günstig gelegenen, schon vorhandenen, örtlich bedienten Schaltanlage anfügen, um Bedienungspersonal zu sparen oder um die Übersicht über das Ganze zu erleichtern, oder man wird, losgelöst von einer Ortsanlage, verschiedene Fernsteuerstellen an einem Punkt aus demselben oder ähnlichen Gründen, an einem Orte konzentrieren. Man kommt in jedem Fall sinngemäß zu einer Anhäufung von Betätigungs- und Meldeeinrichtungen in einem Raum, d. h. zu einer Zusammenziehung einer Anzahl verschiedener Schaltanlagen in Beziehung auf die Betätigungsfelder.

Vollständig richtig ist dieser Gedanke nicht, weil man ja in einer ferngesteuerten Anlage nicht mehr, oder wenigstens heute nicht mehr, die handbediente Anlage sklavisch nachahmt, sondern durch Teilautomatisierung nur die wesentlichen Handhabungen und Signale bzw. Meldungen und Messungen in die bzw. aus der Ferne übertragen muß.

Trotzdem bleibt, wie gesagt, der Umstand der Häufung der Betätigungen bestehen, und es entwickelt sich bezüglich der Warte, in der alles zusammenläuft, in gewissem Sinne eine Großschaltanlage. Eine weitere Erschwernis tritt bei einer solchen Anlage insofern hinzu, als es sich nicht nur um das Bewältigen des übersichtlichen Zusammenfassens einer großen Anlage handelt, die in den gesamten Nutzstromkreis des Netzes als organisches Ganzes eingefügt ist, sondern es handelt sich um ein Nebeneinanderstellen aber gemeinsames Bedienen im Netz zerstreut liegender Anlagen, die jede für sich besonders bedacht und in der Bedienung, ihrer Lage und Zweck im Netz nach besonders behandelt werden müssen. Es soll zur Erläuterung des Gesagten ein Beispiel gegeben werden:

Die Schaltanlage einer größeren Umspannstation oder Umformerstation hat im allgemeinen eine Anzahl von Sammelschienensystemen, etwa 2—3, die noch unterteilbar sein können, eine Anzahl Zuspeisestränge, sagen wir 4—5, und eine Anzahl von Abspeiseleitungen, die natürlich groß sein kann.

Die klare Übersicht ist hier noch relativ einfach, und man weiß ziemlich klar, was zu tun ist, wenn einige Zuspeiselinien ausfallen, ein Sammelschienensystem ausfällt oder sonst etwas vorkommt. Es sind Vorgänge, die das Ganze in einer ganz bestimmten Weise beeinflussen. Anders liegen die Verhältnisse, wenn z. B. fünf verstreut liegende kleinere Stationen durch Fernsteueranlagen an einem Punkt zusammengefaßt sind, die z. B. zwar dasselbe Sekundärnetz anspeisen, aber selbst von verschiedenen Netzgruppen her angespeist werden.

Hier müssen die Stationen bei einer Störung jeweils individuell behandelt und geschaltet werden, und doch wieder bezüglich der Abspeisung in ihrer Gesamtheit zusammengefaßt werden. Man erkennt ohne weiteres die gedanklichen Schwierigkeiten für den Bedienenden.

Es sind aber leicht noch kompliziertere Beispiele zu erdenken.

Ein Problem unserer modernen Großschaltanlagen für örtliche Bedienung ist heute das: Wie behält man die Übersicht bei 20—30 m

Schalttafellänge? Wie erreicht man schnell die weit auseinanderliegenden Felder, die in ihrer Betätigung doch wieder zueinander in Beziehung stehen?

Es soll hier auf diese Probleme und ihre Lösungsversuche nicht eingegangen werden, weil das nicht zu dieser Materie in seiner ganzen Auswirkung gehört, aber es soll gesagt werden, welche Unterschiede gegenüber einer Fernsteueranlage bestehen, so daß man bei der ortsbedienten Anlage zunächst einer Verkleinerung bei gleichzeitiger Verdeutlichung der Einrichtungen nicht glaubt, ohne weiteres das Wort reden zu können.

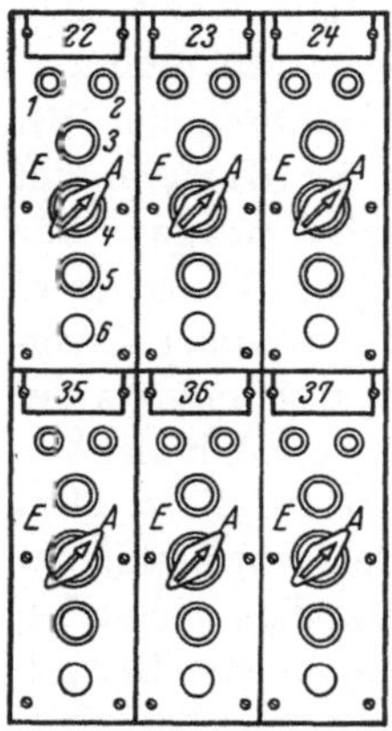

Abb. 85. Fernsteuertafel nach Art eines Telephonschrankes.
1 = Störungslampe.
2 = Rückmeldelampe.
3 = Rote „Ein"lampe.
4 = Befehlsschalter.
5 = Grüne „Aus"lampe.
6 = Ausführungsdrückknopf.

Bestimmend für die Größe der Baulichkeiten einer Schaltanlage ist immer noch die Zelle, die Ölschalterzelle in ihrer notwendigen Breite, dann die Meßzelle, die Relaistafeln, die Meßinstrumenten- und Zählertafeln. Kurz, für alles hat sich eine bestimmte Breite eingebürgert, die sich von Stockwerk zu Stockwerk oder Raum zu Raum durch das Gebäude zieht, so daß letzten Endes eben auch hier durch die Betätigungstafel in ihrer Breite, will man nicht zu zuviel Leitungsgewirr kommen, festgelegt wird, ohne daß das, was die Tafel enthält, platzbestimmend mitspricht. Außerdem ist zu beachten, daß Meßinstrumente und Regler ebenfalls einen gewissen Platz auf und hinter den Tafeln benötigen. Wohl läßt sich eine gewisse Platzersparnis in der Warte erreichen, doch, wie gesagt, sind gewisse Grenzen nach unten gezogen. Außerdem läßt sich durch den zwangläufigen Aufbau des Gebäudes nur schwer ein Zusammenziehen des Wartenraums erreichen. Zum mindesten macht der Kubikmeterinhalt der Warte auf das gesamte Gebäude in seinem Inhalt nicht sehr viel bezüglich der Baukosten aus.

Gänzlich anders liegen die Verhältnisse für den Bedienungsraum einer Einzahl oder Mehrzahl ferngesteuerter Stationen. Keine Zellen, keine Ölschalter, Wandler, Trennmesser, nichts, gar nichts ist unterzubringen als die Fernsteuergeräte, es liegt keine sich zwangläufig ergebende Raumaufteilung vor, dagegen ist der Zwang zum übersichtlichen Beherrschen des Ganzen in der oben gekennzeichneten Weise in starkem Maß vorhanden. Es ist daher kein technischer Grund mehr zu finden, an der durch andere Dinge erzwungenen Bauweise und den daraus entspringenden Maßen festzuhalten.

Der Raum kann bestens ausgenutzt werden, denn er ist unabhängig geworden vom Schalthaus und jede Baukostenersparnis wirkt sich voll aus; er wird, nebenbei gesagt, fast zum Büroraum. Der einzige Grund, mit dem bei Fernsteueranlagen der altgewohnte Aufbau noch verteidigt werden kann, ist, die Wärter bei dem gewohnten Anblick zu belassen. Über die Berechtigung dieser Ansicht soll hier nicht gestritten werden. Es sei nur daran erinnert, daß man das neue Problem, das oben genannt wurde, auf nebeneinanderliegenden Tafeln getrennt liegende Stationen, die individuell zu behandeln sind, zu bedienen, dem Wärter doch anerziehen muß, so daß eine neuartige Anordnung für das Eingewöhnen nicht mehr viel bedeutet. Grundlegend ist allerdings zu verlangen, daß die Bedienung durch Deutlichkeit und Übersichtlichkeit so einfach als

Abb. 86a. Blindschaltbild. Betätigung und Meldung getrennt. (Abb. 87b.)

möglich gemacht wird und den Leitgedanken der Ortsbedienungsanlagen behalten muß. Von diesem letzteren Standpunkt aus sind Anordnungen nach Art des Telephonschrankes (Abb. 85), wenn sie auch das Extrem an geringem Platzbedarf darstellen, zu verwerfen, zum mindesten für die europäische Praxis. Auch die besten Nummernbezeichnungen und Hinweise sind doch so fern dem üblichen, daß ihnen nicht ohne weiteres das Wort geredet werden kann.

In großen Ortsschaltanlagen versucht man heute zur Verdeutlichung folgende Wege:

1. Blindschaltbilder, Abb. 86a, b.
2. Blindschaltbilder mit leuchtenden Leitungsenden.
3. Leuchtschaltbilder in Abhängigkeitsschaltung, Abb. 86c.

In allen drei Gruppen werden wieder folgende drei Ausführungen gefunden:

a) Die Betätigungsgriffe sind in den Linienzug eingebaut. Abb. 93.

b) Die Betätigungsgriffe sind auf Tafeln angeordnet und das Blind- oder Leuchtschaltbild darüber angebracht.

c) Das Blind- oder Leuchtschaltbild ist auf Tafeln angeordnet und die Betätigungsgriffe sind auf besonderen Pulten untergebracht. Abb. 94.

Bezüglich der Instrumentenanordnung findet man folgende Formen:

Die Instrumente sind über den Tafeln angebracht, die Instrumente sind im Leitungszuge angeordnet, die Instrumente auf Pulten unter-

Abb. 86b. Blindschaltbild. Betätigung und Meldung in einem Organ. (Abb. 91.)

gebracht. Dies dürften die Hauptkombinationen sein, die praktisch vorkommen. Über die Zweckmäßigkeit der einen oder anderen Anordnung wird noch lebhaft gestritten. Am deutlichsten ist wohl die Anordnung, bei der die Betätigungen im Linienzuge liegen, denn es ergibt sich dadurch der kleinstmögliche Denkprozeß bei der Betätigung. Ob diese Anordnung die übersichtlichste ist, hängt von der Größe der Anlage ab und der Formgebung der gesamten Front, ob sie aus örtlichen Gründen eine gerade Fläche sein muß oder ob eine gebogene Form als die übersichtlichere, siehe Abb. 153a, ausführbar ist.

Ferner muß zugegeben werden, daß das Leuchtschaltbild in Abhängigkeitsschaltung stets unvergleichlich deutlicher ist als das Blindschaltbild, weil die Linienzüge durch Hell- oder Dunkelsein oder durch Farbwechsel das Unterspannungstehen oder Nichtunterspannungstehen kennzeichnen, während beim Blindschaltbild die Frage des Spannungszustandes eines Leitungsteiles nur durch einen Denkprozeß gelöst werden kann, der darin besteht, daß man die Linien unter Beachtung der Trennmöglichkeiten bis zur Stromquelle zurückverfolgt.

Bei unseren Überlegungen dürfen wir uns aber nicht von dem Grundgedanken ablenken lassen, daß eine Fernsteueranlage ein Zusammenziehen an sich in gewisser Beziehung einander fremder Anlagen darstellt, so daß ihre Deutlichkeit in gewisser Weise der Übersicht über sehr große Flächen überzuordnen ist.

Wir wollen uns daher der Deutlichkeit der einzelnen Organe zunächst zuwenden.

Man findet aus den Gründen, die schon oben angeführt wurden, einmal die normalen Steuerungsapparate mit großen Steuerhandgriffen und roter und grüner Lampe, Abb. 87 a, diese eventuell noch vereinigt mit mechanisch-elektrischen Schalterstellungsanzeigern Abb. 87 b, ähnliche Anordnungen aber etwas verkleinert, und Anordnungen, die aus der Telephonfabrikation entnommen sind, Kippschalter mit roter und grüner Linsenlampe für Fernsteuereinrichtungen, ergänzt durch eine weiße Aufmerksamkeitslampe u. a. m., z. B. Abb. 88.

Das Typische dieser Anordnungen ist die Dreiheit oder Vierheit, nämlich den Betätigungsgriff, die Rückmeldung, ob „Ein" oder „Aus" und die Aufmerksamkeits- oder Sicherungsmeldung, alles auf einer Platte mit Rand zusammengefaßt. Man kann daraus entnehmen, daß der Konstrukteur das Empfinden hatte, daß er diese eng zueinandergehörenden Dinge auch zusammenfassen muß; er hat aber dieses Empfinden sich nicht voll auswirken lassen, er kam nicht über ein Rändchen hinaus.

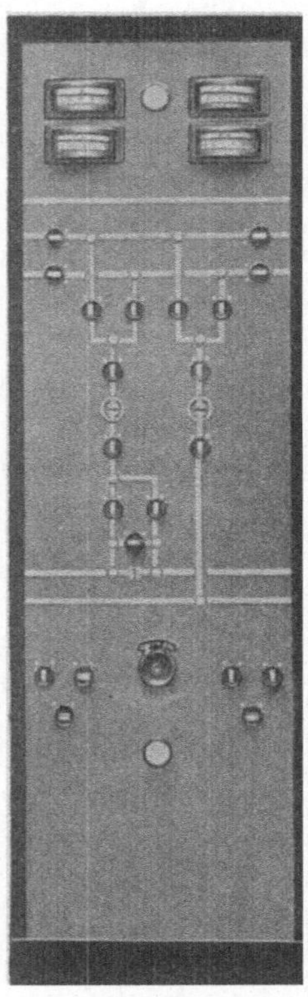

Abb. 86 c. Einzelnes Feld eines Leuchtschaltbildes mit Ableseinstrumenten.

Hier führt eine andere Gruppe von Konstruktionen den Gedanken weiter. Sie sucht, die Zusammenfassung der Einzelelemente soweit als möglich zu treiben und arbeitet bewußt darauf hin, ein ruhiges Bild der Anlage zu erzielen und doch, sobald nötig, die Aufmerksamkeit zu erregen und die Meldesicherheit zu wahren. Die Überlegungen, die zu diesen Konstruktionen führen, haben vielleicht folgenden Gang gehabt.

Die erste der Überlegungen war sicher die, daß das Betonen des Betätigungshandgriffes eigentlich ungerechtfertigt sei, denn den Handgriff braucht man nur aus nächster Nähe zu erkennen, nämlich dann erst, wenn man davorsteht und ihn bedienen will. Weit wichtiger ist das Erkennen der Stellung des zu bedienenden Organes auf große Entfernung und des Aufmerksamkeitserregens, wenn sich die Stellung ändert. Hier kommt nun ein neuer psychologisch wertvoller Gedanke hinzu, nämlich sich bei der Meldung nicht auf das Auge zu verlassen, d. h. sich einfach z. B. eine Lampenfarbe ändern zu lassen in der Annahme, daß der Wärter unter einer Vielzahl von Schalterstellungen jederzeit sofort weiß, wie alles gestanden hat, sondern nur zu melden, es hat sich etwas geändert, komm und sieh nach

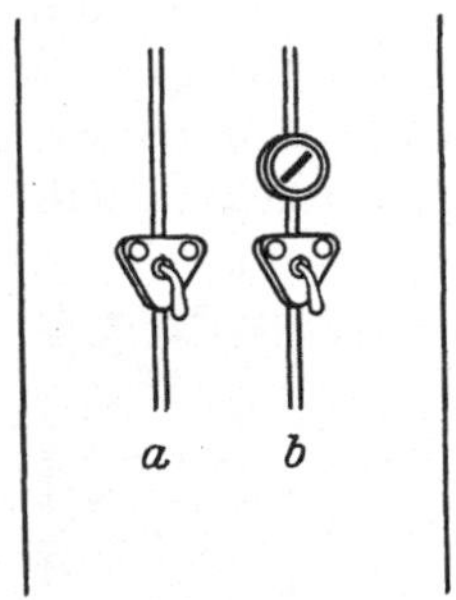

Abb. 87. Blindschaltbild mit normalen Schalterantriebsgerät *a*, mit zusätzlichen Schalterstellungsanzeiger *b*.

und vergegenwärtige dir durch eine Handbewegung, was sich ereignet hat und „quittiere“ sozusagen, daß du von Ort und Art des Vorganges Kenntnis genommen hast, daß du dir der Änderung bewußt bist.

Diese Systeme haben den Vorteil, daß auch bei kurzer Abwesenheit des Wärters jede Meldung aufgehoben wird, bis er sie quittiert hat und nicht irgendeine Glocke ertönt und nun erst unter einer Menge Rot-Grünlampen herumgesucht werden muß, was eigentlich los war, was nur durch das Erinnerungsbild festzustellen möglich ist. Diese Quittungssysteme oder „Steuer- und Quittungsschalter“ sind bei mehreren Systemen vorhanden, bei denen die entwickelten Gedanken mehr oder weniger vollständig durchgeführt sind.

Konstruktiv ist, ehe wir uns diese Systeme betrachten, folgendes zu beachten: Die Konstruktionen müssen soweit als möglich meldesicher sein, d. h. Durchbrennen von Lampen, Drahtbruch, Kontaktversager, Stromquellenstörungen sollen bzw. müssen erkennbar sein oder zum mindesten keine Fehlschlüsse zu ziehen gestatten. Ferner muß dafür gesorgt werden, daß die Betätigungs-

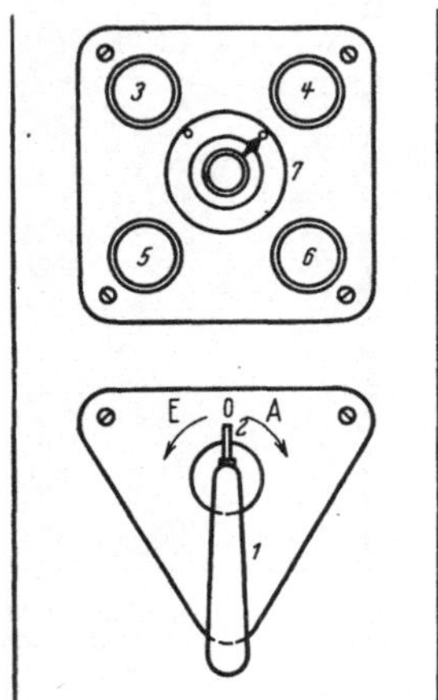

Abb. 88. Schaltanordnung für eine Fernsteuerung.

1 = Betätigungsgriff.
2 = Schleppzeiger, um das gegebene Kommando aufzubewahren.
3, 4 = Signallampen, rot, grün.
5, 6 = Fallklappen (ein, aus).
7 = Kontrollschalter.

griffe nicht durch unabsichtliches Berühren, z. B. Anlehnen oder Staubwischen, zur Betätigung führen dürfen. Um diese ganzen Gedankenkomplexe zu befriedigen, findet man: rote, grüne und weiße Lampen mit Griff und Druckknopf. Die weiße Lampe leuchtet auf bei selbsttätiger Schalterauslösung, die rote Lampe geht in die grüne über, wenn der Griff umgelegt wird, der gleichzeitig das Kommando vorbereitet, der Knopf führt das Kommando aus.

Ferner findet man einen Griff mit ausladenden Handhaben und konzentrisch angeordneter Lampe, Abb. 89. Der Drehgriff führt in verschiedenen Stellungen die verschiedenen Manipulationen durch, die Lampe meldet durch Aufleuchten lediglich Nichtübereinstimmen der Griffstellung mit der Wirklichkeit.

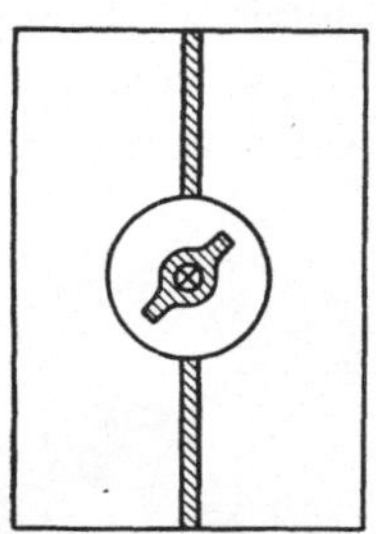

Abb. 89. Steuerschalter für Blindschaltbilder mit zentraler Meldelampe.

Diese Schalter sind in der Hauptsache für Blindschaltbilder gedacht. Steht der Knebel in Richtung des Leitungszuges und ist die Lampe dunkel, so ist der Schalter in Wirklichkeit eingeschaltet; steht er senkrecht dazu, so ist er ausgeschaltet unter den gleichen Voraussetzungen. Volle Meldesicherheit besteht nicht, die Lampe kann durchgebrannt sein.

Eine andere Anordnung, die für Blindschaltbilder, aber vor allem für Leuchtschaltbilder gedacht ist, arbeitet mit von innen erleuchtetem Griff, und zwar ist für Steuern, Melden und Quittieren nur ein Griff vorhanden.

Zum Erregen der Aufmerksamkeit, zum Anzeigen der Stellung bei gleichzeitiger Erfüllung der Anforderung an die Meldesicherheit dient ein und dieselbe Lampe, die den Griff von innen erleuchtet (Hellschaltung).

Steht der Griff in Richtung des Linienzuges, so ist eingeschaltet, steht er quer, so ist ausgeschaltet; beides unter der Voraussetzung, daß der Griff ruhig leuchtet. Blinkt er, so ist das die Meldung, daß Griffstellung und Wirklichkeit nicht über einstimmen, erlischt die Beleuch

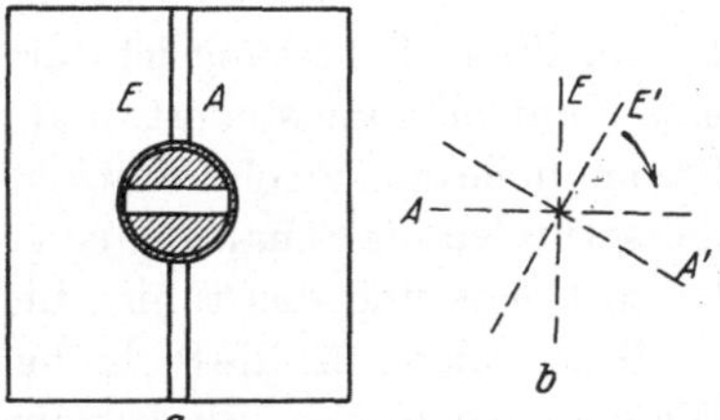

Abb. 90. Steuerschalter für Leuchtschaltbilder mit leuchtendem Griff.
b = Bedienungsbild.
E, A = Ein- und Ausstellung.
E', A' = Entsprechende Schaltstellungen, aus denen er mit Federkraft in die Anzeigestellung zurückfedert.

tungslampe, so liegt eine Störung im Meldekreis vor. Dieser Griff läßt sich nun um 90° leicht hin- und herdrehen. Die Steuerung geschieht durch kräftiges Überdrehen über die Endlage hinaus und verursacht die Steuerung, Abb. 90.

Um die Gefahr des Steuerns zu vermeiden, wenn nur quittiert werden soll, wird bei dieser Konstruktion auch in zwei Ebenen gearbeitet, so daß man zum Kommandogeben gleichzeitig drücken und überdrehen muß.

Um allen Gefahren zu entgehen, findet man auch Kommando- und Meldeschalter konzentrisch angeordnet, und zwar den leuchtenden Meldeknebel, der, wie beschrieben, arbeitet, und um ihn herumgelegt ein Ring, der in die Tafelebene gedrückt und gedreht werden muß, in der einen oder anderen Richtung, um das Kommando geben zu können. Beide Schalter werden mechanisch gegeneinander verriegelt, so daß man erst quittieren kann, nachdem das Kommando aufgehoben ist, Abb. 91. Es sei bemerkt, daß das Blinken nicht als Spezifikum der genannten Konstruktionen, bei denen es erwähnt ist, anzusehen ist, sondern es wird bei fast allen Konstruktionen angewendet, ist es doch die beste Aufmerksamkeitserregung in Hell- oder Dunkelschaltbildern, die man sich denken kann.

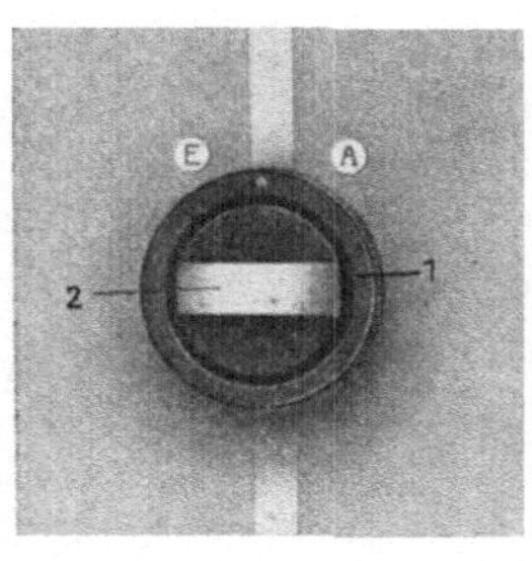

Abb. 91. Steuer- und Quittungsschalter.

1 = Steuerring.
2 = Meldeschalter, von hinten erleuchtet.

Ehe wir dieses Gebiet verlassen, sei noch eine der möglichen Grundschaltungen für das Steuer- und Quittungssystem angegeben, die nicht die einzig mögliche, aber die am leichtesten zu übersehende ist. Es ist im Grunde genommen die bekannte Hotelschaltung, die hier folgendermaßen arbeitet: Der eine der beiden zu dieser Schaltung gehörende Umschalter ist der Ölschalterhilfskontakt, der andere ein handbedienter Umschalter. Die Lampe dieser Schaltung ist durch ein Relais ersetzt, das seinerseits erst eine Kontrollampe steuert, und zwar sie je nach dem an eine konstante Stromquelle oder an eine Flackerstromquelle legt, und zwar ist aus Sicherheitsgründen die Schaltung so getroffen, daß das Flackerlicht bei stromlosem Relais und das ruhige Licht bei angezogenem Relais eintritt.

Bestimmend für die Sicherheit der Schaltung ist die Sicherheit der im Bilde angedeuteten Blinkstromquelle. Ihre Sicherheit bestimmt die Sicherheit der gesamten Schaltung. Die Blinkstromquelle muß daher so eingerichtet sein, daß die nur Blinkstrom abgeben kann oder überhaupt stromlos wird, da, wenn sie durch irgendeinen Zufall Dauerstrom abgeben könnte, eine Täuschungsmöglichkeit vorliegt. Man wird daher gern dieser Vorrichtung ein Kontrollrelais beifügen, das die Einrichtung bei falschem oder unregelmäßigem Arbeiten abschaltet, damit die Lampen erlöschen und dadurch das Störungszeichen geben.

M. Die Leuchtschaltbilder als zusammenfassendes Organ für Fernsteuerungsanlagen.

Wir wollen uns nunmehr den Einrichtungen zuwenden, die dazu dienen, den Stromlauf bzw. Spannungszustand einer Anlage so klar und deutlich wie möglich zu zeigen, uns aber bei den hierzu nötigen Überlegungen eingrenzen und uns nur von den Gesichtspunkten leiten lassen, die sich speziell aus den Fernsteueranlagen ergeben. Es sei daher gesagt, daß wir a. a. O. noch einmal von diesen Dingen zu sprechen haben, wenn wir uns mit den Fernsignalanlagen für Lastverteilerstellen befassen.

Die Leuchtschaltbilder sind bezüglich ihrer zweckmäßigsten Ausbildung noch umstritten, in ihrer Zweckmäßigkeit für große komplizierte Anlagen jedoch weitgehend anerkannt und werden schon vielfach angewendet, um so mehr, als sie heute nicht mehr viel teurer sind als Schalttafeln mit Blindschaltbildern in der üblichen Ausführung. Da ihr Grundgedanke darin besteht, die leblosen Leitungssymbole eines Blindschaltbildes heranzuziehen, um den Spannungszustand zu kennzeichnen, werden sie manchmal auch lebende Schaltbilder genannt. Diese Bezeichnung ist vielleicht sogar die richtigere, weil die Leuchtschaltbilder nicht als leuchtend empfunden werden sollen, das Leuchten nicht das Charakteristische sein soll, sondern nur ein Farbwechsel den Spannungszustand der Starkstromanlage kennzeichnen soll. Dies ist durch richtiges Einstellen der Helligkeit der Lampen zu erreichen. Das erste Auftreten dieser Bilder war wohl das, um das Besetztsein der Gleisanlagen von Bahnbetrieben zu verdeutlichen; hier war aber das Aufleuchten der Gleisabschnittssymbole stets nur von einem zu dem Gleisstück gehörenden Kontakt abhängig, aber es bestand kein indirekter Zusammenhang in der Ersatzschaltung zwischen den einzelnen Stücken.

N. Die Schaltungen und der Aufbau dieser Bilder.

Auf dem elektrischen Gebiet haben sie, da es praktisch nicht durchführbar ist, an jedes Leitungsstück der Starkstromanlage einen Spannungswandler zu hängen und durch ihn direkt oder indirekt ein entsprechendes Stück des Bildes zu beleuchten oder nicht zu beleuchten, in einer anderen, man möchte sagen „die Wirklichkeit nachahmenden" Form, der „spannungsabhängigen Schaltung", Aufnahme gefunden.

Die Schaltung der Leuchtschaltbilder arbeitet also meist nicht direkt, sondern indirekt. Sie geht von Voraussetzungen aus und sagt in ihren Grundzügen: Wenn diese oder jene Stromquelle der Wirklichkeit Spannung führt, so muß dieser oder jener bestimmte Spannungsverlauf vorhanden sein, also diese Strecken Spannung führen und jene nicht.

Die Prinzipschaltung, die diese Überlegungen selbsttätig anstellt, zeigt Abb. 92.

Man erkennt ohne weiteres, daß man nun entweder die Beleuchtungsschalter der einzelnen Stücke von den Melderelais der Fernsteuerapparatur bedienen lassen kann oder auch diese Schalter mit den Quittungsschaltern, die oben beschrieben wurden, verbinden kann, so daß sich die Beleuchtung der Wirklichkeit erst nach Quittungserteilung aller wirklichen Schaltstellungen einstellt.

Zweckmäßig ist es, die Beleuchtung der Schalterstellungszeiger stets leuchten bzw. ihre Farbe anzeigen zu lassen, damit sie sich in ihrer Stellungsanzeige stets auch dann herausheben, wenn größere Netzteile spannungslos geworden sind. Dies ist besonders wichtig für das Wiedereinschalten von spannungslos gewordenen Netzteilen. Man kann nämlich dann ihren Umfang abtaxieren und sich überlegen, ob der Laststoß nicht zu groß wird. Ist das zu erwarten, so kann man den Netzteil, der spannungslos geworden ist, noch weiter unterteilen und den Betrieb in Abschnitten wieder aufnehmen.

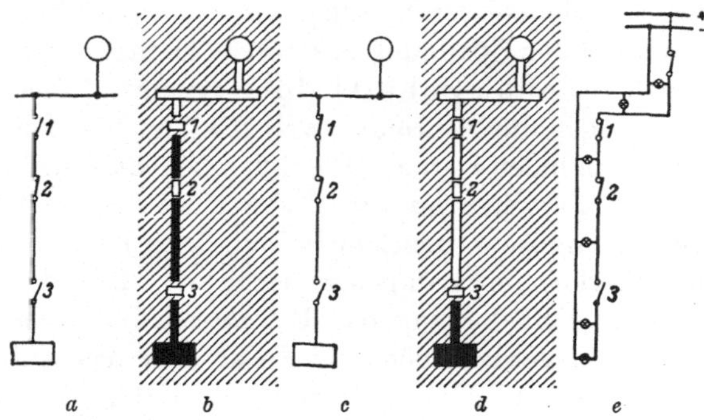

Abb. 92. Abhängigkeit vom Spannungszustand.

a = das darzustellende Netz, Schalter 2 geschlossen.
b = das Leuchtschaltbild 2÷3 bleibt dunkel, obwohl 2 geschlossen ist.
c = wie a, jedoch 1 und 2 geschlossen.
d = Leuchtschaltbild entsprechend c; 1÷3 beleuchtet, die Maschine läuft.
e = die Schaltung der Leuchtlampen.

Ehe wir auf die Einzelkonstruktionen und die Varianten der Ausführungen eingehen, müssen noch zwei Gesichtspunkte allgemeiner Art erst besprochen werden.

Man hat, allgemein gesprochen, bei dem Gedanken des Anwendens von Beleuchtungseffekten zum Kenntlichmachen, ob eine Leitung oder ein Apparat Spannung führt oder nicht, folgende Möglichkeiten:

Man kann mit Erleuchten und Dunkel arbeiten, kann aber auch mit Farbenwechsel arbeiten, um den Spannungszustand anzudeuten. Weiter hat man aber auch die Möglichkeit, verschiedene Spannungen durch verschiedene Farben zu kennzeichnen oder auch, je nach der Speisestromquelle, die eine Leitung versorgt, verschiedene Farben anzuwenden.

Will man hier die Zweckmäßigkeit des einen oder anderen abwägen, z. B. die Helldunkelschaltung gegen die Farbwechselschaltung, um das Unterspannungstehen und Nichtunterspannungstehen anzudeuten, so muß man beide Möglichkeiten vom Standpunkte der besten Wahrnehmbarkeit, der Meldesicherheit und auch vom Preisstandpunkt aus betrachten. Zieht man zur Beurteilung der ersten Frage die Bücher über Psychologie und die eigene Vernunft zu Rate, so kommt man zu dem Resultat, daß der Helldunkeleffekt der deutlichste ist und auch eine derartige Darstellung jedermann als die plausibelste erscheint.

Vom Standpunkt der Meldesicherheit, d. h. daß keine Fehlschlüsse über den Spannungszustand beim Versagen von Teilen der Schaltung vorkommen können, ist zunächst der Farbwechsel vorzuziehen, weil Farblosigkeit (dunkel) stets durch eine Meldestörung hervorgerufen werden kann. Dieselben Überlegungen haben wir bei den Betrachtungen über das Steuer- und Quittungssystem angestellt.

Es ist also zu untersuchen, ob das Hell-Dunkelbild so meldesicher zu gestalten ist, wie es von solchen Bildern verlangt werden muß. Dies gelingt ohne weiteres mit Ruhestromkreisen, die die Lampen nicht zum Leuchten bringen.

Es bleibt noch die Preisfrage zu diskutieren. Es ist klar, daß die Zahl der notwendigen Beleuchtungslampen den Preis und die Instand-haltung wesentlich beeinflussen müssen. Es dürfte daher, gleiche Fabrikationsmethoden vorausgesetzt, das Bild in Anschaffung und Betrieb bzw. Lampenersatz am billigsten werden, das die wenigsten Lampen benötigt, wobei nicht zu vergessen ist, daß zu jeder Lampe Platz, Fassung und Schaltung kalkulationsmäßig gesprochen, gehören.

Man begegnet in der Praxis beiden Formen. Konstruktiv werden sie, je nachdem sich die Steuerschalter im Bild selbst befinden oder das Bild nur als reines Meldebild aufgefaßt wird und die Steuer- und Melde-schalter auf einem besonderen davor angeordneten Pult zusammengefaßt werden, in Blechausführung und auch ganz aus Glastafeln gefertigt vor-gefunden.

Die erste Form besteht in Blechtafeln, in die entsprechend dem Leitungszuge Schlitze ausgestanzt sind, die durch Leisten oder Hohl-körper aus durchscheinendem Material so ausgefüllt werden, daß sie auf der Vorderseite vorstehen und auch bei schräger Aufsicht gut zu erkennen sind. Hinter diesen Hohlkörpern sind Blechkästen mit kleinen Glühlampen angeordnet, die meist von einer Hinterplatte oder einem Gestell getragen werden. In diese Platten sind gleichzeitig die Be-tätigungsschalter eingebaut. Die Glasausführung ist bezüglich der Lampenanordnung ganz ähnlich gebaut. Die Vorderplatte dagegen besteht aus Spiegelglas, das meist nach besonderem Verfahren mattiert und schwarz gespritzt wird, um das Spiegeln des Raumes im Bild zu ver-meiden, wogegen die Leitungslinien von Farbe freigehalten, dagegen mit Farbfiltern aus hornartigen Substanzen oder Buntglas hinterlegt werden.

Die einzelnen Platten werden in einfacher Weise durch Gestelle ge-halten. Auf Verziehen und Wärmedehnung wird durch weiche Unter-lagen und weitgehendes Unterteilen Rücksicht genommen.

Das Erkennen bei seitlicher Aufsicht ist nicht so gut wie bei der erst-beschriebenen Form. Der Grad des erwähnten Mattierens ist dadurch begrenzt, daß das durchscheinende Licht der beleuchteten Teile nicht trüb erscheinen darf. Die Glasausführung stellt sich im allgemeinen etwas billiger. Auf gute Lüftung ist bei beiden Konstruktionen Wert zu legen, da die Glühlampen bei zu hoher Umgebungstemperatur leichter einen Innenbeschlag ansetzen und stark an Leuchtkraft verlieren. Aus diesen Gründen dürfen, nebenbei gesagt, die Lampenglocken nicht zu klein sein.

Wird mehrfarbige Beleuchtung des Leuchtstreifens angestrebt, so findet man außer mehrfarbiger direkter Beleuchtung auch mehrfarbige indirekte Beleuchtung durch soffittenartige Blenden für die hinter dem Bilde angeordneten Lampen.

Es ergeben sich zwischen den Metall- und den Glasschaltbildern noch Unterschiede in der mehr oder weniger leichten Veränderbarkeit des einen

Abb. 93. Leuchtschaltbild mit Steuerung im Bild. Teil einer Fernsteueranlage eines Bahnbetriebes.

oder anderen, um sie den Umänderungen oder Erweiterungen der Betriebsanlagen leicht und schnell anpassen zu können. Diese Vorteile haben hier, wo es sich um Fernsteueranlagen handelt, weniger Bedeutung, weil Erweiterungen meist nur Zusatzfelder bedingen. Anders liegen die Dinge bei Lastverteileranlagen, bei denen wir auf diese Fragen und ihre konstruktive Lösungen noch ganz besonders eingehen müssen, wenn wir sie besprechen werden.

Die zwei Hauptformen von Fernsteuerbildern sind folgende: Abb. 93 zeigt eine Anlage in Helldunkelschaltung mit in das Schaltbild eingebauten Steuerorganen, während Abb. 94 eine Anlage mit Glasschaltbild und besonderem Betätigungspult darstellt.

Als Grundfarbe für die Leuchtschaltbilder wird Schwarz, Graugrün oder Graublau gewählt. Bei der Wahl dieser Farbe soll man sich nicht nur von Schönheitsgründen leiten lassen, sondern man muß beachten, wie die Farbe des Grundes relativ zum Leuchtstreifen wirkt. Allgemein ist beobachtet worden, daß ein zu krasser Unterschied zwischen Leuchtstreifen und Grundfläche unangenehm wirkt. Grüne Töne wirken im allgemeinen milder und dem Auge angenehmer.

Die Frage der Wirkung auf das Auge ist überhaupt ganz allgemein von Wichtigkeit und muß daher besprochen werden. Tatsache ist, daß ein Leuchtschaltbild ohne Regulierung der Helligkeit unbrauchbar ist, denn bei Tageslicht ist eben die Allgemeinbeleuchtung heller als die

Abb. 94. Glasleuchtschaltbild mit Steuerung von einem Pult aus.

künstliche Beleuchtung des Raumes in der Nacht. Dementsprechend muß auch die Helligkeit der Leuchtlampen eingestellt werden. Die Beleuchtungsunterschiede eines Schaltraumes schwanken etwa zwischen mehreren hundert Lux bei Sonnenlicht und 100 Lux bei bedecktem Himmel.

Selbstverständlich ist weiterhin, daß keine Leuchtstreifendurchleuchtung gegen Sonnenlicht aufkommt. Es ist daher notwendig, entweder Leuchtschaltbilder so aufzustellen, daß sie vom Sonnenlicht nicht getroffen werden können oder es ist für das Tageslicht abdämpfende Einrichtung (Farbanstrich der Fenster, Vorhänge oder Vordach über den Fenstern) zu sorgen.

Diese Bemerkung scheint zunächst einen Nachteil für die Anwendbarkeit von Leuchtschaltbilder zu bedeuten, doch dürfte dem nicht ganz so sein, da ja ganz allgemein Sonnenlicht auf Schalttafeln dringend zu

vermeiden ist, bemüht man sich doch schon, bei Marmor- oder Kachel-
schaltwänden den Glanz zu beseitigen, um das Auge nicht unnötig zu
ermüden.

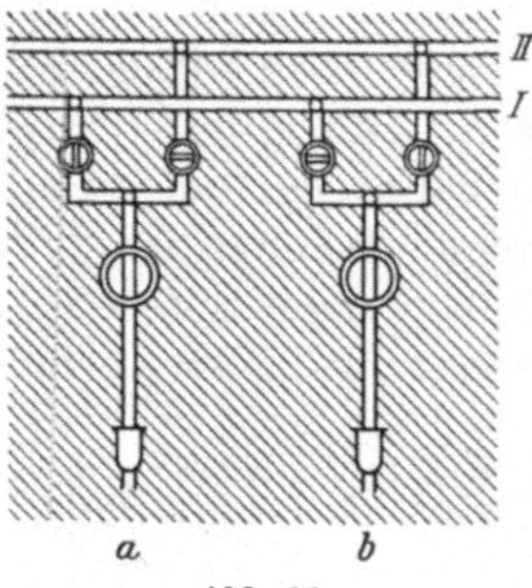

Abb. 95.
Äußere prinzipielle Ansicht eines
Leuchtschaltbildes.

a = Abzweig auf Sammel-
schiene *I* geschaltet.
b = Abzweig auf Sammel-
schiene *II* geschaltet.

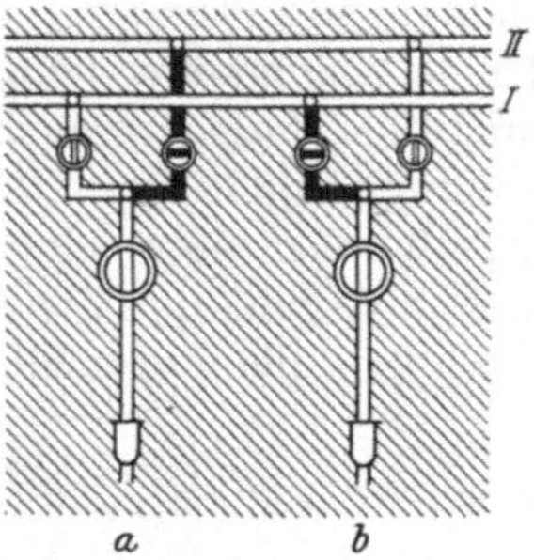

Abb. 96. Abwandlung der
spannungsabhängigen Schaltung
für Trennschalteranordnungen.

a = Abzweig auf Sammel-
schiene *I* geschaltet
b = Abzweig auf Sammel-
schiene *II* geschaltet.

Des weiteren ist zu überlegen, ob die Lampen eines Leuchtschaltbildes dauernd brennen sollen oder nicht. Instinktiv kommt man zu der
Überzeugung, daß das nicht der Fall sein sollte, da man keine Meldungen
über den Stromverlauf braucht, solange keine Änderung des Zustandes eintritt oder zu erwarten ist.
Es werden daher die Leuchtschaltbilder normalerweise dunkel gehalten
und nur beim Einlaufen von Meldungen von Hand oder selbsttätig erleuchtet. Dies gibt einmal ein ruhiges Bild der Anlage und nebenbei
Strom- und Lampenersparnis. Wenn diese auch nicht groß ist, so ist sie immerhin vorhanden,
kann man doch je Meter Leuchtstreifen mit 40 Watt Strombedarf für die Lampen wohl im
Durchschnitt rechnen, wenn man nicht Lampen anwenden will, die zu hoch ausgenutzt sind.
Die Lampen läßt man im allgemeinen mit 10 bis 20% Unterspannung bei normalem Tageslicht brennen und erhält dann bei richtiger Dimensionierung der Lampen bezüglich ihres
Volumens eine recht hohe Lebensdauer.

Wir müssen nun noch einigen Besonder-
heiten des allgemeinen Konstruktions- und Schaltungsgedankens nähertreten.

Die eine Frage ist: Ist die spannungsabhängige Schaltung stets von höchster Deutlichkeit?

Klar und technisch einwandfrei ist sie
sicher, es gibt aber immerhin einige oft wieder-
kehrende Darstellungen, die eine gewisse unklare Wirkung auf die Ferne
ergeben. Ein Beispiel ist die übliche Kombination: Doppelsammelschienensystem mit 2 Trennschaltern und 1 Ölschalter, Abb. 95:

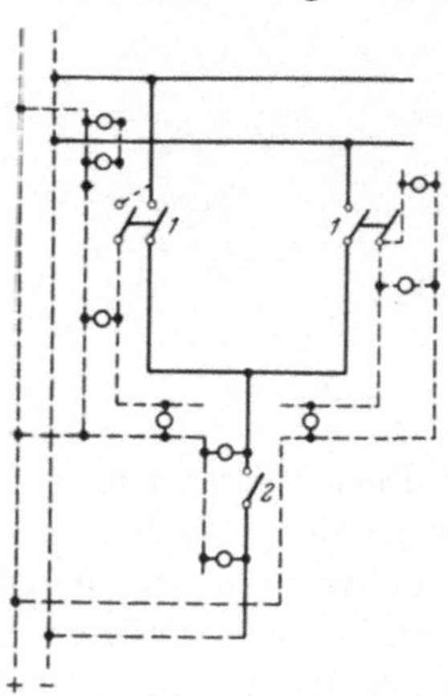

Abb. 97. Schaltschema für die ab-
gewandelte spannungsabhängige
Schaltung.

1 = Trennschalter.
2 = Ölschalter.
Die ausgezogenen Linien deuten
gleichzeitig die Leuchtleisten an.

a zeigt die Darstellung, wenn der Abzweig auf Sammelschienensystem *I* geschaltet ist,

b zeigt, wenn auf Sammelschienensystem *II* geschaltet ist. Man erkennt, daß diese Schaltungen auf die Ferne einander sehr ähnlich sehen, da ja nur die Stellung der Trennschaltersymbole das einzige Erkennungsmerkmal sind. Schön wäre es für die Wirkung auf

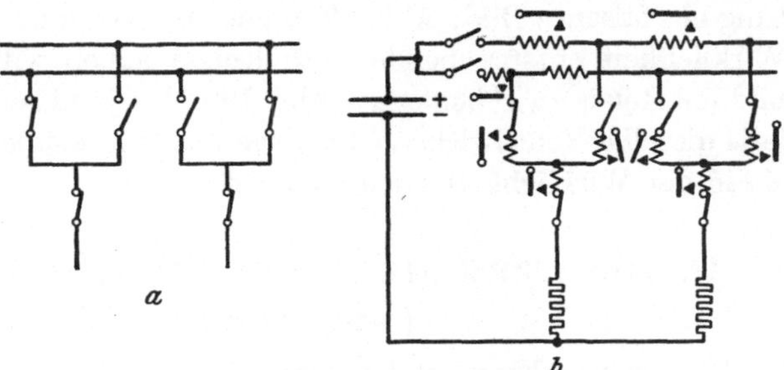

Abb. 98. Stromabhängige Schaltung.
a zu beleuchtende Anordnung.　　　b Schaltung dazu.
Die Relais schalten jeweils Lampenkreise, die zu ihrem Abschnitt gehören.

die Ferne, wenn man eine Aufzeichnung nach Abb. 96 erreichen könnte, wobei wieder *a* und *b* die dem vorigen Bild entsprechenden Zustände kennzeichnen. Dieser Effekt ist durch eine Schaltung nach Abb. 97 zu erreichen.

Es wäre dieser Anordnung entgegenzuhalten, daß ein derartiges Durchbrechen des Prinzips bedenklich sei. Sie dürfte aber hier erlaubt sein, da eine Trennschalterbedienung ganz allgemein verboten ist, solange der Ölschalter geschlossen ist.

Außerdem wird man heutzutage gern einen Trennschalter gegen den anderen Schalter, wie auch gegen den Ölschalter mechanisch oder elektrisch so verriegeln, daß keine Fehlbedienung möglich ist.

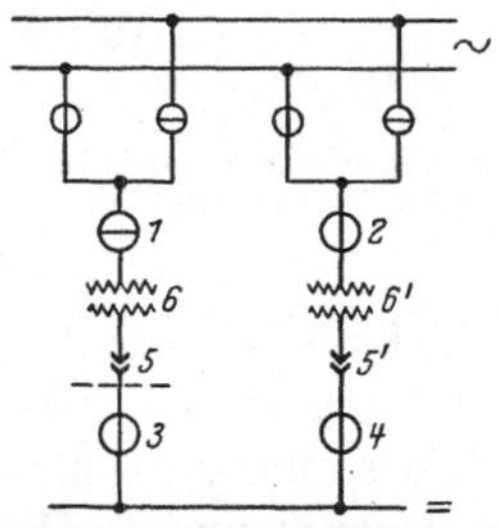

Eine solche, man möchte fast sagen, stromabhängige Schaltung ist über das ganze

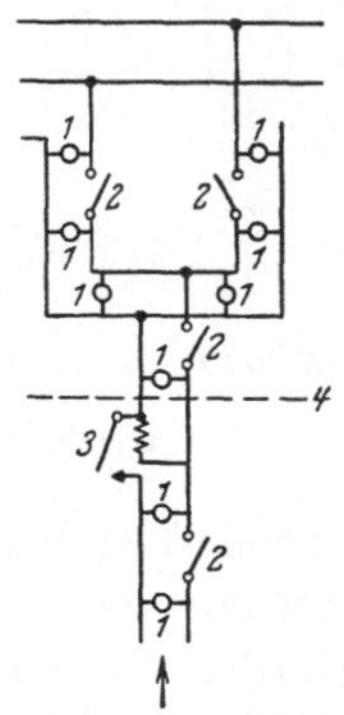

Abb. 99.　Schema zweier parallel arbeitender Gleichrichter.

1, 2　= Ölschalter.
3, 4　= Schnellschalter.
5, 5'　= Gleichrichter.
6, 6'　= Transformator.

Bei Auslösen von *1*, würde bei normaler spannungsabhängiger Schaltung eines entsprechenden Leuchtbildes *3, 5, 6* hell bleiben, da *5* herüberspeist; tatsächlich bleibt aber nur Spannung bis *5* stehen, da der Gleichrichter nicht rückwärts arbeitet.

Abb.100. Spannungsabhängige Schaltung mit Ventilwirkung.

1 = Lampen.
2 = Schalter.
3 = Relais.
4 = Trennlinie.

Die Lampen oberhalb der Trennlinie leuchten nicht auf, wenn Strom von unten kommt.

Leuchtschaltbild ausgedehnt, möglich in einer Schaltung nach Abb. 98, das wohl keiner weiteren Erklärung bedarf.

Weiter ist darauf aufmerksam zu machen, daß die spannungsabhängige Schaltung dann immer der Abwandlung bedarf, wenn in der nachzubildenden Anlage sich ein Apparat befindet, der keine Energieumkehr gestattet, ein Beispiel dafür ist es, wenn eine Anzahl von Quecksilberdampfgleichrichtern, wechselstrom- und gleichstromseitig parallel arbeiten. In diesem Fall würde die normale spannungsabhängige Schaltung ein falsches Bild, Abb. 99, ergeben. Man muß, wenn man hier der Wirklichkeit entsprechende Verhältnisse haben will, im Leuchtschaltbild ein Relais zwischenlegen, Abb. 100, das ja in seiner Schaltung ebenfalls dieselbe Ventilwirkung hat, wie ein Quecksilberdampfgleichrichter sie in der Wirklichkeit auch aufweist.

O. Die Darstellung der Starkstromanlage im Leuchtschaltbild.

Eine weitere Frage ist die Darstellung der Anlage im Leuchtschaltbild selbst. Hier können nur allgemeine Richtlinien gegeben werden. Man soll immer daran denken, daß das Leuchtschaltbild unter den technisch möglichen Verbindungen der Starkstromanlagen der Wegweiser für das Auge für den im Augenblick vom Strom beschrit-

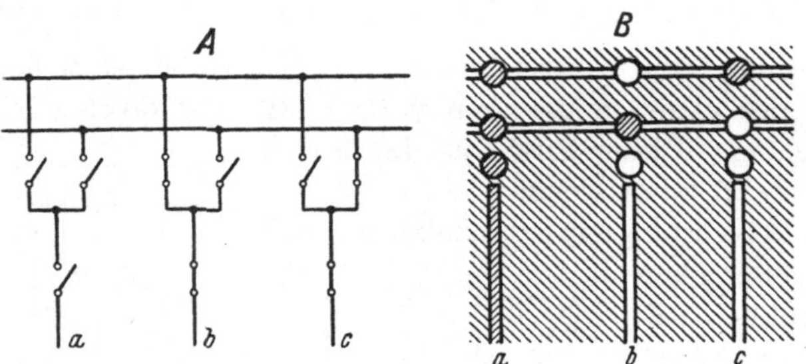

Abb. 101. Andere Darstellung von Trenn- und Ölschaltern in Meldebilder besonders raumsparend.

A Wirklichkeit.　　　　B Darstellung.

tenen Weg sein soll. Es ist also fehlerhaft, wie es schon geschehen ist, Stromwandler, Spannungswandler, Drosselspulen und sonstige Zubehörden der Anlage darstellen zu wollen. Durch solche Maßnahmen wird die Anlage nur sehr verteuert und die Übersichtlichkeit nur verschlechtert. Um ganz klar zu sein, geht man im entgegengesetzten Sinn sogar so weit, daß man Starkstromapparate, die unbedingt zusammengehören und stets als Einheit arbeiten, zu e i n e m Symbol zusammenzieht, z. B. ist ein Gleichrichter mit seinem Transformator eine Einheit, die untrennbar für den Betrieb ist. Man kann sie daher auch als ein Symbol darstellen.

Eine andere schematische Vereinfachung, die meist allerdings nur bei Leuchtschaltbildern angewandt wird, bei denen nicht vom Bild aus gesteuert wird, ist die bekannte so oft wiederkehrende Verzweigungsgabel, Doppelsammelschienensystem mit 2 Trennschaltern und 1 Ölschalter. Man sucht sie raumsparend und doch deutlich darzustellen, wie in Abb. 101 gezeigt ist, und zwar in beiden Zuständen. Diese Darstellung ist zwar nicht ganz so deutlich wie die früher gezeigten, aber sehr raumsparend und wird deshalb häufig verwendet.

P. Die Farben und andere Hilfsmittel zum Kennzeichnen verschiedener Schaltzustände.

Wir wollen nun die möglichen Beleuchtungseffekte und ihre Anwendung betrachten. Hier wäre zunächst zu überlegen, ob es unbedingt richtig ist, unter Spannung stehende Teile leuchten zu lassen und nicht unter Spannung stehende Teile unbeleuchtet zu lassen oder ob man nicht umgekehrt vorgehen kann. Das erstere erscheint richtiger und auch insofern sicherer, weil eventuell das Ausfallen einzelner Lampen durch Ausbrennen oder infolge von Kontaktversagern schneller zu entdecken ist. Andererseits ist von dem möglichen Gegenargument als richtig anzuerkennen, daß normalerweise elektrische Anlagen dazu da sind, Energie zu übertragen, so daß ihre Spannungslosigkeit ein anormaler Zustand ist. Demnach wäre es nach dem Gesichtspunkt der Auffälligkeit und Deutlichkeit besser, nur die spannungslosen Teile aufleuchten zu lassen, wobei es andererseits nicht gut wirken würde, wenn z. B. alle möglichen Trennschalterstummel und ähnliche Dinge, die spannungslos sind, leuchten würden. Man kann aber durch die schon erwähnte Schaltungskombination des Quittungsschaltersystems die Anordnung so treffen, daß eine Leitungsstrecke nur dann aufleuchtet, wenn sie im Gegensatz zur Stellung des Quittungsschalters, der sich in der Einschaltestellung befindet, von selbst auslöst, dies wäre eine neue Möglichkeit. In diesem Fall wäre ein Leuchtschaltbild stets ganz dunkel und nur die Teile würden sich als ausgeschaltet melden, die nicht quittiert sind. Allerdings hat diese Art der Darstellung den Vorteil, daß sich ungewollte Schaltungsänderungen im Schaltbild besonders gut herausheben, aber den Nachteil, daß man den jeweiligen Schaltzustand, ähnlich wie an einem Blindschaltbild, erst wieder an Hand der Stellungsanzeiger verfolgen muß.

Wir kommen nun weiterhin dazu, die Möglichkeiten, verschiedene Farben anzuwenden, zu betrachten, nachdem wir die Helldunkelschaltung bereits früher beim Auseinandersetzen der Schaltungen der Leuchtschaltbilder an sich schon besprochen haben.

Man kann mehrere Farben anwenden, einmal um die verschiedenen Spannungen in den verschiedenen Netzteilen anzudeuten; man kann sie auch anwenden, um allgemein verschiedene Zustände der Anlage zu kennzeichnen. Vorausschicken müssen wir allerdings eines. Prinzipiell hat man viele, fast beliebig viele Farben und Farbnuancen zur Verfügung, aber nur einige wenige Farben sind praktisch verwendbar. Es hat sich nämlich ergeben, daß alle Mischfarben zur Unterscheidung verschiedener Zustände ganz unbrauchbar sind, einmal, weil sie sich mit einfachen Mitteln nicht optisch klar darstellen lassen und das ungeschulte Auge gelbgrün und blaugrün, z. B. nicht ohne den Vergleich stets vor sich zu haben, erkennen kann, und das Wichtigste

10*

ist, je nach der Lampenspannung und der Tagesbeleuchtung oder Abendbeleuchtung kommen scheinbare Umfärbungen vor, die die Sicherheit des Unterscheidenkönnens stark herabsetzen. Auch die Grundfarben Rot, Gelb, Grün, Blau, Weiß sind nicht alle brauchbar, da diese mit gleicher Energie durchleuchteten Farbfilter nicht denselben Helligkeitswert für das Auge haben. Ein reines Blau wirkt z. B. stets wesentlich dunkler als die anderen Farben und ist bei starker Tagesbeleuchtung die Farbe, die am ersten undeutlich wird. All diese Erscheinungen sind natürlich aus der Empfindlichkeit des Auges und der Strahlenemission der Glühlampen bei den verschiedenen Wellenlängen ohne weiteres erklärlich. Es genüge daher hier zu sagen, brauchbar sind nur Weiß, Rot, Grün, allenfalls noch Gelb, aber nicht unter allen Umständen. Wir müssen uns daher bei unseren weiteren Überlegungen immer klar vor Augen halten, daß wir praktisch nur drei Farben zur Verfügung haben, wobei bei Grün und Rot als Komplementärfarben noch der bekannte Effekt auftreten kann, daß nämlich beim schnellen Übergang von Rot in Weiß, das weiße Licht im ersten Augenblick grün erscheint. Ferner bleibt uns außer diesen drei Farben zum Unterscheiden nur noch fleckig, also punktiert oder strichpunktiert usw. und rhythmisches Schwanken der Helligkeit, das Blinken übrig. Auf die Gefahr der Buntbilder für ganz oder halb oder unbewußt Farbenblinde sei ebenso nur hingewiesen wie auf die Ermüdungserscheinungen, die sich gerade bei Farbunterscheidungen am ehesten auch für Normalsichtige zeigen.

Man ist geneigt, hier zu entgegnen, daß in Bahnbetrieben Grün, Rot und Weiß oder Gelblichter angewendet werden, um das Personal über den Gleiszustand zu informieren. Man vergißt dabei aber ganz, daß bei Nacht das Signal überhaupt erst lokalisiert werden muß, d. h. daß überhaupt erst festgestellt werden muß, daß überhaupt ein Punkt erreicht ist, der der Beachtung bedarf. Es ist daher unbedingt nötig, zunächst den Signalort überhaupt anzuzeigen. Ganz anders ist es bei einem Leuchtschaltbild, das als vorhanden durch die Raumbeleuchtung überhaupt stets erkennbar ist und es handelt sich bei ihm lediglich darum, die verschiedenen Zustände der auf ihm verzeichneten Wege für die Stromführung zu kennzeichnen, und zwar sie so sicher als möglich und so einfach als möglich zu bezeichnen.

Dieser sicherste Weg bleibt nach den Untersuchungen der Reklamepsychologie der Helldunkeleffekt.

Immerhin müssen wir die Möglichkeiten, die die Farben bieten, trotzdem untersuchen.

Beim Kennzeichnen der verschiedenen Spannungen durch Farben erhebt sich die Frage, ob man die Farbe eines Leitungszuges bestimmter Spannung auch dann erkennen soll, wenn der Leitungszug spannungslos, also unbeleuchtet ist. Man kann das mit einem gewissen Recht fordern, obgleich der Geübte von jedem Leitungszug sowieso weiß, welche Spannung er einzig und allein haben kann, aber es ergibt sich die praktische Schwierigkeit, daß ein farbiger Leitungszug bei starkem auffallenden Licht, wenn man nicht besondere Mittel anwendet, leicht ebenso erscheint als wenn er durchleuchtet wäre, was leicht erklärlich ist, da ja jede Farbe aus einem Eindringen des Lichtstrahles in die Oberhaut des Körpers und der entsprechenden Rückstrahlung besteht. Die Erfahrung hat gezeigt, daß sich dadurch unter Umständen eine Undeutlichkeit ergibt und es besser ist, in solchen Fällen den Leuchtstreifen von einem aufgemalten Farbstrich zum Erkennen der Spannung begleiten zu lassen und die Leuchtstreifen so herzustellen, daß sie in unbeleuchtetem Zustand nahezu farblos, etwa grau, erscheinen.

Ein vollkommenes Verschwindenlassen der unbeleuchteten Streifen, was natürlich möglich ist, ist nicht zu empfehlen, da ja jedes Schaltbild nicht nur über die benutzten Wege, sondern auch über die möglichen Wege des Stromes Auskunft geben soll.

Eine zweite Möglichkeit, Farben anzuwenden, ist die, z. B. an der Fahrleitung einer Bahn im Bilde erkennen zu lassen, von welchem Speisepunkt her im Augenblick Strom zugeführt wird. Dieselbe Aufgabe ist zu lösen, wenn z. B. ein Kraftnetz von mehreren Gruppen von Maschinen gespeist wird und man ohne genaueres Verfolgen der Leitungen erkennen will, von welchen Maschinengruppen dieser oder jener Netzteil im Augenblick Strom erhält.

Wir haben jetzt die Farbenabhängigkeit von der S p a n n u n g s h ö h e und von der S p a n n u n g s q u e l l e betrachtet und kommen jetzt zur Verwendung der Farben für den L e i t u n g s z u s t a n d, also Spannung vorhanden in einer Farbe, Spannung nicht vorhanden durch eine andere Farbe auszudrücken. Der Grund für solche Gedanken wurde schon genannt, nämlich eine einfache Lösung der Frage der Meldesicherheit ähnlich der der bekannten Rot-Grünlampen der bekannten Ölschalterstellungsanzeige zu finden, weil das Ausbleiben einer der beiden Farben die Störung anzeigt. Leider werden die Schaltungen für solche Anordnungen dadurch sehr kompliziert, wenn man die spannungsabhängige Schaltung durchführen will, daß sich eine durch ihre Endschalter als eingeschaltet bezeichnete Strecke in die „Aus"farbe auch dann umfärben muß, wenn z. B. ein um viele Streckenstücke der Stromquelle näherliegender Schalter auslöst oder ausgelöst wird. Man erkennt wohl diese schaltungstechnische Schwierigkeit, die ohne direkten Spannungsanschluß an jeden Anlageteil oder durch Anwenden einer Vielzahl von Relaiskombinationen nicht einwandfrei zu lösen ist.

Bei dieser Wahl der Anordnung muß außerdem die Schalterstellungsfrage besonders behandelt werden, denn wir wissen, daß eine Strecke auch dann spannungslos sein kann, wenn die Schalter an ihren Enden eingeschaltet sind. Will man hier das Schalten im Schaltbild und das Steuer- und Quittungssystem im Schaltbild nicht anwenden, so muß man entweder das Prinzip durchbrechen und zu elektromagnetisch betätigten, im Schaltbild angeordneten und beleuchteten Schauzeichen greifen oder die Stellungen der Schalter wiederum durch einen Farbwechsel besonderer Art andeuten, der für die „Ein"- und die „Aus"-Stellung dient, so daß man bei derartigen Anordnungen prinzipiell nicht unter 3—4 Farben auskommen kann und damit auch in dieser Farbenzahl denken und überlegungsgemäß mit ihr arbeiten muß.

Es haben sich nun für Leuchtschaltbilder, nachdem man diese plastische und sichere Darstellungsweise erkannt hat, noch weitere Gedankengänge entwickelt. Es sind die folgenden:

Wenn ein Leuchtschaltbild dazu da ist, einwandfrei die Stromwege anzuzeigen, die im Augenblick vom Netzstrom beschritten werden, so muß es auch möglich sein, die Wege zu ermitteln und sich zu verdeutlichen, die der Strom einschlagen würde, wenn man diese oder jene Schaltung vornehmen würde, d. h. man ist dazu übergegangen, bei schwierigen Umschaltungen in komplizierten Anlagen, sich erst eine Schaltung auf ihre Wirkung vorzuzeichnen und sie dann durch Betätigen der entsprechenden Steuerschalter auszuführen. Dieser Gedanke ist prinzipiell, z. B. an einem Leuchtschaltbild das mit dem Steuer- und Quittungssystem, wie wir es schon kennengelernt haben, ausgerüstet ist, ohne Änderung durchzuführen.

Dreht man die Quittungsschalter aus ihrer mit der Wirklichkeit übereinstimmenden Lage, so ändert sich, ohne daß etwas an der Anlage selbst passiert, der Ausdruck der Leuchtstreifen, und die Quittungsgriffe blinken und zeigen an, daß sie in einer mit der Wirklichkeit nicht übereinstimmenden Stellung sich befinden. Man schließt daraus, daß die anschließenden Leuchtstreifen einen unwahren Zustand, nämlich einen gedachten darstellen. Hat man sich so die Schaltung zurechtgelegt, so braucht man nur von Schalter zu Schalter das entsprechende Kommando ausführen, worauf die Quittungsschalter ruhig brennen und damit die Wahrheit nunmehr anzeigen.

Man könnte nun einwenden, daß bei einem solchen Ausprobieren in dem gerade behandelten Gebiete plötzlich wirklich ein Schalter auslöst, und man dann plötzlich irre werden könne und nicht mehr weiß, was gedacht und was Wirklichkeit ist. Man hat daher vorgeschlagen, bei Probeschaltungen auf jedem verstellten Quittungsgriff ein Hütchen zu stecken als Erinnerung, daß man sozusagen zu „Studienzwecken" diesen Schalter verstellt hat. Diese Methode ist billig und gibt schon eine recht wesentliche Sicherheit gegen Irrtümer. Ein anderes System, das mit mehreren Farben arbeitet, geht hier in der Vorsicht noch wesentlich weiter, indem es bei solchen Probeschaltungen die Leuchtstreifen rot oder grün überblinken läßt, um so unter allen Umständen stets eine strenge Unterscheidung zwischen tatsächlichem und gedachtem Zustand aufrecht zu erhalten.

Eine solche an sich wünschenswerte Klarheit ist natürlich nur durch einen recht bedeutenden Aufwand an Kontakten und Relais zu erkaufen.

Die Bedeutung dieser Anordnung tritt in ferngesteuerten Anlagen nicht so sehr hervor, weil derartige Anlagen in Abschnitte unterteilt sind und in sich relativ einfach und übersichtlich sind, so daß man ausgedehnte Probeschaltungen gar nicht zu machen braucht. Anders könnten die Verhältnisse bei großen Netzschaltbildern für Lastverteileranlagen sein, bei denen wir uns daher nochmals mit diesem Problem zu befassen haben.

Q. Die Grenzen der Leuchtschaltbilder für Fernsteueranlagen.

Wir müssen uns nun noch mit einem Problem befassen, das wir als „Grenzen des Leuchtschaltbildes" bezeichnen können. Jede Anlage hat ihre Grenzen, und zwar da, wo sie in die Zuspeise- und Abspeiseleitungen übergeht; an diesen Punkten kann man manchmal erst sagen, ob eine Leitung eine Speise- oder eine Abnahmeleitung ist. Hier ist auch die Grenze des Leuchtschaltbildes, das zur Anlage gehört.

Wie kann man nun das Leuchtschaltbild „wahr" erhalten? Sicher dadurch prinzipiell, daß man an jede Leitungseinführungsstelle in die Station einen Spannungswandler oder bei sehr hohen Spannungen eine Kondensatorklemme setzt und über an diese Apparate angelegte Relais das Vorhandensein oder Nichtvorhandensein der Spannung meldet und von da ab jeweils mit der spannungsabhängigen Schaltung im Leuchtschaltbild in bekannter Weise fortfährt. Man erhält so stets ein „wahres" Leuchtschaltbild, das die Wirklichkeit richtig wiedergibt. Trotzdem hat die Sache noch Schwierigkeiten. Man kann bei einem mehrfach gespeisten Netz nicht ohne weiteres sagen, was z. B. einer noch auf dem Bild der Station verzeichneten abgehenden Leitung passiert, wenn man sie abschaltet. Das hängt davon ab, ob sie vom anderen Ende her noch gespeist wird oder nicht; ob das der Fall ist oder nicht, kann man zunächst nicht sagen. Das Problem geht aber noch weiter: Man kann oft nicht sagen, was bei gekuppelten Sammelschienensystemen passiert, wenn man sie trennt, denn es kann aus dem bereits genannten Grunde noch eine Rückspeisung auftreten. Man sieht, daß sogar das Leuchtschaltbild der Station von diesem Mangel betroffen wird.

Der Spannungswandler, an der Einführung dieser Leitung in die Anlage, kann uns zur Klärung nicht helfen, denn er sagt nur aus, daß Spannung vorhanden ist, ob sie von der Ferne kommt oder von der Anlage selbst, kann er nicht vor dem Abschalten der Leitung feststellen. Um diesem Übelstand abzuhelfen, hat man schon an diese Leitungsenden Energierichtungsrelais angeschlossen. Der leitende Gedanke hierfür war der:

Entweder wird durch die Leitung Energie geliefert, dann wird die Leitung sowieso gebraucht, um Strom zu verkaufen, darf also nicht abgeschaltet werden, oder es wird Energie bezogen, dann braucht man die Leitung ebenfalls, oder wenn man keinen Strom braucht, so kann man sie abschalten und hat zu erwarten, daß das Leitungsende unter Spannung bleibt. Ein Zustand, daß die Leitung beiderseits an Stromquellen liegt, ohne daß längere Zeit auch nicht 2 % der Nennleistung oder weniger gehen, denn so empfindlich kann man solche Relais leicht bauen, ist nicht zu erwarten. Diese Lösung ist daher als wertvoll anzusehen, um die Wahrheit eines Leuchtschaltbildes auch dann zu erhalten, wenn es nur einen Ausschnitt des Netzes darstellt, ohne daß Fernübertragungen zu den Nachbarstationen nötig sind.

Mit gewissem Recht kann man die soeben angestellten Überlegungen als übertrieben ansehen, jedenfalls kann der Betriebsmann diese Ansicht vertreten, weil er sein Netz kennt und weiß, wie er sich bisher bei solchen Überlegungen verhalten hat, er hat eben angerufen oder im äußersten Notfall probiert. Aber diese Überlegungen waren anzustellen nötig, um sich klar zu werden.

IV. Reine Meldeanlagen für größere Übertragungsentfernungen in adernsparender Ausführung.

Prinzipiell ist jedes Fernsteuersystem auch als Meldeanordnung brauchbar, wenn man die zur Steuerung nötigen Teile fortläßt. Verwendet man sie nicht zur direkten Betätigung, sondern nur zur Signalgebung, so erhält man eine Kommandoanlage. In diesem Falle dient die ganze Anordnung zu einer F e r n a n w e i s u n g und zur F e r n ü b e r - w a c h u n g an sich mit Personal besetzter Stationen. Derartige Anlagen werden nicht selten ausgeführt, wenn es sich darum handelt, mit relativ wenig geschultem Personal den Betrieb zu führen, was aus verschiedenen Gründen notwendig sein kann. Solche Fälle kommen z. B. im Hochgebirge und in den Tropen vor. Aber dies sind absolut nicht die einzigen Fälle, in denen man diese Anordnungen anwenden muß und anwenden kann, dienen sie doch für besetzte Stationen dazu, um untrügliche und schnellere Anweisungen an die Stationen zu geben (weitere technische Durchführung des Lastverteilergedankens) oder dazu, um in unbedienten Stationen ohne Automatisierung (Kleinstationen) Auslösungen oder Gefahrenmomente an die Zentralstelle zu melden oder in automatisierten Stationen, die sich infolge eines Fehlerfalles stillgesetzt haben, die nötigen Meldungen zu übertragen.

Irgendwelche prinzipiellen Vereinfachungen, die neue Wege zu beschreiten nötig machen, sind hier nicht zulässig, weil die Zuverlässigkeit der Meldung ebenso wichtig ist wie die Zuverlässigkeit der Durchführung eines Kommandos, ohne Zwischenschalten des Menschen. Es können nur die Dinge fortgelassen werden, die das Pumpen direkt kommandierter Schalter verhindern, wie wir sie schon kennen.

Die Betätigungstafel kann unter Umständen einfacher ausgestattet werden, weil zwischen Kommando und Rückmeldung der Mensch geschaltet ist. Hier und da neigt man dazu, an Signalanlagen, einer sog. „Generalquittierung“ aus Billigkeits- oder Bequemlichkeitsgründen das Wort zu reden. Es sind dies Einrichtungen, die nach Einlauf einer Anzahl Meldungen gestatten, sie alle zusammen gleichzeitig mit einer gemeinsamen Rückstelltaste zu quittieren, d. h. sie in die neue Zustandsmeldung nach Kenntnisnahme durch den Überwachenden überzuführen. Prinzipiell Neues bringen derartige Anordnungen vom technischen Standpunkt aus nicht. Zu beachten wäre nur der Wunsch, alle derartig zusammenlaufenden Meldungen aktenmäßig festzulegen, um nachträglich alle Vorgänge und Maßnahmen auf ihre Richtigkeit nachprüfen und eventuell zur Fehleraufklärung beitragen zu können.

Interessant sind hier zwei Vorschläge: entweder die ganze Meldeanlage automatisch zu photographieren oder eine besondere Meldeanlage zu schaffen, die sich für das Photographieren besonders eignet. Der erstere Weg ist bis heute nicht aus dem Versuchsstadium herausgekommen, weil die Helligkeit der bunten Meldeanlagen für kurzzeitige Aufnahmen nicht ausreicht. Der andere Weg besteht darin, daß von jedem Signalstromkreis eine kleine Telephonlampe abgeleitet wird. Diese Lampen werden, wie im Telephonamt, dicht aneinandergesetzt und so gruppiert, daß man die Signalnummer aus der Lage der Lampe entnehmen kann. Die gemeinsame Zuleitung für alle Lampen, die mit Gleichstrom betrieben werden, enthält einen besonders dimensionierten Transformator, an dessen Sekundärseite ein empfindliches Relais angeschlossen ist. Sobald nun durch Ansprechen eines Signals eine Lampe aufleuchtet, erregt der Stromstoß das Relais kurzzeitig, dieses regt automatisch einen kleinen Kinematographenapparat an, eine Aufnahme zu machen. Da nun gleichzeitig eine normale Uhr und eine Sekundenuhr oder Synchronuhr mitphotographiert werden, kann man jederzeit jeden Vorgang zeitlich festhalten, Abb. 102. Der Mangel einer solchen Anordnung ist der, daß die Abbildungen sehr klein werden, so daß man sie nicht ohne starke Vergrößerung entziffern kann. Man muß sie projizieren.

Man verwendet daher gern für kleinere Anlagen sog. Zeitschreiber, Apparate, bei denen 12 Federn, die an kleinen Elektromagneten hängen, auf einem ablaufenden Papierstreifen, je nachdem sie erregt oder nicht erregt sind, Treppenstufen schreiben, Abb. 103. Außerdem ist ein Zeitstempel angebracht, und das Papier wird erst dann transportiert, wenn sich in der Anlage irgend etwas regt. All diese Einrichtungen sind für größere Ortsanlagen oder für große Zentralmeldestellen bestimmt und für die Überwachung des Betriebes äußerst wertvoll.

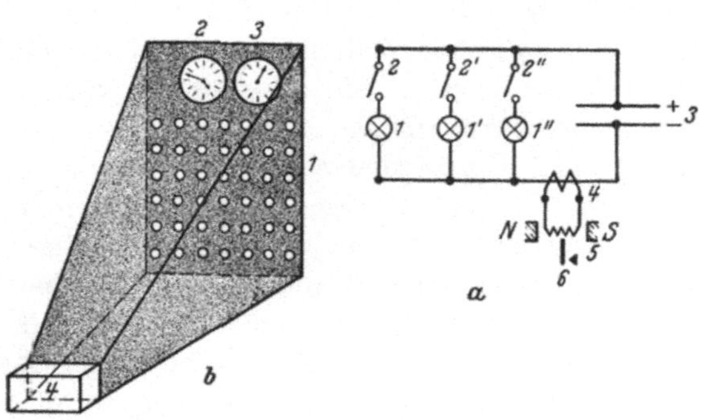

Abb. 102. Selbsttätige photographische Registriervorrichtung für Schaltvorgänge.

a Schaltung.

$1 \div 1''$ = Lampen.
$2 \div 2''$ = Schalterhilfskontakte.
3 = Gleichstromquelle.
4 = Wandler.
5 = Polarisiertes Relais mit Kontakt für Verschluß und Filmtransport eines kinematographischen Aufnahmeapparats.

b Schema des Apparates

1 = Lampengestell.
2 = Zeituhr.
3 = Synchronsekundenuhr.
4 = Kinematographischer Aufnahmeapparat.

Ein Bedürfnis zur zeitlichen Überwachung liegt aber auch in kleineren Netzen, z. B. Stadtnetzen, vor, wo gerade auf die Schnelligkeit der Störungsbehebung allergrößter Wert zu legen ist. Liegt doch gerade in der Versorgung der Städte mit die Hauptursache für die Forderung nach größter Sicherheit und Zuverlässigkeit in der Großstromversorgung überhaupt. Andererseits ist die Durchgangsleistung vieler Knotenpunkte eines Städtischen Versorgungsnetzes häufig so klein, daß sich weder Besetzung noch kaum eine besondere Fernsteuerungsanlage für ihre Bedienung lohnt. Aber auch in solchen Fällen ist die Meldung nach der Zentrale, daß ein Schalter ausgelöst hat, ein Transformator defekt oder eine Sicherung eines Niederspannungskabels durchgebrannt ist, wichtig. Insbesondere bei stark vermaschten Sekundärnetzen ist dies der Fall, denn das Lokalisieren eines Defektes aus den verschiedenen Meldungen der Abnehmer, daß „kein Strom da ist", ist nicht nur zeitraubend, sondern auch schwierig. Treten solche Störungen gar nachts auf, so wird sie besonders in kleinen Städten noch weniger beizeiten bemerkt, da die Meldungen meist sehr spärlich und verspätet einlaufen.

In solchen Fällen sind gewisse Modifikationen des wohl allgemein bekannten Feuermelderprinzips in Elektrizitätswerken in Gebrauch gekommen, indem eine Leiterschleife durch alle Stationen gezogen und in jeder Station ein Feuermelder angebracht wird, der elektrisch durch Schalterfälle, Ansprechen der Schutzeinrichtungen von Transformatoren oder das Ausblasen von Sicherungen u. a. m. ausgelöst wird. Der Empfangsapparat meldet nun in Morseschrift auf einem Telegraphenstreifen in der Zentralstelle die Nummer seiner Station. Außerdem wird ein Zeitstempel aufgedrückt. Es kann also das Revisionspersonal sofort in Bewegung gesetzt werden, das zur Kontrolle seiner Reisegeschwindigkeit bei Ankunft das Stationszeichen nochmals geben muß. Durch Anschluß eines mitgenommenen Streckenfernsprechers an die Leiterschleife kann sofort der Revisionsbericht gegeben und bei größeren Schadenfällen auch das Reparaturmaterial herbeibeordert werden. Der Signalstreifen gilt als Störungsbeleg für den Ort und die Dauer der Störung und kann bei Beschwerden wichtiges Gegenmaterial abgeben.

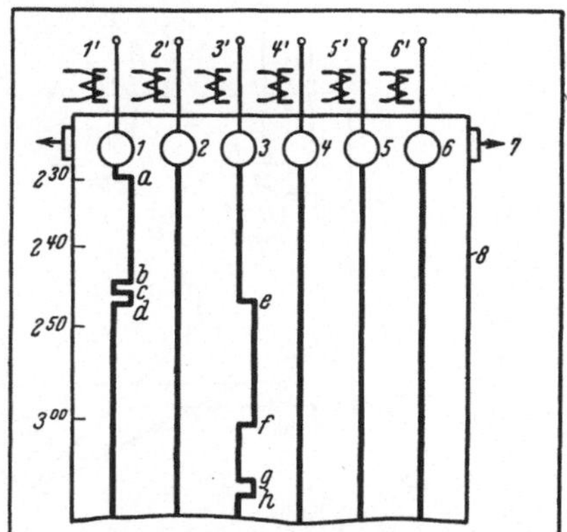

Abb. 103. Registrierapparat für eine Fernüberwachung unbesetzter Stationen.

$1 \div 6$ = Schreibfedern.
$1' \div 6'$ = Dazugehörende Magnete, die von irgendeinem Hilfskreis angeregt wird.
7 = Von einem Uhrwerk getriebener Papiertransport.
8 = Registrierpapier.

Das Diagramm zeigt Vorgänge in Station 1 und 3, und zwar

a = Schalter in Station 1 löst aus.
b = Der Revisor ist angelangt.
c = Schalter wird eingelegt.
d = Revisor verläßt die Station.
e = Schalter in Station 3 löst aus.
f = Revisor angelangt.
g = Schalter eingelegt.
h = Revisor verläßt die Station.
Gesamte Störungszeit 2^{30}—3^{10}.

Das zusätzliche Problem, das eine gewisse Abwandlung der normalen Feuermelderschaltung verlangt, ist das, daß das gleichzeitige Ansprechen mehrerer Melder in einer Schleife im Elektrizitätswerksbetrieb viel wahrscheinlicher ist, als beim normalen Feuermelderbetrieb, wo man im allgemeinen nicht unbedingt damit rechnen muß, daß mehr als zwei Melder gleichzeitig gezogen werden, wenn auch diese Einrichtungen darauf eingestellt sind.

Um möglichst frei von Störungen zu bleiben, gibt man die Zeichen gern mehrfach. Außerdem sind die Anordnungen so getroffen, daß der erste anlaufende Melder alle übrigen im Ablauf so lange hindert, bis er seine Meldungen durchgegeben hat. Will man noch weiter gehen und sogar die verschiedenen Schalter ein und derselben Station zeitlich nach einer Zentralstelle melden, so kombiniert man die Fernmelder, die nunmehr für jeden Schalter angeordnet werden müssen, mit einem Suchwähler, wie sie aus der Selbstanschlußtechnik bekannt sind.

Der Vorgang ist dann folgender: Löst z. B. ein Schalter aus, so veranlaßt sein Hilfskontakt einmal die Vorbereitung zum Ablauf des ihm zugeordneten Melders und zum anderen setzt er einen Relaisunterbrecher in Betrieb, der einen Wähler fortschaltet. Findet dieser Wähler eine

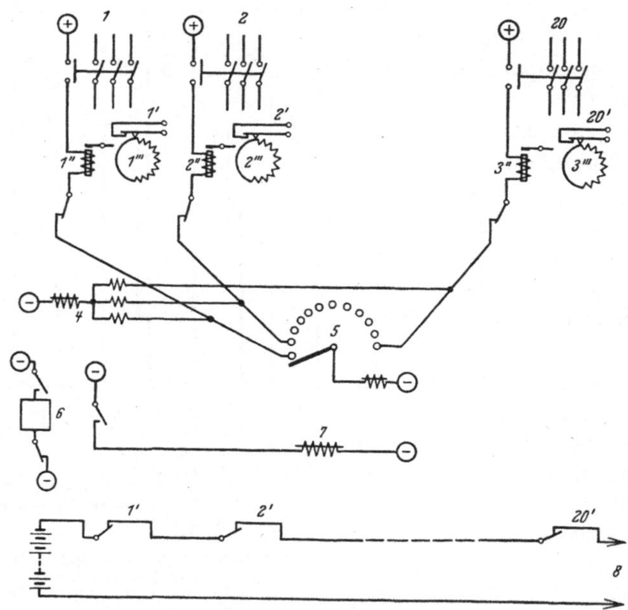

Abb. 104. Fernmeldeanlage für Schalterbewegungen und ähnliches.

1—20 = Ölschalter mit Hilfskontakt.
1'—20' = Kontakte an der Typenscheibe der Melder.
1''—3'' = Sperrmagnete der Melder.
1'''—3''' = Typenscheiben der Melder.
4 = Anordnung zum Erkennen, daß ein Schalterhilfskontakt seine Lage geändert hat.
5 = Suchwähler der Selbstanschlußtechnik.
6 = Impulsgeber zum Fortschalten des Wählers.
7 = Fortschaltemagnet für den Wähler.
8 = Fernleitung nebst Schaltung der Melderkontakte (Ruhestromschaltung).

unter Spannung stehende Lamelle, so hält er an und der Melder wird zum Ablaufen angeregt. Hat er seine Meldung erledigt, so wird der Wähler zum Weiterlaufen angeregt, bis er eine neue unter Spannung stehende Lamelle findet und der dieser Lamelle entsprechende Melder zum Ablaufen kommt usw. Der Suchwähler hat also 2 Eigenschaften, er hält die Meldungen auseinander und speichert sie auf, Abb. 104.

Um gegen die Folgen von Isolationsdefekten möglichst gesichert zu sein, werden die bei den Feuermeldern bekannten Ruhestromschaltungen und Schaltungen gegen Erde angewendet. Unbedingt nötig scheinen sie jedoch nicht zu sein, da diese Schaltungen leichter durch Hochspannungsbeeinflussung benachbarter Starkstromleitungen irritiert werden können, als wenn man ein besonderes Aderpaar benutzt. Es ist daher eine zweiadrige Verbindung, die durchgeschleift ist, ebenso wertvoll, wenn bei ihr das Ruhestromprinzip angewandt wird. Es ist natürlich ohne weiteres möglich, durch entsprechendes Abriegeln die Melder auch über mit Gesprächen belegte Leitungen zu geben.

Nicht unerwähnt bleibe eine Methode, die das schnelle Aufzeichnen von Schalterfällen in einem Netz auch dann gestattet, wenn nur Bruchteile von Sekunden zwischen den einzelnen Vorgängen liegen, Anordnungen, die aber mehr zur Fehlerklärung als zur schnellen Beseitigung von Fehlern gebraucht werden.

Auch in diesem Fall wird eine Ringleitung durch alle Stationen gelegt. Diese wird von einer mechanischen Zeichensendeapparatur gesteuert, die dauernd nacheinander die Zahlen, z. B. von 1—99999 in Morsezeichen auf die Leitung gibt. Spricht in irgendeiner Station ein beliebiger Schalter an, so legt er mit seinen Hilfskontakten an diese Leitung ein Relais, das von diesem Moment ab die Zeichen, die die Leitung durchfließen, aufnimmt und auf eine von diesem Augenblick ab ebenfalls mitlaufende für die Schalter der Station gemeinsame Schreibvorrichtung aufzeichnet. Die Einrichtung setzt sich nach einiger Zeit wieder selbsttätig still. Aus den aufgenommenen Zeichen kann man durch Vergleichen mit der Uhrzeit der Zeichensendeapparatur genau den Zeitpunkt des Schalterfalles bestimmen.

Durch Kombinieren mit der Rückmeldung nach der Zentrale in der oben gezeigten Weise und Benutzen der Leitung für Telephonzwecke ist eine weitgehende Überwachung bis in alle Einzelheiten relativ einfach gewährleistet. Sie durchzuführen dürfte sich aber nur in wenigen Fällen lohnen.

Ein anderer Weg ist der, die Schreibapparatur durch einem für das ganze Netz gemeinsamen Vorgang, wie z. B. einen Erdschluß oder einen Kurzschluß, anzuwerfen, wodurch man ebenfalls die Zeitunterschiede der Schalterfälle ermitteln kann. Da diese Anordnung willkürliche Schaltungsmaßnahmen nicht ohne weiteres aufzuzeichnen gestattet, soll sie an dieser Stelle nicht weiter behandelt werden.

Nicht unerwähnt bleibe eine akustische Anordnung, die bei Vorhandensein eines automatischen Telephonnetzes leicht durchgeführt werden kann. Es kann in solchem Fall die Station selbsttätig bei irgendwelchen Vorgängen in der Anlage die Zentrale anrufen und durch Glocken- oder Summertöne oder beide zugleich in Morsezeichen ihre Nummer und eventuell die Art des Vorganges melden. Praktische Erfahrungen, ob das Schalttafelpersonal die Töne stets fehlerfrei aufnimmt, liegen in Deutschland noch nicht vor, wohl aber im Ausland. Doch scheint man diese Einrichtungen wieder zu verlassen.

V. Die selbsttätigen Feinregler für örtlichen Betrieb und für Fernübertragung der einzuregelnden Meßgrößen.

A. Definition.

Auch hier wollen wir uns gegen das allgemein Bekannte abgrenzen und uns nur auf die Feinregler zum Einhalten elektrisch ermittelter Größen beschränken.

Wir wollen die über Öldruckantriebe arbeitenden Drehzahlregler der Dampf- und Wasserturbinen ebenso aus der Betrachtung ausscheiden, wie die bekannten Spannungsschnell- oder Eilregler, gleichgültig ob sie über elektrische oder Öldruckservomotoren auf die Regeleinrichtungen einwirken, sondern nur solche Regler besprechen, die auf elektrischem Wege arbeiten, relativ langsam regulieren, aber im Mittel ein sehr genaues Einhalten der Regelgröße ermöglichen.

Unser Hauptaugenmerk wollen wir dabei auf diejenigen Konstruktionen richten, die über große Abstände zwischen dem Meßort und dem Ort des Einflußnehmens, d. h. dem Aufstellungsort der zu regulierenden Maschinen, arbeiten können.

B. Anwendungsgebiete.

Im wesentlichen sind es die Mittel zur genauen Frequenzregulierung, die uns hier interessieren müssen, ferner sind die Regelmethoden zu betrachten, die man anwendet, um eine Übergabewirk- oder Blindleistung an irgendeinem Punkt eines Netzes auf einen bestimmten dauernd konstanten oder einen selbsttätig oder von Hand einzustellenden zeitlich änderbaren Wert zu halten. Wie wir es bisher immer gehalten haben, wollen wir uns auch hier zuerst vor Augen führen, wie die Probleme entstanden sind, um ihre Wichtigkeit abschätzen zu können, dann die praktischen Bedingungen, unter denen die Konstruktionen arbeiten müssen, betrachten, und zum Schluß versuchen, das Prinzipielle der praktischen Lösungen zusammenzufassen.

Die Gründe, warum man sich mit der genauen Regulierung der Frequenz befaßt, sind vorwiegend betrieblicher Art, da sie in dieser Richtung besondere Vorteile bietet. Im wesentlichen sind es zwei Gesichtspunkte.

Der eine hat seine Ursache in der modernen Betriebsweise mehrerer auf ein Netz arbeitenden Kraftwerke. Man betreibt die Werke meist so, daß eine Gruppe von Werken die sog. Grundlast übernehmen, während eines, als Spitzenwerk, wie man sich ausdrückt, die Leistungsspitzen übernimmt, indem es die Frequenz einhält, d. h. es gibt stets so viel Leistung ab, daß die Nennfrequenz des Netzes möglichst genau eingehalten wird. Es ist hierbei relativ gleichgültig, ob die Grundlastwerke nach einem Fahrplan fahren oder ob sie zeitlich wechselnd einen bestimmten Prozentsatz an der Gesamtlast übernehmen, die ihnen z. B. durch eine Fernmeßanlage angezeigt wird. Die Verhältnisse liegen bei einer solchen Betriebsweise stets so, daß plötzliche Laständerungen normalen Ausmaßes nie das Verteilungsverhältnis der Last auf die verschiedenen Werke oder Maschinen stören sollen. Übernimmt das Führerwerk diesen Laststoß nicht, weil der Unempfindlichkeitsgrad seiner Drehzahlregler zu groß ist, so tritt eine Frequenzänderung ein und es sprechen selbstverständlich die Drehzahlregler aller Kraftmaschinen im Netz mehr oder weniger stark an, je nachdem die Charakteristik dieser Drehzahlregler steiler oder weniger steil gelegt ist. Die Folge ist, daß sich die Last zwischen den verschiedenen Stromquellen des Netzes verschiebt. Es kommt dadurch natürlich eine gewisse Unruhe in den Betrieb, indem sich die Maschinen gegenseitig in unkontrollierbarer und ungewollter Weise die Belastung fortnehmen. Ist dagegen das Führerwerk, das frequenzhaltende Werk, mit einem schnell reagierenden und genau arbeitenden Frequenzregler ausgerüstet, so nimmt es, wie es sein soll, alle Spitzen und Senken der Lastkurven auf, und die Verteilung der Grundlast zwischen den Grundlastwerken bleibt viel besser erhalten.

Ein anderes Problem, dessen Lösung man wohl ebenfalls nur durch genaues Frequenzhalten als einfachem Mittel nahekommen wird, ist folgendes:

Zur Sicherung des Betriebes, und um die Höhe der möglichen Kurzschlußströme in der Anlage herabzusetzen, pflegen ganz große Werke ihre Maschinen in Gruppen aufgeteilt zu fahren, wie man sich ausdrückt, d. h. die sämtlichen von diesen Werken ausgehenden Leitungen werden in Gruppen zusammengefaßt von besonderen Maschinengruppen gespeist, die untereinander in keiner Weise elektrisch oder magnetisch zusammenhängen. Man hat beinahe nur eine Anzahl gemeinsam mit Kohle und Wasser versorgter Einzelwerke vor sich. Auch die großen Umspannstationen arbeiten mit verschiedenen getrennten Speiseleitungen auf bestimmte nicht zusammenhängende Sammelschienengruppen, so daß ein Kurzschluß in dem einen System das andere überhaupt nicht berührt. Es besteht natürlich Freizügigkeit in der Gruppenbildung; man kann sie beliebig ändern; aber soweit als möglich läßt man nur kurze Zeit zwei solcher Gruppen elektrisch verbunden.

Es ist ein selbstverständlicher Wunsch jedes Betriebsleiters, bei einer Störung oder wenn er eine Störung kommen sieht (Glimmen einer Kette oder Durchführung, bedenklicher Temperaturanstieg oder eine Gasentwicklung in einem Transformator oder verdächtige Sprüh- oder Knistergeräusche), diesen Anlageteil sofort abtrennen zu können und die von ihm gespeisten Netzteile schnell auf eine der gesunden

Gruppen überzuschalten. — Fahren nun zwei benachbarte Gruppen mit ziemlich stark voneinander abweichenden Frequenzen, so dauert es natürlich ziemlich lange, bis man sich mit den entsprechenden Kraftwerken so verständigt hat, daß sie ihre Frequenzen aneinander so angleichen, daß die Schwebung langsam genug wird, um in der Station überschalten zu können. Das Ideal wäre natürlich, Regler zu benutzen, die die Gruppen so genau gleich in Frequenz- und Phasenlage halten können, daß man jederzeit beide Stromquellen kuppeln kann. Dieses Ziel zu erreichen, scheint heute noch nicht sehr aussichtsvoll, da man immer damit rechnen muß, daß Laststöße gewisse Abweichungen bringen, die nicht sofort ausgeregelt werden, so daß im entscheidenden Moment doch nicht parallel geschaltet werden kann. Die einzige Möglichkeit, diesen Wunsch zu erfüllen, sieht man zur Zeit darin, die Gruppen durch große Drosseln zu verbinden und so durch elektrische, möglichst gedämpfte Wirkungen die Gruppen parallel und nahezu phasengleich zu halten, doch werden diese Drosselspulen sehr groß und daher kostspielig.

Man denkt daran, die Gruppen, eine möglichst genau gleiche, aber bewußt doch immerhin um ein Geringes von einander abweichende Frequenz einhalten zu lassen, die so bemessen ist, daß eine automatische Parallelschalteeinrichtung, wenigstens nach Ablauf einiger weniger Perioden, Gelegenheit findet, den Kupplungsschalter einzulegen.

Dieser Gedanke läßt sich natürlich auch auf einander fremde Netze anwenden, die sich auf dieselbe Weise stets bereithalten, einander beizuspringen, ohne gleichzeitig in dauerndem Leistungsaustausch zu stehen. Auch dürfte das genaue Einhalten konstanter und richtiger Frequenz bei gekuppelten Netzen dazu beitragen, den vertraglich ausgemachten Lieferungs- und Bezugsaustausch stetig und ruhig auch dann einzuhalten, wenn dem Netz stark schwankende Abfallenergie von Hütten- und Walzwerken und ähnlichen Stromquellen zugeführt wird.

Diese ganzen Überlegungen haben noch weitere Möglichkeiten, die wir in Einzelprobleme aufgelöst, betrachten wollen.

Einmal ist es möglich, wenn der Regler nicht nur große Frequenzgenauigkeit hat, sondern auch gleichzeitig unter dem Einfluß einer Uhrzeitkontrolle steht, sog. Synchronuhren an das Netz anzuschließen, und zum anderen kann man durch Übertragen der Netzfrequenz von einem Netz zum anderen, z. B. über einen Schwachstromkanal, sei dies eine Telephonleitung oder eine Hochfrequenzübertragung, die Frequenzen verschiedener an sich getrennter Netze so genau gleichhalten, daß das Problem des Fernsehens seiner allgemeinen Verwirklichung näher gebracht werden kann.

Weiterhin ermöglicht das genaue Einhalten der Frequenz der Netze unter Uhrzeitkontrolle prinzipiell auch das Umschalten von Zählertarifen durch Synchronuhren, was unter Umständen gewisse Vorteile bringen kann, wenn man von der Notwendigkeit des Nachstellens nach Stromunterbrechungen absieht.

Ein anderes Regulierproblem von praktischer Bedeutung, das seine Ursache in Tarifbestimmungen zwischen Lieferant und Abnehmer hat, und das unter kleinen wie unter großen Verhältnissen große Bedeutung hat, ist, zunächst für kleinere Verhältnisse betrachtet, folgendes:

Ein Strombezieher, der gleichzeitig über eine eigene Stromerzeugungsanlage verfügt, muß, wenn er so wirtschaftlich wie möglich arbeiten will, stets seinen Energiebezug so regulieren, daß das zugestandene Einviertelstundenmaximum nicht überschritten wird, denn ein Überschreiten dieser Grenze verteuert bekanntlich nicht nur die Stromkosten für die Zeit der Überschreitung, sondern oft sind diese Überschreitungen vertragsgemäß die Ursache dafür, daß sich der Einheitspreis der bezogenen elektrischen Arbeit für den ganzen Monat erhöht, in dem diese Überschreitungen vorgekommen sind. Ein Grundsatz, der in allen möglichen Variationen heute in den Verträgen aufgenommen wird.

Solche Überschreitungen zu verhindern, liegt in der Hand des Besitzers der Eigenanlage, wenn er seine Maschinen als Spitzenmaschinen so betreiben kann, daß sie jeweils diejenige Last abgeben, die nötig ist, um diese Lieferungsspitzen zu vermeiden. Natürlich muß den Dimensionen der Eigenanlage entsprechend diese Betriebsart möglich sein.

Bei Handregulierung ist hier entweder ein Grad von Aufmerksamkeit nötig, der auf die Dauer vom Personal nicht verlangt werden kann bzw. es wird, vielleicht etwas übertrieben gesprochen, der Strompreis von der Geschicklichkeit und Aufmerksamkeit eines Schalttafelwärters in hohem Maße abhängig, was natürlich, da es einen unsicheren Faktor in der Kalkulation der Selbstkosten darstellt, soweit als möglich vermieden werden muß. Diese Unsicherheit kann bei Handbetrieb nur dadurch beseitigt werden, daß man bewußt um einem erheblichen Respektsabstand von der günstigsten Tarifgrenze abbleibt, was höchstens zu einer bestimmten aber wenigstens konstanten Verteuerung führt, je nach dem Verhältnis zwischen den Erzeugungsselbstkosten und dem Stromeinkaufspreis. Je größer diese Spanne ist, um so vorteilhafter wird das Vollausnutzen des Fremdstrombezuges bis an die äußerste Grenze. Die günstigsten Verhältnisse einzuhalten, wird nun um so schwieriger, je unruhiger der eigene Betrieb ist, das Extrem in dieser Beziehung dürften z. B. die Hütten- und Walzwerksbetriebe sein.

Die Möglichkeit der vollkommensten Tarifausnutzung bietet ein selbsttätiger Regler, der die Energiezufuhr an der Stelle mißt, an der die fremde Energie zugeliefert wird. An dieser Stelle ist auch der Zählapparat, nach dem verrechnet wird, eingebaut. Der Regler reguliert nun die eigenen Stromerzeuger oder vielmehr deren Antriebsmaschinen so, daß ein möglichst gleichmäßiger Strombezug erfolgt, und zwar derart, daß die in einer Viertelstunde gelieferte Arbeit möglichst genau dem zugelassenen Arbeitsmaximum entspricht.

Die Verhältnisse liegen nun häufig so, daß diese Tarifgrenzen nach Tageszeit und Wochentag (Sonntag) nach Sommer und Winter sich ändern können. Das ist selbstverständlich, da die Stromlieferanten an einem Sommersonntag froh sind, Belastung zu bekommen, während an einem Winterabend jedes Kilowatt mehr weniger gern gesehen wird, wenn es nur dann anfällt. Es werden daher solche Regler zweckmäßig so gebaut, daß die Maßzahl, auf die sie regulieren, sich nach der Zeit selbsttätig ändert oder sich von Hand einstellen läßt.

Es wurde hier absichtlich das Wort Maßzahl als allgemeine Bezeichnung gewählt, weil die Tarife oft ähnliche, wenn auch längst geldlich nicht so entscheidende Bedingungen für Blindleistungslieferung bzw. das Einhalten der Phasenverschiebung bei einer bestimmten Energielieferung enthalten, Bedingungen, die ebenfalls durch Regelverfahren eingehalten werden können.

Eine andere Anwendung der Regler ist das Regeln der Last des Großkonsumenten selbst aus Tarifgründen auch dann, wenn er selbst keine eigenen Erzeugermaschinen besitzt. Das Verfahren wurde vom Verfasser vor Jahren einmal schon unter der Bezeichnung „Selbsttätige Entlastung" vom Standpunkt der Störung der Energiezufuhr behandelt und die Mittel angegeben, die geeignet sind, durch Lastreduktion des Abnehmers selbst den völligen Energielieferungszusammenbruch des Elektrizitätswerkes zu vermeiden. Selbstverständlich kann auch der Maximumtarif für einen Abnehmer der Grund sein, zu gewissen Zeiten eine Lastreduktion vorzunehmen, um keine unnötig hohen Strompreise bezahlen zu müssen.

Häufig genügt nämlich das Anhalten einiger weniger Motoren für einige Minuten, um das Überschreiten eines festgelegten Maximumtarifes zu verhindern.

Da nun in fast jedem durchlaufenden Betriebe gewisse Raststellen des Warenlaufes in den Fabrikationsvorgang eingeschaltet sind, um Stockungen des ganzen Betriebes durch Zufälle zu vermeiden, so ist es auch möglich, an diesen Punkten die Betriebsmotoren kurze Zeit ohne Störung des Fabrikationsvorganges stillzusetzen, um Tarifüberschreitungen zu vermeiden.

Da nun sehr häufig an den Anfangsstadien des herzustellenden Gutes auch die größten Motoren stehen, ist das genannte Prinzip der selbsttätigen Entlastung auf der genannten Grundlage auch relativ leicht und erfolgreich durchzuführen, wenn man die Verhältnisse genauer studiert.

Es seien einige Beispiele genannt: Die Zementindustrie beginnt mit dem Mahlen der Steine und der Kohle, welch' beide Mahlgänge auf Silos arbeiten. Dann zieht sich der Fabrikationsvorgang in den Brennöfen zusammen, um sich dann wieder bei den Zementmühlen zu erweitern, worauf den Packräumen wieder Silos vorgeschaltet sind. Die meisten Motoren sind in der Größenordnung von ca. 200 PS.

Man sieht ohne weiteres, daß ohne Schädigung des Fabrikationsprozesses einige der Motoren kurzzeitig stillgesetzt werden können.

Ähnlich liegen die Verhältnisse bei der Papierfabrikation, wo der Prozeß ebenfalls mit Zerkleinerungsmaschinen und großen Rührwerken mit Kocheinrichtungen beginnt; auch sind bei diesem Prozeß größere Leistungen für das Wasserpumpen auf Behälter notwendig.

In Eisenkonstruktionswerkstätten arbeiten Druckluftkompressoren auf Windkessel für den Betrieb von Preßluftwerkzeuge, Ventilatoren für Gebläse, ja auch elektrische Glüh- und Schmelzöfen sind vorhanden, deren Stillsetzen auf einige Minuten zulässig ist.

Man könnte dem entgegenstellen, daß es einfacher und sicherer ist, den Grundtarif höher zu wählen und dadurch solche Abschaltungen unnötig zu machen. Demgegenüber steht aber wieder die Forderung der Elektrizitätswerke nach einer Mindestabnahme an Kilowattstunden. Es würde sich also der Tarif wieder dann erhöhen, wenn bei Konjunkturschwankungen diese Mindestabnahme nicht zu erreichen ist.

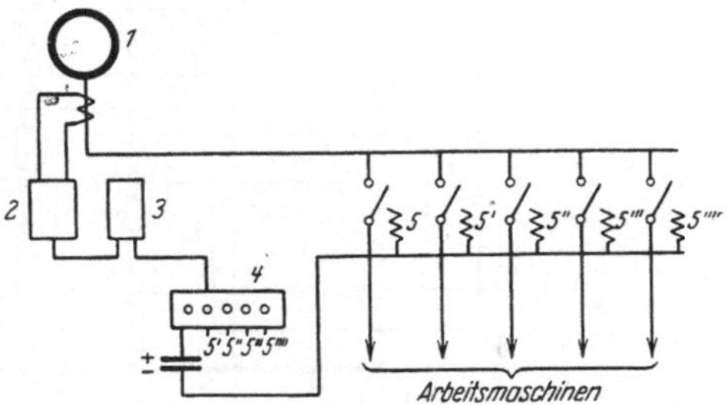

Abb. 105. Selbsttätige Entlastung.

1 = Generator.
2 = Leistungs- oder Arbeitsmesser.
3 = Zeitrelais mit n Zeitstufen.
4 = Wahlschalter.
5—5'''' = Arbeitsmaschinen mit Auslösern.

Es gibt heute zwei Arten von Apparaten, die für solche Regulierungen geeignet sind. Die eine Art besteht in einem einfachen Kontaktwattmeter mit auf verschiedene Leistungswerte einstellbarem Kontakt und einer Anzahl von diesem gesteuerter Verzögerungsrelais, die auf verschiedene Zeiten eingestellt sind, und die direkt oder über Hilfsleitungen nacheinander die verschiedenen Motore ausschalten. Das Wiedereinschalten erfolgt von Hand oder automatisch, wenn es für die Betriebsweise zweckmäßiger ist. Häufig ist noch eine Stöpselvorrichtung vorgesehen, die die Reihenfolge der Abschaltungen zu ändern gestattet, Abb. 105.

Eine etwas weitergehende Ausführung macht die Möglichkeit des Abschaltens davon abhängig, ob der betreffende Motor auch so stark belastet ist, daß es sich lohnt, ihn abzuschalten.

In diesen Fällen wird der Auslösekreis der Zeitrelais nur dann wirksam, wenn ein Stromrelais, das in der Motorleitung liegt, geschlossen ist; diese Relais werden auf etwa $^1/_4$ oder $^1/_2$ Last eingestellt, Abb. 106.

Diese beiden Einrichtungen werden den Tarifbedingungen insofern nicht ganz gerecht, als sie nicht berücksichtigen, daß es nicht nötig ist, die Maximalleistung auf einen bestimmten Wert unter allen Umständen zu begrenzen, sondern daß es sich ja darum handelt, in einer gewissen Zeit, meist in einer Viertelstunde, nicht mehr als eine bestimmte Zahl von Kilowattstunden zu verbrauchen. Diesen Bedingungen vollkommen gerecht zu werden, d. h. den Tarif auch in diesem Freiheitsgrad voll auszunutzen, ist insofern schwierig, als der Apparat nicht weiß, wie die Lastkurve in der vom Zähler ja willkürlich gegriffenen Zeit verlaufen

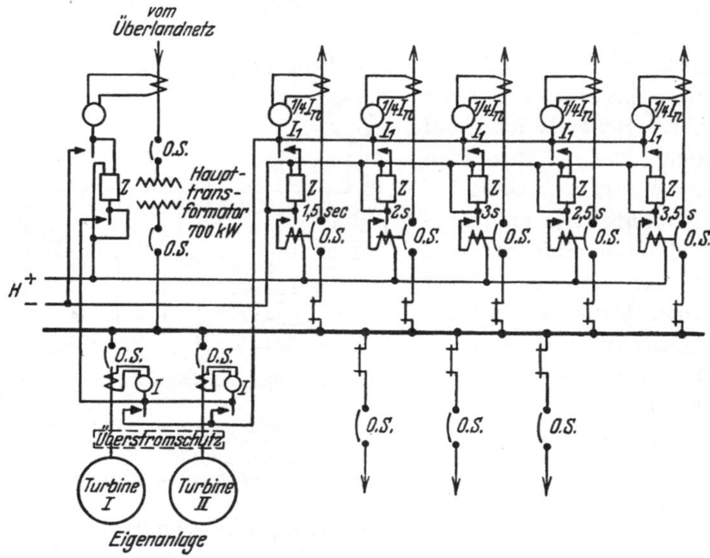

Abb. 106. Schema der selbsttätigen Entlastung einer Zementfabrik mit Fremdstrom und Selbstversorgung. Unter Prüfung des Belastungszustandes der einzelnen Motoren.

wird, so daß er nicht sagen kann, wann und wie stark er drosseln muß, um den Grenzwert nicht zu überschreiten. Immerhin kann man die Regler so bauen, daß sie automatisch beobachten, von wann ab innerhalb der Viertelstunde sie die gesamte abschaltbare Last abschalten müßten, wenn der Betrieb so weiterliefe, wie er bis zu diesem Augenblick verlaufen ist.

Wir kommen von diesem engeren Aufgabenkreis auf einen weiteren von selbst, und zwar dann, wenn die Energie nicht an einer Stelle übergeben wird, sondern von mehreren Übergabepunkten geliefert wird, so daß die Summenleistung ermittelt werden muß, nach der die Verrechnung erfolgt. Man kommt damit zur Fernregulierung. Die praktisch zu lösenden Aufgaben können ganz verschieden liegen, es kann so sein, daß die Einzelmeßwerte nach der Regulierstelle hin übertragen werden

und dort summiert werden. Es kann sein, daß nur der Summenwert nach
der Regulierstelle zu übertragen ist, weil die Summe an einen anderen
Ort gebildet wird.

Die Verhältnisse können aber auch so liegen, daß es günstig ist, den
Regulierapparat an einem neutralen Ort aufzustellen und nur die Re-
gulierimpulse zu übertragen.

In großem Ausmaß bezüglich der zu regelnden Energiemengen und
der auszutauschenden Geldwerte, wie auch der zu überbrückenden Entfernungen, treten diese Probleme natürlich dann auf, wenn es sich um
den Energieaustausch zwischen Großkraftnetzen handelt, und sind hier
besonders wichtig und eine gute Lösung besonders wertvoll.

Ein anderes Großproblem möchte man es nennen, das man ebenfalls
durch Regelapparate zu lösen bestrebt ist, ist das Verteilen der Grundlast und der Spitzenlast auf die verschiedenen Kraftwerke oder Maschinen ein und desselben Unternehmens.

Man will hier so vorgehen, daß man aus den früher schon genannten
Gründen die Öldruckgeschwindigkeitsregler der Kraftmaschinen unempfindlich einstellt, so daß sie im wesentlichen nur noch als Sicher-
heitsregler arbeiten und die Maschinen mit elektrischen Leistungsreglern
und elektrischen Frequenzreglern ausrüsten. Diese Regler sollen gegeneinander automatisch oder auch von Hand ausgetauscht werden können.
Außerdem muß natürlich die Größe der Leistung, auf die reguliert wird,
von Hand oder automatisch geändert werden können. Da nun in jedem
Netz nach dem Leistungsbedarf des Vortages und den anderen Umständen, wie Wetter, Konjunktur, Wasserverhältnissen usw. die Lastverteilung für den kommenden Tag festgelegt wird, wird der Leistungsregler entsprechend dieser Verteilung an den verschiedenen Maschinen
entsprechend eingestellt und über den Tagesverlauf gemäß der erwarteten
Lastkurve geändert. Da nun die Vorausberechnung nicht mit dem
wahren Bedarf übereinstimmen kann, wird von vornherein ein Werk
bestimmt, das diese von vornherein nicht zu erwartende Differenz aufnimmt. Da nun die Netzfrequenz bei dieser Art der Betriebsführung das
einzige Erkennungsmittel für ein „Zuviel" oder „Zuwenig" an Antriebs-
energie darstellt, reguliert dieses Werk auf genaue Frequenz. Hält dieses
anfänglich dafür bestimmte Spitzenwerk die Frequenz nicht mehr aufrecht, z. B. weil es voll belastet ist, so macht sich dies in einer Frequenzabsenkung bemerkbar, was die frequenzempfindlichen Organe der anderen Kraftwerke und Maschinen anregt, den Leistungsregler gegen
den Frequenzregler selbsttätig auszutauschen, um nunmehr ihrerseits
statt auf Leistung auf Frequenzhaltung zu regulieren.

Um zu vermeiden, daß es hier, um sich etwas lax auszudrücken, zu
einem Streit zwischen den verschiedenen anderen Reglern bzw. Maschinen kommt, wird diese Umschaltung durch Zeitrelais gestaffelt,

so daß ein Werk nach dem anderen an die Frequenzregulierung herangeht. Selbstverständlich sind die Anordnungen so getroffen, daß die Regulierung auf konstante Frequenz einer Maschine dann wieder abgeschaltet wird, wenn sie vollbelastet ist. Sie reguliert von dann ab wieder auf konstante Leistung, bis sie bei einem Frequenzanstieg entsprechend dem Takt der Zeitrelais wieder dazu kommt, sich durch das Frequenzfahren zu entlasten, und zwar bis zu der ihr fahrplanmäßig zukommenden Grundlast.

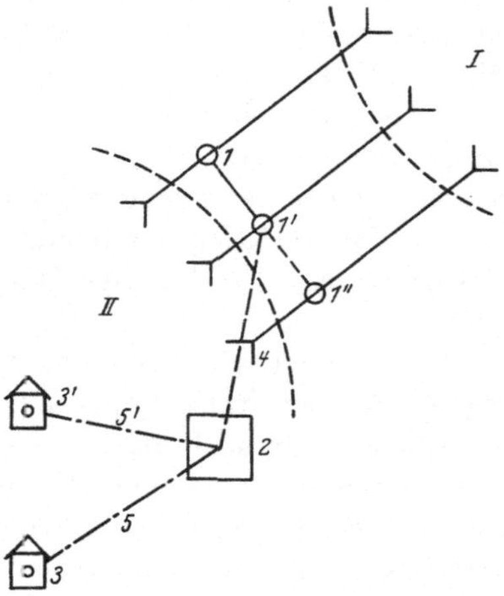

Selbstverständlich spielen bei der Einstellung der Regler und der Zeiten und der Grenzen, zu denen und bis zu denen fernreguliert wird, alle möglichen betrieblichen Überlegungen eine Rolle, wie die Art des Werkes, seine günstigsten Nutzeffektverhältnisse, der Reparaturzustand seiner Betriebsmittel u. a. m.

Diese Methode soll es ermöglichen, an Hand der einzigen an allen Punkten des Netzes vorhandenen Meßgröße, der Frequenz, eine Regulierung derart vorzunehmen, daß alle in den verschiedenen Werken notwendig vorhandenen Betriebsreserven günstig ausgenutzt werden, so daß nicht unbedingt das Spitzenwerk das größte Werk sein muß und dieses

Abb. 107. Fahrplanregelung einer Übergabeleistung.

I = Fremdes Netz.
II = Eigenes Netz.
1—1″ = Übergabemeßpunkte.
2 = Rastverteilerstelle.
3, 3′ = Kraftwerke.
4 = Kanal für die Summe der Übergabeleistungen.
5, 5′ = Kanäle für die Fahrplanwerte.

nicht alle unvorhergesehenen Lastschwankungen aufnehmen muß, also mit großen leer mitlaufenden Reserven belegt, unwirtschaftlich arbeitet.

Diese Lösung ist um so bedeutungsvoller, als man bei dieser Art des Betriebes die Mehrzahl der Maschinen mit ihrem günstigsten Wirkungsgrad, der ja nicht bei Vollast, sondern bei ca. $^3/_4$ Last liegt, arbeiten lassen kann, so daß auf diese Weise die hierin liegenden stillen Reserven der gesamten Kraftanlage günstig ausgenutzt werden können. Denn je größer das Netz ist, um so größer muß nach der früher üblichen Betriebsweise das Spitzenkraftwerk sein, um die prozentischen Fehlkalkulationen des vorausbestimmten Fahrplanes auszugleichen. Diese Methode arbeitet auch bei Maschinenausfall stets so, wie es der Handbetrieb auch nicht anders machen könnte.

Ein Vorteil dieser Methode ist der, daß für dieses Regelverfahren Hilfsleitungen oder Hochfrequenzverbindungen zur Übertragung der einzuregelnden Werte vermieden werden könnten, was doch sicher die

Zuverlässigkeit der Einrichtungen erhöht und auch den apparativen Teil verbilligt. Allerdings erhält man diese Vorteile nur dann, wenn es sich um das eigene Netz handelt. Soll dieses Verfahren auch Verrechnungs- und Tarifgrenzen beherrschen, so muß an den Übergabepunkten gemessen und der Meßwert fernübertragen werden. Es muß daher das Führerkraftwerk des liefernden Netzes unter Berücksichtigung des Übergabewertes regulieren. Zweckmäßig ist es, nebenbei gesagt, diesen Übergabemeßwert über die Lastverteilerstelle zu leiten, damit die Übergabeleistung stets überwacht werden kann, Abb. 107.

Erwähnt sei noch, daß man heute auch bemüht ist, Regler dazu zu benutzen, um den Ausgleichstrom zwischen voneinander entfernt-liegenden Maschinen nach Möglichkeit auszuregulieren und so unnötige Leitungsbelastungen zu vermeiden, doch liegen hierüber noch keine Erfahrungen vor.

Nicht erwähnt wurde bisher die Möglichkeit, Fernregler für alle möglichen anderen Zwecke, z. B. zum Konstanthalten der Spannung an Übergabestationen durch Einstellen von Drehreglern u. a. m. zu verwenden. Möglichkeiten, die auf der Hand liegen und deshalb leicht durchzuführen sind, als es nur kleiner Varianten am Meßorgan der Regler selbst bedarf, die mit dem Reglerprinzipien nichts zu tun haben, also auch hier nicht besonders zu beschreiben sind.

C. Allgemeine Fragen der Reglerkonstruktionen.

Wenn wir uns nun den einzelnen Reglerkonstruktionen zuwenden wollen, so müssen wir, um jeweils nur das Typische herausheben zu können, uns erst mit den Hauptpunkten befassen, die bei einer Reglerkonstruktion zu beachten sind.

Allgemein ist für alle Regler eine Frage, die verschiedene Lösungen gefunden hat: Wie dosiert man die Verstellung des Energiezuführungsorganes, so daß kein Überregulieren eintritt? Diese Frage ist deshalb wichtig, weil jede Antriebsmaschine der Verstellung der Energiezufuhrregelung relativ langsam folgt, so daß man mit der Regulierung nicht erst aufhören darf, wenn der Effekt, die volle Einstellung z. B. der Leistungsabgabe, schon erfolgt ist, sondern schon einige Zeit vorher. Diese „Zeit vorher" zu bestimmen, ist Ursache für verschiedene Besonderheiten der Konstruktionen, wenn nicht, was sehr häufig geschieht, einfach so vorgegangen wird, daß man den Regler an sich so langsam arbeiten läßt, daß nie ein Überregulieren eintreten kann. Ein Vorgehen, was auch bestimmte Nachteile bringen kann.

Verschiedenartige Lösungen findet man bei den Frequenzreglern für das Meßorgan der Frequenz, da ein Konstanthalten der Frequenz auf 0,1—0,2 Perioden verlangt wird, eine Genauigkeit, für die die Meßtechnik erst in neuester Zeit Geräte für den praktischen Gebrauch geschaffen hat.

Weiterhin muß doch auch eine relativ hohe Regelgeschwindigkeit erreicht werden. Wie die praktische Erfahrung gezeigt hat, gilt dies für alle Reglerarten. Um das letzte Ziel des Einhaltens einer genauen Frequenz zu erreichen, muß auch bei dem genauesten Frequenzregler ab und zu eine Pendeluhr elektrisch in den Regelvorgang korrigierend eingreifen, will man das Netz über lange Zeiten so konstant halten, daß man Synchronuhren vom Netz aus betreiben kann. Auch hierfür gibt es verschiedene Lösungen, denn die Schwierigkeit liegt hier darin, daß genaue Pendeluhren nicht ohne Einbuße an Zeitgenauigkeit den Energieentzug vertragen, wie ihn z. B. ein Sekundenkontakt von einiger Schaltleistung für sie darstellt.

Sehr wichtig für alle Regler ist die Sicherung der ganzen Anordnungen gegen Ausbleiben der Hilfsstromquellen, Zusammenschweißen von Kontakten, Festfahren des Reguliermotores u. a. m.

Besonders zu beachten ist das Verhalten der Regler bei Störungen im Netz. Hier kann es, wie leicht einzusehen ist, soweit kommen, daß der selbsttätige Regler von sich aus falsche Maßnahmen ergreift. Nur ein Beispiel sei dafür angeführt: Ein Regler, der eine Maschine auf Leistungsabgabe an ein Netz reguliert, zwingt die Maschine zu größter Abgabe, wenn der Ölschalter am anderen Ende der Leitung, in die er eingebaut ist, auslöst. Das ist natürlich eine falsche Maßnahme, er sollte das Gegenteil bewirken. In solchen und ähnlichen Fällen hilft man sich teils so, daß man eine andere Meßgröße, im vorliegenden Fall die Frequenz, als Überwachungsvorgang heranzieht, oder daß man Einrichtungen heranzieht, die den Regler stillsetzen, wenn die plötzliche Änderung der Meßgröße, nach der der Regler regelt, ein bestimmtes der Erfahrung nach mögliches Maß überschreitet.

Da der ganze Öldrucksteuermechanismus der Kraftmaschinen durch das häufige Ansprechen seiner Reguliergruppe häufiger betätigt wird als das bei Handbetrieb der Fall ist, also auch schneller abgenutzt wird, muß wahrscheinlich in dieser Richtung noch einiges an den üblichen Konstruktionen geändert werden.

Ein anderes, sagen wir, Gemeinschaftsproblem für alle Regler ist die Art ihrer Verwendung in den Kraftwerken selbst. Es ist die Frage, soll ein solcher Frequenzregler beim Absinken der Frequenz eine Maschine nach der anderen heraufregeln oder sollen alle laufenden Maschinen zusammen hochreguliert werden. Man findet die eine Methode wie die andere vor, doch scheint das gleichzeitige Regulieren doch mehr Freunde zu gewinnen.

Weitere besondere Konstruktionselemente ergeben die Fahrplansteuerungen, d. h. das Einstellen des Wertes, auf den reguliert werden soll, in Abhängigkeit von der Zeit und die Möglichkeit den Fahrplan leicht ändern oder sofort von Hand eingreifen zu können, sobald die Betriebsweise aus irgendeinem Grund plötzlich umdisponiert werden muß. Die große Bedeutung der Regulierung nach irgendeinem Summenwert wurde schon genannt und als dem Fernmeßproblem nahe verwandt gekennzeichnet. Wollen wir die Regler von dieser Seite betrachten, so müssen wir uns die Grundbedingungen der Fernübertragungsprinzipien aus dem Kapitel über Fernmessung und Fernsteuerung ins Gedächtnis rufen.

Zu überlegen ist bei einer solchen Betrachtung vor allem, ob es günstiger ist, zunächst vom Meßpunkt aus den Meßwert nach der Regelstelle zu übertragen, oder ob man den Meßwert gleich am Meßpunkt in die Steuerimpulse „höher" oder „tiefer" übersetzt, und nur diese in die Ferne leitet. Es scheint auf den ersten Blick, das Letztere zweckmäßiger zu sein, doch ist, wenn wir uns an die Kapitel „Fernmessen" und „Fernsteuern" erinnern, im letzteren Fall dafür zu sorgen, daß diese Kommandos unstörbar gegeben werden müssen, was bekanntlich ganz besondere Maßnahmen nötig macht, während bei einer Meßwertübertragung ein Prinzip gewählt werden kann, das die Zeichen einander schnell folgen läßt. Eine Fehlangabe wird daher so schnell korrigiert, daß die zu regelnde Maschine noch keine, zum mindesten keine den Betrieb störende Fehleinstellung eingenommen hat. Außerdem müßten die Regelimpulse, wenn sie aus der Ferne gegeben werden, außerdem noch derart gesichert werden, daß ihr längeres Ausbleiben nicht unter allen Umständen von der Regelapparatur nicht derart gewertet werden, als ob eben alles in bester Ordnung und kein Nachregeln nötig sei, sondern daß auch als Ursache eine Verbindungsunterbrechung vorliegen kann. Die Fernübertragung der Regelimpulse muß also zum mindesten z. B. nach Art eines überwachten Ruhestromprinzips geschehen.

Zum Schluß muß man sich vergegenwärtigen, daß es sich bei der Übertragung von Meßwerten immer nur um e i n e zu übertragende Größe handelt, während die Übertragung der Kommandos „höher" bzw. „tiefer" z w e i e r unterscheidbarer Zeichen bedarf, was zu aufwendigeren Konstruktionen führt.

Bedenkt man weiter, daß das Sicherheitsgefühl des Personals sicher gestärkt wird, wenn der Wert, der automatisch geregelt wird, auch in der Nähe der Kraftmaschinen abzulesen ist, so scheint es zum mindesten nicht unzweckmäßig, den ersten der genannten Wege einzuschlagen, d. h. den Meßwert nach der Regelstelle zu übertragen und dort erst die Regulierstromstöße für die Kraftmaschinen sich bilden zu lassen, vorausgesetzt, daß die Ableitung der Regulierung unter Umgehen besonders empfindlicher Meßinstrumente gelingt, so daß diese keine Unsicherheit in den Betrieb des Reglers hineinbringen, dann ergibt sich eine sicherere und einfachere Übertragung, als wenn man nur die Regelkommandos überträgt.

Praktische Erfahrungen, ob das eine oder das andere besser ist, liegen zur Zeit noch nicht in großem Maßstabe vor, aber es sei gesagt, daß bei den meisten bekannten Verfahren der Meßwertübertragung die Regelimpulse erst aus der Apparatur am Empfangsort für die Regelung abgeleitet werden.

Im folgenden werden nun einige bekanntere Reglerprinzipien beschrieben, die teils universell verwendbar sind, z. B. als Frequenzregler, als Leistungsregler, als Blindleistungs-, Spannungs-, $\cos \varphi$-Regler und als Orts- wie auch als Fernregler und sowohl als Regler für Einzelgrößen wie auch als Regler für Summenwerte. Auch einzelne Spezialregler, die nur für den einen oder anderen Zweck brauchbar sind, sollen gezeigt werden.

Auf dem Gebiet der Frequenzregler speziell sind aus der Fülle der Konstruktionen nur drei herausgegriffen, um hier wieder einmal zu zeigen, wie das Problem immer wieder auf anderem Wege angegriffen wurde, je nach der Art der Konstruktionswerkstätte, die die Bearbeitung in Angriff genommen hat.

Die eine Lösung verwendet ein Zentrifugalpendel, eine andere ein Transversalpendel und eine dritte benutzt elektrische Pendel, d. h. einen elektrischen Schwingungskreis, wie solche ja als Aufbauelement elektrischer Zeigerfrequenzmesser benutzt werden. In der Aufzählung werden zunächst einige universell anwendbare Regler besprochen und dann noch einige Spezialregler, die einige Bedeutung erlangt haben, kurz beschrieben.

Beispiel 1.

Eine Firma bringt einen Universalregler, der nicht nur universell ist in Beziehung auf die Meßgrößen, die geregelt werden soll, sondern der durch Anbringen einfacher Zusatzteile als Fernregler verwendet werden kann. Er benutzt zum Erkennen der Meßgröße dieselben Organe, die auch bei der Impulsfrequenzfernmessung als Sender benutzt werden. Es sind also alle Kombinationen möglich, die wir bei dieser Übertragungsmethode kennengelernt haben, vor allem die Ableitung der Regelung von einem Summenwert.

Das Grundprinzip ist folgendes: Die Stromstöße, die die zählerähnlichen Sender liefern, werden an der Empfangsstelle durch Relais zu Polwechseln umgeformt, genau wie wir das beim Besprechen der Empfangsseite der Impulsfrequenzfernmeßmethode kennengelernt haben, nur arbeiten die Polwender nicht auf Kondensatoren, sondern auf magnetische Fortschaltwerke, ähnlich denen, die bei den elektrischen Nebenuhren üblich sind. Es wird durch diese Fortschaltwerke ohne besonderer mechanischer Teile, wie Klinken und ähnliches, eine ruckweise Drehbewegung erzeugt.

Setzt man dieser Drehbewegung, deren Drehgeschwindigkeit proportional der Meßgröße ist, eine andere Drehbewegung entgegen, die dem Wert, auf den geregelt werden soll, proportional ist, so kann aus der Differenz der Drehzahlen geschlossen werden, daß eine Änderung in der Regulierung der zu überwachenden Größe nötig ist. Ordnet man z. B. die Wellen mit ihren Konstruktionsteilen nach Abb. 108 an, so tritt bei einer Drehzahldifferenz zwischen beiden Wellen ein Berühren des Mittel-

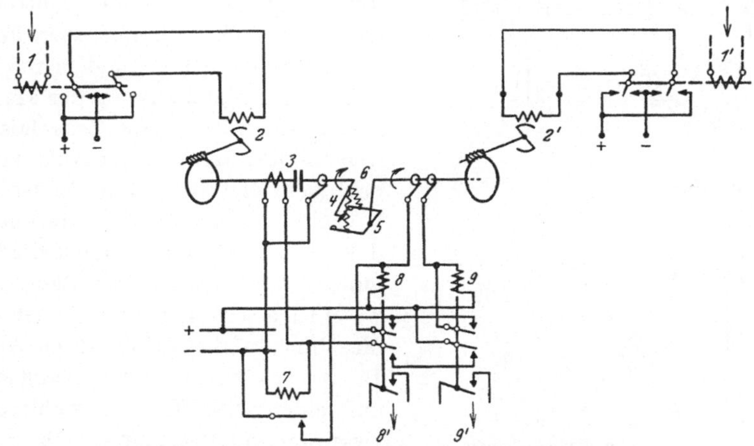

Abb. 108. Universalregler nach dem Impulsfrequenzverfahren.

1 = Empfangsrelais des Senders (Istwert),
1' = Empfangsrelais für den Sollwert.
2, 2' = Fortschaltewerke mit permanenten Magneten.
3 = Magnetische Kupplung.
4 = Mittelarm.
5 = Gabelarm.
6 = Rückzugsfedern.
7 = Zeitrelais, das die Regulierdauer je Kontaktgabe zwischen 4, 6 bestimmt.
8, 9 = Zwischenrelais.
8', 9' = Kontakte für den Steuermotor der Energiezufuhrregulierung.

kontaktes mit der Gabel rechts oder links ein, und es kann eine Regulierung in der einen oder anderen Richtung stattfinden. Da eine solche Anordnung ein Überregulieren verursachen würde, ist auf der einen Seite eine magnetische Kupplung eingebaut und außerdem der Mittelkontakt durch Federn mit beiden Zinken der Kontaktgabel verbunden. Die Schaltung ist nun so getroffen, daß die magnetische Kupplung gelöst wird, sobald sich die Kontakte berühren; löst sich die magnetische Kupplung, so springt der Mittelkontakt wieder unter Einfluß der Federn in die Mittellage zurück. Außerdem wird durch die kurze Berührung ein zahnräderloses Zeitrelais angeworfen, das nun, obgleich es nur ganz kurz erregt gewesen ist, eine bestimmte Zeit den Steuermotor des Regulierorganes für die zu messende Größe laufen läßt und es dann wieder stillsetzt. Dieses Relais ist gleichzeitig so gebaut, daß es immer eines neuen Stromstoßes bedarf um abzulaufen, so daß also auch dann, wenn die Reglerkontakte zusammenschweißen sollten, kein dauerndes Regeln eintreten kann.

Es ist klar, daß es um so schneller zu einer Berührung mit einem der Gabelkontakte kommt, je größer der Geschwindigkeitsunterschied der beiden Wellen ist, also je größer die Abweichung zwischen Ist- und Sollwert ist, wenn wir so den tatsächlichen Wert und den Wert, den man eingehalten wissen möchte, bezeichnet. Durch Einstellen der Gabelweite und Einstellen der Zeitrelais hat man die Regulierung nach Feinheit des Ansprechens und Schnelligkeit des Eingreifens in der Hand. Neuerdings wird dieses Zeitrelais so ausgebildet, daß es seine Ablaufzeit, nach dem Zeitabstand zweier Gabelkontaktschlüsse einstellt. Je kürzer dieser Abstand, um so länger die Regulierdauer. Man erhält damit ein wesentlich schnelleres Einspielen der Maschine auf den gewünschten Wert. In der praktischen Ausführung sind auf beiden Seiten Zähler gewählt, und zwar für den Istwert ein Gleichstromamperstundenzähler mit Weicheisenmagneten, der also wie früher als Summensender bei der Impulsfrequenzmethode beschrieben, spannungsunabhängig ist. Seine Drehzahl kann durch einen Vorwiderstand einreguliert werden. Wird dieser Vorwiderstand von einer Uhr verstellt, so erhält man einen Fahrplanregler.

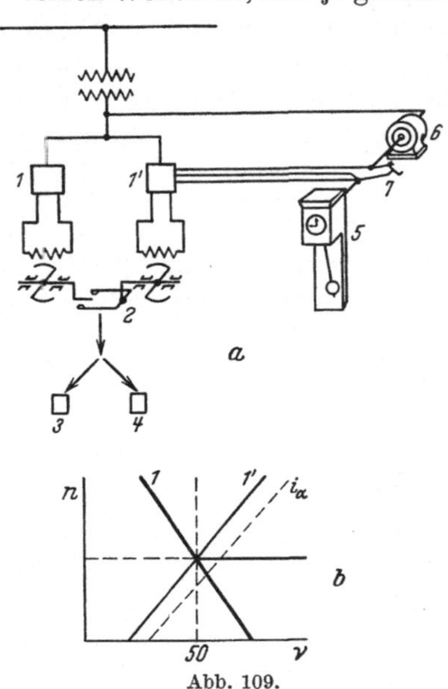

Abb. 109.

a Wirkungsschema eines Frequenzreglers mit Uhrzeitkorrektur.

1, 1' = Frequenzabhängig rotierende Organe mit Kontakten.
  2 = Universalregler nach Abb. 108.
3, 4 = Steuerrelais für die Energiezufuhr.
  5 = Pendeluhr.
  6 = Synchronmotor.
  7 = Differenzkontaktwerk, das *1'* etwas verstimmt.

b Diagramm n/v der frequenzabhängig rotierenden Organe.

n = Drehzahl.
v = Frequenz.
1 = Kennlinie des Organs *1*.
1' = Kennlinie des Organs *1'*.
i_α = Verschobene Kennlinie durch Eingreifen des Uhrkontakts.

Auch als Regler für konstante Phasenverschiebung kann eine solche Einrichtung verwendet werden, indem man auf die eine Seite des Reglers einen Wirkleistungszähler und auf der anderen Seite einen Blindleistungszähler setzt und die Drehzahlen durch eine Übersetzung auf der einen Seite in ein bestimmtes Verhältnis zueinander setzt. Ein solcher Regler arbeitet dann auf tg φ = konstant.

Als Frequenzregler mit e l e k t r i s c h e m Pendel wird folgende besondere Konstruktion für die Antriebseinrichtung verwendet, da ein einfacher Synchronmotorantrieb bei geringen Drehzahldifferenzen, also

Abweichungen von der Sollfrequenz, zu seltene Regeleingriffe herbeiführen würde. Die frequenzempfindlichen Organe auf beiden Seiten sind Zähler, die durch Zusammenschalten mit Schwingungskreisen sehr empfindlich gegen Frequenzschwankungen gemacht werden. Die Charakteristiken beider sind möglichst steil und entgegengesetzt gerichtet gelegt, so daß kleine Frequenzänderungen schon eine starke Verlagerung ihres Schnittpunktes ergeben.

Der Uhreingriff, falls zeitgenaue Frequenzeinhaltung gewünscht wird, wird von der Gangdifferenz zwischen einer Synchronuhr und einer Pendeluhr abgeleitet und kommt durch kurzzeitiges Verstimmen eines der elektrischen Schwingungskreise der rotierenden Frequenzmesser zur Wirkung, Abb. 109.

Beispiel 2.

Dieser Regler wird als Ortsregler und als Fernregler gebaut. Das Ausgangsorgan ist ein Differentialmeßwerk, bei dem das Drehmoment z. B. eines Ferraris-Leistungsmessers dem eines Drehspulsystems entgegenwirkt, ähnliche Kombinationen haben wir bereits bei den mechanischen Kompensationsfernmeßverfahren kennengelernt.

Das Drehspulmeßwerk wird von einer Gleichstromquelle unter Zwischenschalten eines Regulierwiderstandes gespeist. Der Widerstand kann von Hand oder nach der Uhrzeit automatisch verstellt werden. In diesem Stromkreis befindet sich noch ein zweiter Regulierwiderstand, der von einem zweiten Apparat, über den noch zu sprechen ist, verstellt wird. Kommt das Differentialmeßwerk durch einen Belastungsstoß aus dem Gleichgewicht, so schließt es den einen von zwei Kontakten, der über Zwischenschütze den Rechts- oder Linkslauf des Drehzahlverstellmotors veranlaßt. Gleichzeitig wird ein Relais mit Zeitverzögerung unter Strom gesetzt, das einen Widerstand verstellt, der, wie schon erwähnt, im Gleichstromteil des Differentialrelais liegt, und zwar verstellt dieses Relais den Widerstand so, daß es dem Differentialrelais ein vorzeitiges Erreichen der Gleichgewichtslage vortäuscht, Abb. 110.

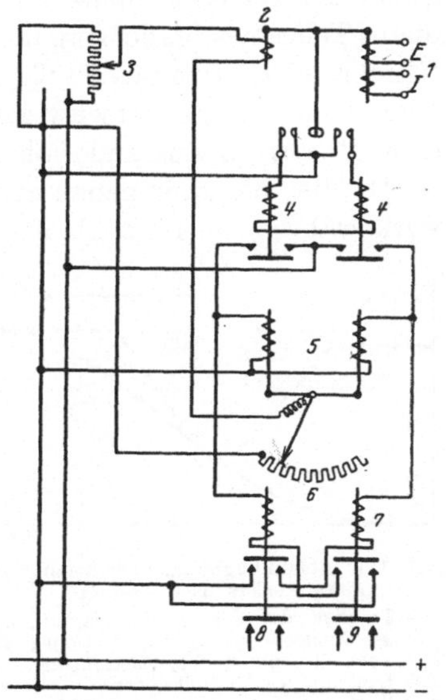

Abb. 110. Leistungsregler. Grundschema.
1 = Meßwerk.
2 = Kompensationsglied.
3 = Empfindlichkeitseinstellung (Fahrplan).
4 = Umsteuerrelais.
5 = Rückführungsapparat.
6 = Verstellwiderstand von 5.
7 = Hilfsrelais.
8 = Reguliermotor — Rechtslauf.
9 = Reguliermotor — Linkslauf.

Durch diese Anordnung soll erreicht werden, daß die Maschine sich pendelungsfrei auf den neuen Wert einstellt, indem der Verstellmotor für die Energiezufuhr eher zur Ruhe kommen, als die Turbinenleistung die richtige Einstellung erreicht hat. Durch die nachträgliche Änderung der Maschinenleistung infolge ihrer eigenen Trägheit wird bei richtiger Anpassung der Verzögerungsorgane an die Verhältnisse genau der richtige einzustellende Wert erreicht. Damit nun während dieses Teiles des Steuervorganges die Steuerwaage nicht wieder aus dem Gleichgewicht kommt, muß die Fälschung des Sollwertes genau in demselben Tempo verschwinden, in dem sich die Maschinenleistung dem Beharrungszustand nähert.

Da dies nie ganz genau zu erreichen ist, muß das Differentialmeßwerk während des Rücklaufes des Zeitrelais, das den Vorschaltwiderstand ändert, einige Zeit darüber hinaus gesperrt werden. Geschieht dies, so ist es gleichgültig, in welcher Zeit oder Form diese Rückführung verschwindet, wenn nur nach dem Aufheben der Sperrung auch die Rückführung beendet ist, und die Leistung der Maschine ihren Beharrungswert erreicht hat, Abb. 111. Es ist klar, daß das Zeitrelais, das den Fälschungswiderstand verstellt, verschiedenartig einstellbar sein muß,

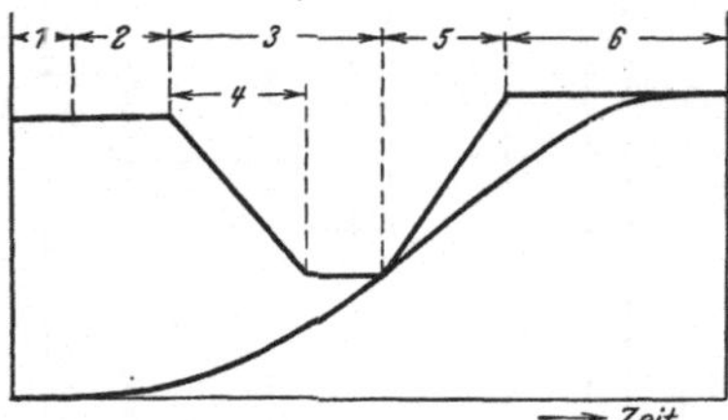

Abb. 111. Ablaufdiagramm einer Regulierung eines Reglers nach Abb. 110.

1 = Trägheit der Fernmeßübertragung und der Steuerwaage (Kompensationsglied).
2 = Tote Vorlaufzeit der Rückführung.
3 = Laufzeit des Verstellmotors.
4 = Wirksame Laufzeiten der Rückführung.
5 = Rücklauf der Rückführung.
6 = Tote Rücklaufzeit der Rückführung.

und zwar nach Widerstandsänderung und nach Laufzeit und Sperrzeit, um eine Anpassung an die Eigenschaften der Maschine zu erreichen. Wieweit letzteres möglich ist, ist fraglich.

In der praktischen Ausführung besteht dieses Organ aus einem ständig laufenden Motor, der ein Differentialgetriebe in Rotation versetzt. An dem Mittelrad ist der Schleifkontakt eines Widerstandes befestigt, und durch eine magnetisch-mechanische Einrichtung wird bald das eine oder das andere Hauptrad festgehalten, wodurch das Mittelrad nach links oder nach rechts dreht (siehe S. 38).

Um den Apparat bei starken plötzlichen Abweichungen, wie sie z. B. durch Auslösen des Hauptschalters oder durch eine Störung in der Hilfsleitungsanlage vorkommen können, stillzusetzen, ist ein zweites Differentialmeßwerk mit dem ersten in Reihe geschaltet, das entsprechend grob eingestellt ist und das Abschalten übernimmt. Die sonstigen Sicherheitsvorrichtungen führen nur ein Warnen, aber nicht ein Stillsetzen des Reglers herbei.

Sollen mehrere Maschinen gleichzeitig reguliert werden, so nimmt man an, daß Nebenschlußantriebsmotoren für die Energiezufuhrventile und die verschiedene Charakteristik der Maschine nicht viel ausmachen. Es ist sehr zu bezweifeln, ob diese Annahme richtig ist.

Handelt es sich um den Ausbau dieser Konstruktion als Fernregler, so wird der Drehstromleistungsmesser des Differentialmeßwerkes durch ein Gerät ersetzt, das unter Einfluß der Fernmeßströme die nötigen Drehmomente entwickelt.

Beispiel 3.

Ein Regler nach dem Impulszeitverfahren siehe Kapitel Fernmeßgeräte.

Wir erinnern uns, daß dieses Fernmeßverfahren so ausgebildet werden kann, daß die Zeitdauer des auf die Fernleitung gegebenen Impulses ein Maß für den Meßwert darstellt.

Läßt man nun den sog. Istwert und den Sollwert durch solche Sendeinstrumente in Stromstöße umwandeln und führt die Stromstöße, die jedes Gerät gibt, auf je 1 Relais, das einen Ruhe und einen Arbeitskontakt in der Schaltung, Abb. 112, betätigt, so erhält man je nachdem, ob der Stromstoß des Ist- oder des Sollwertinstrumentes länger ist, ein Schließen des einen oder anderen Stromkreises, und zwar von einer Dauer, die der Differenz zwischen Ist- und Sollwert entspricht; die beiden Stromstöße werden in bekannter Weise benutzt, um den Steuermotor des Kraftzufuhrventils in der einen oder anderen Richtung zu drehen. Ein Pendeln schließt auch diese Methode an sich nicht unbedingt aus, da ja keine Proportionalität zwischen Stromstoßdauer und Ventilöffnungszeit gegeben ist. Wie das Fernmeßverfahren, von dem er abgeleitet ist, ist auch dieser Regler universell als Orts- und als Fernregler brauchbar, auch können entsprechend alle Größen zur Regulierung herangezogen werden.

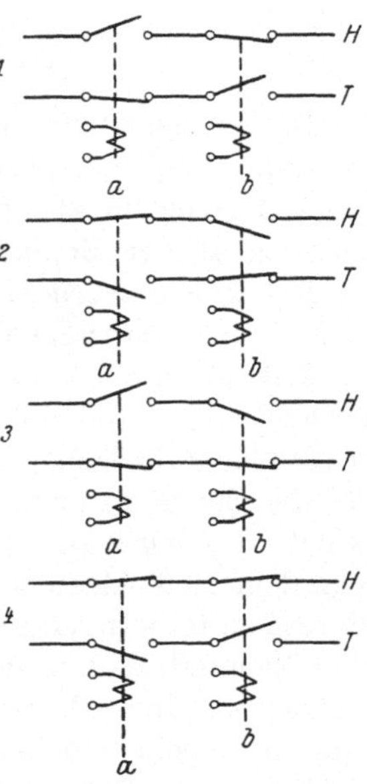

Abb. 112. Grundschema eines Reglers nach dem Impulszeitverfahren.

H = Stromkreis für Rechtslauf des Steuermotors (Höher).
T = Stromkreis für Linkslauf des Steuermotors (Tiefer).
a = Relais vom Sollwertgeber gesteuert.
b = Relais vom Istwertgeber gesteuert.

1 Beide Relais stromlos, der Steuermotor steht.
2 Beide Relais sind angezogen, der Steuermotor steht.
3 Das Relais a läßt los, weil der Stromimpuls des Sollwertgebers aufgehört hat. Das Relais b ist noch angezogen, Istwert zu hoch, die Tiefersteuerung setzt ein.
4 Das Relais a ist noch fest, weil der Stromimpuls des Sollwertgebers noch besteht. Das Relais b hat bereits losgelassen, weil der Istwert schon erreicht ist, die Höhersteuerung setzt ein.

D. Universalregler für beliebige Regelgrößen, die zur Übertragung auf größere Entfernungen weniger geeignet sind.

Beispiel 1.

Ein bezüglich des Eingriffes in bestimmten Takten dem vorhergehenden ähnliches aber sonst wesentlich abweichendes Reglerprinzip, das universell für alle zu regelnden Größen anwendbar ist, ergibt sich aus dem in der Meßinstrumententechnik bekannten Fallbügelprinzip.

Der Zeiger irgendeines Meßinstrumentes, z. B. eines Wattmeters, Voltmeters, Amperemeters oder eines Frequenzmessers, wird von Zeit zu Zeit durch einen Fallbügel auf eine Kontaktbank gedrückt. Diese enthält rechts und links von einem Leerkontakt zunächst prinzipiell je eine Kontaktfläche, die den Rechts- oder Linkslauf des Steuermotors für die Energiezufuhr zur Antriebsmaschine so lange veranlassen kann, wie der Fallbügel aufgelegt ist. Eine solche Anordnung gibt zwar, ohne von dem Meßinstrument mehr als das normale Drehmoment solcher Geräte zu fordern, eine sehr hohe Schaltleistung der Kontakte, hat aber den Nachteil, daß es nicht möglich ist, einen solchen Regler auf alle Betriebszustände abzustimmen. Er wird bei großen Laständerungen zu langsam regeln und bei kleinen Laständerungen zu leicht überregeln.

Die Kontaktbank wird daher in der praktischen Ausführung rechts und links vom Leerkontakt in einzelne Lamellen aufgelöst, diese sind mit einzelnen Kontaktscheiben verbunden, die auf einer gemeinsamen Welle aufgereiht sind. Diese Kontaktscheiben bestehen zum Teil aus Isoliermaterial, zum Teil aus Metall.

Die dem Leerkontakt am nächsten liegende Kontaktscheibe hat den kürzesten Metallbelag, die nächste einen längeren, die nächste einen noch längeren. Insgesamt sind 6 Kontaktscheiben aufgereiht. Eine siebente Scheibe steuert den Fallbügel. Diese Anordnung wird von einem Gleichstromnebenschlußmotor angetrieben. Legt sich nun der Fallbügel auf, und hat dabei der Zeiger eine große Abweichung vom Sollwert, also vom Leerkontakt, so läuft der Steuermotor eine lange Zeit und führt eine große Verstellung des Energiezuflusses herbei. Ist die Abweichung geringer, so ist auch die Dauer des Reguliereinflusses geringer und bei nur kleinen Abweichungen ist er ganz gering.

Die Kontaktbank und damit der Wert, auf dem geregelt werden soll, kann durch einen Handgriff verstellt werden. Ebenso kann die Drehzahl des Motors eingestellt werden, um die Häufigkeit des Eingriffes dem Betriebe anzupassen. Normalerweise erfolgt alle 6 Sekunden ein Niederlegen des Fallbügels.

In der praktischen Ausführung sind statt der Kontaktscheiben Nockenscheiben angewendet, was sauberere Kontaktverhältnisse ergibt

als wenn man Schleifringe verwendet, das Verstellen der Nocken gegen
den des Zeitbegrenzers gestattet die Eingriffzeiten je Stufe zu ändern,
Abb. 113.

Handelt es sich statt eines Motorantriebes für die Energiesteuerung
um einen Klinkwerksantrieb der Ventilspindel, so werden die Nockenscheiben mit 1, 2 oder 3 einzelnen Nocken ausgeführt, so daß sich bei
einem Fallbügelniederdrücken 1, 2 oder 3 Stromstöße ergeben, die 1, 2
oder 3 Klinkwerksschritten entsprechen.

Der Zeiger des Anzeigeinstrumentes ist sichtbar angeordnet und der
Leerkontakt durch eine rote Marke bezeichnet, so daß man stets aus der
mehr oder weniger guten Dek-
kung des Zeigers mit der Marke
das richtige Arbeiten des Reglers erkennen kann.

Um zu verhindern, daß durch
Hängenbleiben des Fallbügels
oder Stehenbleiben des Antriebs-
motors gerade in der Kontakt-
stellung der Nockenscheiben ein
Überregulieren entsteht, was
auch dann nicht sicher zu verhindern ist, wenn man ohne Zwi-
schensicherungen die Einrichtung an dieselbe Stromquelle
legt, wie den Antriebsmotor für
die Steuerung, ist diesem Antriebsmotor ein nur aus einer
Dämpferscheibe mit Anzugsfe-
der bestehendes Zeitrelais vorgeschaltet, das den Dauerstrom-

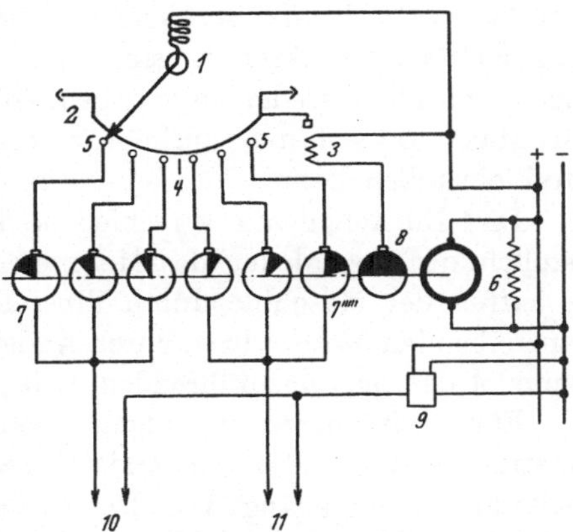

Abb. 113. Grundschema eines Universalreglers.

1 = Meßwerk.	8 = Kontaktscheibe für Fallbügel.
2 = Fallbügel.	
3 = Fallbügelbe-	9 = Kontrollzeit-
tätigung.	relais.
4 = Leerkontakt.	10 = Verstellmotor —
5 = Kontakte.	Rechtslauf.
6 = Motor.	11 = Verstellmotor —
7—7'''' = Kontaktscheiben.	Linkslauf.

kreis öffnet, sobald eine Dauer eines Regulierimpulses auftritt, die
merklich länger ist, als die für den Apparat vorgesehene. Natürlich sind
außerdem die nötigen Alarmvorrichtungen vorhanden, aber als nicht
wesentlich im Bild fortgelassen. Fernübertragungen sind insofern möglich, als das Instrument im Apparat ein Empfangsinstrument einer
Fernübertragungseinrichtung sein kann.

Soll der Regler auf einen Summenwert regulieren, so kann dies dadurch erreicht werden, daß man das in ihm eingebaute Instrument an die
bekannten Wandlersummenschaltungen oder an irgendein Fernmeßverfahren, das für geringe Entfernungen geeignet ist, anschließt.

Eine solche Art, ihn anzuwenden, widerspricht den früher aufgestellten Grundsätzen, so daß der Regler mehr für örtlichen Betrieb
geeignet ist.

Beispiel 2.

Der soeben Besprochenen ähnlich ist folgende Lösung:

Ein Wattmeter oder sonst irgendein Meßinstrument trägt an Stelle des Zeigers ein Kontaktpaar, das eine exzentrisch gelagerte Kontaktwalze, die von einem Motor gedreht wird, umfaßt. Berührt der eine oder andere der beiden Kontakte die Walze im Verlauf ihrer Drehung, so wird der Reguliermotor der Antriebsmaschine des Generators in der einen oder anderen Richtung so lange gedreht, bis die Walze den Kontakt wieder verläßt. Da der Kontaktdruck natürlich nur relativ klein ist, sind noch zwei Elektromagnete vorgesehen, die den Kontaktdruck verstärken, sobald eine Berührung stattgefunden hat. Da diese Magnete im Kontaktstromkreis liegen, wird dieser zusätzliche Kontaktdruck natürlich auch wieder aufgehoben, sobald die spiralförmige Walze den Kontakt von sich aus aufhebt, so daß sich wieder das Meßinstrument frei einstellen kann.

Das Einstellen auf verschiedene Regelwerte geschieht durch Verstellen der Gegenfeder des Meßsystems, das Anpassen an die Eigenschaften der Maschine durch Einstellen der Drehzahl des die Walze antreibenden Motors bzw. durch Ändern der Drehzahl des die Regulierspindel der energiezuführenden Leitung treibenden Motors.

Für Leistungsregulierungen werden eisengeschlossene dynamometrische Wattmeter verwendet, deren beweglicher Teil an Klavierseitendraht aufgehängt ist. Die Ansprechempfindlichkeit wird zu 2% angegeben. Trotz der magnetischen Kontaktverstärkung müssen bei größeren Reguliermotoren Zwischenrelais angewendet werden, was verständlich ist, weil ja der Einschaltestromstoß immer unter schwachem Kontaktdruck vor sich geht, da die mechanische Kontaktverstärkung zeitlich, auch wenn sie noch so schnell arbeitet, dem elektrischen Vorgang nachhinkt. Da es sich um einen Gleitkontakt handelt, muß der Schaltvorgang möglichst funkenlos ablaufen, da ein Rauhwerden der Spiralkurve oder der Kontakte unbedingt zu Schwierigkeiten führen muß.

E. Frequenzregler.

Beispiel 1. Ein Frequenzregler mit Zentrifugalpendel.

Das Ausgangsorgan für die Regelung ist hier ein mechanischer Frequenzmesser. Auf der Achse eines Synchronmotors befindet sich ein Zentrifugalpendel, das als Gegenkraft einen belasteten einarmigen Hebel trägt. Seine Belastung wird, wenn er einen Kontakt schließt, infolge zu großen oder zu kleinen Ausschlages des Zentrifugalpendels, dadurch geändert, daß ein von diesen Kontakten gesteuerter reservierbarer Motor die Gewichtsbelastung dieses Hebels ändert und ihn damit wieder in seine Ruhelage zurückführt. Die Empfindlichkeit der Anordnung soll 0,005 Per. sein, Abb. 114. Die Stellung der Ausgleichsgewichte, die nunmehr der Frequenz proportional ist, wird einerseits registriert und andererseits zur Frequenzregulierung benutzt. Zu diesem Zweck liegt ein von der Stellung der Gegengewichte abhängiges Kontaktpaar zwischen zwei anderen Kontakten, die sich, von einem besonderen Motor über eine Nockenanordnung in Bewegung gesetzt, sich in ständigem Takt voneinander entfernen und einander nähern. Der Takt dieser Bewegung ist 2 Sekunden. Je weiter sich nun die Mittelkontakte aus ihrer Mittellage entfernt haben, um so eher tritt bei der Bewegung der Außenkontakte die Berührung ein und um so länger läuft jeweils der Steuermotor des Energiezuflußventils in der einen oder anderen Richtung.

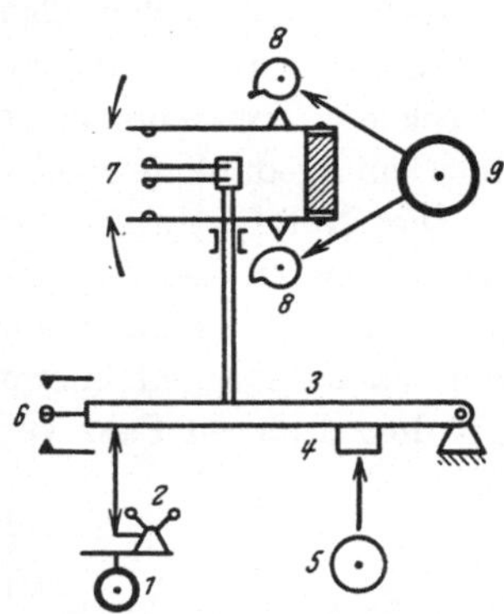

Abb. 114. Grundschema eines mechanischen Frequenzreglers.

1 = Synchronmotor.
2 = Fliehkraftpendel.
3 = Einarmiger Hebel.
4 = Laufgewicht.
5 = Verstellmotor für das Laufgewicht.
6 = Umsteuerkontakte für Motor 5.
7 = Kontaktpaar für den Reguliermotor der Energiezufuhr.
8 = Nockenwellen.
9 = Antriebsmotor für die Nockenwellen.

Um mehrere Maschinen gleichzeitig auf gleiche Frequenz so zu regulieren, daß ihre Lastverschiebung untereinander möglichst gering bleibt, wird der Maschinenstrom der einzelnen Maschinen über je ein Differentialrelais geführt, deren andere Spulen von einem für alle Maschinen gemeinsamen Strom durchflossen werden, in ihrem Stromkreis liegt ein vom Frequenzregler verstellter Regulierwiderstand, Abb. 115. Erst die Kontakte der Differentialrelais steuern die Motoren der Ventilsteuerung der Antriebsmaschinen. Die Differentialrelais sind so geschaltet und abgeglichen, daß bei einer Ver

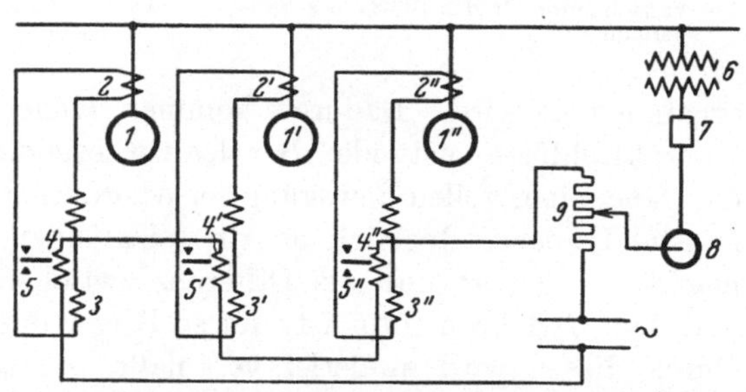

Abb. 115. Grundschema eines Frequenzreglers mehrerer Maschinen.

1, 1', 1'' = Generatoren.
2, 2', 2'' = Stromwandler.
3, 3', 3'' = Stromspulen der Differentialrelais.
4, 4', 4'' = Spannungsspulen der Differentialrelais.
5, 5', 5'' = Umsteuerkontakte der Relais für die Reguliermotoren von 1, 1', 1''.
6 = Spannungswandler.
7 = Frequenzregler nach Abb. 114.
8 = Antriebsmotor für 9.
9 = Regulierwiderstand.

minderung des Hauptregulierwiderstandes dasjenige Differentialrelais am ehesten anspricht, dessen Strom relativ zu den der anderen Relais bzw. Maschinen am geringsten ist.

Beispiel 2. Frequenzregler mit Transversalpendel.

Haben wir bisher das Zentrifugalpendel als Taktgeber kennengelernt, so wird bei der hier zu besprechenden Konstruktion für diesen Zweck ein Transversalpendel verwendet. Im großen und ganzen sind die Grundgedanken wieder ähnliche.

Die Netzfrequenz wird auch hier durch einen Synchronmotor mechanisch in den Apparat eingeführt. Dieser bewegt eine Konstruktion, wie wir sie schon kennen, er bewegt zwei Kontaktpaare auf und ab, von denen das eine früher oder später aufgehalten wird, je nachdem eine mit dem äußeren Paar verbundene Stufenanordnung von einem Fühl-

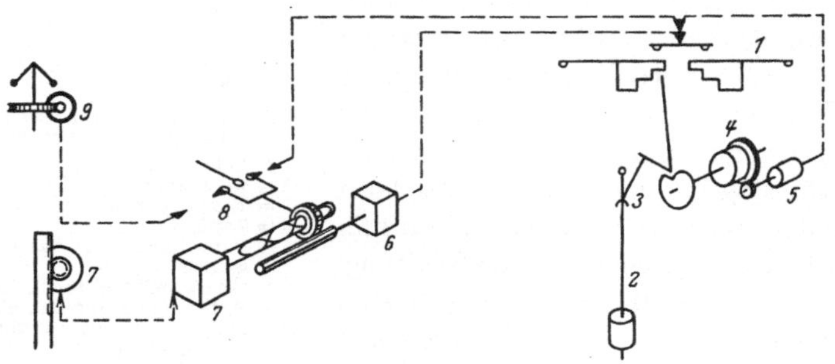

Abb. 116. Wirkungsdiagramm eines Transversalpendelreglers zur Frequenzhaltung.

1 = Taktgeber.
2 = Transversalpendel.
3 = Vergleichsapparat zwischen Pendelstellung und Vektorlage des Netzes.
4 = Synchronmotor mit verstellbarem Stator.
5 = Verstellmotor für den Stator des Synchronmotors 4.

6 = Motor parallel arbeitend mit 5.
7, 7 = Stellungübertragung des Kraftzufuhrschiebers (Selsyn).
8 = Umsteuerkontakt für den Geschwindigkeitsregler.
9 = Verstellmotor für den Geschwindigkeitsregler.

organ gefaßt wird. Dadurch kommen länger oder kürzer dauernde Kontaktschlüsse zustande. Bei der vorliegenden Konstruktion beträgt die Dauer einer vollen Bewegung der Anordnung 120 Per. Das „Normal" ist ein Transversalpendel, das in 2 Sekunden eine volle Schwingung macht. Je größer nun die Differenz zwischen der Pendelschwingung und dem Synchronmotor ist, um so länger dauert der Kontaktschluß. Durch diesen wird zweierlei veranlaßt, einmal wird der Stator des Synchronmotors verdreht, um die von ihm veranlaßte hin- und hergehende Bewegung wieder phasengleich mit der Bewegung des Pendels zu machen, und zum anderen wird ein Differentialmechanismus verstellt, welcher seinerseits die Einwirkung des Kontaktschlusses auf den Drehzahlregler der Antriebsmaschine vorzeitig zu unterbrechen gestattet. Die andere Seite dieses Differentialmechanismus wird von dem Grad der Öffnung des Kraftzufuhrorgans beeinflußt. Das Übertragungsorgan ist in diesem Fall die bekannte Selsynübertragung, deren

Wirkungsweise wir bei den Fernmeßmethoden in dem Abschnitte „Reine Wechselstrommethoden" kennengelernt haben, s. S. 54.

Zwei Drehstromasynchronmotoren mit einphasiger Läuferwicklung werden von demselben Netz gespeist und die Läufer sind parallel geschaltet. Es folgt also bei einer Verstellung des einen Läufers der andere entsprechend nach. Ein solcher Empfänger verstellt nun entsprechend der Einstellung der „Öffnung" z. B. einer Wasserturbine eine steilgängige Schnecke, während die Mutter auf dieser Schnecke, auf der sich die Steuerkontakte für den Geschwindigkeitsregler befinden, durch einen Motor verstellt wird, der sich ebensolange dreht wie der Motor, der den Stator des an das Netz gelegten Synchronmotors verstellt, Abb. 116.

Die Korrektur erfolgt alle 2 Sekunden. Nach den in der Originalarbeit beigefügten Diagrammen scheint die Genauigkeit, mit der die Frequenz gehalten wird, ganz besonders groß zu sein, $\pm$ 0,02 Per., doch zeigt das ebenfalls abgebildete Handregelungsdiagramm ebenfalls nur Spitzen von 0,25 Per., so daß es sich um ein sowieso schon ziemlich ruhig liegendes Netz zu handeln scheint. Es ist sicher nötig, daß auch an dieser Apparatur allerhand Anpassungen und Einstellungen vorgenommen werden, wenn ein pendelfreies Arbeiten des Reglers erreicht werden soll. Es ist allerdings fraglich, ob sie bei allen Last-

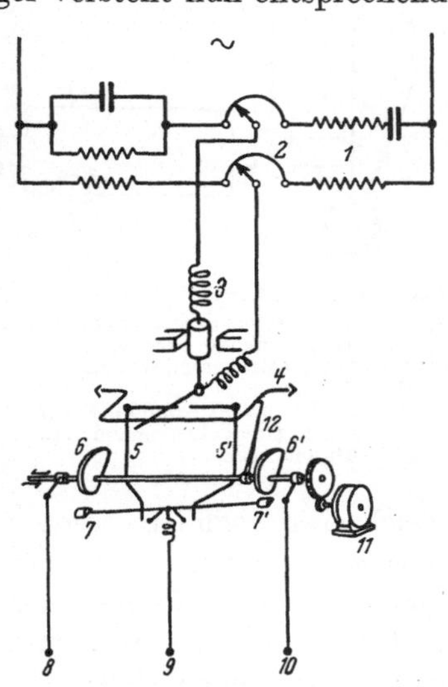

Abb. 117. Frequenzregler.

1 = Frequenzbrücke.
2 = Feineinstellung.
3 = Wechselstromgalvanometer.
4 = Fallbügel.
5, 5' = Winkelhebel.
6, 6' = Kontaktsegmente·
7, 7' = Durch Winkelhebel verstellte Gegenkontakte.
8, 9, 10 = Anschlüsse für den umkehrbaren Ventilspindelmotor.
11 = Motor.
12 = Steuerung für den Fallbügel.

zuständen auch mit genügender Zuverlässigkeit aufrechterhalten bleiben. Inwieweit das häufige Regeln (alle 2 Sekunden) den ganzen Mechanismus angreift, bleibt noch abzuwarten.

Obgleich der ganze Regelvorgang bei dieser Anordnung nicht auf dem Frequenzfehler an sich, sondern auf den integrierten Zeitfehler aufgebaut ist, ist doch durch die häufige Einflußnahme eine sehr hohe Genauigkeit erreicht worden.

Beispiel 3. Frequenzregler mit elektrischem Pendel.

Ein Frequenzregler, der dem auf S. 177 beschriebenen Prinzip ähnlich ist, also mit elektrischem Pendel arbeitet, sowie auch die Größe des

Regelschrittes mit dem Grade der Abweichung vom Normalwert auf mechanischem Wege ändert, zeigt Abb. 117. Auch hier wird ein Fallbügel benutzt, also gewisse Regelperioden eingeführt, doch werden mechanisch, durch Vermittlung der Stellung des Zeigers, je nach der Richtung der Abweichung der eine oder andere zweier Winkelhebel verstellt, der durch einen Zwischenmechanismus den Gegenkontakt einer rotierenden Kontaktanordnung mehr oder weniger nähert, wodurch die Kontaktdauer jeweils länger oder kürzer ausfällt, so daß der Motor oder das Regelventil der Kraftmittelzufuhr längere oder kürzere Zeit läuft.

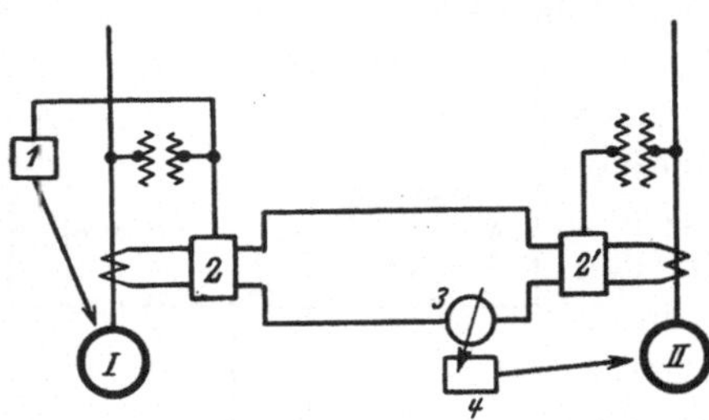

Abb. 118. Frequenzregelung für mehrere Generatoren.
I, II = Generatoren mit Antriebsmaschine.
  1 = Frequenzregler nach Abb. 117.
2, 2' = Thermoelektrische Wattmeter nach Abb. 6.
  3 = Galvanometer.
  4 = Regler nach Abbildung 117, jedoch mit Gleichstromgalvanometer (*3*).
—→— = Einflußlinien.

Sollen mehrere Maschinen gleichzeitig reguliert werden, so geschieht dies nicht dadurch, daß mehrere Frequenzregler vorgesehen werden, sondern die auf Frequenz regulierte Führermaschine erhält ein wattmetrisches Element, und zwar ein solches, nach dem Hitzdrahtprinzip wie solche auf S. 24 beschrieben sind. Die EMK dieses Elements wird mit einem ebensolchen verglichen, das in der Leitung der zweiten Maschine eingebaut ist. Die Differenzspannung dieser beiden Glieder wird einem konstruktiv gleich dem Frequenzregler gebauten Regler zugeführt, der lediglich ein Galvanometer als bewegliches Organ erhält. Dieser Regler reguliert nun die zweite Maschine so, daß sie die gleiche oder ihrer Größe entsprechende Energie abgibt wie die Führermaschine. Dieser Aufbau kann beliebig oft wiederholt werden, Abb. 118.

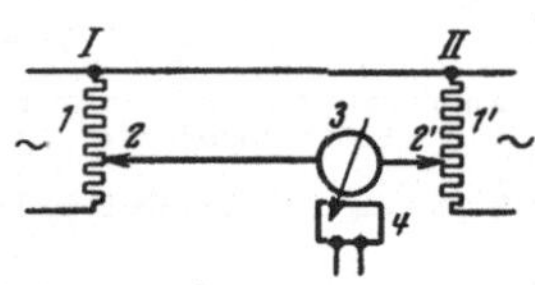

Abb. 119. Verhältnisregelung für 2 Maschinen.
1, 1' = Entsprechend dem Wirkungsgrad geteilte Widerstände.
2, 2' = Gleitkontakte, bewegt von Registrierwattmetern.
  3 = Galvanometer.
  4 = Regler für die Maschinen.

Sollen die Maschinen zueinander entsprechend ihrer Wirtschaftlichkeit reguliert werden, so wird prinzipiell dasselbe Verfahren angewendet, nur werden statt der Hitzdrahtwattmeter Wattmeter verwendet, die durch einen Motor einen mit Gleichstrom beschickten Widerstand verstellen, der entsprechend der Wirtschaftlichkeit der Maschinen gestuft ist, Abb. 119. Es läßt sich nachweisen, daß nach diesem Verfahren der theoretisch wirtschaftlichste Betrieb für die Gesamtzahl der Maschinen geführt werden kann. Siehe auch S. 219.

VI. Die Mehrfachausnutzung der Übertragungskanäle.

A. Einteilung.

Hierfür gibt es eine ganze Anzahl von Methoden der verschiedensten Art, und es ist nötig, hier ebenfalls sorgfältig zu unterteilen, um die Übersicht zu behalten. Die einfachste Unterteilung nach Art des Kanals, auf der sie angewendet werden können, ist unzweckmäßig, weil sich zu viele Überschneidungen ergeben würden. Außerdem ist die Anwendbarkeit eines Systems nicht nur von der Art des Kanals also davon abhängig, ob es ein Telephonkabel oder eine Freileitung oder ein Hochfrequenzkanal auf einer Starkstromleitung ist, sondern es spielen manche andere Umstände dabei eine Rolle, wie z. B. Länge und Querschnitt der Leitung, ihr kapazitiver Ausgleich, der Grad der Starkstrombeeinflussung u. a. m.

Es ist daher ein anderer Weg zur Unterteilung eingeschlagen worden. Wir unterteilen nach der Art der Vielfachübertragung und vermerken nur den Anwendungsbereich bezüglich des Übertragungskanals.

Zunächst sollen nur solche Mehrfachübertragungen betrachtet und beschrieben werden, bei denen in einem Kanal nur mehrere Meßwerte oder Steuerungen, allgemein I m p u l s ü b e r t r a g u n g e n vergesellschaftet sind und dann zu den Übertragungen übergehen bzw. die Varianten des Grundsystems besprechen, die vergesellschaftet mit Telephonübertragungen möglich sind.

Diese Unterteilung ist dadurch berechtigt, daß die in einem Kanal vergesellschafteten Vorgänge in einem Fall alle g l e i c h e n Bedingungen gehorchen müssen bzw. gleiche Anforderungen an den Kanal stellen, während im zweiten Fall die Anforderungen v e r s c h i e d e n sein können, was je nach dem Vorteile oder auch Nachteile mancher Art für das System bringen kann.

a) Die erste Gruppe von Methoden kann eingeteilt werden, einmal in Methoden, die eine wirklich gleichzeitige Übertragung verschiedener Meßwerte gestatten, wobei entweder Leitungskombinationen verwendet oder verschiedene Stromarten für die Übertragungen benutzt werden, z. B. Gleich- und Wechselstrom oder gleiche Stromarten verschiedener Eigenschaften, z. B. verschiedene Intensität oder verschiedene Frequenz.

b) Es folgen dann als Übergang die Methoden, bei denen die verschiedenen Übertragungen zeitlich n a c h e i n a n d e r, aber so s c h n e l l erfolgen, daß die Empfangsinstrumente es nicht mehr erkennen lassen, d. h. bei denen die Übertragungsgeschwindigkeit größer ist, als die Einstellgeschwindigkeit des Empfangs- bzw. Sendeorgans.

Diese Methoden arbeiten, wie sich zeigen wird, entweder mit auf der Sendeseite und auf der Empfangsseite gleichzeitig und in gleicher Phase umlaufenden Umschaltern, die aus massebehafteten Konstruktionsteilen bestehen, oder sie verwenden, wenn man sich so ausdrücken darf, masselose gleichzeitig und bis zu einem gewissen Grade gleichphasig umlaufende Umschalter, z. B. den Umlaufsvektor des Drehstromnetzes, in dessen Gleichlaufgebiet gemessen werden soll.

c) Darauf folgen die Methoden, bei denen die Übertragung der Einzelwerte nacheinander stattfindet, aber in einem regelmäßigen oder unregelmäßigen Zyklus, dessen Übertragungsgeschwindigkeit kleiner ist als die Einstellgeschwindigkeit der Empfangsinstrumente.

Diese Methoden zerfallen wiederum in zwei große Gruppen, in solche, bei denen die Richtigstellung der Anzeigen automatisch in gewissen Zeitabständen erfolgt und solche Methoden, bei denen von Hand irgendeine gewünschte Meßgröße eingestellt und abgelesen wird. Hierauf wird dann eine andere Meßgröße herausgegriffen und abgelesen usw. Dann werden die Apparate wieder stillgesetzt.

Zu den beiden letzten Gruppen gehört noch prinzipiell eine Vergesellschaftung der Fernmessung mit der Fernsteuerung oder Fernmeldung oder beider. Diese Verfahren sind aber bei den Kapiteln über Fernsteuerung und Fernmeldung besprochen worden, weil hierbei die beiden letztgenannten Zwecke dominieren.

d) Zum Schluß werden die Methoden zusammengefaßt, die angewendet werden müssen, um einen gleichzeitigen Telephonbetrieb mit ihnen zu gestatten bzw. es werden die Varianten an der Telephonieanlage gezeigt, die einen gleichzeitigen Meßbetrieb bzw. Steuerungs- oder Meldebetrieb gestatten. Man darf dabei nicht vergessen, daß der Telephonbetrieb nicht nur aus der Übertragung der Sprache besteht, sondern eigentlich seinerseits schon wieder eine Vergesellschaftung in sich bedeutet nämlich aus der Teilnehmerwahl, dem Anruf und dem Sprechvorgang auf demselben Kanal. In dieser Aufzählung liegt bereits die notwendige Gliederung für diese letztere Betrachtung.

B. Richtlinien für die Bewertung der Vielfachübertragungseinrichtungen.

Für die Bewertung der verschiedenen Prinzipien wollen wir uns einige Richtlinien aufstellen, die man von einem idealen Vielfachübertragungssystem erfüllt sehen möchte. Das Verfahren sollte auf jedem beliebigen Übertragungskanal verwendbar sein oder mindestens durch einfache Zwischenübertragungsapparate so gestaltet werden können, daß man leicht von einem Übertragungskanal auf einen anderen übergehen kann.

Erstens kann man nämlich dann in ein und demselben Großkraftnetz bis in seine feinsten Fasern hinein mit demselben System arbeiten, was für die Schulung des Revisionspersonals angenehm und bezüglich der Reservehaltung vorteilhaft ist. Siehe Abb. 1.

Zweitens liegt der Fall sehr häufig so, daß die weiten Strecken mit an die Starkstromleitungen gebundener Hochfrequenzübertragung überbrückt werden; diese Übertragungsmöglichkeit hat aber ihr Ende im 100- oder 60-kV-Netz, aber die Ableseinstrumente sollen im Verwaltungsbüro mitten in der Stadt Aufstellung finden. In solchen Fällen muß man von der nächstgelegenen, 100-kV-Umspannstation über eine Telephonleitung zum Büro weiter übertragen.

Eine solche Übertragung soll soviel als möglich an Meßwerten fassen, das ist ebenso selbstverständlich, wie auch die Forderung nach der Exaktheit der Übertragung, d. h. daß stets auch die zueinander gehörenden Sende- und Empfangsinstrumente einander zugeordnet werden, und zwar soll diese Exaktheit aufrechterhalten bleiben, gleichgültig, ob eine Störung aus der Apparatur selbst kommt oder von außen in den Übertragungskanal hereingetragen wird, sei es kapazitive, induktive oder galvanische Beeinflussung. In solchen Fällen ist es wieder das beste, wie wir Ähnliches bei dem Fernmeßverfahren gesehen haben, wenn sich anstatt einer falschen Zuordnung der Sender und Empfänger die Apparatur stillsetzt und die Störung klar zu erkennen gibt.

Die für die Übertragung günstigste Leiterzahl ist wieder die Zahl 2, nicht nur, weil sie das Minimum darstellt, sondern auch weil alle Kabel mit mehreren Adern, die auf größere Entfernungen verwendet werden, paarig aufgebaut sind, also bei anderen Anordnungen meist eine unbenutzte Ader übrigbleibt und auch weiterhin, weil die Kabel so aufgebaut sind, daß ein paariger Betrieb die Nachbarkreise am wenigsten stört (möglichst kleine Leiterschleife).

Die Notwendigkeit, diese letzten Bedingungen zu erfüllen, wächst mit der Entfernung und der Art des Betriebes. Bei kurzen Entfernungen spielt der Aderpreis und die Beeinflussungsgefahr der Nachbaradern keine so große Rolle, wenn auch ein Telephonverkehr, der auf Nachbaradern stattfindet, immerhin leicht gestört werden kann. Bei großen Entfernungen sprechen alle Umstände so sehr für einen symmetrischen Betrieb, daß man sie als conditio sine qua non ansehen muß.

Über die Notwendigkeit einer so hohen Übertragungsgeschwindigkeit, daß man sie am Anzeigeinstrument nicht mehr erkennen kann, gilt im wesentlichen das schon bei der Beschreibung der Fernmeßinstrumente Gesagte.

Handelt es sich um einen sehr ruhigen Betrieb, so ist die absatzweise Richtigstellung der Anzeige in größeren Zeitabständen zulässig. Solche ruhigen Betriebe sind, nebenbei gesagt, viel seltener als allgemein angenommen wird. Will man die Fernanzeige nicht nur zum Abtaxieren der Verhältnisse verwenden, sondern gleichzeitig ein feinfühliges Organ haben, das sich vorbereitende Betriebsänderungen voraus zu empfinden gestattet, oder will man durch dieses Organ gleichzeitig, z. B. wie bei normalen Tintenschreibern, alle kurzzeitigen Vorgänge, wie Schalterfälle, Kurzschlüsse, Erdschlüsse, mit erkennen, so ist die Schnellübertragung das einzig Mögliche, wie man auch die gleichzeitige Übertragung oder scheinbar gleichzeitige Übertragung immer anwenden muß, wenn es sich z. B. darum handelt, zwei Netze selbsttätig oder auf die Ferne parallel zu schalten. Hier ist es ja notwendig, ein ganzes ausgedehntes Netz so in der Frequenz zu heben oder zu senken, daß ein Parallelschalten möglich ist, d. h. der Parallelschaltepunkt muß mit dem Führerkraftwerk eines Netzes oder beider Netze in Verbindung stehen, mindestens um den Frequenzunterschied und den Spannungsunterschied festzustellen. Zu beachten ist noch, daß eine Vergesellschaftung von Messung und Zählung auf demselben Kanal häufig durchgeführt werden muß, besonders wenn es sich um größere Entfernungen handelt. Damit dürfte das wesentliche des zur Beurteilung Nötigen gesagt sein, wenn man nicht noch in konstruktiver Hinsicht differenzieren will, wie wir das bei der Beurteilung der Fernmeßinstrumente getan haben.

Es wäre auch hier wieder zu beachten: der Platzbedarf, die Hilfsstromquellen, das Geräusch, die Zahl der Kontakte, Hebel, Gelenke u. a. m. Es sind dies zwar keine sehr sicheren Erkennungsmerkmale, da manche Komplikation durch gute Ausführung wettgemacht werden kann, aber es bleibt doch immer unbestritten bestehen, daß jede Reduktion an beweglichen Teilen bis zu einem gewissen Grade einen Vorteil darstellt. Dieser „gewisse Grad" ist so zu verstehen, daß die konstruktive Vereinfachung, gewonnen beispielsweise durch Kombination elektrischer Vorgänge, nicht zu große Anforderungen an die elektrischen Daten, wie Kurvenform der Stromquelle, Konstanz von Induktivitäten und Kapazitäten, Anteil an Eisenverluste, Zahl der Isolationsstrecken, die auch mechanisch beansprucht werden, stellen darf, Anforderungen, die praktisch einfach nicht für alle Zeit und unter allen Umständen einzuhalten sind, wenn sie zu scharf sind.

Wir haben uns mit den verschiedenen Arten von Kanälen vom rein technischen Standpunkt bisher beschäftigt und müssen nun noch eine Besonderheit der posteigenen Leitungen behandeln, die mehr verwaltungstechnischer Natur ist und deshalb in verschiedenen Ländern verschieden gehandhabt wird. Es ist das Benutzen der posteigenen Telephonanschlußleitungen, aber nicht besonders für den Zweck gemieteter Leitungen, zur Fernbedienung ganz allgemein.

Man könnte sich denken, daß die Steuerstelle, wie auch die gesteuerte Stelle selbsttätig durch ein besonderes Zeichen, z. B. einen

Summerton, das Vermittlungsamt anrufen; dieses stellt die Verbindung her, worauf die bekannten Fernmeß- oder Fernsteuerapparate ihre Wirkung ausüben, und wenn dies geschehen ist, kann diese Verbindung wieder vom Amt getrennt werden in der üblichen Weise. Um zu verhindern, daß das Amt eine solche Verbindung zu früh trennt, kann man die Anordnungen so treffen, daß das Amt, solange die Verbindung nötig ist, irgendein Tonzeichen abhören kann. Technische Besonderheiten enthält eine solche Anordnung nicht, weshalb wir uns damit nicht weiter zu beschäftigen brauchen. Wenn die Post für solche Verbindungen einigermaßen normale Gebühren, z. B. wie für Gespräche, verlangt, so wird dadurch der allgemeinen Einführung der Fernbedienungsanlagen Vorschub geleistet, weil ein beträchtlicher Teil der Anlagenkosten einer Fernsteuerungseinrichtung auf die Fernleitung oder die Mietgebühren für eine solche entfällt.

Es ist bisher nur von der Schweizer Postbehörde bekanntgeworden, daß sie probeweise einen solchen Betrieb erlaubt hat. Die Behörden anderer Länder scheinen zu dieser Betriebsart bis heute noch nicht Stellung genommen zu haben.

C. Die verschiedenen Vielfachübertragungsprinzipien.

Beispiele zu Gruppe a. 1. Die Leiterkombinationen.

Die einfache Simultanschaltung gegen Erde, Abb. 120. Diese ermöglicht es, eine Messung über das Aderpaar selbst, die andere über das Aderpaar und Erde zu übertragen.

Sie ist prinzipiell ohne weiteres anwendbar für Methoden, bei denen keine Intensitätsschwankungen auf der Fernleitung als Kriterium für die Meßgröße vorkommen. Im andern Fall ist sie aber sehr bedenklich, weil durch die Erde selbst und durch die Erdplatte starke Widerstandsschwankungen und auch durch Polarisationserscheinungen zusätzliche Spannungen auftreten können, die die Meßangaben fälschen.

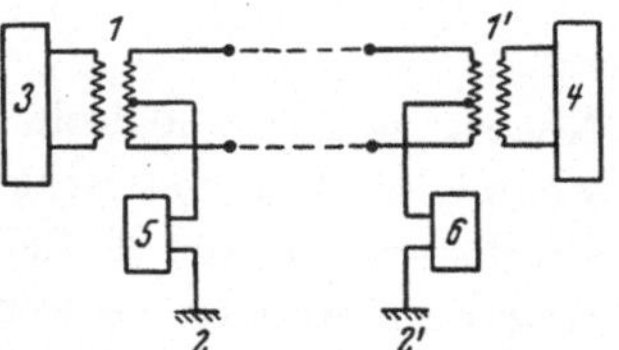

Abb. 120. Prinzip der Simultanschaltung.

Außerdem kann es vorkommen, daß die Erde auf dem Wege der Strombahn starkstromdurchflossen ist, z. B. bei Erdschluß- oder Doppelerdschluß benachbarter Starkstromleitungen. Gefährlich ist besonders die Beeinflussung des Kabels selbst durch die benachbarte Starkstromleitung, seine Isolation kann zerstört oder sogar die Adern selbst abgeschmolzen werden, wobei meist auch die Apparate selbst vernichtet werden und sogar Lebensgefahr für eine mit den Apparaten beschäftigte Person bestehen kann. Kurz gesagt, einwandfrei anwendbar ist diese Methode nur für Stromstoßmethoden und Wechselstrommethoden und mit Rücksicht auf die Gefährdung des Kabels oder der Leitung nur in Gebieten, in denen die Erde nie in größerem Ausmaß von Starkstrom durchflossen sein kann.

2. Die Phantomschaltungen.

Diese ermöglichen es, ohne wesentliche Komplikationen über 2 Aderpaare 3 Vorgänge und über 3 Aderpaare 5 Vorgänge usw. gleichzeitig zu übertragen, Abb. 121. Prinzipiell bietet diese Methode nichts

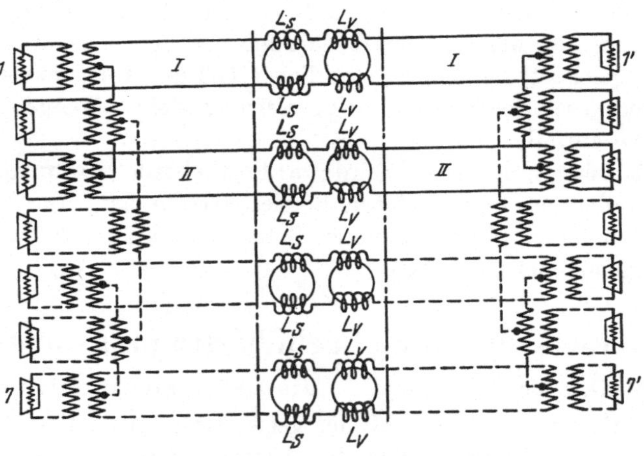

Abb. 121. Phantomschaltung von Leitungen.
$1{-}7$ = Sender. $1'{-}7'$ = Empfänger. $L_V L_S$ = Leitungskompensatoren.

Neues; sie ist die logische Weiterentwicklung der Simultanschaltungen, wenn man frei von Erde arbeiten will. Sie sind daher auch von den Einflüssen, die die Erdleitung mit sich bringt, frei und für alle Übertragungsmethoden verwendbar. Die Schaltung verlangt aber Symmetrie der Kabeladern in elektrischer Beziehung.

3. Die Duplexschaltungen.

Eine andere Methode, die eine doppelte, gleichzeitige Ausnutzung eines Leiterpaares gestattet, aber nur für den Zweck der gleichzeitigen Übertragung nach den beiden entgegengesetzten Richtungen des Leiterpaares sind die aus der Telegraphie bekannten Duplexschaltungen, die je nach Art der Leitung in zwei Ausführungen benutzt werden. Entweder werden für die Ausführung der Schaltung Differentialrelais oder Brückenanordnungen verwendet, Abb. 122.

Beide Schaltungen beruhen darauf, daß das Relais der jeweils sendenden Stelle von den in die Leitung fließenden Strömen unberührt bleibt, wohl dagegen das empfangende Relais beeinflußt wird.

Diese Methode ist bei Impulsmethoden verwendbar, die mit Gleichstromstößen arbeiten.

Arbeitet man über große Entfernungen mit Tonfrequenzen, so verwendet man das Prinzip der Wechselstrombrücke, Abb. 123.

Um die Einwirkung des Senders auf das Empfangsrelais, das für die andere Seite gilt, zu vermeiden, werden geteilte Transformatoren dazwischengeschaltet, sog. Abgleichüberträger.

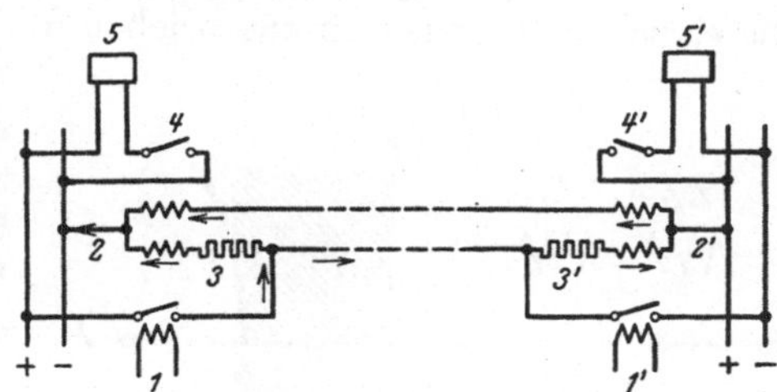

Abb. 122. Duplexverkehr aus einem Aderpaar mit Differentialrelais.

1, 1′ = Senderelais von irgendwelchen Apparaten betätigt.
2, 2′ = Differentialrelais.
3, 3′ = Widerstände.
4, 4′ = Kontakte der Differentialrelais.
5, 5′ = Empfangsapparate irgendwelcher Art.

Außer den genannten zwei Gruppen der Mehrfachausnutzung müssen wir noch unter den Möglichkeiten der Mehrfachausnutzung noch die Pseudomehrfachausnutzung von Leitungen besonders erwähnen, obgleich wir sie von der Fernsteuerung, Mehrfachfernmessung her in ihrer Bedeutung und Art ihres Auftretens kennen. Es ist das Nacheinanderübertragen der Stromzeichen über den Leitungskanal in mehr oder weniger rascher Folge oder gar das wechselseitige Übertragen der Zeichen, aber stets nacheinander, so daß gleichzeitig auf der Leitung immer nur ein Zeichen vorhanden ist.

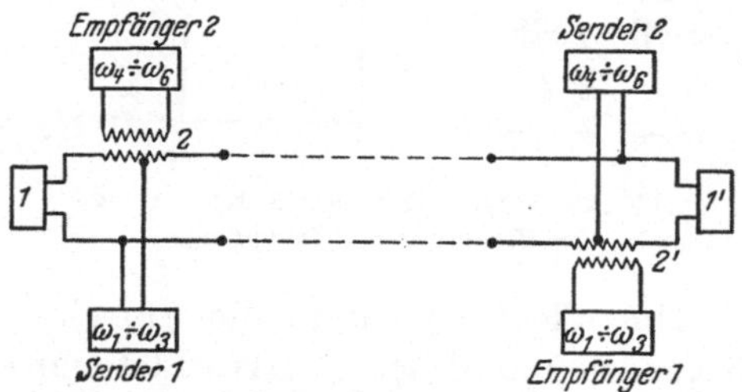

Abb. 123. Mehrfach Duplexverkehr mittels Tonfrequenzen.

1, 1′ = Leitungsnachbildungen.
2, 2′ = Differentialtransformatoren.
ω_{Index} = Frequenzen, auf die Sender und Empfänger jeweils abgestimmt sind.

Diese Art der Mehrfachübertragung sei hier nur der Vollständigkeit halber nochmals erwähnt. Wir wollen uns damit später aber nur für einige besondere Fälle beschäftigen, da wir diese Art schon in verschiedenen Erscheinungsformen bei der Fernmessung und der Armsteuerung besprochen haben.

4. Die gleichzeitige Mehrfachübertragung über einen Kanal.

Muß man auf große Entfernungen arbeiten oder hat man eine größere Anzahl von Impulsen gleichzeitig zu übertragen, so verwendet man die Mittel der Tonfrequenztelegraphie bzw. der Mehrfachtonfrequenztelegraphie, bei deren Einzelheiten wir doch etwas verweilen wollen, weil sie dem Starkstromfachmann etwas ungewohnt sind.

Der Grundgedanke dieser an sich schon alten Methode der Mehrfachtonfrequenztelegraphie ist der, jedes Zeichen durch eine besondere Schwingungszahl zu übertragen und sich aus dem in der Leitung befindenden Frequenzgemisch auf der Empfangsseite durch Siebketten die einzelnen Frequenzen auszusieben und die von ihnen „getragenen" Zeichen, daher auch die Bezeichnung „Trägerfrequenz"-telegraphie, wieder einem Empfangsrelais zuzuführen. Hierzu müssen diese Wechselströme vorher gleichgerichtet werden.

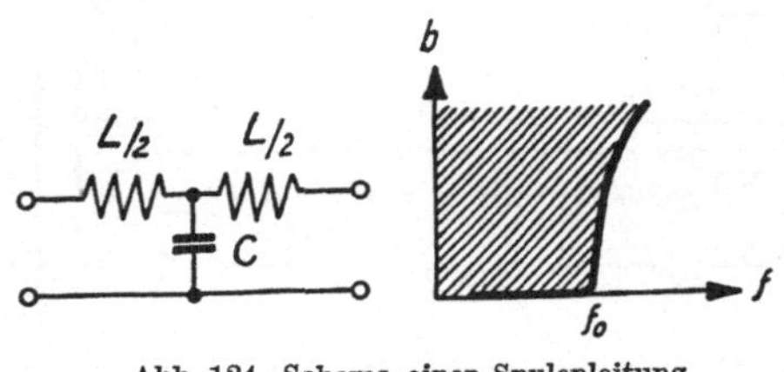

Abb. 124. Schema einer Spulenleitung.
= Frequenz. b = Dämpfung.

Praktisch brauchbar wurden diese Gedanken erst, nachdem man gelernt hatte, die Hochvakuumröhren als Verstärker zu benutzen, und sich über die Theorie der Wellensiebe klargeworden war.

Ein Wellensieb, eine „Siebkette" ist eine Schaltung, die aus Drosselspulen und Kondensatoren besteht.

Da wir ihre verschiedenen Grundformen später für andere Erläuterungen noch brauchen, wollen wir sie hier kurz zusammenstellen:

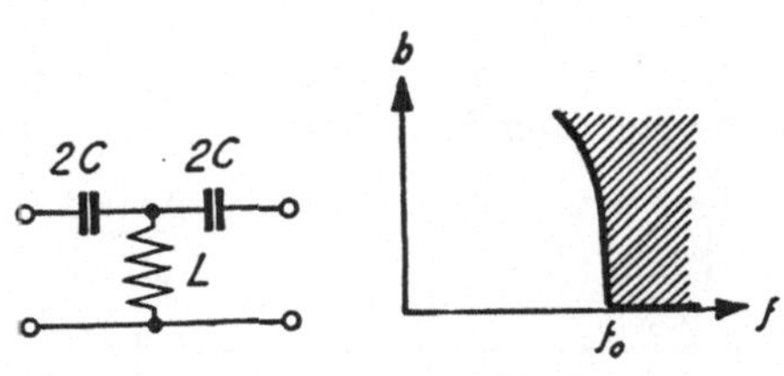

Abb. 125. Schema einer Kondensatorleitung.
f = Frequenz. b = Dämpfung.

Um alle Frequenzen, die oberhalb einer bestimmten Frequenz liegen, zu unterdrücken, verwendet man eine „Spulenleitung", Abb. 124:

$$f_0 = \frac{1}{\pi \sqrt{LC}}$$ heißt ihre Grenzfrequenz.

Für alle Frequenzen unterhalb der Grenzfrequenz ist die Dämpfung b sehr klein, während alle Frequenzen oberhalb f_0 stark gedämpft werden. Das umgekehrte Verhalten

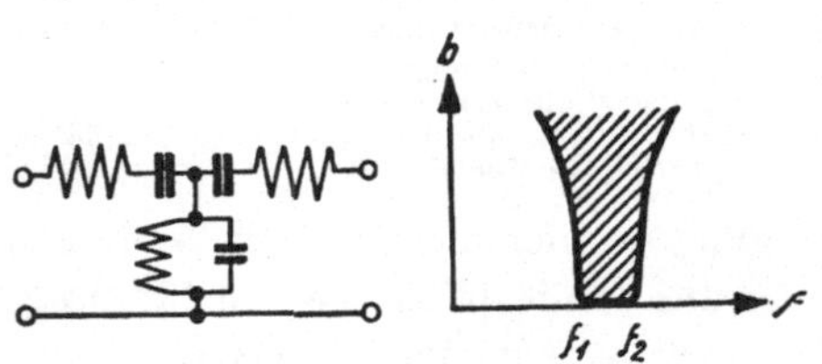

Abb. 126. Schema eines Lochsiebes.
f = Frequenz, b = Dämpfung.

zeigt die Kondensatorleitung, Abb. 125. Hier werden alle Frequenzen unterhalb $f_0 = \dfrac{1}{b\,II\,\sqrt{LC}}$ stark gedämpft.

Um schmale Durchlässigkeitsbereiche zu erhalten, kann man Siebketten nach Abb. 126 verwenden. Eine solche Kette läßt nur die Frequenzen zwischen f_1 und f_2 ungedämpft durch, während alle anderen Frequenzen stark gedämpft werden. Derartige Ketten werden ver wendet, um einmal die Frequenzen, ehe man sie in die Leitung gibt, zu reinigen und um gegenseitige Beeinflussungen der Siebkreise auf der Sendeseite zu vermeiden. Auf der Empfangsseite werden sie verwendet, um das aus der Leitung kommende Frequenzgemisch auseinanderzusieben. Die nunmehr hinter jedem Sieb auf der Empfangsseite wieder gesondert auftretenden Frequenzen werden nun noch gleichgerichtet, und zwar durch gewöhnliche Trockengleichrichter und dann je einem einfachen Telegraphenrelais zugeführt. Da man auf der Leitung nur mit sehr geringen Strömen arbeiten darf, ist auf der Empfangsseite eine zweifache Verstärkung nötig.

Die verschiedenen Frequenzen werden bei modernen Anlagen maschinell erzeugt. Ein Gleichstrommotor treibt zu diesem Zweck eine Welle an, auf der so viel Generatoren sitzen, wie Frequenzen verlangt sind. Man nennt sie Tonräder, weil sie Frequenzen erzeugen, die hörbar sind. Die Leistung, die diese Generatoren abgeben können, beträgt nur einige Watt.

Da nun diese Frequenzen sehr genau konstant gehalten werden müssen, da ja die Siebketten auf bestimmte Frequenzen abgestimmt sind, ist eine sehr konstante Drehzahl notwendig, die durch Fliehkraftkontaktregler erreicht wird. Die Konstruktion dieser Regler ist heute soweit durchgebildet, daß solche Maschinen 1 Jahr lang ohne Nachregulieren ihre Drehzahl auf $0,2^0/_{00}$ konstant halten. Nach diesen Erläuterungen ist das Prinzipbild ohne weiteres zu verstehen, das nur die Anordnungen für eine Frequenz zeigt. Das Oszillogramm, Abb. 127, ist ebenfalls ohne weitere Worte erklärlich, da der Ort, an dem die Bilder jeweils aufgenommen sind, im Schaltschema der Anordnung, Abb. 128, bezeichnet sind.

Wir wollen bei dieser Gelegenheit einen kurzen Blick auf ein im Elektrizitätswerksbetrieb enorm wichtiges Übertragungsverfahren werfen: Die Hochfrequenztelephonie bzw. Telegraphie, also entsprechend unserem Thema auf die Fernmeß- und Fernsteuerübertragung längs Hochspannungsleitungen.

Wir haben eben gesehen, wie die verschiedenen Frequenzen der Tonfrequenztelegraphie das Zeichen „tragen". Wir konnten zum Schluß, nachdem wir die Frequenzen aus dem Gemisch in der Leitung wieder herausgefischt hatten, nach Gleichrichtung in einem einfachen Telegraphenrelais die Zeichen wieder „erkennen". Diesen Gedanken kann man nun zweimal durchführen. Wir können einer hohen Frequenz eine niedere Frequenz überlagern und dadurch Zeichen geben, daß wir einmal die überlagerte Frequenz zur Wirkung kommen lassen und sie das andere Mal unterdrücken und so der hohen Frequenz mehrere niedere Frequenzen überlagern und diese am Schluß einzeln heraussieben und erkennbar machen. Dieses Verfahren nennt man „modulieren".

Diese Methode kam zur praktischen Durchführung, nachdem man es gelernt hatte, die Hochvakuumröhren als Generator und als Modulator zu verwenden. Was nun bei der einfachen Tonfrequenztelegraphie die Trägerwelle selbst darstellte, wird jetzt zur überlagerten Niederfrequenz. Dies erreicht man z. B. dadurch, daß man die Hochfrequenz h und die Niederfrequenz n gemeinsam auf den krummlinigen Teil einer Röhrenkennlinie einwirken läßt, Abb. 129. Hinter der Röhre entsteht dann

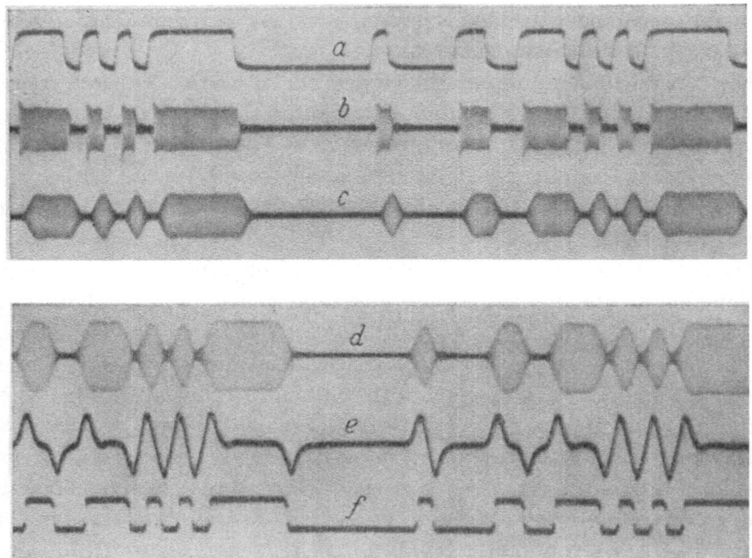

Abb. 127. Oszillogramm von Telegraphierzeichen beim Tonfrequenzverfahren.
a = Strom im Ortskreis des Senderelais, oben Zeichen-, unten Trennseite. b = Trägerfrequenz am Eingang der Sendesiebkette. c = Trägerfrequenz am Ausgang der Sendesiebkette. d = Trägerfrequenz am Ausgang der Empfangskette. e = Impulse zur Steuerung des Empfangsrelais. f = Strom im Ortskreis des Empfangsrelais. Siehe Abb. 128.

ein Frequenzband, das in der Hauptsache die Schwingungen n, bn, $h - n$, h, $h + n$, bh enthält, Abb. 130.

Im Empfänger soll aus dem ankommenden modulierten Trägerstrom der Zeichenstrom wieder gewonnen werden. Dies geschieht z. B. durch Gleichrichtung in einer Audion- oder Richtverstärkerschaltung. Abb. 131 zeigt z. B. die Demodulation in der Richtverstärkerschaltung. Man führt die Hochfrequenzschwingungen dem Gitter einer Verstärkerröhre zu, das eine solche negative Vorspannung hat, daß die ankommende Wechselspannung um den Anfangspunkt der Röhrenkennlinie schwingt. Im Anodenkreis fließt dann ein im Takt der Hochfrequenz pulsierender Strom, dessen Einhüllende in Amplitude und Frequenz dem Zeichen entspricht, das dem Sender zugeführt wurde. Die Hochfrequenzschwingungen müssen durch besondere Siebmittel nach der Gleichrichtung unterdrückt werden.

Will man auf einer Leitung mehrere Trägerfrequenzen benutzen,

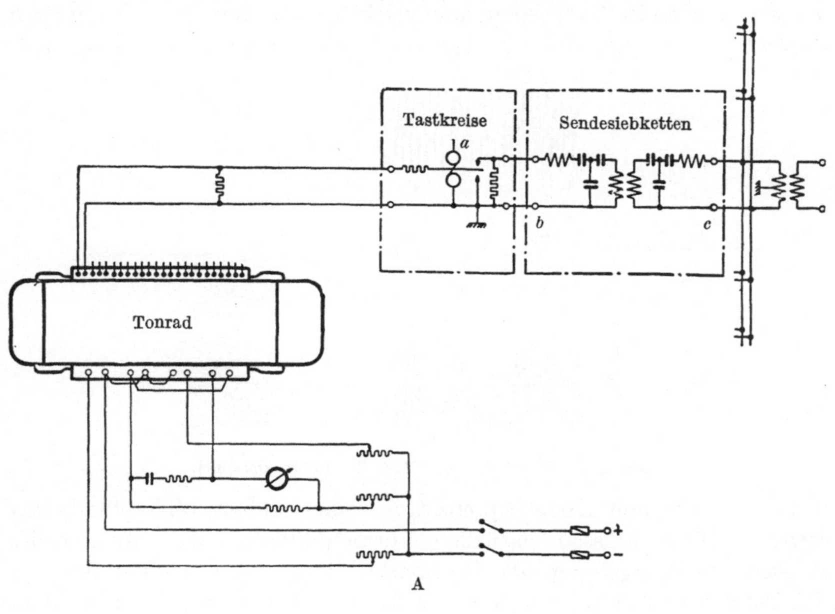

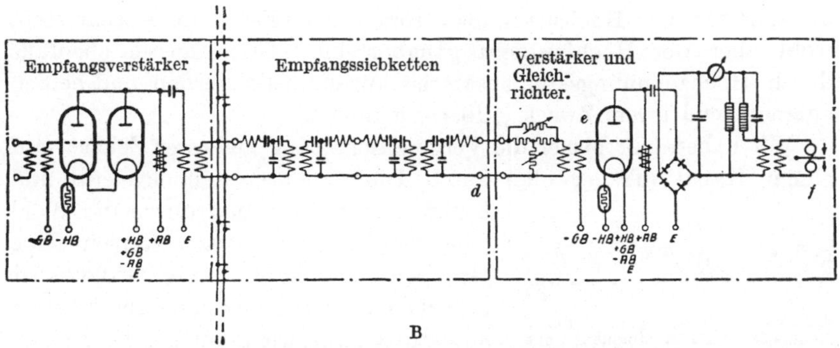

Abb. 128. Grundschema einer Tonfrequenz-Übertragungseinrichtung (12fach).
A = Sendeseite. B = Empfangsseite. *a—f* siehe Abb. 127.

dann müssen sie bei den Empfängern durch Siebmittel voneinander getrennt werden.

Will man mit derartigen Einrichtungen über Hochspannungs- leitungen arbeiten, so muß man durch hochspannungssichere Gebilde dem Frequenzgemisch den Zutritt zur Hochspannungsleitung ermög- lichen. Dies geschieht durch Hochspannungskondensatoren, die aus Porzellan oder Hartpapier in hängender oder stehender Form bestehen.

Damit die Hochfrequenzströme sich nicht in der Starkstromanlage verlieren bzw. um Energieverluste durch die Erdkapazität der Sammelschienen, Transformatoren und Ölschalter nach Möglichkeit zu vermeiden, werden in die Hochspannungsleitung vor Eintritt in die Station Drosseln eingebaut, die für den 50 Periodenstrom unwirksam sind,

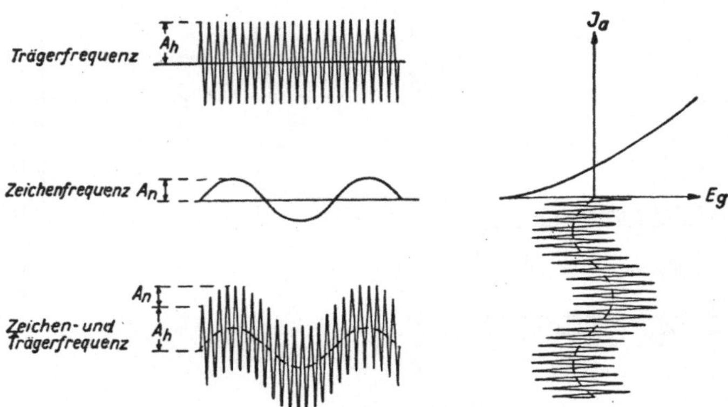

Abb. 129. Modulation mit Hilfe der Röhrenkennlinie.

wohl aber für den Hochfrequenzstrom einen hohen Widerstand darstellen. Diese müssen natürlich kurzschlußfest sein. Andererseits müssen zur Umgehung der Stationen, die ja Schaltstellen für den Starkstrom enthalten, Brücken für die Hochfrequenz gebaut werden, die aber für den Hochspannungsstrom von 50 Per. unpassierbar sind, wohl aber der Hochfrequenz gangbar sind. Diese müssen ebenfalls durch Hochspannungskondensatoren angekoppelt werden und heißen entsprechend ihrem Zweck „Überbrückungen".

Wir haben hier bisher die Vergesellschaftung mehrerer Zeichen auf einem Kanal (Trägerwelle) durch Tonfrequenzen kennengelernt und bereits gehört, wie man durch die Wahl mehrerer Trägerfrequenzen verschiedene Gruppen bilden kann. Dieser Gedanke ist natürlich auch auf die Sprachübertragung anwendbar, und wir können auf der einen Trägerwelle verschiedene Zeichen gleichzeitig geben und auf zwei andere Trägerwellen in der einen und der anderen Richtung sprechen, denn auch die Sprache ist ja nur ein Frequenzgemisch. Wir haben also schon einen ziemlich allgemeinen und komplizierten Fall der Vergesellschaftung von Zeichengebung und Sprachübertragung besprochen.

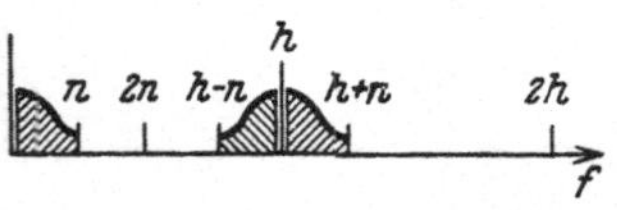

Abb. 130. Schwingungen, die durch Modulation der Trägerfrequenz h mit der Niederfrequenz n entstehen.

Ehe wir das Gebiet der Hochfrequenzübertragungen längs Leitungen verlassen, wollen wir uns mit der Frage beschäftigen, ob zwischen dem Tasten der Trägerwelle selbst und dem Tasten eines überlagerten

Tones ein Unterschied in der Übertragungssicherheit besteht·
Im ersten Fall benutzt man einen einfachen Hochfrequenzsender
und einen entsprechenden Empfänger ohne besondere Siebmittel.
Es wird also jede Störung, sei ihre Frequenz beinahe, welche sie wolle,
wenn sie nur stark genug ist, das Empfangsrelais zum Ansprechen
bringen. Im anderen Fall können nur solche Frequenzen stören, die die
„Lochbreite" des Empfangssiebes hindurchläßt. Die Empfangseinrichtung ist also ganz bedeutend selektiver, d. h. bedeutend unempfindlicher gegen Störungen.

Man könnte nun entgegnen, daß die Mehrzahl der Störungen, wie
Blitzschläge in der Nähe und deren Begleiterscheinungen, durch Schaltvorgänge ausge-
löste Wanderwel-
len, Glimment-
ladungen der
Hochspannungs-
isolatoren usw.,
ein sehr breites
Wellenspek-
trum haben, das
also auch Fre-
quenzen enthält,
die in die Loch-
breite des Siebes
passen, so daß
keine Besserung
zu erwarten sei.
Man muß aber
beachten, daß die

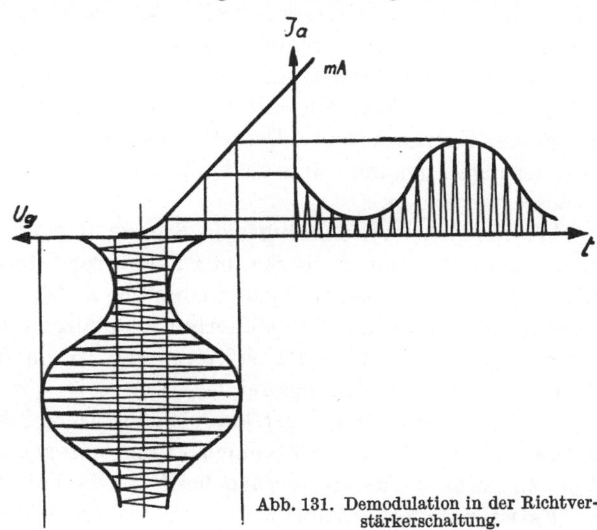

Abb. 131. Demodulation in der Richtverstärkerschaltung.

Gesamtenergie des Störungsspektrums auf alle ausgesandten Wellenlängen verteilt ist, so daß der Energieanteil, der das Empfangsrelais
trifft, nur einem kleinen Wellenbereich des Gesamtspektrums entstammen kann, also nur einen Bruchteil der Gesamtenergie der Störung
enthält, so daß die Gefahr, daß das Relais auf eine solche Störung anspricht, wesentlich verringert ist. Es muß also gesagt werden, daß eine
Übertragung, bei der ein überlagerter Ton getastet wird, wesentlich
unempfindlicher gegen Störungen ist, als wenn die Hochfrequenzwelle
selbst getastet wird.

Bei dieser Gelegenheit wollen wir noch eine andere Störungsfrage
streifen, nämlich die Änderung der Leitungsdämpfung durch Witte-
rungseinflüsse. Man könnte daran denken, einer Erhöhung der Dämpfung durch Erhöhen der Sendeenergie zu begegnen, was verschiedent-
lich im Ausland getan wird. Die Nachteile dieses Vorgehens sind die,

daß einmal die Sender sehr teuer werden, da man, um einen Effekt zu erzielen, die Sendeenergie stärker erhöhen muß als dem Zunehmen der Dämpfung entspricht, und zum anderen beginnt die Energie der Sender dann auszustrahlen und dadurch andere Empfänger empfindlich zu stören. Dieses Verfahren ist daher in manchen Ländern auch nicht erlaubt, sondern die zulässige Sendeenergie ist z. B. in Deutschland auf 10 Watt beschränkt.

Da nun andererseits ziemlich empfindliche Empfangsrelais verwendet werden, um den Verstärkungsgrad nicht zu hoch treiben zu müssen, und diese Relais andererseits infolge ihrer Bauart nur in einem verhältnismäßig engen Strombereich richtig arbeiten, was übrigens auch für die Verstärkerröhren gilt, geht man, um unkontrollierbaren Dämpfungsschwankungen möglichst zu begegnen, so vor, daß man stets mit der höchstzulässigen Energie sendet, aber die Empfangsenergie vor dem Empfangsrelais automatisch stets so reguliert, daß es nie zuviel Energie erhält. Derartige Röhrenschaltungen werden Pegelregulierungen genannt und sind an allen modernen Empfangsgeräten ebenso vorhanden.

Welche Zahl von Störungen je Stunde sind nun bei solchen Hochfrequenzübertragungen überhaupt zu erwarten? Darüber scheinen noch keine genauen Untersuchungen zu bestehen. Einige wenige praktische Beobachtungen an nicht modulierten Empfängern ergeben bei Wetterwechsel, insbesondere bei Gewittern eine enorm hohe Zahl. Es war kaum eine Minute störungsfrei.

Aus diesen Beobachtungen kann ein wichtiger Schluß auf die Brauchbarkeit der verschiedenen Fernmeßsysteme gezogen werden, wenn Hochfrequenzgeräte verwendet werden, bei denen die Trägerwelle getastet wird.

Es ist nämlich anzunehmen, daß die Impulsfrequenzsysteme, wie auch alle Wechselstromsysteme, weniger gestört werden, als die anderen Impulsfernmeßsysteme, weil im ersten Fall ein Störimpuls auf ca. 300 Meßimpulse wenig ausmacht, wogegen beim Impulszeitsystem, bei dem der Abstand zweier Impulse den Meßwert darstellt, jeder Störimpuls einen gefälschten Meßwert ergibt. Günstiger werden die Verhältnisse, wenn die Impulsdauer zur Anzeige verwendet wird. Weiter zeigen diese Ergebnisse, wie wichtig eine zuverlässige Kontrolle auf Störimpulse bei Fernsteueranlagen dann ist, wenn sie über einen solchen Übertragungskanal arbeiten.

Beispiele zu Gruppe b und c. Die Pseudovielfachübertragungen.

Hierher gehören prinzipiell alle Fernsteuereinrichtungen, die mit umlaufenden Kontaktapparaten oder mit Wählern oder auch mit Relaisketten arbeiten, wie wir sie bereits kennengelernt haben. Wir wollen sie die mechanischen Vielfachübertragungsmethoden nennen und als schon behandelt hier nicht besonders berücksichtigen.

Hier wollen wir die elektrischen Pseudovielfachübertragungen betrachten, die deshalb so genannt werden sollen, weil elektrische Vorgänge den Takt für den Rhythmus der Übertragung angeben. Schon diese Tatsache läßt erkennen, daß die Vorgänge sehr schnell aufeinanderfolgen können, und zwar so schnell, daß man äußerlich z. B. an der Einstellgeschwindigkeit des Zeigers einer Anzahl von Meßinstrumenten, die über einen Kanal übertragen werden, nicht mehr erkennen kann, daß sich, wie wir die Vielfachübertragung von der Pseudovielfachübertragung abgegrenzt haben, nur ein Zeichen jeweils auf der Leitung befindet.

Diese an sich sehr eleganten Methoden haben leider alle denselben Nachteil, daß sie nur für sich allein angewendet werden können, also ohne gleichzeitiges Fernsprechen, wenn für dieses keine besondere Trägerwelle vorgesehen ist, und auch dann nur meist in ihrer ein

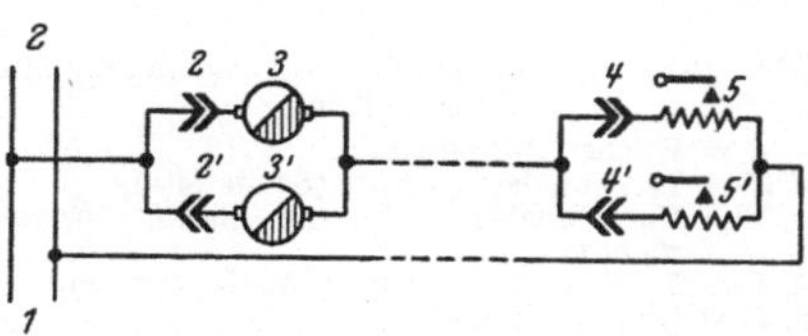

Abb. 132. Prinzip einer Zweifachübertragung durch Wechselstrom.

1 = Wechselstromquelle, z. B. 50 per.
2, 2' = Trockengleichrichter (Sendeseite).
3, 3' = Unterbrecher, z. B. von Fernmeßinstrumenten.
4, 4' = Trockengleichrichter (Empfangsseite).
5, 5' = Empfangsrelais.

fachen Grundform, wenn sich am Anfang und Ende der Leitung dasselbe bzw. ein synchron mit dem anderen laufendes Drehstromnetz befindet, falls man nicht mit besonderen regulierten Maschinen arbeitet, wodurch sie allerdings im apparativen Aufwand komplizierter werden.

Die einfachste Form, die allerdings von dieser letzteren Schwierigkeit frei ist, ist die Ventilschaltung zur Übertragung zweier Meßwerte.

Als Ventile werden einfache Trockengleichrichter verwendet, Abb. 132.

Von der Wechselstromquelle ist der eine Unterbrecher, z. B. eines Fernmeßapparates über einen Gleichrichter angeschlossen und ein zweiter über einen umgekehrt eingestellten Gleichrichter. Auf der Empfangsseite werden gewöhnliche Relais durch vorgeschaltete Gleichrichter zu polarisierten Relais gemacht, und man sieht ohne weiteres, daß bei der einen Wechselstromhalbwelle das eine Relais Kontakt macht und bei der anderen Halbwelle das andere, vorausgesetzt, daß die Sendeunterbrecher jeweils in Kontaktschlußstellung stehen. Solange auch bei höchster Kontaktzahl der Sendeunterbrecher die Kontaktschlußdauer immer noch wesentlich größer ist als die Frequenz des die ganze Anlage betreibenden 50 Per. Stromes wird jeder Kontaktschluß sicher übertragen. Ist z. B. die Kontaktdauer beim Impulsfrequenzfernmeßverfahren noch ca. 0,2 Sekunden, so fallen in diese Kontaktzeit bei 50 Per. eine ganze Anzahl Halbwellen, so daß das Relais sicher anspricht. Selbstverständlich kann man mit dieser Methode auch einen Wechselbetrieb einrichten, d. h. 2 Werte in entgegengesetzter Richtung übertragen, Abb. 133.

Wir wollen, um diesen Grundgedanken weiter auszubauen, uns nun einmal an die einfache Tatsache erinnern, daß ein Wattmeter nur dann ausschlagen kann, wenn sowohl seine Spannungsspule, wie auch seine Stromspule, gleichzeitig Strom führen, und einmal in Gedanken vor die Stromspule eines Wattmeters und vor seine Spannungsspule je einen rotierenden Unterbrecher legen und die ganze Einrichtung mit Gleichstrom speisen, Abb. 134.

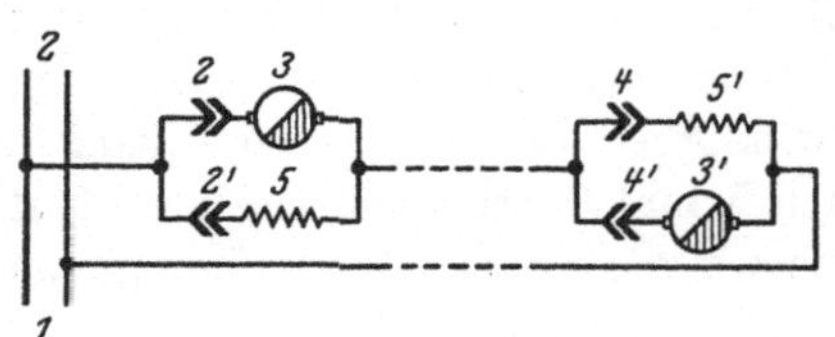

Abb. 133. Prinzip einer Wechselübertragung mit Wechselstrom.

1 = Wechselstromquelle.
2, 2' = Trockengleichrichter (Sendeseite).
3, 3' = Unterbrecher, z. B. von Fernmeßinstrumenten.
4, 4' = Trockengleichrichter (Empfangsseite).
5, 5' = Empfangsrelais.

Wir bekommen nur dann einen Ausschlag, wenn die Spulen jeweils gleichzeitig unter Strom stehen. Ist der Stromstoß in der einen Spule abgelaufen, ehe der in der anderen angefangen hat, so wird sich das Instrument nicht rühren.

Schalten wir eine ganze Anzahl von wattmetrischen Relais mit ihren Spannungsspulen hintereinander und legen wir die anderen Spulen, die Stromspulen, an unseren Doppelunterbrecher, Abb. 135, und drehen wir nun den Unterbrecher sehr schnell, jedenfalls schneller als wir die ebenfalls eingebauten Schalter öffnen und schließen, so können wir jedes Öffnen und Schließen der Handschalter in einem Ansprechen des entsprechenden Relais erkennen, und zwar geht dies alles über zwei Verbindungsleitungen vor sich.

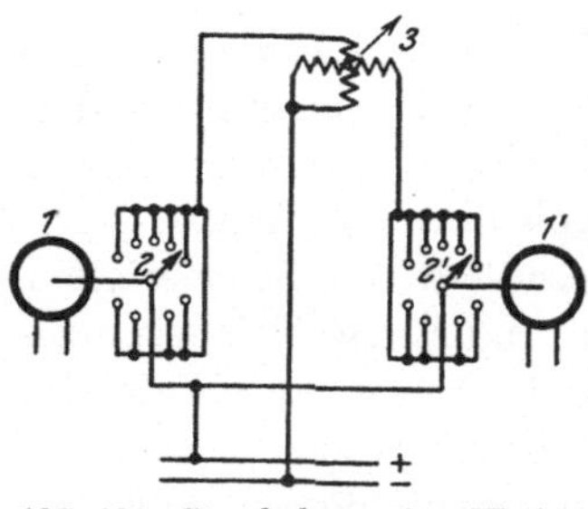

Abb. 134. Grundschema eines Wattmeters, das über 2 Unterbrecher gespeist ist.

1, 1' = Motoren.
2, 2' = Unterbrecher.
3 = Wattmeter.

Gelingt es, statt des mechanischen Unterbrechers den umlaufenden Vektor des Drehstromnetzes in irgendeiner Form zu verwenden, so ist eine Vielfachfernmeßübertragung über 2 Leitungen prinzipiell geschaffen.

Dieser kann auf folgende Weise nutzbar gemacht werden. Man kann bekanntlich die Sekundärspannung eines Transformators durch starkes Sättigen des Eisens so stark verzerren, daß sich bei aufgedrückter Sinusspannung auf der Sekundärseite nur eine Spannungsspitze ergibt, die mit der Sinusform keine Ähnlichkeit mehr hat, Abb. 136.

Durch eine besondere Kompensationsschaltung und richtige Eisenwahl lassen sich ganz schmale, fast rechteckige Spannungsstöße herausheben, ähnlich den Spannungsstößen eines mechanischen Unterbrechers.

Ein Drehstromtransformator gibt drei solcher Spitzen. Da es nun eine Kleinigkeit ist, durch Transformation aus Drehstrom Vielphasenstrom herzustellen, kann man auch mehr Spitzen entsprechend der Phasenzahl herausheben. Setzt man auf der Sende- und Empfangsseite je eine solche Einrichtung an, die von demselben Drehstromnetz gespeist wird, so treten diese Spitzen auf beiden Seiten gleichzeitig auf, und wir haben unseren mechanischen Kollektor von unserer früheren Überlegung her auf elegante Weise durch einen masselosen ersetzt, Abb. 137.

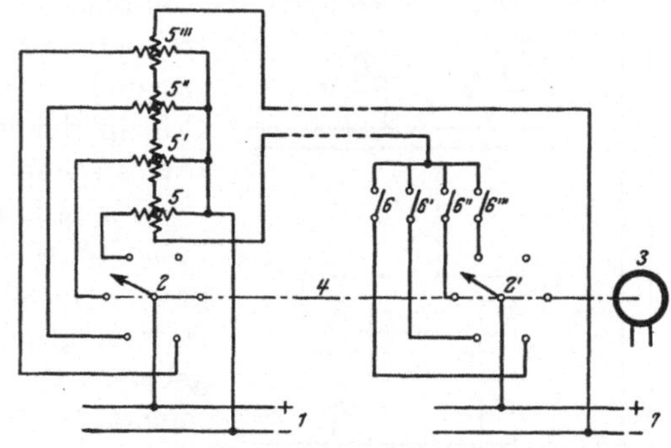

Abb. 135. Schema einer Vielfachmessung mit Wechselstrom als Taktgeber.

1 = Stromquelle (Empfangsseite).
2 = Unterbrecher (Empfangsseite).
2' = Unterbrecher (Sendeseite).
3 = Gemeinsamer Motor.
4 = Durchgehende Welle.
5÷5''' = Wattmetrische Relais (Empfangsseite).
6÷6''' = Schalter (Sendeseite).
7 = Stromquelle (Sendeseite).

Die Zuverlässigkeit der Übertragung ist natürlich abhängig von der Klarheit, mit der die Spannungsstöße herauszuheben sind, und von der Größe der möglichen Verschiebung der Spannungsvektoren des Netzwechselstromes zwischen Anfang und Ende der Leitung sowie von der Klarheit, mit der die Spannungsstöße auf der Empfangsseite ankommen, nachdem sie durch den Leitungskanal übertragen sind.

Der Einfluß der Phasendifferenz des Netzspannungsvektors zwischen Anfang und Ende der Leitung läßt sich durch die an sich bekannten Kompensationsmethoden unter Zuhilfenahme der Strom- und Spannungswandler kompensieren.

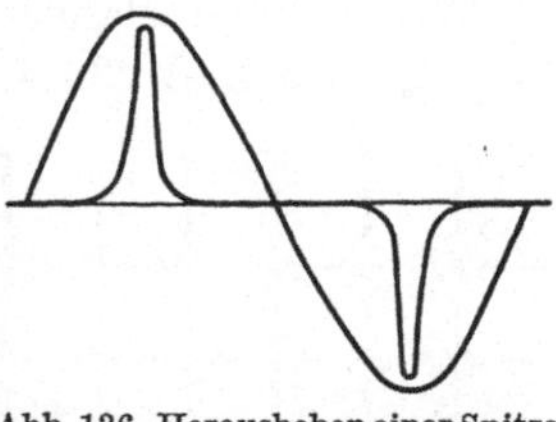

Abb. 136. Herausheben einer Spitze aus einer Sinuswelle mittels gesättigter Vortransformatoren. Bei Mehrphasenwechselstrom liegen die Spitzen nahe beieinander, aber immer noch klar getrennt.

Es ist nachgewiesen, daß mittels Hochfrequenzübertragung 100 bis 200 km sicher zu überbrücken sind, wenn man sich darauf beschränkt, nicht mehr als 7 Werte gleichzeitig zu übertragen.

Wir haben hiermit die mechanische und die magnetische Lösung des Problems einer schnellen Pseudovielfachübertragung kennengelernt. Wie es fast für jedes Prinzip eine mechanische, eine magnetische und eine elektrische Lösung gibt, so wäre eine solche auch hier denkbar, und zwar indem man als elektrische Lösung einen rotierenden Kathodenstrahl verwendet.

Diese Gedankengänge sind nun noch weiter ausgesponnen worden, um mit diesen Einrichtungen noch zu einer Vielzahl von möglichen Übertragungen zu kommen.

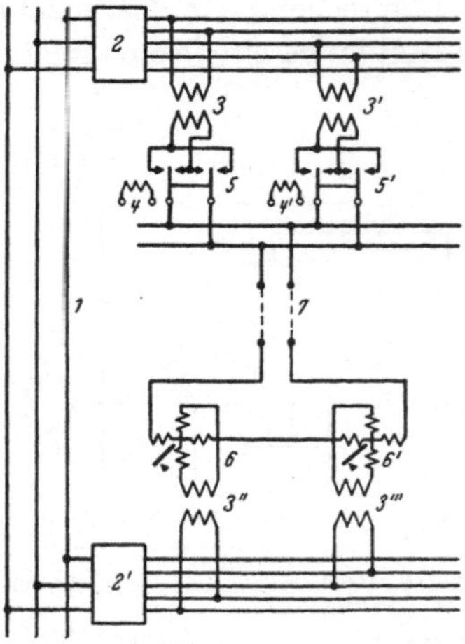

Dieses Verfahren setzt sich aus einer Kombination einer wahren Vielfachübertragung mit einer Pseudovielfachübertragung zusammen und benutzt das Prinzip der wattmetrischen Relais, wie wir es schon kennen.

Wir wollen einmal annehmen, wir haben eine Zwölffach-Tonfrequenztelegraphieeinrichtung vor uns, die gestattet, gleichzeitig je zwei Signale zu geben. Diese sollen auf der Empfangsseite, die wir zunächst betrachten wollen, in 12 Kontakten endigen. Diesen lassen wir schaltungstechnisch wattmetrische Relais folgen in der Anordnung, Abb. 138.

Wir sehen, daß sich stets ein bestimmtes wattmetrisches Relais bewegt, wenn gleichzeitig zwei bestimmte Relais der Tonfrequenzempfangseinrichtung ansprechen.

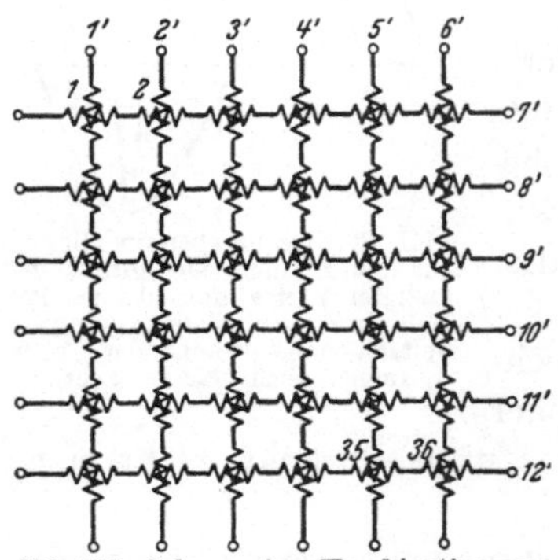

Abb. 137. Grundschema der Vielfachmessung mittels Wechselstrom.

1 = Starkstromleitung.
2, 2' = Mehrphasentransformatoren.
3÷3''' = Gesättigte Zwischenwandler.
4, 4' = Wicklungen der Senderelais.
5, 5' = Umschaltekontakte dieser Relais.
6, 6' = Wattmetrische Empfangsrelais.
7 = Übertragungskanal.

Wir können daher mit 12 Tonfrequenzzeichen 36 Signale übertragen, also z. B. 36 Meßwerte übertragen, wenn wir auf der Sendeseite dafür sorgen, daß von 36 Sendeinstrumenten nacheinander immer je nur zwei Tonfrequenzen angeregt werden. Dies kann dadurch geschehen, daß jeder Fernmeßsender 2 Relais tastet, und zwar stets nur zwei nacheinander, was dadurch geschehen kann, wenn ein umlaufender, elektrischer, mechanischer oder magnetischer Verteiler immer nur zwei bestimmte Kombinationen freigibt.

Abb. 138. Schema einer Kombination von 12 Tonfrequenzen zu 36 Übertragungen. Empfangsseite.

1'÷12' = Tonfrequenzkreise.
1'÷36 = Wattmetrische Relais.

Selbstverständlich lassen sich hier noch weitergehende Kombinationen finden, doch ist man in der Anwendung noch nicht weiter geschritten, um den Aufbau nicht so zu komplizieren, daß die Übersichtlichkeit und technische Klarheit des Systems leidet.

Es ist klar, daß dieses Prinzip nicht an Meßübertragungen gebunden ist, sondern auf alle mögliche Weise verwendet werden kann, doch ist man noch nicht über die gleichzeitige Übertragung von Meßangaben hinausgegangen.

Eine Vielfachübertragungsmethode, die mit massebehafteten Umschaltern arbeitet, zeigt Abb. 139, und ist ohne nähere Erklärung zu verstehen. Sie macht für das Aufrechterhalten der Einstellung der Empfangsinstrumente, solange sie nicht mit dem zugeordneten Sende-instrument verbunden sind, von der Tatsache Gebrauch, daß Kreuzspulinstrumente keine mechanische Richtkraft haben, also wenigstens kurze Zeit in stromlosen Zustand ihre Einstellung beibehalten. Das System arbeitet mit Gleichstrominten-sitätsschwankungen auf der Leitung, ist also nur zum Betrieb über direkt durchgeschaltete Leitungen brauchbar.

Die letzte Gruppe der „Vielfachfern-messung auf Wahl" bedarf hier keiner prinzipiellen Beispiele, da wir davon genügend in dem Kapitel über Fernsteuerungsanlagen kennengelernt haben, denn die Auswahl eines Schalters ist ja nichts anderes als die Auswahl eines Instrumentes. Zwar gibt es einige Konstruktionen auf dem Markt, die bezüglich der Auswahlapparatur sehr einfach gestaltet sind, doch kann man sich mit solchen Vereinfachungen, wenn sie Mangel an Sicherheit bedeuten, nicht einverstanden erklären, da eine Fehlmessung, entstanden durch falsches Zusammenschalten von Sender und Empfänger recht unangenehm für den Betrieb sein kann.

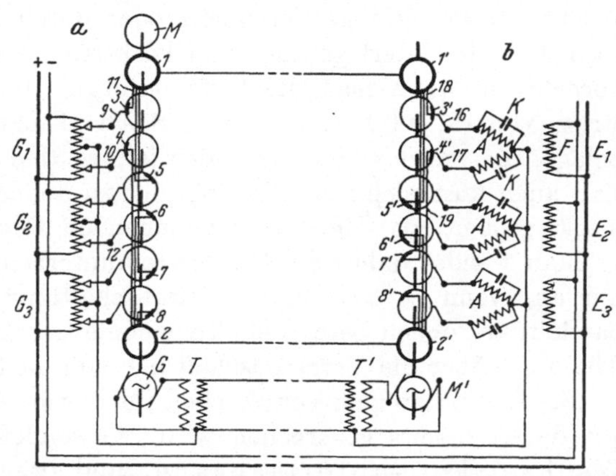

Abb. 139. Vielfachübertragung mit massebehafteten Umschalte-vorrichtungen.

a Sendeseite   b Empfangsseite.

G_1—G_3 = Potentiometer in irgendeiner Weise verstellt.
1—8 und $1'$—$8'$ = Schleifringe, ganz oder teilweise leitend.
A_1—A_3 und E_1—E_3 = Empfänger nach Art der Kreuzspulgeräte.

K = Kondensatoren.
G = Wechselstrom-generator.
M' = Synchronmotor.
M = Antriebsmotor.
T, T' = Transformatoren.

Beispiele zu Gruppe d. Die Vergesellschaftung von Sprache und Zeichengebung.

Diese Methoden benutzen die Tatsache, daß für die Sprachübertragung nur Frequenzen über ca. 300 Hz notwendig sind. Es stehen also die tieferen Frequenzen für andere Zwecke zur Verfügung.

Man könnte also zur Zeichenübertragung Gleichstrom verwenden, wenn die Zeichenfolge nur genügend langsam ist, was bei den meisten Fernmeß- und Fernbedienungseinrichtungen der Fall ist. Allerdings darf auch die Zeichenform keine höheren Frequenzen ergeben. Selbstverständlich muß bei einer derartigen Übertragung der Sprechapparat gegen den Gleichstromübertritt abgeriegelt werden. Dies kann z. B. durch Kondensatoren geschehen. Leider müssen wir uns daran erinnern, daß vor dem Sprechen das Anrufen nötig ist. Der Anruf erfolgt durch Wechselströme geringer Frequenz oder durch sog. Polwechsler. Man kann also die Unterlagerung mit Gleichstrom auf derselben Leitung nur vornehmen, wenn man die Rufeinrichtung ändert und mit Wechselstrom von ca. 500 Per. betreibt. Solche Eingriffe in die Telephonieanlage, die meist schon vorhanden ist, werden nicht gern gesehen und sind auch kostspielig, da die Zahl der zu ändernden Rufeinrichtungen meist größer, als die der einzubauenden Fernmeßeinrichtungen ist.

Man wendet daher die Gleichstromunterlagerung in solchen Fällen nur an, wenn es sich um Simultanschaltungen oder Phantomkreise handelt, auf denen bereits ein Telephonieverkehr stattfindet (siehe den Abschnitt über die Vergesellschaftung von Leitungen).

Bei Übertragungen von Zeichen für unsere Zwecke über Leitungen, auf denen bereits gesprochen wird, verwendet man daher meist die Wechselstromunterlagerung, und zwar benutzt man gern die Frequenz 100 oder 150 Hz, die ja leicht aus dem vorhandenen 50 Per.-Netz durch ruhende Frequenztransformatoren herzustellen ist. Das ist bei Meßübertragungen deshalb ohne weiteres zulässig, da meist nichts zu messen ist, wenn kein Wechselstrom da ist. Voraussetzung ist natürlich, daß man den Fernleitungsstrom von der Sendeseite der Anordnung entnimmt. In anderen Fällen ist der nötige Hilfsstrom jedenfalls in Starkstromanlagen auch unabhängig von diesem Netz leicht herzustellen. 100 Per. sind günstiger, weil sie als induzierte Störfrequenz im allgemeinen nicht vorkommen.

Die gegenseitige Abriegelung der Meß- und Sprechapparate geschieht durch entsprechende Drosselketten, siehe S. 190, und zwar legt man vor den Telephonapparat eine Kondensatorkette und für die Meßapparate Spulenleitungen. Die Verwendung von Wechselstrom für die Übertragung ergibt weiterhin noch den großen Vorteil, daß man auch Leitungen benutzen kann, deren Enden gegen die Anlage abgeriegelt oder gar unterwegs durch Übertrager unterteilt sind. Dies ist gerade für Elektrizitätswerksbetriebe von größter Wichtigkeit aus Gründen, die wir früher schon besprochen haben.

Nicht unerwähnt bleibe die Erkenntnis, daß man in der Gegend um 1600 Hz aus dem gesamten, für die Sprechübertragung nötigen Frequenzband ein Gebiet von 100 Hz herausschneiden kann, ohne die

Verständlichkeit der Sprache wesentlich herabzusetzen. Dieses Band kann für Telegraphiezwecke benutzt werden.

In diesem Fall werden die Telegraphieströme gemeinsam mit den Sprechströmen verstärkt, und zwar in den normalen Leitungsverstärkern. Umgehungs- und Übersetzungseinrichtungen, wie bei den anderen Verfahren, sind daher nicht notwendig. Dieses System eignet sich daher besonders für lange Fernleitungen mit vielen Zwischenverstärkern, wenn es sich darum handelt, neben der Sprache ein Tonfrequenztelegramm durchzubringen. Für unsere Zwecke scheint dieses Verfahren bisher nicht benutzt worden zu sein. Es ist aber ein Weg, der jederzeit ohne technische Schwierigkeiten benutzt werden kann, wenn es nötig ist.

VII. Die Gefährdung der Schwachstromleitungen durch benachbarte Starkstromleitungen.

Über diese Frage ist schon sehr viel gearbeitet und geschrieben worden. Einiges davon ist in der Literaturzusammenstellung am Schluß zu finden. Um wenigstens einen Begriff von der Bedeutung dieser komplizierten Frage zu geben, seien doch hier einige Worte gesagt, wenn man sich auch stets bei der Verlegung von Schwachstromkabeln in der Nachbarschaft von Starkstromanlagen auf die Angaben der Spezialisten, schon wegen der Garantiefrage für die verlegte Leitung, verlassen muß. Es ist doch immerhin interessant zu wissen, warum so viele Überlegungen angestellt werden, wenn es sich um solche Verlegungen handelt, und welche Hilfsmittel man heute hat, um sich vor den die Schwachstromanlage gefährdenden Beeinflussungen zu schützen.

Es können bei einem Parallelverlauf zwischen einer Schwachstromleitung und einer Starkstromleitung, wenn wir von dem direkten Stromübertritt absehen, zunächst prinzipiell magnetische und elektrische Beeinflussungen stattfinden.

Es werden zwar die Einwirkungen elektrischer Felder der Starkstromleitungen von den Kabeladern, mit diesen wollen wir uns hier allein befassen, ferngehalten, da der geerdete Mantel des Kabels das Eindringen des elektrischen Feldes in das Innere des Kabels verhindert, aber gegen die magnetischen Felder des Starkstromes, die in den Adern elektromotorische Kräfte indizieren, sind sie nicht vollkommen gesichert.

Diese elektromotorischen Kräfte der Adern gegen Erde können so hoch werden, daß das Betriebspersonal gefährdet wird oder das Kabel durchschlägt. Andererseits können sie, ohne daß dieser äußerste Fall eintritt, zu Betriebsstörungen der Apparate dann führen, wenn die

Fernmeldekreise nicht symmetrisch angeordnet oder benutzt sind. Dies ist ein sehr wichtiger Punkt, der leider von den Konstrukteuren von Fernmeß- und Fernsteuereinrichtungen viel zu wenig beachtet wird, was aber schon recht üble Folgen gehabt hat.

Die in beiden Adern einer Doppelleitung induzierten elektromotorischen Kräfte sind an sich gleich groß. Die Spannungsabfälle, die der durch die induzierte EMK über die Erdkapazitäten der Adern fließende Strom hervorruft, können jedoch bei Verschiedenheit der elektrischen Konstanten der Adern und der an die Adern angeschlossenen Einrichtungen ungleich sein, so daß dann in beiden Zweigen der Doppelleitung verschieden große Spannungen gegen Erde bestehen.

Durch einen an die Adern angeschalteten Betriebsapparat fließt in diesem Fall ein dieser Spannungsdifferenz entsprechender Ausgleichstrom.

Um solche Störungen zu vermeiden, müssen die beiden Zweige der Doppelleitung möglichst gleichen Scheinwiderstand gegen Erde haben.

Diese Forderung ist bezüglich der Kabeladern bei der Fabrikation der Kabel bis auf die Erdkapazitäten zu erfüllen, für die ein besonderer Abgleich nach der Verlegung des Kabels möglich ist.

Dieser Ausgleich erfolgt entweder durch Zuschalten kleiner Kondensatoren in gewissen Abständen oder durch geeignetes Vertauschen und Kreuzen der Adern nach der Verlegung.

Man hat nun bei Kabeln mit einer Gefährdungsspannung zu rechnen, die von der Grundwelle des Starkstromes herrührt und mit von den höheren Harmonischen herrührenden Stör- und Geräuschspannungen.

Wenn auch durch die genannten Maßnahmen die Spannungen zwischen den Adern verringert werden, so bleiben doch damit die Gefährdungsspannungen gegen Erde bestehen. Die Tatsache, daß bei gleichem Parallelverlauf die in einer Freileitung induzierten Spannungen größer sind, als die in einem Erdkabel induzierten Spannungen, liegt in der Schutzwirkung des Kabelmantels, da nämlich, wie in den Adern des Kabels auch im Mantel vom Starkstrom eine EMK induziert wird, die durch den geerdeten Mantel einen Strom treibt.

Dieser Mantelstrom induziert seinerseits in den Adern eine EMK, die die direkt induzierte EMK mehr oder weniger kompensiert. Diese Schutzwirkung ist nun um so größer, je höher die Induktivität und je kleiner der Widerstand des Mantels ist.

Um einen möglichst kleinen Widerstand des Mantels zu erhalten, muß man in erster Linie dafür sorgen, daß der Kabelmantel keine Unterbrechungsstellen aufweist.

Alle Unterbrechungsstellen müssen durch besonderen Metallbügel überbrückt werden, ferner muß der Kabelmantel gut geerdet sein.

Die Induktivität des Mantels kann durch eine Spezialbewehrung an Stelle der üblichen Flachdrahtbewachung vergrößert werden. Es wird dadurch ein Herabsetzen der induzierten EMK von 20% erreicht.

Ferner kann man zum Mantel Kupferleiter parallel schalten, was wirksamer ist als ein Verstärken des Bleimantels, wobei es bei häufigem Verbinden des Kupferleiters mit dem Mantel prinzipiell gleichgültig ist, ob dieses Kupfer sich innerhalb oder außerhalb des Kabels befindet. Auch kann man durch die Wahl der Eisensorte für die Armierung etwas erreichen.

Da die induzierte Spannung proportional der induzierenden Stromstärke und proportional der Länge der Parallelführung zwischen Starkstrom und Fernmeldeleitung ist, wird ihre Höhe durch das Produkt aus beiden bestimmt. Es ist daher gebräuchlich, die induzierten Spannungswerte für 100 Akm der Starkstromleitung anzugeben.

Werden z. B. in einer Freileitung 10 V/100 Akm induziert, so kommt man z. B. bei Kabeln mit Kupferschutz und Spezialbandbewehrung auf 2 V/100 Akm, d. h. auf einen Schutzfaktor von 0,2.

Man kann also, wenn man eine bestimmte Isolationsfestigkeit annimmt, den Parallelverlauf auf das Fünffache ohne Gefahr erstrecken oder es kann der fünffache Kurzschlußstrom in der Starkstromanlage vorhanden sein.

Welche Mittel hat man nun in der Hand, um die induzierte Spannung nicht zu hoch werden zu lassen, wenn das Kabel schon verlegt ist bzw. wenn eben der Parallelverlauf länger sein muß, als man ihn mit den genannten Mitteln gestatten kann?

Dieses Mittel liegt nach den angestellten Überlegungen auf der Hand; man muß die Kabel so querteilen, daß keine galvanische Verbindung über die ganze Länge vorliegt, d. h. man muß an verschiedenen Stellen kleine Transformatoren (Übertrager) einbauen, die allerdings andere magnetische und elektrische Eigenschaften haben müssen, als die Apparate, die wir gewöhnlich unter Bezeichnung Transformatoren verstehen; ihre Wirkung, eine Isolationsstrecke zu schaffen, ist aber dieselbe, Abb. 2.

Man sieht ohne weiteres, daß bei einer Neuanlage verschiedene wirtschaftliche Überlegungen angebracht sind, ob man einen besonders ausgebildeten Kabelmantel vorsehen will, ob es zweckmäßig ist, das Kabel in einem größeren Abstand von der Drehstromleitung zu verlegen, oder ob man die Querteilung durch Übertrager vorsehen soll, wobei bei der Kostenaufstellung nicht vergessen werden darf, daß man für die Übertragung der Zeichen in diesem Fall meist Wechselstrommethoden benutzen muß, gleichgültig, ob Messungen oder Steuerungen oder Signale zu übertragen sind.

Weiter soll auf die Frage der Gefährdungsspannungen nicht eingegangen werden, denn es sind für ihre Berechnung so mancherlei

Faktoren zu berücksichtigen. Es ist besser, diese Berechnungen den Lieferfirmen solcher Kabel zu überlassen, die durch ihre Erfahrungen und Versuche auf diesem Gebiet auch die sichersten Erfahrungszahlen haben. Des Interesses halber sei nur erwähnt, daß die Beeinflussungszahlen in Gebieten mit felsigem Untergrund und nur geringer Humusschicht viel größer sind, als in Gebieten mit normalen Bodenoberhältnissen. Der Grund dafür ist die geringere Ausbreitungsmöglichkeit der Stromlinien.

Auf jeden Fall kann hier nicht genug davor gewarnt werden, bei solchen Überlegungen und Projekten leichtfertig vorzugehen. Wenn die Anlagen auch teurer werden, so macht sich die Ausgabe doch immer durch größere Betriebssicherheit bezahlt, und diese brauchen wir für die in dieser Arbeit beschriebenen Anlagen ganz besonders.

Nur auf eines sei noch hingewiesen, weil es einen unsicheren Punkt für die gesamten Berechnungen darstellt. Wenn die Lieferfirmen der Schwachstromkabel die nötigen

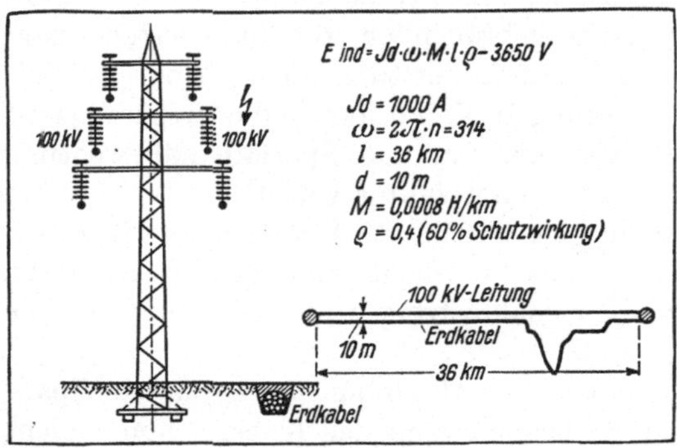

Abb. 140.   Lokalplan einer hochspannungsbeeinflußten Fernmeldeleitung.

Berechnungen anstellen sollen, müssen ihre Fragen nach dem Kurzschlußstrom der parallel laufenden Starkstromleitung beantwortet werden.

Die Ströme, die die Schwachstromkabel im wesentlichen auf den Durchschlag der Adern gegen Mantel gefährden, sind die Erdschlußströme, insbesondere deren bekanntlich besonders ausgeprägte höhere Harmonische und vor allem die Doppelerdschlußströme der Starkstromanlage und nicht etwa die Kurzschlußströme zwischen den Phasen, da bei diesen bekanntlich immer noch die Stromsumme in der Leitung gleich Null bleibt. Diese Doppelerdschlußströme an der Stelle des Parallelverlaufes richtig anzugeben, ist nun nicht einfach. Man muß ihre Höhe natürlich so ungünstig wie möglich annehmen, und die nötigen Berechnungen unter Annahme des Erdübergangswiderstandes Null vornehmen. Anzunehmen ist, daß die wirklich auftretenden Ströme wesentlich geringer sind, da ja bei Freileitungen in den meisten Fällen der Lichtbogenwiderstand, mindestens aber der Masterdungswiderstand an beiden Enden zum Stromkreiswiderstand hinzuzurechnen ist und daß auch bei Kabeln der Widerstand des Austritts des Stromes aus den Isolationsdurchbruchstellen dämpfend wirkt. Außerdem sind natürlich die Bodenverhältnisse, der Parallellauf anderer Metallteile, z. B. von Rohren in Stadtgebieten usw. mitbestimmend für die gegenseitige Beeinflussung der Leitungen.

Es will dem Verfasser scheinen, als sei es hier noch nötig, noch weiteres Versuchsmaterial unter wirklichen Betriebsverhältnissen zu schaffen, denn das Material, das ihm bekannt geworden ist, ist so bescheiden, nach Zahl der Versuche und der verwendeten Stromstärken, daß es kaum genügen dürfte, um ein sicheres Fundament für die wirtschaftlichste Projektierung zu bilden. Jedenfalls scheint die heute übliche Methode, der Einfachheit halber den maximalen Stoßkurzschlußstrom der Maschinen als Maß anzunehmen, zu weit gegangen, denn auch die Erfahrung beweist, daß diese

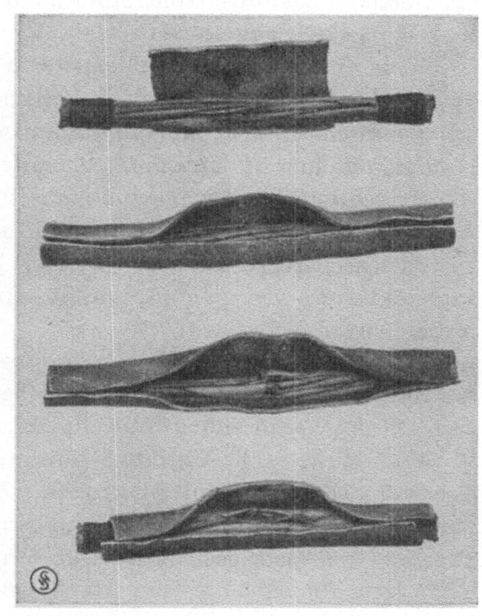

Abb. 141. Durch induktive Beeinflussung zerstörtes Fernmeldekabel. Mantel geöffnet.

Zahlen zu sichere Werte geben. Es müßte nämlich sonst noch viel mehr Durchschläge an ungesicherten Schwachstromkabeln geben als es allerdings schon gibt. Abb. 141, 142 zeigen einen solchen Fall und seine Folgen.

VIII. Lastverteileranlagen.
A. Allgemeines.

Wenn auch über diese Fragen hier einiges gesagt werden soll, so geschieht es weniger, weil die Lastverteilereinrichtung als besonderes Anwendungsgebiet für das bisher Besprochene von Bedeutung ist, sondern weil die Gesichtspunkte für einen übersichtlichen Zusammenbau der bisher besprochenen Einzelteile wohl einer Schilderung wert sind.

Die Person des Lastverteilers wird heute allgemein für große Netze als unbedingt notwendig angesehen. Seine Aufgabe ist es, den Tagesbetrieb sicher und ökonomisch zu führen und in Störungsfällen dafür zu sorgen, daß diese so eng als möglich in ihrer Auswirkung auf das Netz begrenzt bleiben, und zwar so eng es eben die Starkstromanlage als Ganzes betrachtet ihrem technischen Aufbau entsprechend erlaubt. Diese

Zentralstelle des Netzes ist daher vor viele Aufgaben gestellt, die das ganze Gebilde der Lastverteilerorganisation in zwei Teile aufspalten, in ein Berechnungs- und Kontrollbüro einerseits und eine Überwachungs- und Meldestelle andererseits.

Beide Stellen müssen in engster Fühlung zusammenarbeiten und stehen daher meist unter einer Leitung. Über die Organisation einer solchen Stelle in sich und im Organismus der ganzen Verwaltung der Gesellschaft hier zu sprechen, ist heute noch verfrüht, da, wie die einschlägige Literatur zeigt, keine einheitliche Ansicht hierüber weder bei den einzelnen Ländern noch den einzelnen Staaten und Völkern festzustellen ist. Es sei deshalb in dieser Beziehung nur auf die Literatur verwiesen, die am Schluß, soweit es möglich war, zusammengefaßt worden ist.

Nur einige Gesichtspunkte seien gegeben, die darauf hindeuten, daß das Mitbestimmungsrecht einer solchen Stelle, an die Lastverteilung nicht direkt berührenden Entschlüssen, ziemlich weitgehend sein muß.

Wenn diese Stelle den Betrieb führen soll, so muß sie den jeweiligen Zustand der Betriebsmittel kennen. Zu den Betriebsmitteln gehören aber so gut wie sämtliche Einrichtungen und Anlageteile. Sie muß daher über alle beabsichtigten Reparaturen und Erweiterungsmaßnahmen im Bilde sein, die irgendwelche Abschaltungen usw. verlangen, soweit sie betriebswichtig sind. Ebenso muß sie mitbestimmend sein für den Zeitpunkt von Reparaturen und Revisionen großer Anlageteile, falls dies nicht aus irgendwelchen Gründen sofort nötig ist.

Aus der zweiten Aufgabe des Lastverteiles, in Störungsfällen einzugreifen, geht das Recht hervor, auf die Ausbildung der Schutzeinrichtungen und die Netzgestaltung usw. Einfluß nehmen zu dürfen.

Der Name, den man diesen Zentralstellen gegeben hat, rührt also nur als pars pro toto von ihrer täglich zu vollziehenden Tätigkeit der Verteilung der anfallenden Last auf die Kraftquellen her, ohne ihre Bedeutung zu erschöpfen. Diese tägliche Tätigkeit geschieht durch Aufstellen eines Programmes für die Verteilung für den kommenden Tag und dem Überwachen der Verteilung der anfallenden Last am Tage selbst.

B. Die technische zentrale Überwachung des Gesamtbetriebes.

1. Die meßtechnische Überwachung.

Das Aufstellen des Tagesdiagrammes verlangt trotz einer großen Anzahl von Unterlagen vielseitige Erfahrung. Die wesentlichen Unterlagen schafft, wie gesagt, jeweils der Vortag mit seinen Diagrammen. Man sollte zunächst daher annehmen, daß eingehende Überlegungen hier nicht nötig sind, da die Variation des Leistungsbedarfes von einem Tag zum anderen im allgemeinen nicht groß sein wird. Tatsächlich liegt es auch im allgemeinen so, daß die Unterschiede in der Gesamtfläche der Diagramme an sich relativ gering sind, wenn auch gewisse Schwankungen unvorhergesehener Art, die nicht genau voraus disponiert werden können, immer vorhanden sind. Schwierigkeiten bereitet aber der Anstieg und der Abstieg der Morgen- und der Abendspitze, denn in den meisten Netzen ist doch die Lichtbelastung ein ziemlich bedeutender Anteil am Gesamtverbrauch, insbesondere diejenige Lichtbelastung, die an das In- und Außerbetriebnehmen der Arbeitsmaschinen in den Betrieben gebunden ist, da die Betriebe um diese Zeit zu laufen beginnen, ist sie ein großer Faktor in der Gestaltung des Konsumverlaufes zu diesen Zeiten.

Es ist klar, daß das Betreiben von Arbeitsmaschinen bei mangelndem Tageslicht eine erhöhte Lichtbelastung aus mehreren Gründen bedingt, denn es muß nicht nur die Arbeitsstätte beleuchtet werden, sondern auch der Haushalt, dessen Beleuchtung von der der Arbeitsmaschinen zeitlich mitbestimmt ist.

Der dritte Teil der Lichtbelastung, der entsteht, ist das Inbetriebgehen der Büros, der Läden und teilweise in gewisser Weise auch eine Verstärkung der Straßenbeleuchtung.

Einen weiteren zusätzlichen Laststoß bringen die Transportmittel, die Bahnen.

Da nun das Einsetzen der Tagesbeleuchtung nicht nur von der Jahreszeit, sondern auch vom Wetter abhängig ist, werden gerade diese Anstiegskurven unsicher nach Einsatz und Steilheit, so daß gerade über diese Punkte der Tageskurve erhebliche Unsicherheit besteht, und das Bestreben dieser Zentralstellen sein muß, die Lage an diesen Stellen soviel als möglich zu klären und die Betriebsmittel dafür sicherzustellen. Es muß daher auf gute Verbindung mit dem Wetterdienst Wert gelegt werden. Man geht heute sogar so weit, daß man die Tageshelligkeit selbsttätig messend zu verfolgen sucht, um diese Messungen für das rechtzeitige Einsetzen von Betriebsmitteln mit heranzuziehen.

Auch aus einen anderen Grund ist ein schneller und sicherer Wetterdienst von größter Wichtigkeit, und zwar vor allem im Sommer, um nämlich das Herannahen plötzlicher Verdunklungen so rechtzeitig zu erkennen, daß Vorbereitungen für eine nicht vorgesehene Lichtbelastung mitten am Tage noch zu treffen sind, Abb. 142.

In ausgedehnten Freileitungsnetzen ist die Gefahr des Leitungsausfalles infolge Sturm, Blitzschlages oder auch von Nebelbildung, Rauhreif usw. größer als in Kabelnetzen. Wenn man auch durch den Selektivschutz heute Mittel in der Hand hat, das Störungsausmaß auf den durch die Stationsverteilung gegebenen kleinstmöglichen Streckenabschnitt

zu beschränken, so können in einem solchen Netz durch eine plötzlich
veränderte Belastungsverteilung doch dadurch Schwierigkeiten und
Störungen entstehen, daß die unter Umständen entstehenden Überlastungen zu Unterbrechungen führen. Man neigt daher, wenn solche
Ereignisse zu erwarten sind, dazu, die betrieblich wirtschaftlichste Ver-
maschung und Lastverteilung aufzugeben und das Netz so aufzulockern
und die Leistungsverteilung so einzurichten, daß die Versorgungs-
gruppen einigermaßen auch im Notfall selbständig bestehen können.

Diese wenigen Gesichtspunkte geben schon einigen Anhalt, mit
welcher Sorgfalt das ganze Gebaren des Netzes verfolgt werden muß,
besonders in den Zeiten des Anstieges und des Abstieges, der sehr ra-
pide sein kann.

Wie gesagt ist das Genannte nur ein klei-
ner Anhalt, denn außer der Wirklastverteilung kommt noch die Spannungshaltung und Blindlastverteilung als zu beobachtender Faktor ganz
wesentlich für den richtigen Netzbetrieb in Frage.

Bekanntlich verfügen heute die Netze über sogenannte Momentan-

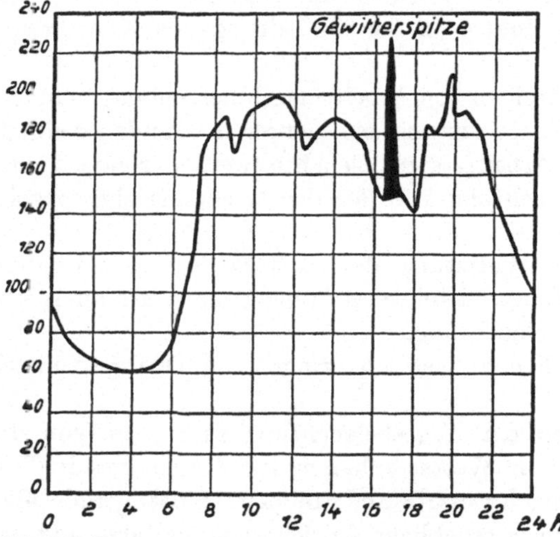

Abb. 142. Unvermutete Lastspitze, durch Gewitter verursacht.

reserven, deren Einsatz bei Störungen oder unprogrammäßigen Be-
lastungsschwankungen als Ausgleich dient.

In den Städten verfügt man dabei über Batterien oder Ruthsspeicheranlagen, in Überlandnetzen über Wasserkräfte, Pumpspeicherwerke und in kleineren Netzen über Dieselaggregate, alles Einrichtungen, die binnen wenigen Minuten einspringen können. Die Pumpspeicherwerke, Batterien und Ruthsspeicheranlagen sind bekanntlich
Reserven, die nur eine bestimmte Zeit zur Verfügung stehen, so daß mit
ihrer Arbeitsleistung hausgehalten werden muß. Sind sie entladen, so
verlangen sie eine Energielieferung über viele Stunden, bis sie wieder
zur Verfügung stehen. Im wesentlichen sind es Notreserven. Wohl zu
beachten ist, daß ein Netz stets noch über erhebliche Reserven verfügt,
die in den Maschinen selbst liegen, denn man wird die Maschinen selbst
gern im normalen Betriebe mit ihrem höchsten Wirkungsgrad arbeiten
lassen, der im allgemeinen bei ca. $^3/_4$ Last bis 80 % ihrer Nennleistung

liegt, es stehen also noch 20—25% bis zur Vollast der Maschine zur Verfügung. Dies sind die „stillen Reserven" des Netzes, die wohl bei Wasserkraftwerken momentan zur Verfügung stehen, nicht aber unbedingt bei Dampfkraftwerken, da ja auch die nötigen Dampfmengen sofort frei gemacht werden müssen, wenn man sie benutzen will.

Wohl ist man heute durch die mechanischen Feuerungen, insbesondere durch die Kohlenstaubfeuerungen in der Schnelligkeit der Dampferzeugung sehr weit gekommen, doch vergehen immer noch eine ganze Anzahl von Minuten, bis der Betrieb wieder im Gleichgewicht ist. Die Einführung der automatischen Kesselregelung hat hier ebenfalls zu Fortschritten beigetragen.

Man erkennt daraus ohne weiteres, daß der Lastverteiler auch über die Zustände im Kesselhaus, über Zahl, Art und Größe der in Betrieb sich befindenden Kessel informiert sein muß, will er diese Reserven und damit auch die Notreserven richtig ansetzen und günstig ausnützen.

Auch die Wasserkraftwerke haben verschiedenen Bedingungen zu gehorchen, die im Tagesplan Berücksichtigung finden müssen, selbst wenn man von den Jahreszeitschwankungen und der Lage der Wasserkräfte (Hochgebirge und Mittelgebirge usw.) absieht. Von letzterem soll hier nicht die Rede sein, da dies Energiewirtschaftsprobleme sind, die den Teil des Zentralbüros nicht berühren, dem wir uns hier nur zuwenden wollen, nämlich der technischen Beobachtungsstelle, die auf Grund ihrer Beobachtungen zunächst einzugreifen hat.

Nicht gedacht haben wir bisher einer Frage, die in vielen Fällen zu beobachten ist, weil sie das Wirtschaftsergebnis des Unternehmens sehr stark beeinflußt. Es ist die Frage des Energieeinkaufs bzw. des Austauschs zwischen den Netzen.

Über diese Frage, ihre Bedingungen und Bedeutung, ist ebenfalls schon viel geschrieben worden und auch Versuche zur endgültigen Lösung der Frage sind im Gange. Die augenblickliche Ansicht scheint die zu sein, daß diese Frage dem Fernleistungsregler überlassen werden muß, wobei allerdings der Lastverteiler die Einstellung des Reglers beeinflussen soll, siehe Abb. 107. Der Grund für diese Einstellung zum Problem dürfte darin zu suchen sein, daß man heute noch nicht für gute Frequenzhaltung in den verschiedenen Netzen gesorgt hat, und die Tarifabkommen oft ziemlich scharfe sind. Außerdem sind sie dem Stand der Technik nicht immer in allen ihren Bestimmungen angepaßt. Aus dem ersteren Grund ist man vor Überraschungen im Austausch nicht sicher und hat andererseits noch nicht die Mittel in der Hand, zwischen zwei oder mehreren Netzen für einen so schnellen Ausgleich zu sorgen, daß kostspielige Tarifüberschreitungen vermieden werden. Man suchte daher Organe zu schaffen, die Fernregler, die schnell eingreifen und die sich nicht überraschen lassen, um dadurch die Austauschleitung so in die Gewalt zu bekommen, daß sie wie jede Maschine arbeitet, die auch durch ihre Regulierorgane beherrscht und nicht mehr oder weniger dem Zufall überlassen arbeitet. Es ist heute nachgewiesen, daß die genaue automatische Frequenzhaltung der Netze in Verbindung mit Austauschleistungsfernreglern jedenfalls die Verhältnisse ganz wesentlich bessert.

In ähnlicher Richtung gehen andere Überlegungen, die alle Werke von einer gemeinsam gegebenen Leitfrequenz abhängig machen und durch einen einstellbaren Winkel des synchronisierenden Moments den gegenseitigen Leistungstausch unabhängig von den Bedarfsschwankungen im eigenen Netz zu machen; doch sind diese Gedanken noch nicht bis zum praktischen Versuch gediehen.

Das telephonische Durchsagen der Belastung in großen Netzen hat sich mit der Zeit als undurchführbar und teuer herausgestellt, einmal weil es zuviel Zeit erfordert und zum anderen weil die Angaben oft wissentlich oder unwissentlich falsch gemacht werden. Letzteres deshalb, weil die Wärter erst die Leistungen der einzelnen Maschinen zusammenzählen müssen, ein direkt vorsintflutliches aber auch heute noch vielfach geübtes Verfahren. Der erste Schritt zur Besserung war es, die Summenleistung des Kraftwerkes automatisch zu bilden, der zweite Schritt folgte, statt diese Summenangaben telephonisch zu übermitteln, sie direkt zu übertragen.

Im Gedanken an diesen früheren Telephondienst könnte man der Ansicht sein, daß die absatzweise Übertragung der Meßangaben zum Lastverteiler ausreicht. Dem ist aber nach allgemeiner Ansicht der Praktiker nicht so, sondern sie stellen die Forderung, daß man so übertragen solle, daß möglichst wenig Unterschied im Charakter der Fernanzeige gegenüber der normalen direkten Anzeige besteht, denn dem erfahrenen Lastverteiler gibt das Schwanken der Zeigerspitze bei starken Laständerungen das so notwendige Fingerspitzengefühl. Wohl wird man entgegenhalten, daß die absatzweise Übertragung heute in Abständen weniger Sekunden erfolgt und daß das ein genügendes Anschmiegen an die wahre Lastanstiegskurve ergibt. Dabei wird aber vergessen, daß es sich um die Übertragung der Leistungssummen von 10 oder mehr Maschinen je Anzeigeinstrument handelt, und daß eben diese Summierung bei den absatzweise arbeitenden Systemen bis zu Minuten an Zeit erfordern kann, bis die Summe gebildet ist, so daß eben dadurch diese Art von Übertragung doch ungeeignet wird. Ganz abgesehen davon, daß außerdem die Summe aller Kraftwerke in einem großen Netz zu bilden, bei diesem Verfahren so viel Zeit erfordert, daß dann von einem Anschmiegen an die wahre Lastkurve keine Rede mehr ist.

Die zentrale meßtechnische Fernüberwachung ist nötig zur Kontrolle und zur Beobachtung des An- und Abstieges der Lastkurven im normalen

Betrieb für die betriebseigenen Werke; noch wichtiger ist sie für die Kontrolle der Fremdzulieferanten und Großabnehmer.

Am wichtigsten ist dabei das Aufzeichnen in Gestalt eines Registrierstreifens, weil man dadurch jederzeit die steigende oder fallende Tendenz und den Grad dieser Tendenz erkennen kann. Man hat schon daran gedacht, direkt Tendenzmesser zu verwenden, die z. B. $\frac{dW}{dt}$ anzeigen, doch dürfte davon kaum viel zu erwarten sein, da sie dem Betrieb kein besseres Gefühl für den Zustand geben, sondern ihn unter Umständen nur beunruhigen, weil ein enormes $\frac{dW}{dt}$ da sein kann, das aber nur Sekunden dauert, so daß der Betrieb keine Maßnahme auf diese Anzeige hin zu ergreifen braucht.

Welche Bedeutung hat die Fernmessung für den Störungsfall? In diesem Fall liegt die Bedeutung der Fernmessung nicht mehr auf dem wirtschaftlichen Gebiet, sondern ihre Bedeutung geht mehr auf das rein Betriebliche über. Ist es doch enorm wertvoll, für den Lastverteiler zu wissen, ob gewisse Netzumschaltungen, die eine Zuweisung gewisser Verbrauchsbezirke an gewisse Kraftwerke bedeuten, wie solche bei einer Netzauftrennung nötig werden, möglich sind. Um die Art des Auftrennens abtaxieren zu können, ist es natürlich nötig, nicht nur die Leistungsabgabe der Kraftwerke, sondern auch die Last und die Spannung an gewissen Hauptnetzknotenpunkten zu kennen. Ob für letzteres besondere ergänzende Fernmeßeinrichtungen unbedingt nötig sind oder ob telephonisches Durchsagen genügt, darüber hat sich die Praxis noch nicht entschieden. Es scheint aber zweckmäßig zu sein, hier, weil diese letzteren Einrichtungen seltener benutzt werden, im Hinblick auf die Übertragung einfachere Fernmeßeinrichtungen, etwa solche, mit denen man die Meßpunkte einzeln abfragen kann, einzubauen. Aber wie die Wirk- bzw. Blindleistungsfernmessung für den normalen Betrieb und zur Übersicht über die Spannungshaltung die Spannungsfernübertragung nötig ist, ist sie beim Beurteilen einer Störung und der zu ihrem Beheben eingeleiteten Maßnahmen wichtiger. Sie muß aber noch ergänzt werden durch eine Fernfrequenzübertragung, da diese das allein unbeirrbar richtige Kriterium für das Ergehen eines im Störungsfall allein arbeitenden Kraftwerkes ist. Daher rührt die zunächst widersinnig erscheinende Forderung der Praktiker nach mehreren Frequenzübertragungen in demselben Netz.

Der Wasserstand von Pumpspeicheranlagen, der Druck von Ruthsspeicheranlagen geben ebenso wie beim normalen Betrieb ein klares Bild, wie lange eine bestimmte Netzaufteilung aufrechterhalten werden kann. Es sei hier nochmals darauf hingewiesen, was a. a. O. bereits geschehen ist, daß für diese hier vorliegenden Fernmeßprobleme nur solche Fernmeßsysteme brauchbar sind, bei denen das Arbeiten über jeden beliebigen Kanal möglich, die gleichzeitige Vielfachübertragung leicht durchführbar und jede beliebige Art von Summenbildung ohne Zeitverzögerung und praktisch an Zahl der Summanden unbeschränkt durchgeführt werden kann. Es ist notwendig, die Zahl der abzulesenden Instrumente so klein als möglich zu halten, also nicht die Leistung einzelner Maschinen, sondern die von Maschinengruppen, d. h. von Kraftwerken zu übertragen, denn das sind die Einheiten, mit denen der Lastverteiler zu rechnen hat.

Dient die Fernmessung als Orientierungsanlage für den Energie- und Lastzustand im Netz, so dienen andere Organe als Orientierung über den Schaltzustand im Netz.

Dieser ist insofern mit dem Lastzustand verknüpft als er die Transportmöglichkeiten vorzeichnet. Da aber eines das andere technisch und wirtschaftlich begrenzt, ist die Bedeutung des Schaltzustandes gleich groß für den normalen Betrieb wie für den Störungsfall.

2. Die schalttechnische Überwachung und ihre Sinnbilder.

Das Anzeigeorgan des Schaltzustandes ist für den Lastverteiler heute eine Tafel, auf der das gesamte Netz, soweit es ihn interessiert, einschließlich der Kraftquellen und der Hauptumspannstationen aufgezeichnet ist.

Diese Netzzeichnung ist nun, allgemein gesprochen, mit Markierungseinrichtungen versehen, die ihr Unterspannungstehen oder ihre Spannungslosigkeit anzeigen.

Hier spalten sich schon die verschiedenen Ausführungen auf. Man findet diese Netztafeln, wie wir sie nennen wollen, in zwei Arten angewendet, einmal sozusagen als Riesennotizblock. In diesem Fall steht die Tafel mit der Außenwelt direkt nicht in Verbindung, sondern die Markierungen werden nur vom bedienenden Ingenieur nach den telegraphischen oder telephonischen Nachrichten, die er erhält, eingestellt, außerdem vermerkt er sich darauf die Befehle, die er gegeben hat, um sie nachher als vollzogen in besonderer Form in die Tafel zu übertragen, wenn ihre Ausführung telephonisch gemeldet ist.

Die andere Art der Anwendung verbindet diese Tafel mit der Außenwelt durch eine Fernmeldeanlage, so daß sich alle Änderungen im Bild auf verschiedene Weise von selbst vermerken; dasselbe kann mit den Befehlen, die der Lastverteiler gibt, geschehen.

Es ist klar, daß die letztere Methode frei von Menschenhand sicherer und schneller arbeitet und sich mit der Zeit bei allen großen Anlagen durchsetzen wird, wie sie es an vielen Stellen im In- und Ausland schon getan hat. Diese Anordnung bietet neben dem Gesagten doch noch einen weiteren Vorteil, nämlich den, daß die Meldungen auch dann einlaufen, wenn das Personal des Kraftwerkes oder der Unterstation infolge einer örtlichen Störung (Ölschalterexplosion, Dampfrohrbruch) sich an den Lösch- oder Rettungsarbeiten beteiligt und das Telephon nicht bedient. So etwas soll nicht vorkommen, es kann aber vorkommen. Ein solches Ereignis sieht im Büro ganz anders aus, als wenn man danebensteht, man kann also nicht unbedingt damit rechnen, daß die Vorschrift nicht einmal durchbrochen wird und das Telephon unbedient bleibt.

In der Ausführung dieser Tafeln findet man verschiedene Entwicklungsstufen, und es ist zu beobachten, daß die einfacheren Formen mehr und mehr verschwinden.

Die einfachste Form ist eine auf einer Filz- oder Korkplatte aufgezogene Landkarte, in die das Netz eingetragen ist. Nadeln mit farbigen Knöpfen deuten die verschiedenen Zustände an.

Eine andere Form ist eine große Holztafel, auf die das Netz aufgemalt ist. Die Schalter sind z. B. durch Stecker, die an einem schwarzen Gummiband befestigt sind, angedeutet. Überbrücken dieses ein Stück der gemalten Leitung, so ist der Schalter geschlossen und umgekehrt. Die Generatoren sind auf Blechtürchen aufgemalt. Ist das Türchen offen, so sieht man das Generatorzeichen; ist es geschlossen, so sieht man es nicht. Damit ist angedeutet, daß der Generator nicht läuft.

Jetzt kommen in der Entwicklung schon die elektrisch von Hand bedienten Markierungseinrichtungen und mit ihnen tritt sofort ein sehr wichtiges Problem auf, nämlich das der leichten Veränderbarkeit der Bilder. Diese Forderung tritt für die Konstruktion hier wesentlich stärker bestimmend hervor als bei den Betätigungsbildern für Fern- und Ortssteueranlagen. Bei letzteren Bildern lag der Fall so, daß jede elektrische Zentrale oder Umspannstation eine gewisse Erweiterbarkeit hat, die auf Jahre nicht überschritten werden kann. Der Platz für eine gewisse Zahl Generatoren, Transformatoren und Abzweige ist vorgesehen, und man hat einen gewissen Anhalt für das Ausmaß, das die Warte annehmen kann. Die organische Aufteilung in Felder ließ die Erweiterungen sich ziemlich einfach gestalten.

Anders dagegen die Tafel in der Lastverteilerstelle. Sie muß nicht nur die Erweiterungen sämtlicher Stationen und Zentralen aufnehmen können, was sich zwar durch eine gewisse Auflockerung des Bildes in der Nähe dieser Anlagen kompensieren ließe, aber es muß auch oft eine ganze Leitung in das ganze Bild eingefügt werden, die alle Teile des Bildes berühren kann.

Die Tatsache, daß auf dieser Tafel sämtliche Änderungen von Belang im ganzen Netz zusammenlaufen, zwingt zu dem Verlangen, daß die Änderungen nicht nur mit geringem Aufwand, sondern vor allem schnell ausgeführt werden können, weil einmal alle neuen Einrichtungen stets sofort in den Betrieb einbezogen werden müssen und zum anderen, weil man in Zeiten rascher Ausdehnung sonst nie aus dem Provisoriumszustand dieser Tafeln herauskommen würde. Dies gilt ganz besonders für sich schnell entwickelnde Stadtnetze.

Hierzu tritt die Frage der Meldesicherheit, gleichgültig ob es sich um ein automatisches oder ein handbedientes Bild handelt.

Die einfachsten Formen dieser elektrisch betätigten Bilder sind Hartgummiasbesttafeln, auf denen das Netz aufgemalt ist, während die Schaltpunkte durch rote und grüne Lämpchen dargestellt sind, die von einem besonderen Pult von dem Lastverteiler gesteuert werden.

Eine zweite Form ersetzt die aufgemalten Leitungslinien durch mit Nägeln aufgeheftete bunte Schnüre (Erleichterung der Veränderbarkeit).

Eine dritte Form verzichtet auf das Leitungsnetz und setzt die Stationen und Zentralen aus einzelnen Täfelchen zusammen, bei denen die Schalter ebenfalls durch Leuchtzeichen dargestellt sind.

Ein Übergang zu der nächst höherstehenden Form solcher Tafeln sind die einfachen Leuchtschaltbilder, d. h. von hinten durchleuchtete Glastafeln, die an sich abgedeckt sind und nur an den Stellen, an denen sich Leitungen, Stationsteile oder Schaltstellen befinden, durchscheinen. Die Lampen sind zu entsprechenden Gruppen zusammengeschlossen und werden so unter Strom gesetzt, daß das jeweilige Schaltbild hell hervortritt.

Eine andere Form setzt zum selben Zweck auf eine Tafel ein Lämpchen neben das andere, um so die Leitungszüge darzustellen.

Die einfachen Leuchtschaltbilder bieten gegen das bisher Beschriebene den Vorteil, daß sie ein ganz wesentlich übersichtlicheres Bild ergeben, indem das Auge von einem gesuchten Leitungspfade nicht abweichen kann und nur an den Schaltstellen zu erforschen hat, ob der Weg frei oder gesperrt ist. Doch muß hierzu noch ein gut Teil Denkarbeit aufgewandt werden, um es richtig einzustellen. Auch dann, wenn die Schaltstellenzeichen automatisch eingestellt werden, können sich Schwierigkeiten ergeben, denn es kann bekanntlich ein Schalter ein- oder ausgeschaltet sein, ohne daß er deshalb Spannung zu führen braucht.

Die nächste Weiterentwicklung sind Leuchtschaltbilder, die dem Bedienenden diese Denkarbeit ziemlich weitgehend abnehmen. Man könnte solche Bilder ohne Hinzunehmen besonderer Einrichtungen dadurch erzeugen, daß man außer der Schalterstellung den Spannungszustand der Leitungen durch besondere Organe meldet. Man kann z. B. diesen Zustand von besonderen Spannungswandlern oder Kondensatorklemmen usw. über Relais ableiten, doch gibt das eine solche Verteuerung und Komplikation des Starkstromteiles der Meldeanlage, daß man diesen Gedanken als Ganzes aufgegeben hat und sich nur beschränkt, in einigen besonderen Fällen die Durchführbarkeitslücken, die im nächstfolgenden Gedanken stecken, auszufüllen.

Es ist das die spannungsabhängige Schaltung der Leuchtschaltbilder, über die früher schon im Kapitel Fernsteuerungen gesprochen worden ist. Sie gibt logisch dem Aufbau der Schaltung entsprechend stets ein richtiges Bild über das Vorhandensein der Spannung im Netz.

Man kann nun den Gedanken der Darstellung eines Netzes durch spannungsabhängig geschaltete Leuchtschaltbilder noch weiter treiben, indem man die Schalterpunkte des Bildes noch mit weiteren Netzmodellen elektrisch verbindet. Es ist nämlich schon seit langem bekannt, daß man durch Widerstandsmodelle eines Netzes nicht nur die Kurzschlußströme in einem Netz bestimmen kann, also nach einem solchen Modell die Einstellung eines Selektivschutzes oder auch die Bemessung der Schaltleistung der Schalter in einem Netz feststellen kann, sondern, und das ist für uns das Wichtigste, daß man auch wirtschaftliche Überlegungen an Netzmodellen sehr einfach durchzuführen vermag. Man kann nämlich die günstigste Wirk- und Blindleistungsverteilung an ihnen ermitteln, wie auch z. B. die günstigste Einstellung von Erdschlußspulen angeben u. a. m.

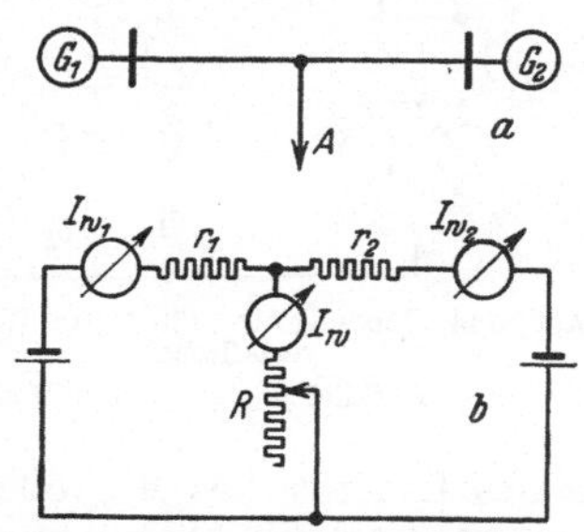

Abb. 143. Prinzipschaltung für die Ermittlung der günstigsten Wirklastverteilung.

a = Wirklichkeit.
b = Modell.

All dies sind ja alles Überlegungen, die der Lastverteiler anstellen muß, und zwar nicht nur für den normalen Tagesbetrieb, sondern auch für den durch eine Störung nötig werdenden Sonderbetrieb.

Diese Netzmodelle können natürlich ohne weiteres mit dem Leuchtschaltbild gleichzeitig automatisch eingestellt und ausgewertet werden, weil dies durch einfache Ablesungen von Instrumenten, die in das Modell eingeschaltet sind, vor sich gehen kann. Wohl gemerkt, können an solchen Modellen nicht nur für eine bestimmte Abnahmeverteilung der Last die kleinsten Verluste in Netz und in den Maschinen ermittelt werden, sondern es kann auch die unter Berücksichtigung der Gestehungskosten der Leistung ab Kraftwerk sich in dieser Beziehung ergebende günstigste Verteilung ermittelt werden. Auch die Netzkapazitäten lassen sich berücksichtigen. Diese Widerstandsmodelle werden alle miteinander kombiniert und mit Gleichstrom betrieben.

In einer rechnerischen Arbeit hat Prof. Zipp nachgewiesen, daß man z. B. durch ein Netzmodell dergestalt, nach Abb. 143, die günstigste Wirkstromverteilung an den Strommessern I_{w1} und I_{w2} ablesen kann, daß man durch den Widerstand R den Strommesser I_w so einstellt, daß in ihm der Wirkstrom des Abnehmers fließt. Man kann dementsprechend irgendein Netz, z. B. nach Abb. 144, durch ein entsprechendes Modell bezüglich der Wirkleistungsverteilung nachbilden.

Dasselbe kann für die günstigste Blindstromverteilung geschehen, doch muß man die um 180° gegen die Wirkleistungsströme versetzten Leitungskapazitätsströme mit berücksichtigen, was ebenfalls durch ein Gleichstromwiderstandsmodell geschehen kann, indem man nämlich zwei Batterien verwendet und die Ströme in entsprechender Weise fließen läßt, Abb. 145. Auch hier ist der Übersichtlichkeit halber eine einfache Kupplungsleitung mit Abnehmer auf der Strecke angenommen. Verschiedenartigkeit der Erzeugungskosten wird dadurch zum Ausdruck gebracht, daß man für die Kraftquellen im Modell verschiedene Spannungen wählt. Abb. 146 zeigt wieder die Verhältnisse für eine einfache Kupplungsleitung. Es ist hier angenommen, daß die Erzeugungskosten

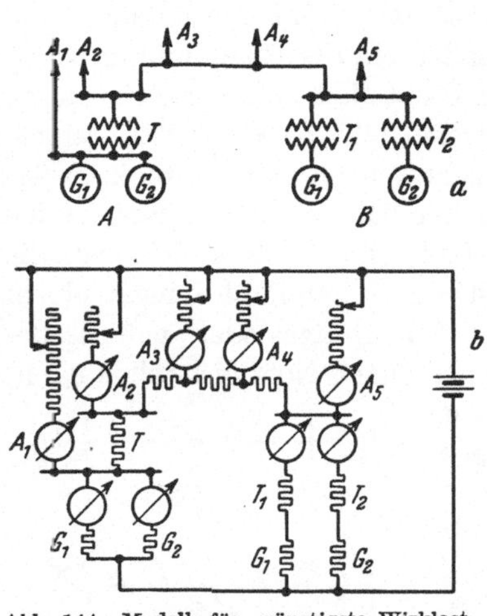

Abb. 144. Modell für günstigste Wirklastverteilung.
a = Wirklichkeit.   b = Modell.

a des Kraftwerkes A größer sind als die Kosten b des Kraftwerkes B. Im Modell muß demnach zwischen den die Kraftwerke vertretenden Speisepunkten b und a die Spannungsdifferenz $eb - ea$ bestehen, wobei das Kraftwerk A unter der Spannung cb und B unter der größten Spannung ca steht.

Dasselbe kann nun für die Blindleistung geschehen und für viele andere Zwecke mehr, wie z. B. die günstigste Verteilung zwischen Maschinen verschiedener Eigenschaften in demselben Kraftwerk u. a. im Modell geschieht. Diesbezüglich sei auf die Originalarbeit verwiesen[1].

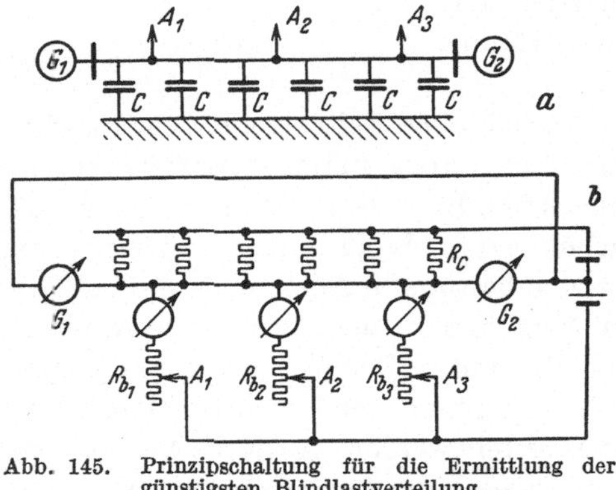

Abb. 145.   Prinzipschaltung für die Ermittlung der günstigsten Blindlastverteilung.
a = Wirklichkeit.   b = Modell.
Rc = Den Teilkapazitäten entsprechende Widerstände.
$Rb_{1 \div 3}$ = Der Blindleistung der Abnehmer entsprechende Widerstände.

Berücksichtigt man nun noch, daß einem Leuchtschaltbild die Eigenschaft gegeben werden kann, eine Schaltung, die man durch-

---

[1] Zipp, H.: Ein neues Betriebsmeßverfahren zur Ermittlung der wirtschaftlich richtigen Verteilung der Wirk- und Blindströme bei parallel arbeitenden Maschinen und Kraftwerken. Mitt. d. Ver. d. EW's. **1923**, 241 ff.

führen will, vorher auf ihre Zweckmäßigkeit durchzuprüfen, wofür bei einem handgesteuerten Bild anders vorgegangen werden muß als in einem automatisch berichtigten, aber von Hand nachgestellten Bild, damit auf eigene Veranlassung infolge eines Kommandos einlaufende Rückmeldungen zu trennen sind, von durch einen Zufall (Schalterfall) einlaufende Rückmeldungen, so ist im wesentlichen alles aufgezählt, was man heute mit dieser Darstellungsform erreichen kann.

Zusammenfassend geben für Lastverteileranlagen diese Schaltbilder folgende Vorteile:

1. Plastische automatische Anzeige der Spannungsverteilung.

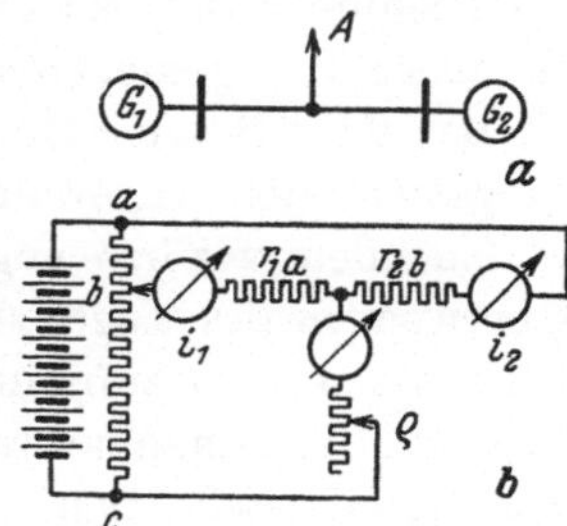

Abb. 146. Günstigste Wirklastverteilung bei verschiedenen Erzeugungskosten.

a = Wirklichkeit. b = Modell.

2. Kontrollmöglichkeit, ob eine Schaltung zulässig oder unzulässig ist.

3. Übersicht über die Erdschlußkompensation.

4. Übersicht über die günstigste Wirklastverteilung unter Berücksichtigung der Gestehungskosten.

5. Übersicht über die günstigste Blindlastverteilung unter Berücksichtigung der Gestehungskosten.

6. Plastische Übersicht über die Auswirkung von Schaltmanövern im Netz.

7. Plastische automatisch gegebene Übersicht über die Auswirkung von Schalterfällen im Netz.

Konstruktiv sind für Lastverteilerbilder die „Glasbilder" besser geeignet, wenn man auf leichte Veränderbarkeit Wert legt.

Formen, die leicht verändert werden können, sind folgende:

Bei der einen Form wird ein gleichmäßig eingeteiltes Hintergerüst verwendet, das je nach Bedarf mit Lampen besteckt und geschaltet wird, und zwar wird hierbei eine Art Soffittenbeleuchtung verwendet. Diese Form verlangt durch die Soffittenanordnung relativ viel Platz und viele einzelne Lampen, Abb. 147.

Abb. 147. Soffittenbeleuchtung von Leuchtschaltbildern.

1 = Glasplatte mit Abdeckung.
2 = Lichtschirm, weiß emailliert.
3 = Glühlampe.

Eine andere Form arbeitet mit direkter Beleuchtung, ebenfalls mit einem Gitter, dessen Einzelstäbe aber verstellbar sind, an das die einzelnen Lampenkästen in Gruppen vereinigt angeklemmt werden.

Eine dritte Form arbeitet mit festen Hintertafeln und zusammengesteckten Lichtkassetten.

Eine vierte Form verwendet ebenfalls feste Hintertafeln, auf denen Stifte befestigt werden, um die dann dünne Metallbänder so gewunden werden, daß sich die nötigen Lichtkanäle bilden.

Als Vordertafel wird überall Spiegelglas gewählt, das beiderseitig mattiert und gespritzt wird. Die Farben der Leuchtstreifen werden durch Hinterlegen von farbigen Folien erzeugt.

Die Pulte, von denen aus diese Bilder bei Handsteuerung bedient werden, bieten im allgemeinen nichts Besonderes, es sei denn, daß Steckschlüssel das Zeichen für ein zwar angegebenes aber noch nicht als ausgeführt gemeldetes Kommando geben.

Bei selbsttätigen Meldungen werden die beschriebenen Fernsteuerungsmethoden angewandt.

Nachdem wir kennengelernt haben, was eine Lastverteilerstelle zum Überwachen des Tagesbetriebes alles erfahren muß, und wie sie diese Dinge am besten aufnimmt und anordnet, wollen wir jetzt betrachten, welche Mittel man anwendet, durch die, allgemein gesprochen, eine Lastverteilerstelle sich äußern kann.

Wie soll sich nun eine Lastverteilerstelle äußern bzw. ihre Befehle geben, wenn man davon absehen will, sie direkt eingreifen zu lassen, was wir bereits, als an sich nicht unter allen Umständen richtig, besprochen haben.

Außer der telephonischen und telegraphischen Anweisung, von denen die erstere mißverstanden oder schwer verständlich sein kann, verlangt die telegraphische Anweisung Zeit und vor allem ein Umdenken in Werte oder auch in Zahlen; es ist nämlich allgemein üblich, Schalter, Leitungsstrecken und Maschinen zu numerieren und mit diesen Zahlen zu verkehren. Da dies aber bei telephonischer Verständigung zu Irrtümern führen kann, haben verschiedene Netze für ihre Aggregate Namen, wie Berta, Anna, Fritz usw., eingeführt, was schon darauf hindeutet, daß Irrtümer nicht zu den Seltenheiten gehören.

Wenn man eine automatische Rückmeldung einführt, um schnell und sicher arbeiten zu können, sind die Mehrkosten einer Kommandoübermittlung relativ sehr gering. Es fragt sich nur, wie die Art der Darstellung beim Befehlsempfänger sein soll.

Als Richtlinie könnte man aufstellen, daß man den Schaltmeister der anzuweisenden Station seiner Verantwortung nicht entbinden sollte. Hier gibt es natürlich mancherlei Möglichkeiten. Eine davon ist die, daß in der Befehlsempfangsstelle ein Miniaturleuchtschaltbild der Station aufgestellt ist, das ihren Schaltzustand in einer bestimmten Farbe darstellt. In dieses Bild zeichnen sich die Befehle in einer anderen Farbe ein, wie sie automatisch durch Fernübertragung vom Lastverteiler aus gegeben werden.

Man könnte nun von hier aus die Anlage selbst örtlich steuern. Da aber die Schalterantriebe ziemlich kostspielig sind, wird man unter Umständen, bei diesen bedienten Stationen darauf verzichten und wie folgt vorgehen:

Hat sich der Schaltmeister von der Zulässigkeit der aufgegebenen Schaltung überzeugt, so kann er der Reihe nach Signallampen in der Schaltanlage aufleuchten lassen, so daß die Befehle vom Personal von Hand ausgeführt werden. Sind die Befehle ausgeführt, so gehen die Meldungen automatisch zum Lastverteiler zurück, so daß dieser das Ausführen der Kommandos selbst verfolgen kann. Hält der Schaltmeister die Kommandos nicht für ausführbar, so schaltet er die Signallampen in den Schaltgängen nicht ein und verständigt sich mit der Zentralstelle.

Selbstverständlich braucht dieses Miniaturbild nur allgemeine Angaben zu enthalten, die der Schaltmeister in voller Verantwortlichkeit selbst detaillieren muß.

Aus diesen und aus den früher besprochenen Überlegungen entspringt die Überzeugung, daß es mit der Fernmessung und Fernsignalisierung nicht getan ist, sondern daß das altbekannte Telephon seine Bedeutung beibehält, wenn es sich auch auf seine wichtigere Aufgabe, die der allgemeinen Orientierung, zurückzieht.

Viele Neuerungen auf dem Telephoniegebiet sind für die Lastverteilerstellen nutzbar gemacht worden, wie die Lautsprecher und die Rund- oder Konferenzgesprächsanlagen, die dem Lastverteiler eine wertvolle Erleichterung bieten und sich immer mehr einführen. Auch die Möglichkeit, sich in jedes mit den Netzstellen von anderer Seite geführte Gespräch einzuschalten, ist wichtig, da die Zentren einer Starkstromstörung oft von vielen Seiten angerufen werden, so daß der Lastverteiler selbst manchmal keinen Anschluß bekäme. Da, wie an anderer Stelle erläutert, auch der telephonische Verkehr mit dem Betrieb fremden Stellen von großer Bedeutung sein kann, ist die Anschlußmöglichkeit an mehrere Postämter nach Wahl von Bedeutung, um nicht bei einer Störung in einem Amt von der Umwelt abgeschnitten zu sein. Ganz allgemein sei gesagt, daß das Telephonnetz und die Zahl der Anschlüsse stets reichlich bemessen sein soll. Bezüglich der Anschlüsse in den Kraftwerken sei erwähnt, daß man heute über Mittel verfügt, auch ohne eine besondere Telephonzelle die Maschinengeräusche abzudämpfen, so daß die Verständlichkeit der Sprache auch von geräuschvollen Räumen aus wesentlich verbessert ist.

Eine wertvolle Ergänzung sind die Fernschreibmaschinen, Abb. 148, und die Telegraphenanlagen, die heute auf jedem Leitungskanal arbeiten können und durch ihre Schreibmaschinentastatur so leicht zu bedienen sind, daß sie gern benutzt werden, weil weniger leicht Irrtümer vorkommen, als beim Fernsprecher und das Geschriebene als Dokument aufbewahrt werden kann. Auch die Bildschreiber oder Chemographen erleichtern und sichern die Verständigung, und durch die ferngeschriebene Unterschrift erhöht sich ihr Wert als Dokument, Abb. 149. Es ist mit diesen Apparaten möglich, ein Bild von ca. 500 cm² in wenigen Minuten zu übertragen.

Diese Chemographen arbeiten mit optischer Abtastung des Bildes und

Abb. 148. Fernschreibmaschine.

Wiedergabe auf mit Salzen getränktem Papier. Der Grad ihrer Unstörbarkeit durch fremde Störzeichen ist sehr groß, da die Linien sich aus einer so großen Zahl von Punkten zusammensetzen, so daß das Ausfallen einzelner Punkte für die Lesbarkeit nichts ausmacht bzw. eine Störung im Bild sofort erkennbar ist.

Der Raumbedarf der Apparate ist gering wie ihre Wartung, und sie sind heute schon relativ wohlfeil.

3. Die örtliche Lage und die Raumausstattung.

Wir hätten damit das wesentliche Instrumentarium des Überwachungsraumes einer solchen Anlage kennengelernt und müssen uns

Abb. 149. Elektrochemischer Bildschreiber.

nun der Frage zuwenden, wo die günstigste Lage der Lastverteilerstelle im Netz ist.

Hierauf ist eine eindeutige Antwort heute noch nicht zu geben und wird wohl nie zu geben sein, weil nicht nur die Kostenfrage eine Rolle spielt, sondern auch die Art des Netzes, ob es ein Stadtnetz oder ein

Überlandnetz ist, für das die Anlage bestimmt ist, Unterschiede bedingt. Wir wollen uns daher darauf beschränken, die verschiedenen Gesichtspunkte aufzuzählen, die bei der Wahl des Ortes mitsprechen, wenn auch manche vielleicht nicht ganz stichhaltig sind, da der Gedanke der intensivsten zentralen Zusammenfassung der Netzleitung relativ neu ist. Die Frage ist, kurz gesagt, die: Soll der Lastverteiler mit der Zentralverwaltung unter einem Dach sich befinden oder soll er räumlich der größten Zentrale bzw. der größten Unterstation angegliedert werden? Dieser Entschluß ist deshalb nicht ganz leicht zu fassen, weil, wie sich jedes Unternehmen in Verwaltung und in Betrieb in erster Annäherung zergliedern läßt, auch dies, wie wir früher gesehen haben, beim Lastverteiler der Fall ist, der ja auch in ein Berechnungs- und Statistikbüro und eine Überwachungsabteilung zerfällt, also aus einem rein wirtschaftlichen und einem rein betrieblichen Aufgaben behandelnden Teil besteht.

Diese Tatsache legt sogar den anderen Gedanken nahe, den Begriff „Lastverteiler" aufzuspalten und die Berechnungsgruppe der Hauptverwaltung räumlich nahezubringen und den Überwachungsteil den Betriebsanlagen anzugliedern.

Das räumlich Nahebringen an die Betriebsanlagen wird aus der Erinnerung an die alte „Hauptschalttafel" und aus dem Bestreben, mit einer geringeren Zahl von Fernübertragungen auszukommen, empfohlen. Auch die Überlegung, daß der verantwortliche Betriebsmann dem augenblicklichen Fall ruhiger gegenübersteht als der verantwortliche Verwaltungsbeamte, nicht weil er sich nicht verantwortlich fühlte, sondern weil er im Augenblick auch wirklich handeln und helfen kann, läßt es empfehlenswert erscheinen, den Lastverteiler den Betriebsanlagen anzugliedern.

Ein erfahrener Lastverteiler sagte einmal: wenn ich im Verwaltungsgebäude sitze, stehen bei einer Störung gleich so viele um mich herum, die guten Rat geben wollen, und denen ich erst auseinandersetzen muß, was los ist, daß ich nur behindert bin!

Wesentlich bei der Entscheidung wird es bleiben, was kostet es, die Leitungskanäle im einen und im anderen Fall, und zwar der Zahl nach und der Anordnung nach, herzustellen.

Bei dieser Berechnung ergibt sich, daß unterirdische Leitungsanlagen in der Stadt relativ sehr teuer werden, und eine wesentliche Ausgabe auch dadurch entsteht, daß in Überlandnetzen sehr viel von der Hochfrequenzübertragung Gebrauch gemacht wird, die nächstgelegene Station sehr weit von der Stadt entfernt liegt und nun die hochfrequent ankommenden Zeichen erst von der Hochspannungsleitung abgenommen und auf ein Kabel übertragen werden müssen, um dann erst in der Lastverteilerstelle ihre richtige Zeichenauswertung zu erfahren.

Wesentlich für die Art der Anordnung der technischen Lastverteilerstelle ist die Raumfrage, der bauliche Teil, den wir hier gleich anschließend behandeln wollen, da er ja auch die Kostenfrage beeinflußt.

Wie sich allgemein beim Bau von großen Schaltwarten mehr und mehr die Oberlichtbeleuchtung auch des Nachts durchsetzt, hat sich auch bei den Lastverteilerräumen diese Beleuchtungsart bewährt, und zwar ungeachtet dabei der Frage, ob ein Leuchtschaltbild überhaupt in dieser oder jener Ausführungsform zur Anwendung kommt. Die Erfahrung hat weiter gezeigt, daß eine vollständige Glaskuppel sich nicht immer restlos bewährt, einerseits wegen der scharfen Sonnenbeleuchtung im Raum, die besonders reguliert werden muß, und andererseits wegen der Schneelast, die bei großer Ausdehnung des Daches zu Bedenken Anlaß geben kann. Auch die Heizungsfrage darf nicht vergessen werden, da die fallende Kälte leicht zu Beschwerden Anlaß gibt (Zugwirkung).

Am vorteilhaftesten scheint die Form, Abb. 150, zu sein, bei der die Gleichmäßigkeit der Beleuchtung durch eine zwischengespannte Glasdecke erzeugt wird. Die Abendbeleuchtung kann verschiedener Art sein. Die beste Beleuchtung ergibt eine Anordnung, die ebenfalls über der Glasdecke angebracht ist, doch scheinen sich hier etwas höhere Betriebskosten zu ergeben.

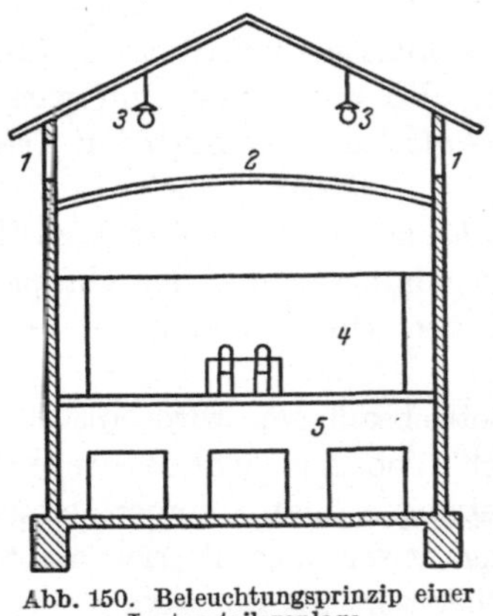

Abb. 150. Beleuchtungsprinzip einer Lastverteileranlage.

1 = Tagesbeleuchtung.
2 = Glasdecke.
3 = Künstliche Beleuchtung.
4 = Lastverteilerraum.
5 = Apparateraum.

Sollen Leuchtschaltbilder oder Tafeln mit vielen Transparenten angeordnet werden, so ist die soeben geschilderte Bauweise sicher die beste. Man stellt sie am günstigsten in den Schlagschatten der Vouten.

Es ist klar, daß derartige Bauten am leichtesten an Umspannwerke oder Kraftwerke angebaut oder aufgesetzt werden können. Die Frage, ob man sie so legen soll, daß sie durch einen Gang oder Steg mit der Maschinenhalle oder der Kraftwerkswarte selbst in Verbindung stehen sollen, kann dahin beantwortet werden, daß keine unbedingte Notwendigkeit dafür vorliegt. Es können sich dagegen bei einer solchen Anordnung Geräusche übertragen, die das Telephonieren erschweren. Bei nicht richtiger Anordnung der Türen kann einerseits Zugwind entstehen und andererseits können bei Störungen im Maschinenhaus oder in der Schaltanlage Dampf oder Rauchschwaden übertreten, was natürlich nicht sein darf, denn gerade in solchen Fällen muß die Lastverteilermannschaft voll auf dem Posten sein und darf keinesfalls beunruhigt werden.

Es muß daran gedacht werden, daß unter dem Lastverteilerraum unbedingt ein Apparateraum vorgesehen wird, der die nötigen Hilfseinrichtungen aufnehmen kann. Vor allem muß ein besonderer abgeschlossener Raum für die Hilfsbatterien, ein anderer Raum für die Fernsignalapparaturen und die Gestelle für die Telephonieapparate, womöglich auch für die Hochfrequenztelephonieeinrichtungen, vorhanden sein, Abb. 151.

Es ist nicht zweckmäßig, diese Einrichtungen im Lastverteilerraum selbst unterbringen zu wollen, weil keine Apparatur geräuschlos arbeitet, und meist auch kein genügender Platz da ist, da diese Einrichtungen allseitig zugänglich sein sollen.

Es empfiehlt sich, diese Nebenräume heizbar zu machen und mit staubfreiem Fußboden zu versehen. Zwar sind die Apparate heute alle

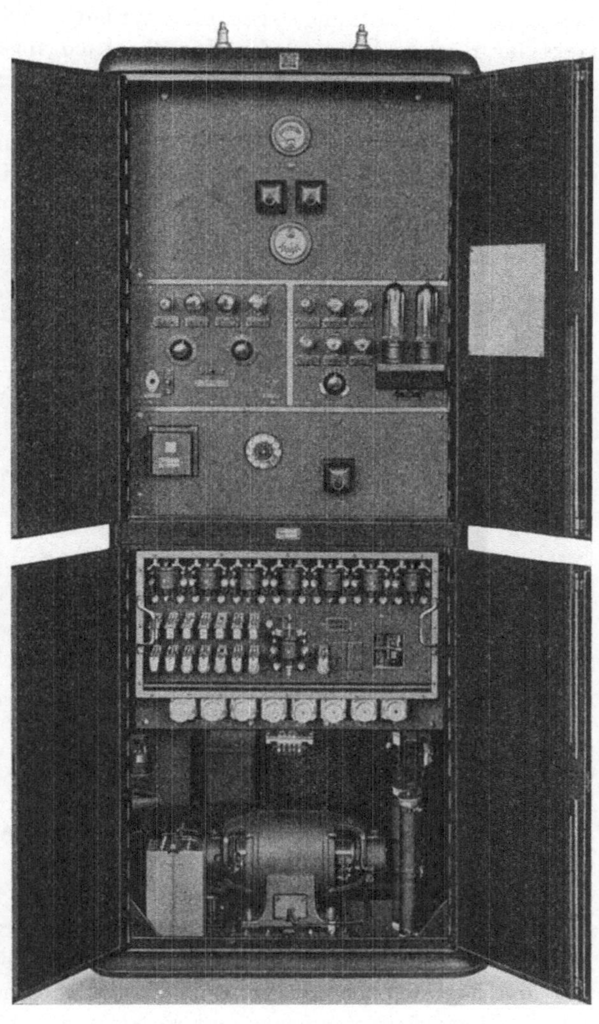

Abb. 151. Hochfrequenztelephoniestation.

gekapselt, aber sicherer ist es, das Übel an der Wurzel zu fassen und Staub und Feuchtigkeit überhaupt nicht erst aufkommen zu lassen. Genügend Nebengelasse sind natürlich selbstverständlich.

Es ist klar, daß diese günstigsten Bedingungen in einem bestehenden Bürohaus in der Stadt nachträglich nicht immer leicht zu schaffen oder in ein solches einzubauen sind, es sei denn, man verwendet dazu das Dachgeschoß.

Ist es nicht möglich, die idealen Verhältnisse zu schaffen, so sollte wenigstens die Anordnung so getroffen werden, daß der Lastverteiler das Licht im Rücken hat und die Hauptbeobachtungstafeln und Instrumente nicht vom direkten Sonnenlicht getroffen werden. An die Wahl ruhiger Raumfarben und -formen sei nur erinnert.

Kann der Nebenraum für die Apparate nur neben dem Hauptraum geschaffen werden, so ist mit schwieriger Leitungsführung zu

Abb. 152. Lastverteilerwarte eines Elektrizitätswerkes (Oslo) mit großem ferngesteuertem Leuchtschaltbild in gebogener Form. Länge 14 m, Höhe 2,2 m, Schalterzahl 267.

rechnen. Es ist eventuell ein Höherlegen des Fußbodens, um Platz für die Leitungen zu schaffen, angebracht.

Wir kommen nun zu der schwierigen Frage, der Anordnung des Lastverteilertisches und der Instrumente.

Das Problem liegt hierbei vor allem darin, daß die Zahl der Instrumente meist ziemlich groß ist und für die Lastverteiler registrierende Instrumente am wertvollsten sind, diese aber durch das Papierfeld und den Papiertransport usw., viel Platz einnehmen. Hinzu kommt, daß ein Registrierinstrument nicht so leicht abzulesen ist, wie ein dafür geschaffenes einfaches Ableseinstrument.

Naheliegend ist der Gedanke, die Apparate größer zu bauen als üblich, und sie entfernter zu setzen, d. h. sie weithin ablesbar zu machen. Leider ist dieser Gedanke ein Trugschluß, denn man kommt dann zu langen Reihen, die infolge der schrägen Sicht eher eine schlechtere Übersicht ergeben. Doppelreihen von Instrumenten kosten wertvollen Platz in der Höhe. Man ist daher an manchen Stellen dazu übergegangen, sich mit normalen Registrierinstrumenten zu begnügen, sie seitlich auf besondere Tafeln anzuordnen, und die wichtigen von ihnen als Anzeige-instrumente neben dem Lastverteilerplatz zu wiederholen, Abb. 152. Nur die Hauptinstrumente sollen als Registriergeräte für den Lastverteiler ständig ablesbar sein. Dazu gehören die Gesamtleistung aller Eigen-werke, die der Fremdzuspeisung, die Spannung und die Frequenz, wobei Spannung und Frequenz auch als Großanzeigeinstrumente irgendwo im Raum angebracht sein können. Selbstverständlich gehört auch eine

Abb. 153. Lastverteileranlage mit Fernsteuerung (Amerikanische Ausführung).

zuverlässige Uhr zum Instrumentarium. Diese Anordnungen können nur als oberflächliche Richtlinie genannt werden.

Möglich ist der Einbau dieser wichtigsten Instrumente in einen Pult-aufsatz oder auch einer Anzahl von Anzeigeinstrumenten in Säulenform rechts und links des Tisches. Die Wahl der Anordnung hängt davon ab, wie das Netz dargestellt wird.

Auch in der Anordnung des Tisches selbst wird viel Mannigfaltigkeit gefunden. Man findet die U- und die T-Form, stets aber zur Besetzung mit mindestens 2 Personen.

An Instrumenten außer den Fernmeßinstrumenten werden für nötig erachtet: ein sehr empfindlicher Frequenzmesser, sog. Störungsschreiber, das sind sehr schnell sich einstellende Spannungsregistriergeräte mit einem Papiervorschub, der sich bei Spannungszusammenbruch stark beschleunigt, womöglich in einer Ausführung derart, daß alle 3 Phasen auf demselben Streifen registriert werden. Geräte zum Feststellen der Erdschlußkompensation, Telephone mit Umschalteeinrichtungen, Fern-

15*

schreibmaschine, Radiogerät für Wettermeldungen, unter Umständen auch Fernzähler und Fernmaximumzähler, um Austauschleistungen zu beobachten und zu kontrollieren. Ferner sind Geräte zum Beobachten des Energieeinhaltes der Spitzenreserven u. a. m., leicht bedienbare Karten- und Kartothekständer zum schnellen Aufsuchen einzelner Daten der Anlage, außerdem vor allem die von Hand besser noch automatisch sich nachstellenden Netzbilder und die nötigen Fernkommandoapparate unterzubringen.

Nicht vergessen sein soll zum Schluß, daß man schon mehrfach dazu übergegangen ist, dem Lastverteiler durch eine Art von Teilautoma-

Abb. 154. Lastverteileranlage (London).

tisierung seine Arbeit zu erleichtern. Wir sprachen schon davon bei der Behandlung der Reglerfrage (Ferneinstellung des Wertes, auf den geregelt werden soll).

Andererseits haben wir bei den Kombinationen der Fernmeßverfahren darauf hingewiesen, daß von diesen Verfahren gefordert wird, sie sollen die Summe aller im Netz irgendwie erzeugten Leistungen zu bilden gestatten, und diese Gesamtsumme an die einzelnen Kraftwerke zurückmelden. Das Kraftwerk hat nun nur noch einen Anteil an dieser Gesamtsumme zu übernehmen. Die Spitzenwerke haben im wesentlichen nur nach dem Frequenzmesser zu sehen, um die Ungenauigkeiten im Einhalten der Anweisungen auszugleichen.

Die Summen- und Einzelanzeigen aller Werke hat der Lastverteilerbeamte vor sich und braucht sich nur der Leitung des Ganzen und der

Überwachung zu widmen und sich für Störungsfälle bereitzuhalten. Er kann sich damit ganz seiner ureigentlichen Aufgabe widmen.

Wir haben den Lastverteilergedanken bis hierher durchgedacht. Wir endeten bei den Schaltmeister der vom Lastverteiler betrauten Großstationen. Erinnern wir uns an das, was wir zu Anfang des Kapitels über Fernsteuerungen gesagt haben, daß die Fernsteuerung u. a. ein Mittel ist, um wichtige Netzknotenpunkte relativ geringer

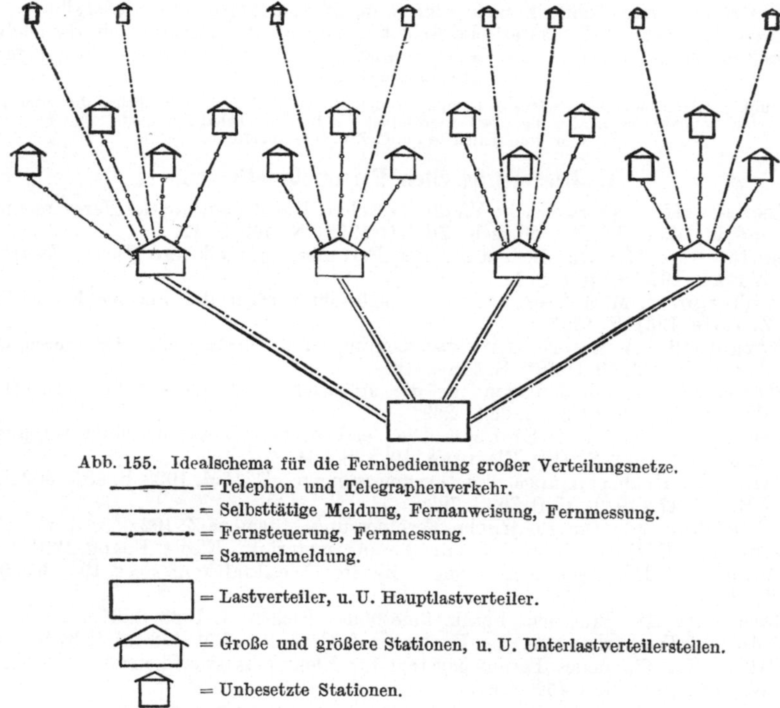

Abb. 155. Idealschema für die Fernbedienung großer Verteilungsnetze.

———————— = Telephon und Telegraphenverkehr.

—·——·——·· = Selbsttätige Meldung, Fernanweisung, Fernmessung.

—•——•——•· = Fernsteuerung, Fernmessung.

——— ——— = Sammelmeldung.

[ ] = Lastverteiler, u. U. Hauptlastverteiler.

⌂ = Große und größere Stationen, u. U. Unterlastverteilerstellen.

⌂ = Unbesetzte Stationen.

Durchgangsleistung wirtschaftlich zu beherrschen, so liegt der Gedanke nahe, dem Schaltmeister der Großstation durch Fernsteuerung evtl. in Verbindung mit einer Teilautomatisierung, wenn es sich um Um- formungs- oder Spannungsregelungsstationen handelt, diese kleineren Stationen des Mittelspannungsnetzes in die Hand zu geben. Man kommt dadurch zwangläufig zu der Unterscheidung zwischen Haupt- lastverteiler und Unterlastverteiler oder wie man sich auch manchmal ausdrückt Bezirkslastverteiler. Diese Unterscheidung bzw. Einteilung ist bei amerikanischen Netzen bereits eingeführt und wird auch in Europa an mehreren Stellen erwogen. Damit ergibt sich ein Nach- richtennetz, das in Abb. 155 prinzipiell aufgezeigt ist.

Literaturverzeichnis.

Es ist nur die Literatur aufgeführt, die allgemein Übersicht über bestimmte
Gebiete bietet, oder Einzelbeschreibungen von Apparaten wiedergibt.
Wissenschaftliche und theoretische Arbeiten sind nicht aufgenommen, da solche
Arbeiten im wesentlichen nur Fachspezialisten interessieren, die die einschlägige
Literatur sowieso kennen.

Die mit † versehenen Literaturangaben sind in den Kapiteln mit berücksichtigt, die anderen
sind eine Auswahl zur Ergänzung des Gesamtbildes der im Text behandelten Materie. Sie sind
zum eventuellen weiteren Studium angeführt.

1. Die elektrischen Fernmeßmethoden.

†Frensdorff, A. G. Sächsiche Werke, Dresden: Die Bedeutung der Fernmessung
und ihr Ziel. Elektr.-Wirtsch. Bd. 27 (1928) Nr 449 S. 12.

†Schleicher, M.: Die Bedeutung der Fernmessung und ihre Ziele. Elektr.-
Wirtsch. 1928 Heft 1 S. 12.

†Lubberger u. M. Schleicher: Die Nachrichtenträger der Fernmeldetechnik.
Z. VDIg 1931 S. 1527.

†Fitzgerald, A. S.: Elektrizitätserzeugung und Verteilung. Fernmessung.
A. I. E. E. Bd. 49 Heft 7 S. 515—516.

†Stern, W.: Fernmeßanlagen für die städtische Stromversorgung. Elektr.-
Wirtsch. 1928 Heft 27 S. 263—269.

†Lohmann, H., u. C. Sieber: Die elektrische Ringrohrfernübertragung.
Siemens-Z. 1928 S. 716; Elektro-J. 1928 S. 231.

†Palm, A.: Hochspannungs- und Fernmessungen. E. & M. 1928 S. 857, 862ff.;
EM. Bd. 47 (1929) Heft 36 S. 792.

†Schleïcher, M.: Die elektrische Fernmessung. Siemens-Z. 1927.

†Lenehan, B. E., u. P. McGahan: Remote metering. Electr. Engng. 1931.

†Clough, F. H.: Remote metering. Zweite Weltkraftkonf. Sect. 19 Ber. 91
(1930).

†Bercowitz, D.: Eine neue Fernmeßmethode. Elektro-J. 1928 S. 61.

†Palm, A.: Die Fernmessung bei Hartmann & Braun. E. & M. 1928 Heft 34 S. 862.

†Wilde, K.: Ein neues Fernmeßsystem für Elektrizitätswerkbetriebe. Elektr.-
Wirtsch. 1928 Heft 452 S. 81.

Smith, B. H., u. R. T. Pierce: Automatic transmission of power readings.
Trans. A. I. E. E. Bd. 43 (1924) S. 303; J. A. I. E. E. Februar 1924 Nr 2
S. 101—105.

†Schleicher, M.: Die elektrische Fernmeßübertragung für den Elektrizitäts-
betrieb. Siemens-Jbuch 1929 S. 409.

†Schleicher, M.: Die Fernübertragung von Meßwerten auf Leitungen beliebiger
Art und beliebiger Länge. Siemens-Z. 1929 Heft 3 S. 157.

†Imhof, A.: Elektrische Fernmessung mit besonderer Berücksichtigung des
Induktionssystems von Trüb, Täuber & Co. E. & M. 1929 (16. März) Heft 10
S. 189.

— Distant repeaters. Electrician Bd. 106 Heft 2747 (23. Januar 1931) S. 136
bis 137.

†Vassilière, M.: Transmission Electrique à distance (Telect). Commun. faite
le 5 mars 31 à la section de la Soc. franç. Electricien.

†Fitzgerald, A. S.: An Electron Tube Telemetering System. Presented at the
Summer Convention of the A. J. E. E. Toronto. Aut. Can. June 1930.

Ryan, H. J.: Telemetering. T. A. I. E. E. April 1901.

†Gino Campos u. Bruno Usigli: Fernregistrierapparate der Firma C. G. S. Elettrotecn. Bd. 10 (25. September 1923).

Nock u. Edgerty: The totalizing and remote indication of electric Power and its reactive component. Gen. electr. Rev. 1924 S. 758—761.

Smith, B. H.: The Transmission of Power Readings. Electr. J. Bd. 21 (1924) S. 219.

— Remote Metering by the Impulse and Condenser Methode. Electr. J. 1924 S. 355.

Täuber-Gretler, A.: Das Induktionsdynamometer. Bull. S. E. V. Bd. 17 (1926) S. 545—566, und gleichnamige Dissert. Zürich: Fachschriftenverlag Buchdruckerei AG. 1926.

— Ferrodynamisches Zwischenrelais für Wechselstrom. Schweiz. techn. Z. 1926 S. 341.

Usigli, B.: Übertragung auf Fernsprechleitungen. Energia elettr. 1927 S. 675.

— Annual Report of the Committee on Instruments and Measurements 1928. Summer Convention of the A. I. E. E. 25.—29. Juni 1928, Denver; J. A. I. E. E. Bd. 47 (Ausg. 1928) S. 602.

— Amsler long distance water leval recorder. J. sci. Instrum. Bd. 5 (1928) S. 293.

†Bailay, A. E.: Meter readings and signals transmissions by Selsyn motors. Power 1928 S. 434.

†Hollmann, T. H. E., T. H. Schulthess u. Koppitz: Fernablesungen von Zeigerstellungen mittels Hochfrequenz. Elektr. Nachr.-Techn. 1928 S. 217; Elektrotechn. Z. 1929 S. 165.

Imhoff, A.: Elektrische Fernmessung. Bull. S. E. V. 1928 S. 180.

Keinath, G.: Die Technik elektrischer Meßgeräte Bd. 2 S. 166—185. München: Oldenburg 1928.

Stern, W.: Die Fernmessung elektrischer Einzel- und Summenwerte. Elektrotechn. Z. 1928 Heft 8 S. 282.

Schüepp, H.: Die elektrische Fernmessung. Bull. S. E. V. Bd. 19 (1928) S. 100.

Täuber, A., u. Gretler: Ein Beitrag zur elektrischen Fernmessung. Schweiz. techn. Z. 1928 Nr 22 S. 273 Nr 23 S. 281.

Trüb, Täuber & Co.: La réduction de la tension pour le comptage et les mesures sur les réseaux à très haute tention. Rev. gén. de l'Electr. 1928 S. 834.

Wilde, K.: Eine neue Fernmeßmethode für Überlagerung auf bestehende Kraft- und Nachrichtenleitungen. E. & M. 1928 S. 1060.

Usigli, B.: Moderni istrumenti elettrichi registratori e loro impiego. Elettrotecn. 1928 S. 901.

— Neuerung für Fernmeßanlagen. Elektrotechn. Z. 1928 Heft 36 S. 1326.

Dewald, H.: Neuzeitliche elektrische Fernmeßübertragung durch Widerstandsthermometer. Helios, Lpz. 1929 (21. April) S. 612.

General Electric Comp., Schenectady: A New Telemetering Equipment. Gen. electr. Rev. 1929 September.

Hallo, H. S.: Het Meten op Afstand. Verre Meting. Electrotechniek 1929 S. 13, 31.

Imhoff, A.: Fortschritte in der Meßinstrumententechnik in den letzten Jahren. Bull. S. E. V. 1929 Nr 6 S. 149.

Imhoff, A., u. F. Piot: La transmission electrique à distance des indications de mesures et le système à indication Taeuber-Gretler. Rev. gén. Électr. Bd. 26 (1929) Nr 6 S. 217.

Keinath, G.: Die Entwicklung der elektrischen Fernmessung. Elektrotechn. Z. 1929 Heft 42 S. 1509.

— Elektrische Fernmessung (Fortsetzung). Elektrotechn. Z. 1929, Heft 42 S. 1530.

Lincoln, P. M.: Totalising of Electric System Loads. A. I. E. E. Quart. Trans. Bd. 48 (Juli 1929); J. A. I. E. E. 1929 Februar.

— Totalizing of electric system loads. J. A. I. E. E. Bd. 48 (1929) Nr 2 S. 129 bis 133 (7 Abb., 3 Tab.).

Lindner, Stewart, Rex, Fitzgerald, General Electric Co.: Fernmessung mit Elektronenröhren. Electr. Wld. 1929 (9. Februar) S. 295.

Lindner, Stewart, Rex, Fitzgerald: Telemetering. J. A. I. E. E. Bd. 48 (1929) S. 183; A. I. E. E. Quart. Trans. Bd. 48 (Juli 1929).

Nolke, A.: Betrieb und Kontrolle elektrischer Kraftanlagen mit Hilfe von Fern-meßapparaten. Elektrotekn. T. Bd. 42 (1929) Nr 2 S. 19—21 (6 Abb.).

Stern, W.: Neue Ausführungen von Fernmeßanlagen. Elektrotechn. Z. 1929 Heft 10 S. 351.

— Fernmeßanlagen, System Telewatt. Elektro-J. Bd. 9 (1929) Nr 13 S. 137.

Usener, Hans: Remote Registration in Hydraulic Plants. Eng. Progr. 1929 Mai S. 130—134.

— Load Control. Ingenious System for Reducing Risks of Failure to Supply-Telephonic Intercommunication. A „Mimic" System Diagram-Work of the Control Engineer-Maintaining Standard Frequency. Electrician Bd. 103 (1929) Heft 2690 S. 759—760.

— Die summierende Registrierung der Belastung eines elektrischen Verteilungs-systems. J. A. I. E. E. Bd. 48 (1929) S. 129. Ref. E. & M. 1929 S. 648.

— Verfahren zur Fernanzeige von Bewegungen. Wasserkr. u. Wasserwirtsch. Bd. 24 (1929) Nr 6 S. 75—76 (3 Abb.).

— New Telemetering Equipment. Dispatcher's Control Panel of a Synchronous Selector Supervisory Equipment. Gen. electr. Rev. 1929 Nr 9 S. 465.

†— Electric System Handbook, S. 784—794. New York: C. H. Sanderson, Mc. Graw-Hill Book-Comp., London 6 u. 8 Bouverie St. 1930.

Schleicher, M.: Selbsttätige und ferngesteuerte Kraft- und Nebenwerke und Anordnungen der Nachrichtenübermittlung der Fernmessungen. Zweite Welt-kraftkonf., Sect. 19, Ber. 40 (1930).

Janicki: Die elektrische Fernmessung unter besonderer Berücksichtigung der Summenfernmessung und ihre Bedeutung für die Elektrizitätswirtschaft. Zweite Weltkraftkonf., Sect. 19, Ber. 209 (1930).

†Lichtenberg, C., u. R. J. Wensley: Automatik Stations and their Remote Supervision. Zweite Weltkraftkonf., Sect. 19, Ber. 261 (1930).

Sothen, B. v.: Fernmessen auf Eisenhüttenwerken. Arch. Eisenhüttenwes. 1931 Heft 1.

Schäfer: Kompensationsfernmeßsysteme . . . AEG Mitt. 1930 S. 412.

2. Die elektrischen Fernzählmethoden.

†Janicki, W.: Fernmessung und Summenfernmessung im Betriebe der Elek-trizitätswerke. Bull. S. E. V. 1930 Nr 4 S. 117.

†Stokes, S., u. L. V. Nelson: Demand metering equipment, its applications in recent Developments. J. A. I. E. E. 1928 S. 262; Elektrotechn. Z. 1929 S. 938.

†Paschen, P.: Neue Zähler für Summen- und Fernmessung. Siemens-Z. 1930 Heft 2.

Orlich, E.: Meßgeräte, Elektrizitätszähler. Elektrotechn. Z. 1928 S. 642.

— Elektrizitätserzeugung und -verteilung. Fernmessung. Elektrotechn. Z. Bd. 51 Heft 17 S. 613—614.

Terven, L. A.: Remote Metering over Telephone Lines. Electr. Wld. Bd. 94 (1929) Heft 21 S. 1025.

Fawsett, E.: Integrating Electricity Meters. Inst. of El. Eng. originally Society of Telegraph Engr. 1931 April Nr 412 S. 545.

Carr, J. L.: Recent Developments in Electricity Meters, Summation Metering. J. electr. Engr. Bd. 67 (1929) S. 868.

3. Die elektrischen Fernwirkungsmethoden.

†Schleicher, M.: Die elektrische Fernbedienung von Unterstationen. Siemens-Jb. 1929 S. 75ff.

†Riedel, K.: Die ferngesteuerten Gleichrichterwerke der Berliner Stadtschnell-bahn. Elektr. Bahnen 1931 S. 205 und Siemens-Z. 1930 S. 386.

†Meiners: Grundsätzliche Betrachtungen über Bedeutung, Aufgabe und Wirkungs-weise der Fernsteuerung von Bahnunterwerken. AEG-Mitt. f. Bahnbetriebe 1930 S. 3.

†Garland, Stamper u. F. F. Ambuhl: Operating experiences with Automatic and supervisory control. Electr. Engng. 1931 S. 888.
†Hebel, M.: Selbstanschlußbetrieb auf starkstrombeeinflußten Leitungen und Fernwahl mit Wechselstrom. Z. Fernm.-Techn. 1925 Heft 9 S. 127; Heft 10 S. 145; Heft 11 S. 159.
†Götsch: Die Stromquellen elektrischer Fernmeldeanlagen.
— Vorschriften und Regeln für die Einrichtung elektrischer Fernmeldeanlagen. V. D. E. 491; V. E. F. 1932.
†Voigt u. Häffner: Fernsteuer und Fernmeßanlagen. Schrift No 153 30. 2. 30.
†Sihler: Druckluft als Antriebsmittel in elektrischen Schaltanlagen. Siemens-Z. 1931 S. 198.
†Brückel, W.: Fernüberwachungs- und Fernbetriebseinrichtungen in elektrischen Kraftnetzen. AEG-Mitt. 1929 Nr 3 S. 115—119 (5 Abb.).
†Schleicher, M.: Die elektrische Fernbedienung von Unterstationen. Siemens-Z. 1928 Heft 4 S. 281.
†Kröll: Fernsteuerung elektrischer Anlagen. VDE-Fachber. 1928 S. 71.
†Davis, W. R.: Das Wählersystem für Fernsteuerung bei der Great Indian Peninsula Raitway. Electr. Communic. 1931 S. 174ff., deutsche Ausgabe.
†Schleicher, M.: Das Steuer- und Quittungsschaltersystem für Anlagenschaltbilder. Siemens-Z. 1927 S. 589ff.
†ders. Leuchtschaltbilder zur Sicherung des Betriebes. Siemens-Z. 1928 S. 74.
†Bernische Kraftwerke AG.: Steuerungs- und Rückmeldeanlage unter Benutzung des Staatstelephones, System Gfeller AG. Bern. Bull. S. E. V. 1931 S. 333—336.
McCoy, L.: Remote Supervisory control. Electr. J. 1923 Nr 2.
Blackwood: Ferngesteuerte Unterstationen der New York und Queens Electric Light and Power Comp. J. A. I. E. E. 1926 S. 531.
— Die Entwicklung der selbsttätigen Schaltanlagen in Amerika. Elektrotechn. Z. 1926 S. 1487.
— Fernsteuerung und Fernmessung der General Electric Co. Gen. electr. Rev. 1927 S. 49.
Bankus, J.: Remote-control-high-tension station. Electr. Wld. Bd. 89 (1927) Nr 17 S. 854—855 (1 Sp., 1 Fot., 2 Zchg.).
Stewart, E., u. F. Whitney: Carrier Current Selector Supervisory Equipment. J. 1927 S. 588ff.
Boddie, C. A., Westinghouse Electr. & Mfg. Co. East Pittsburgh, Pa. The Use of High Frequency Currents for Control. Electr. Wld. Bd. 90 Nr 1: (2. Juli 1927) S. 14 auch: High Tension Joints and High-Frequency. Control of Distant Switches. To be presented at the Summer Convention of the A. I. E. E., Detroit, Mich. June 20.—24. 1927.
Wallan, H. L.: Clevelands 132/11,5 kV Substation. Remote metering and supervisory control. Electr. Wld. 1927 S. 753.
— Ausführungen über Fernsteuerung und Fernmessung in Amerika. General Electric Co. Gen. electr. Rev. Bd. 30 (1927) Nr 1 (Januar) S. 49.
Schleicher, M.: Die speziellen Anordnungen der Fernsteuerung und Fernüberwachung bei der Stadt- und Ringbahn. VDE-Fachber. 1928 S. 78.
Heide, F.: Neuzeitliche Fernsteuer- und Meßeinrichtung. Z. Fernm.-Techn. 1928 Heft 9 S. 129.
Assler, L.: Die Fernüberwachungs- und Fernbetätigungseinrichtung des Unterwerks einer Straßenbahn. Verkehrstechn. 1928 Nr 2 S. 21—24 (9 Abb.).
Goodall, I. E.: Einrichtungen einer selbsttätigen, ferngesteuerten Unterstation. Electr. Wld. Bd. 92 (1928) Nr 2 S. 65—68 (6 Abb.).
Seyffer: Fernschaltanlagen. BBC Nachr. Bd. 15 (1928) Nr 6 S. 255—257 (1 Abb.).
Hayes, S. Q.: Remote control of oil circuit breakers. Power Bd. 68 (1928) Nr 16 S. 628—629 (4 Abb.).
†Schleicher, M.: Die Anwendung von Fernschaltern in einem Straßenbahnnetz. Ref. Helios, Lpz. 1928 Nr 25 S. 239.
Alliaume: Die Anwendung von Fernschaltern in einem Straßenbahnnetz. Rev. gén. Électr. 1926 S. 617.

Flad, A.: Wähler, Relais, Nummernscheiben in der Selbstanschlußtechnik. Z. Fernm.-Techn. 1929 Heft 6 S. 81; Heft 7 S. 106.

Langner, M.: Grundlagen und Erfahrungen bei der Entwicklung von Schaltungen der Selbstanschlußtechnik. Z. Fernm.-Techn. 1929 Heft 8 S. 113; Heft 10 S. 52.

Meiners: VDE-Fachber. 1929.

— Bedienung von Schaltstationen elektrischer Kraftnetze unter Benutzung von staatlichen Telephonleitungen. Techn. Mitt. T. T. Jg. 9 Nr 1 S. 49.

— Elektrizitätserzeugung und -verteilung. Fernsteuerung von Unterwerken. Electrician Bd. 105 Heft 2722 S. 145—146.

Köberich, R.: Neuere Fortschritte auf dem Gebiet der Fernschaltung und Fernmeldung. E. & M. Bd. 48 Heft 31 S. 728—733.

Lewis, F. M.: Remote Oil Switch Operation Saves Building New Line. Electr. Wld. Bd. 93 (1929) Nr 26 (29. Juni) S. 1324.

†Sanderson, C. H.: Electric System Handbook, S. 765—784. New York and London: McGraw-Hill Book Comp.

Kießling, C.: Die automatische Kraftstation in Surahamma. Aseas Tidn. 1929 Februar.

Clough, F. H.: Remote Metering. Zweite Weltkraftkonf., Sect. 19, Nr. 91.

Lichtenberg, C., u. R. J. Wensley: Automatic Stations and Their Remote Supervision. Zweite Weltkraftkonf., Sect. 19, Ber. 261.

Schleicher, M., u. a.: Selbsttätige und ferngesteuerte Kraft- und Nebenwerke sowie Einrichtungen und Anordnungen der Nachrichtenübermittlung der Fernmessung und der Fernsteuerung in Elektrizitätsversorgungsbetrieben. Zweite Weltkraftkonf., Sect. 19, Ber. 40.

†Schleicher, M.: Rückschau auf die Ausstellung der Siemens & Halske AG. und der Siemens-Schuckertwerke AG. zur Weltkraftkonferenz. Siemens-Z. 1931 Heft 6.

Steinfeld, L.: Die Überwachung von Schalterstellungen. AEG-Mitt. 1931 S. 527.

†— Wann automatisieren und wann fernsteuern? AEG-Mitt. f. Bahnbetriebe 1930 Heft 10 S. 17.

Wensley u. Donovau: Development of a Two Wire Supervisory Control System. Summer Convention A. I. E. E. Toronto 23.—27. Juni 1930.

Köberich: Neuzeitliche Methoden zur Sicherstellung gegen Fehlschaltung . . . VDE-Fachber. 1931.

Ambuhl, F. F.: Automatic and supervisory Control of substations. El.-Eng. Bd. 50, (1931) S. 888.

Stanley, R. H.: Supervisory automatic control of a generating station. El.-Eng. Bd. 50, (1931) S. 892.

4. Die elektrischen Fernmeldeeinrichtungen.

†Schleicher, M.: Ein einfaches Überwachungssystem für unbesetzte Unterstationen. Siemens-Z. 1928 Heft 1.

— Supervisory Control. Successful tests on first british apparatus at Trafford Park on equipment for New Zealand. Electrician 1925 16. Oktober S. 441.

Boekenoogen, E. V.: Supervisory Control for Industrial Substation. Electr. Wld. Bd. 93 Nr 25 S. 1287.

Dake, H., u. H. C. Jones: Supervisory System für Pittsburgh. Electr. Wld. 1927 16. Juli S. 105—108 (1 Bild, 2 Schaltungen).

— Automatic Signaling over ordinary telephone. Electr. Wld. 1927 S. 355.

Merritt, B. N.: Indication of Switch Positions without individual Lamps. Electr. Wld. Bd. 92 (1928) Nr 5 (4. August) S. 208.

Sutherland, W. F.: Favors Supervisory Control for Substations. Toronto Hydro-Electric-System. All late stations of Toronto Hydro-Electric System are equiped with supervisory control. Construction economies and operating advantages dictated etc. Electr. Wld. Bd. 92 (1928) Nr 6 (11. August) S. 251.

— Der sprechende automatische Stationswärter „Televox". Elektrotekn. T. Bd. 42 (1929) Nr 10 S. 141—142.

Riedel, K.: Technische Einzelheiten der Fernsteuerungsanlagen der Berliner Stadt- und Ringbahn. Siemens-Z. 1930 S. 592.

5. Die elektrische Fernregelung verschiedener Größen.

†Schleicher, M.: Neuzeitliche Hilfsmittel zur Beherrschung des Energieaustausches. Siemens-Z. 1930 S. 354.

†Boll, G.: Automatische Leistungsregelung in elektrischen Netzen. BBC Nachr. 1929 Heft 4 S. 167.

†Rohrlach, M.: Neuer selbsttätiger Leistungsregler für verkoppelte Elektrizitätsversorgungsnetze. Siemens-Z. 1929 Heft 7 S. 437.

†Robertson, T. F.: Automatic Frequency Control. Electr. Wld. 1929 10. August S. 267.

Brandt, R.: Automatic Frequency Control. Electr. Wld. Bd. 93 (1929) Nr 8 S. 385 bis 388.

Leonspacher: Elektrotechn. Z. 1929 Heft 25.

Latzko, H., u. O. Plechl: Die automatische Fernregulierung der Wasserkraftmaschinen im Achensee-Kraftwerk der Tiroler Wasserkraftwerke AG. E. & M. 1929 Heft 36 (8. September) S. 791.

Piloty: Elektrotechn. Z. 1929 H. 27 u. 1931 S. 1157 u. 1221.

Schaelchlin, W.: A Sensitive Roughneck. A Rugged Electrodynamic Regulating Device for Controlling Voltage, Current, Load, Speed or Torque of Direct-Current-Maschines. Electr. J. 1929 Mai S. 216.

†Byles, F. A.: Automatische Leistungsregelung. Power 1927 S. 281.

†Hubbard, C. P.: System frequency control. Electr. Wld. 1928 S. 957.

McCrea, H. A.: Automatic control of frequency and load. Gen. electr. Rev. 1929 S. 309.

†— Frequenzregelung. Elektrotechn. Z. 1929 S. 318.

Benziger, J. U., u. J. T. Johnson jr: Automatic Frequency Control at Mitchell Dam. Electr. Wld. 1929 S. 1332.

Schleicher, M.: Beitrag zur wirtschaftlichen Energiebenutzung. Elektrotechn. Z. Frühjahrsmesseheft 1932.

6. Die Vielfachausnutzung elektrischer Fernmeldekanäle.

Rukop, H.: Neuere Fortschritte der Hochfrequenztelephonie in Elektrizitätswerken. V.D.E-Fachber. 1926 S. 56 (Sonderheft 31. Jahresvers. V.D.E Wiesbaden).

Tätz, P.: Hochfrequenztelephonie in Elektrizitätswerken. Mitt. E. V. Oberschl. 1926.

Imendörffer, H.: Die Anlage für leitungsgerichtete Hochfrequenztelephonie der Gemeinde Wien. E. & M. 1926 Heft 23 S. 421.

Clausing, A.: Stand der Tonfrequenz-Mehrfach-Telegraphie. Elektrotechn. Z. 1926 Heft 17 S. 500.

Habann, E.: Die Hochfrequenztelephonie und ihre Drosseleinrichtungen. Elektr.-Wirtsch. 1928 Heft 468 S. 499.

Dreßler, G.: Die Einphasenkoppelung, ein Mittel zur Erhöhung der Betriebssicherheit der Hochfrequenztelephonie auf Leitungen. Elektrotechn. Z. 1928 Heft 30 S. 1101.

Tätz, P.: Die Einphasenkoppelung als Mittel zur Erhöhung der Betriebssicherheit des Hochfrequenztelephons. Elektrotechn. Z. 1928 Heft 18 S. 669; Heft 30 S. 1101.

Jipp, A., u. H. Nottenbrock: Die Telegraphie auf Fernkabel mit besonderer Berücksichtigung der Unterlagerungs-Impulstelegraphie. Telegr.- u. Fernm.-Techn. 1928 Heft 8 S. 227.

— Das neue Telegraphen-Empfangsrelais von Siemens & Halske. Telegr.- u. Fernm.-Techn. 1928 Heft 8 S. 236.

Cruickshank: Tonfrequenztelegraphie. J. A. I. E. E. Bd. 67 (1929) Nr 391 S. 813—843.

Wedler: Das AEG-Vielfachträgerstrom-Telegraphiersystem mit Sprachfrequenzen für Fernsprechkabel. Telegr.- u. Fernspr.-Techn. Bd. 18 (1929) Nr 6 S. 159 bis 168 (20 Abb., 2 Tab.).

Cauer, W.: Die Siebschaltungen der Fernmeldetechnik. Z. angew. Math. Bd. 10 (1930) Heft 5 (Oktober) S. 425—433.
†Strecker, K.: Hilfsbuch für die Elektrotechnik. Schwachstromausgabe. Berlin: Julius Springer 1928.
Bell, J. H., u. a.: Metallic Polar Duplex Telegraph System. Telegr. Teleph. Age 1926 S. 439.
†Lüschen, F.: Die Mehrfachausnutzung der Leitungen. Elektrotechn. Z. 1930 Heft 4.
Clausing u. Nottebrock: Die 12fach Tonfrequenztelegraphie. Mitt. Zentral-lab. Siemens & Halske AG.
Jipp, A.: Die Unterlagerungstelegraphie. Siemens-Jb. 1929 S. 183ff.
— Die Telegraphie auf Fernkabeln mit besonderer Berücksichtigung der Unter-lagerungstelegraphie. Siemens & Halske SH. 4554.
Goetsch, H.: Taschenbuch für Fernmeldetechniker. Oldenbourg 1928.

7. Die Gefährdung elektrischer Fernmeldeleitungen durch den Starkstrom und deren Behebung.

Zastrow: Fernmeldekabel längs elektrischer Bahnen. Siemens-Jb. 1929.
Straubel u. Werner: Fernmeldeluftkabel für Kraftwerke. Siemens-Z. 1930 Heft 6.
Carsten: Der Siemens-Kondensatorausgleich für Fernsprechkabel. Siemens-Z. 1929 Heft 4.
Zastrow: Einwirkung von Drehstromkabeln auf Fernmeldekabel. Wiss. Veröff. Siemens-Konz. Bd. 9 Heft 1.
— Über die Beeinflussung von Fernsprechanlagen durch Gleichrichteranlagen. Elektr.-Wirtsch. 1929 Heft 475.
Jordan, H.: Die Beseitigung von Störgeräuschen in beeinflußten Fernsprech-leitungen. E. N. T. Bd. 8 (1931) S. 421—430.
Zschaage: Nährungsformeln zur Berechnung der Gegeninduktivität zwischen Starkstrom- und Fernmeldeleitungen. E. N. T. 1925 Heft 4 S. 110.
Zastrow, A.: Beeinflussung von Schwachstromleitungen durch Starkstrom-leitungen. Elektr.-Wirtsch. 1925 Heft 378 S. 53.
Rihl: Das Pupinkabel längs der elektrischen Eisenbahn München—Garmisch. Siemens-Z. 1926 Heft 5 S. 232.
Roeßler, E.: Zur Fortpflanzung elektromagnetischer Wellen längs Leitern. E. N. T. 1927 Heft 7 S. 281.
Hartmann, K.: Über die Verkabelung von Hochspannungs-Freileitungsnetzen in Überlandzentralen. Elektr.-Wirtsch. 1927 Heft 447 S. 563.
— Regeln für die Errichtung elektrischer Fernmeldeanlagen. VEF 1932. Elektro-techn. Z. Bd. 52 (1931) Heft 6 (5. Februar) S. 182—190.
Strecker, K.: Hilfsbuch für die Elektrotechnik. Schwachstromausgabe. Berlin: Julius Springer 1928.
V. D. E.: Vorschriften und Regeln für die Errichtung elektrischer Fernmelde-anlagen. V. D. E. 491; VEF 1932 (Juli 1931).
Wallot, J.: Einführung in die Theorie der Schwachstromtechnik. Berlin: Julius Springer 1931.

8. Lastverteileranlagen.

†Bärnholdt, H.: Die Zentralkommandostelle Smestad des Elektrizitätswerks Oslo. Siemens-Z. 1930 S. 450.
†Schleicher, M.: Die Zusammenfassung des elektrischen Betriebes in Groß-stadtnetzen. E. & M. 1930 Heft 52 u. spätere Diskussion.
†Mitteilung der Bauabteilung: Die Fernsprech- und Batteriekommando-anlage in der Lastverteilung der Bewag. Mix & Genest-Nachr. 8 S. 18.
†Fleischer u. Menny: Die technischen Einrichtungen der Lastverteilungsstelle der Bewag. Elektr.-Wirtsch. 1930 Nr 511.
†Wüsteney: Die Siemens-Fernschreibmaschine. Siemens-Z. 1931 Heft 1 u. 2.
— Load Dispatcher. Gen. electr. Rev. 1919 S. 95.

Linebough, J. J.: Power limiting and indicating system of the Chicago, Milwaukee and Saint Paul Railway. Gen. electr. Rev. Bd. 23 (1920) Nr 4.
— Führerschalttafel und Lastverteileranlage der New York Edison Comp. Gen. electr. Rev. 1923 S. 128—136. Ref. Elektrotechn. Z. 1924 Heft 6 S. 101.
— Umspannwerk München und die Zentralverteilungsstelle der Bayernwerks AG. Wasserkr. 19 (1924) Nr 16 S. 283—286 (3 Sp., 1 Fot., 2 Netzkarten).
Vent, O.: Load Dispatcher. Mitt. Ver. D. EW. 1924 Nr 359 (April) S. 140.
Bailey: Übermittlung der Stationsablesungen an den Lastverteiler. Electr. Wld. Bd. 84 (1924) Nr 5 S. 215—217 (4 Sp., 2 Fot., 1 Schaul., 1 Schaltbild, 1 Zahlentafel).
Fischer: Der Betriebsfernsprecher. Elektr.-Wirtsch. 1924 Heft 354/355 S. 44; Nr 363 S. 231; Heft 364 S. 255.
Passavant: Das Nachrichtenwesen in Überlandwerken. Elektr.-Wirtsch. 1924 Heft 354/355 S. 25.
— Supervisory Control and Indication. Electr. Wld. Bd. 86 (1925) Nr 17 (24. Oktober) S. 857.
— Fernübertragungseinrichtung für Lastverteileranlagen. Aseas Tidn. Bd. 16 S. 200—202; Elektrotechn. Z. 1925 S. 1594.
Wensley, R. J.: Centralized Supervision of Automatic Substation System. Electr. Wld. Bd. 86 (1925) Nr 25 (19. Dezember) S. 1259.
Arco, v.: Betriebstelephonie mit Trägerfrequenzen auf Hochspannungsleitungen. Elektro-J. 1926 Heft 15/16 S. 316.
Junke, P. B.: Operating a concentrated Power System. Functions of load. Dispatcher etc. Electr. Wld. 1926 S. 1343.
Patterson, Clover u. Fallon: A Modern Load Dispatchers Board. Electr. Wld. 1926 S. 228.
— Lastverteiler, Wasserverteiler und Fernüberwachungsanlage. Elektrotechn. Z. 1926 S. 799.
Schunk: Elektrotechn. Z. 1926 S. 796.
Dreßler, G.: Telephonie auf Starkstromleitungen. Z. Fernm.-Techn. 1927 Heft 1 S. 8.
— Fortschritte der Hochfrequenztelephonie auf Starkstromleitungen. Elektr.-Wirtsch. 1927 Heft 401 S. 29.
Leinbach, A. R.: Dispatcher's Facilities for Supervising Operation of Widespread System. Electr. Wld. Bd. 90 (1927) Nr 12 (17. September) S. 555.
Reinbold, R.: Load Dispatching Remote Control Board. Electr. Wld. 1927 S. 449.
Juhnke u. Moore: Budget Plan Load Dispatching. Electr. Wld. Bd. 89 (1927) S. 1317.
Blume, L. F.: Load Ratio Control. Gen. electr. Rev. Bd. 31 (1928) Nr 4 S. 191 bis 194 (5 Abb.) C.
Cronin, W. S., u. A. J. Davis: Telltale Load Dispatcher Board. Electr. Wld. Bd. 92 (1928) Nr 5 (4. August) S. 208.
Dreßler, G.: Bemerkungen zur neueren Entwicklung der amerikanischen Hochfrequenztelephonie auf Hochspannungsleitungen. Elektr.-Wirtsch. 1928/29 Heft 482 S. 217.
Feuerhahn, M.: Der Springschreiber T 28 (Teletype, System Morkrum-Klein-Schmidt). Telegr.- u. Fernspr.-Techn. 1928 Heft 9 S. 39.
Hawkins u. Eberhardt: Method of Handling. Interconnected. Operation. Electr. Wld. 1928 13. Oktober S. 755 ff.
— Interconnected operation. Electr. Wld. Bd. 92 (1928) Nr 15 S. 725—731 (10 Abb., 2 Tab.).
Hamilton, W. R.: Lastverteilung. Elektro-J. Bd. 25 (1928) Nr 10 S. 494—500 (7 Abb.).
Pupikofer, H.: Überwachungseinrichtungen moderner Kraft- und Unterwerke. Bull. S. E. V. Bd. 19 (1928) Nr 21 S. 694—703.
Merritt, B. N.: Operating Desk that Facilitates Load Dispatching. Electr. Wld. Bd. 92 (1928) Nr 1 (7. Juli) S. 21.
— Lastverteiler der Milwaukee El. & Railway Co. Electr. Wld. Bd. 90 Nr 15. Ref. Elektr.-Wirtsch. 1928 S. 126.

Schleicher, M.: Leuchtschaltbilder zur Sicherung des Betriebes. Siemens-Z. 1928 Heft 2 S. 74.
Schwarz, G.: Das drahtlose Betriebstelephon für Elektrizitätswerke. Die Antenne Heft 4 S. 61.
— Stand der Hochfrequenztechnik auf Starkstromleitungen in Europa und Amerika. Elektr.-Wirtsch. 1928 Heft 449 S. 1.
— Die neue Fernschreibmaschine. Telegr.- u. Fernspr.-Techn. 1928 Heft 2 S. 39.
Beier, E.: Der Springschreiber T 28. Elektrotechn. Z. 1929 Heft 29 S. 1043.
Habann, E.: Die neuere Entwicklung der Hochfrequenztelephonie und Telegraphie auf Leitungen. Die Wissenschaft Bd. 81. Braunschweig: Vieweg 1929.
Jäckel, W.: Neuzeitliche Hilfsmittel zur zentralen Überwachung von Großkraftwerken. Helios, Lpz. 1929 S. 13.
Keenan, G. M.: Handling Problems of Interconnected Operation. Electr. Wld. 1929 17. August S. 335.
†Schleicher, M.: Die Lastverteileranlage und die Fernbedienung von Kraftwerken und Unterwerken. Elektrotechn. Z. 1929 Heft 8 S. 257; Heft 11 S. 379.
Steidle, H. C.: Der Selbstanschluß-Landverkehr. Z. Fernm.-Techn. 1929 Heft 2 S. 17.
— Der Lastverteiler und seine Aufgaben. Electr. Wld. Bd. 92 Nr 11. Ref. Elektr.-Wirtsch. 1929 Nr 483 (Mai) S. 255.
Fleischer, W.: Lastverteilung bei der Berliner Städtischen Elektrizitätswerke AG. Elektr.-Wirtsch. Heft 493 S. 502; Heft 495 S. 554.
Pinski, W.: Der gegenwärtige Stand der Hochfrequenztelephonie auf Hochspannungsleitungen. Z. Fernm.-Techn. 1931 Heft 3 S. 37.
†Schleicher, M., u. a.: Selbsttätige und ferngesteuerte Kraft- und Nebenwerke. Zweite Weltkraftkonf., Sect. 19, Ber. 40.
Gropp u. Schulz: Ruthsspeicher für Spitzenerzeugung in Berlin. Elektr.-Wirtsch. 1930 Nr 505.
Davis, U.: Rebuilt Meters Save Space on Dispatchers Board. Electr. Wld. 1931 S. 332.
Plechl u. Latzko: Der Einfluß des Aufbaues und der Betriebsführung auf die Projektierung ihrer Kommandoräume. E. & M. 1931 S. 789—798.
Lawson: Centralized Control of System Operation. Summer Convention A. I. E. E. Toronto 1930 23.—27. Juni.
Piloty: Frequenz und Leistungsregelung .... VDE-Fachberichte 1931.

Elektrische Hochleistungsübertragung auf weite Entfernung. Vorträge, veranstaltet durch den Elektrotechnischen Verein e.V. zu Berlin in Gemeinschaft mit dem Außeninstitut der Technischen Hochschule zu Berlin. Herausgegeben von Prof. Dr.-Ing. und Dr.-Ing. e. h. **Reinhold Rüdenberg.** Mit 240 Textabbildungen. VI, 370 Seiten. 1932.

Gebunden RM 31.50

***Aussendung und Empfang elektrischer Wellen.** Von Professor Dr.-Ing. und Dr.-Ing. e. h. **Reinhold Rüdenberg.** Mit 46 Textabbildungen. VI, 68 Seiten. 1926. RM 3.90

***Hochspannungsforschung und Hochspannungspraxis.** **Georg Stern,** Direktor der AEG-Transformatorenfabrik, zum 31. März 1931 gewidmet von seinen Mitarbeitern. Herausgegeben von **J. Biermanns** und **O. Mayr.** Mit dem Bildnis Georg Sterns und 264 Abbildungen im Text. VIII, 384 Seiten. 1931. Gebunden RM 28.—

***Hochspannungstechnik.** Von Dr.-Ing. **Arnold Roth.** Mit 437 Abbildungen im Text und auf 3 Tafeln sowie 75 Tabellen. VIII, 534 Seiten. 1927.

Gebunden RM 31.50

***Überströme in Hochspannungsanlagen.** Von **J. Biermanns,** Chefelektriker der AEG-Fabriken für Transformatoren und Hochspannungsmaterial. Mit 322 Textabbildungen. VIII, 452 Seiten. 1926.

Gebunden RM 30.—

Die elektrische Kraftübertragung. Von Oberbaurat Dipl.-Ing. **Herbert Kyser.**

*Erster Band: **Die Motoren, Umformer und Transformatoren.** Ihre Arbeitsweise, Schaltung, Anwendung und Ausführung. Dritte, vollständig umgearbeitete und erweiterte Auflage. Mit 440 Abbildungen, 33 Zahlentafeln, 7 einfarbigen und einer mehrfarbigen Tafel. X, 544 Seiten. 1930. Gebunden RM 36.—

Zweiter Band: **Die Niederspannungs- und Hochspannungs-Leitungsanlagen.** Entwurf, Berechnung, elektrische und mechanische Ausführung. Dritte, vollständig neubearbeitete Auflage.

Erscheint im Sommer 1932.

*Dritter Band: **Die maschinellen und elektrischen Einrichtungen des Kraftwerkes und die wirtschaftlichen Gesichtspunkte für die Projektierung.** Zweite, umgearbeitete und erweiterte Auflage. Mit 665 Textfiguren, 2 Tafeln und 87 Tabellen. XII, 930 Seiten. 1923. Unveränderter Neudruck 1929. Gebunden RM 54.—

Berechnung von Drehstrom-Kraftübertragungen. Von Oberingenieur **Oswald Burger.** Zweite, verbesserte Auflage. Mit 55 Abbildungen im Text. VI, 183 Seiten. 1931. RM 12.—; gebunden RM 13.50

---

* Auf alle vor dem 1. Juli 1931 erschienenen Bücher wird ein Notnachlaß von 10% gewährt.

***Wahl, Projektierung und Betrieb von Kraftanlagen.**
Ein Hilfsbuch für Ingenieure, Betriebsleiter, Fabrikbesitzer. Von Dipl.-Ing.
Friedrich Barth. Vierte, umgearbeitete und erweiterte Auflage. Mit
161 Figuren im Text und auf 3 Tafeln. XII, 525 Seiten. 1925.
Gebunden RM 18.—

***Bau großer Elektrizitätswerke.** Von Geh. Baurat Professor Dr.-
Ing. h. c., Dr. phil. **G. Klingenberg.** Zweite, vermehrte und verbesserte Auflage. Mit 770 Textabbildungen und 13 Tafeln. VIII, 608 Seiten.
1924. Berichtigter Neudruck 1926. Gebunden RM 45.—

***Die Stromversorgung von Fernmelde-Anlagen.** Ein Handbuch
von Ingenieur **G. Harms.** Mit 190 Textabbildungen. VI, 137 Seiten. 1927.
RM 10.20; gebunden RM 11.40

***Selektivschutz.** Grundlagen zur selektiven Erfassung von Kurzschluß,
Erd- und Doppelerdschluß auf Grund der räumlichen Verteilung von Strom
und Spannung. Von Dr.-Ing. **Fritz Kesselring.** Mit 154 Textabbildungen.
V, 181 Seiten. 1930. RM 17.50; gebunden RM 19.—

***Kurzschlußströme beim Betrieb von Großkraftwerken.**
Von Prof. Dr.-Ing. und Dr.-Ing. e. h. **Reinhold Rüdenberg,** Chefelektriker
der Siemens-Schuckertwerke. Mit 60 Textabbildungen. IV, 75 Seiten.
1925. RM 4.80

Der Erdschluß und seine Bekämpfung. Von Dr.-Ing.
G. Oberdorfer, Ingenieur der Oesterreichischen Siemens-Schuckertwerke
in Wien, Privatdozent an der Technischen Hochschule in Wien. Mit
115 Textabbildungen und 2 Tafeln. VI, 165 Seiten. 1930. RM 12.50

***Erdströme.** Grundlagen der Erdschluß- und Erdungsfragen.
Von Dr.-Ing. **Franz Ollendorff.** Mit 164 Textabbildungen. VIII, 260 Seiten.
1928. Gebunden RM 20.—

***Kabeltechnik.** Die Theorie, Berechnung und Herstellung
des elektrischen Kabels. Von Dipl.-Ing., Dr. phil. **M. Klein,** Berlin.
Mit 474 Textabbildungen und 149 Tabellen. VIII, 487 Seiten. 1929.
Gebunden RM 57.—

Elektrotechnische Meßkunde. Von Dr.-Ing. **P. B. Arthur Linker.** Vierte, völlig umgearbeitete und erweiterte Auflage. Mit 482 Textfiguren. Etwa 640 Seiten. Erscheint Anfang April 1932.

*****Meßtechnische Übungen der Elektrotechnik.** Von Oberingenieur a. D. und Gewerbestudienrat **Konrad Gruhn.** Mit 305 Textabbildungen. VI, 177 Seiten. 1927. RM 10.50

*****Elektrotechnische Meßinstrumente.** Ein Leitfaden von **Konrad Gruhn,** Oberingenieur a. D. und Gewerbestudienrat. Zweite, vermehrte und verbesserte Auflage. Mit 321 Textabbildungen. IV, 223 Seiten. 1923. Gebunden RM 7.—

*****Die Messung der elektrischen Größen.** Von Dipl.-Ing. **Conrad Aron.** (Technische Fachbücher, Band 16.) Mit 45 Abbildungen im Text und 116 Aufgaben nebst Lösungen. IV, 107 Seiten. 1926. RM 2.25

*****Wechselstrom-Leistungsmessungen.** Von Oberingenieur **Werner Skirl.** Dritte, vollständig umgearbeitete und erweiterte Auflage. Mit 247 zum größten Teil auf Tafeln angeordneten Bildern. VII, 278 Seiten. 1930. Gebunden RM 14.—

*****Meßgeräte und Schaltungen zum Parallelschalten von Wechselstrom-Maschinen.** Von Oberingenieur **Werner Skirl.** Zweite, umgearbeitete und erweiterte Auflage. Mit 30 Tafeln, 30 ganzseitigen Schaltbildern und 14 Textbildern. VIII, 140 Seiten. 1923. Gebunden RM 5.—

*****Messungen an elektrischen Maschinen.** Apparate, Instrumente, Methoden, Schaltungen. Von Dipl.-Ing. **Georg Jahn,** Oberingenieur. Fünfte, gänzlich umgearbeitete Auflage des von R. Krause begründeten gleichnamigen Buches. Mit 407 Abbildungen im Text und auf 1 Tafel. VII, 394 Seiten. 1925. Gebunden RM 21.—

*****Elektrische Ausgleichsvorgänge und Operatorenrechnung.** Von **John R. Carson,** American Telephone and Telegraph Company. Erweiterte deutsche Bearbeitung von **F. Ollendorff** und **K. Pohlhausen.** Mit 39 Abbildungen im Text und 1 Tafel. IX, 186 Seiten. 1929. RM 16.50; gebunden RM 18.—

* Auf alle vor dem 1. Juli 1931 erschienenen Bücher wird ein Notnachlaß von 10% gewährt.